KB234450

온실가스·에너지
적산실무 I

Greenhouse gas · Energy Accumulated practical

온실가스·에너지 적산실무 Ⅰ

(재)한국플랜트건설연구원
온실가스에너지 적산센터 편저

GREEN SEED

지금 우리가 살고 있는 지구는 자유낙하하고 있는 중이다. 화석연료와 온실가스로 인한 지구온난화, 에너지자원 고갈의 충격(Shock) 때문이다. 인간의 삶의 질에 대한 과제이며, 해결해야 할 가장 시급한 Issue이다.

우리나라는 2020년까지 배출전망치(BAU) 대비 30% 감축을 국가 온실가스 감축목표로 설정하고 있다. 온실가스 多배출 및 에너지 多소비 업체를 지정하고, 온실가스 배출 및 화석에너지사용량 목표를 부과하여 이행실적을 검증함으로써 지구온난화 변화에 대응하기 위한 준비를 하고 있다.

온실가스에너지 목표관리제를 구체적으로 실행하기 위해서는 전문지식과 정확한 적산을 통한 감축계획달성을 담당할 전문가 양성 또한 시급한 실정이다.

관련 법령과 지침을 이해하고, 다양한 산업에 적용하기에는 상당한 노력과 시간이 소요될 것으로 예상된다. 또한, 업체별·사업장별·관장기관별 온실가스에너지 적산업무를 효율적으로 관리할 수 있는 전문지식 습득과 전문가에게 제공되는 정보제공이 우선시되어야 할 것이다.

본 교재는 저탄소 녹색성장 기본법과 온실가스에너지 목표관리 등에 관한 지침(환경부 고시 제2012－103호. 2012.6.21. Rev.1)을 온실가스에너지 적산업무에 효율성 있게 활용할 수 있도록 편집하였으며, 온실가스배출량과 에너지소비량을 관리하는 도구로써 사용할 수 있다.

본 교재의 특징은

첫째, 온실가스에너지 목표관리에 대한 체계적이고 전문적인 기초지식을 제공하는 데 목표를 두었으며,

둘째, 온실가스에너지 매개변수 사이의 상관관계 및 적용에 불확도를 최소화할 수 있

는 역량을 강화하고, 정보를 제공하도록 편집하였다.

셋째, 온실가스에너지의 적산실무를 현업에 적용하고, 측정·산정·보고·검증(MRV) 할 수 있는 기술지도 역량과 자문할 수 있는 적산 전문가로서 실무를 유형별로 제시하였다.

온실가스배출량을 줄이고 합리적 에너지사용의 길잡이 역할을 기대하며, 본 교재를 출판하게 되었다.

끝으로, 본서를 통해 인간의 생명보전과 지구의 건전성을 위하여 너나없이 우리의 당면과제로써 사명감을 가지고 정보를 공유할 수 있었으면 하는 바람이다.

그동안, 온실가스에너지 적산사 자격과 교재개발, 워크숍과 연구활동에 적극 참여한 팀, 동료들과 함께 기쁨을 나누고자 한다.

이 책이 출판되도록 협조해 주신 한국학술정보㈜ 대표이사님과 편집·교정 등에 참여해 주신 모든 분들에게 감사드린다. 이후 전문가 여러분의 많은 지도와 편달로 더욱 좋은 교재로 거듭 개정되어 에너지 목표관리 달성에 도움이 될 것을 약속드리며, 자연과 인간이 조화를 이뤄 삶의 질이 향상되길 기원한다.

2012. 08.

(재)한국플랜트건설연구원

온실가스에너지 적산센터

온실가스에너지 적산사

편집위원 일동

c o n t e n t s

PART 01

국제환경협약 국내 온실가스 배출현황

주요 협약 및 우리나라 현황

우루과이 라운드 이후 그린라운드가 새로운 무역규제 방벽으로 등장하면서 국제환경협약에 대한 관심이 높아지고 있다. 1933년에 이르기까지 체결된 국제환경협약은 150여 개에 달하며 모든 협약이 무역구제 조항을 담고 있는 것은 아니다. 특히 **1992년에 열린 리우회**의를 전후해 빠르게 진행되고 있다.

지금 국제적 영향력이 큰 환경협약으로 한국이 가입한 협약은 ① 바젤협약, ② 몬트리올 의정서, ③ 생물다양성보존협약, ④ 런던협약, ⑤ 기후변화 방지협약 등이다.

제1절 주요 협약의 개요

1. 바젤협약

국제적으로 문제가 되는 유해 폐기물의 수출입과 그 처리를 규제하려는 목적으로 1981년 제9차 국제연합환경계획 총회에서 다루어진 이래 여러 차례 회의를 거쳐 1989년 3월 스위스바젤에서 제정된 협약이다. 이 협약은 1992년부터 발효되었다.

2. 몬트리올 의정서

오존층 파괴 물질인 염화불화탄소의 생산과 사용을 규제하려는 목적에서 제정한 협약이다. 이 협약은 1989년 1월에 발효되었으며 한국은 1992년 5월 이후 비가입국으로부터 수입할 수 없게 되었다.

3. 생물다양성 보존협약

지구상의 생물종을 보호하기 위한 협약이다. 이 협약이 처음 논의된 것은 1987년 국제 연합환경계획이 생물종의 보호를 위해 전무가 회의를 개최하면서부터이다. 그 뒤 7차례에 걸친 각 정부 간 회의를 통해 1992년 6월 유엔환경개발회의에서 158개국 대표가 서명함에 따라 채택되었고 1993년 12월부터 발효되었다.

4. 런던협약

폐기물의 해양투기로 인한 해양오염을 방지하기 위한 국제협약이다. 1972년에 채택되어 1975년부터 발효되었고, 한국은 1992년 가입했는데 1994년부터 가입국으로서 효력이 발생했다. 런던협약은 유럽 북해가 각국의 폐기물 투기로 오염이 심해짐에 따라 1972년 2월 유럽 국가들이 모여 체결한 오슬로협약이 그 모체이다.

5. 기후변화 방지협약

지구온난화를 일으키는 온실 기체 배출량을 억제하기 위한 협약이다. 지구온난화를 일으키는 온실 기체에는 탄산가스, 메탄, 이산화질소, 염화불화탄소 등 여러 가지 물질이 있다. 이 협약은 1992년 6월 리우회의에서 채택되어 1994년 3월부터 발효되었다.

기후변화 방지 협약

제1절 기후변화협약의 개요

1. 추진 배경

지구온난화에 대한 과학적 자료가 증가하여 범지구 차원의 노력이 필요하다는 인식이 확산되었고, 이에 UN 주관으로 **1992년 브라질 리우데자네이루**에서 열린 환경회의에서 「기후변화에 관한 UN협약」(UNFCCC)이 채택되어 1994년 3월에 발효되었다.

우리나라는 1993년 12월에 47번째로 가입하였고, 2009년 12월 현재 192개국이 가입하였다. 이 협약에서는 차별화된 공동부담 원칙에 따라 가입 당사국을 부속서 국가와 비부속서 국가로 구분하여 각기 다른 의무를 부담하기로 결정하였다.

2. 기후변화에 관한 UN협약 구조도

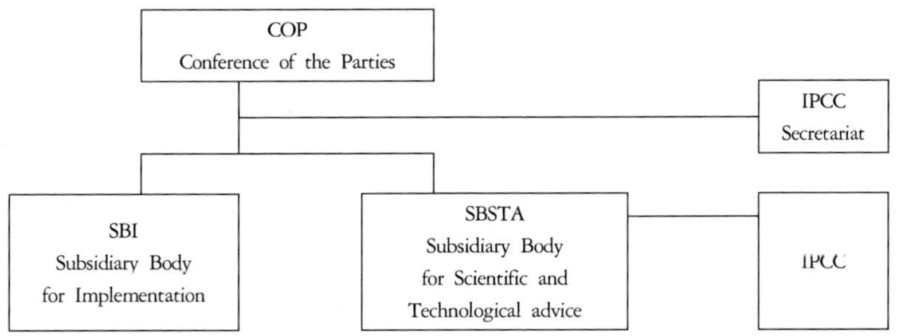

3. 목적과 원칙

1) 기후변화협약 목적

인류의 활동에 의해 발생되는 위험하고 인위적인 영향이 기후 시스템에 미치지 않도록 대기 중 온실가스의 농도를 안정화시키는 것을 궁극적인 목적으로 한다.

2) 기본원칙

① 기후변화의 예측 방지를 위한 예방적 조치의 시행, 모든 국가의 지속 가능한 성장의 보장 등을 기본원칙으로 한다(제3조).
② 선진국은 과거로부터 발전을 이루어 오면서 대기 중으로 온실가스를 배출한 역사적 책임이 있으므로 선도적 역할을 수행하도록 하고, 개발도상국에는 현재의 개발 상황에 대한 특수 사정을 배려하되 공동의 차별화된 책임과 능력에 입각한 의무를 부담한다(제4조).

4. 기후변화협약의 주요 내용

<table>
<tr><td colspan="2" align="center">전문</td><td align="center">내용</td></tr>
<tr><td colspan="2" align="center">목적(제2조)</td><td>지구온난화를 방지할 수 있는 수준으로 온실가스의 농도 안정화</td></tr>
<tr><td colspan="2" align="center">원칙(제3조)</td><td>－형평성: 공동의 차별화된 책임, 국가별 특수사정 고려
－효율성: 예방의 원칙, 정책 및 조치, 대상온실가스의 포괄성, 공동이행</td></tr>
<tr><td rowspan="2">의무
사항</td><td>공통의무사항</td><td>온실가스 배출통계 작성발표, 정책 및 조치의 이행(제4조 제1항)
연구 및 체계적 관측(제5조), 교육훈련 및 공공인식(제6조)
정보교환 특정의무사항</td></tr>
<tr><td>특정의무사항</td><td>배출원 흡수원에 관한 특정의무사항: 1990년 수준으로 온실가스 배출 안정화에 노력
(제4조 제2항)
재정지원 및 기술이전에 관한 특정공약(제4조 제3~5항)</td></tr>
<tr><td rowspan="2">기구
및
제도</td><td>기구</td><td>개도국의 특수상황 고려(제4조 제8~10항)
당사국총회(제7조)/사무국(제8조)/과학기술자문 부속기구(제9조)/
이행자문기구(제10조)/재정기구(제11조)</td></tr>
<tr><td>제도</td><td>서약 및 검토(Pledge and Review) 제도(제12조): 국가보고서 제출 및 당사국총회 검토
이행과 관련된 의문점 해소를 위한 다자간 협의과정(제13조)/
분쟁조정제도(제14조)</td></tr>
</table>

제2절 기후변화협약의 조문내용

조문	주요 내용
전문	- 지구온난화에 대한 선진국의 역사적 책임 규정 - 개도국의 지속 가능한 성장 보장
제1조(정의)	- 주용 용어 정의
제2조(목적)	- 대기 중 온실가스 농도 안정화를 목적으로 규정
제3조(원칙)	- 선진국의 역사적 책임에 따른 선도적 역할, 개도국의 특별한 사정 존중, 모든 국가의 예방적 조치 시행 필요성, 지속 가능한 성장 보장 등을 원칙으로 규정
제4조(의무)	- 모든 당사국의 의무: 온실가스 배출 통계현황 보고, 온실가스저감을 위한 정책 및 조치시행, 온실가스 흡수원 보호 및 확대, 연구 및 관측, 공공인식 제고, 국가 보고서 제출 - Annex Ⅰ 국가의무: 2000년까지 90년 수준으로 온실가스배출량을 안정화하도록 노력 - Annex Ⅱ 국가의무: 개도국에 대한 재정, 기술지원 제공 - Annex Ⅰ, Ⅱ 국가 명단 개정: 1998년까지 관련 당사국 동의로 명단 개정을 위한 자료 검토 - 자발적 의무부담: 어느 국가든 자발적으로 Annex Ⅰ 국가로 편입 가능
제5조(연구 및 관측)	- 개도국의 연구 및 관측 능력 배양 지원
제6조(교육, 훈련, 공공인식 제고)	- 개별 국가, 지역차원에서 프로그램개발 및 정보교환확대
제7조(당사국총회)	- 당사국총회의 주요 역할, 개최방식 규정: 최고의사결정기구, 특별한 결정이 없는 경우 매년 개최
제8조(사무국)	- 사무국의 역할 규정: 회의 운영관련 서비스 제공
제9조(과학기술 자문기구)	- 과학기술 자문기구 역할 규정: 기후변화 및 그 영향과 과학적 지식에 대한 평가, 기술이전 및 개발의 효율적 방안 수립, 과학·기술 방법론적 질의에 응답
제10조(이행자문기구)	- 이행자문기구 역할 규정, 국가보고서내용 검토, 협약이행 지원
제11조(재정체계)	- 재정체계 운영에 관한 규정
제12조(국가보고서)	- 개도국: 온실가스 배출현황, 정책 및 조치 현황 보고 협약 발효 후 3년 이내 또는 재정 지원이 충분히 이루어진 후 1차 보고서 제출 - Annex Ⅰ 국가: 정책 및 조치의 상세한 내용 및 효과분석 보고 협약 발효 후 6개월 이내 1차 보고서 제출
제13조(협의과정)	- 1차 당사국총회 시 이행자문기구 설립 검토
제14조(분쟁해결)	- 분쟁 해결절차 규정
제15조(협약개정)	- 개정안은 6개월 전 사무국을 통해 당사국들에게 통보 - 합의를 통해 결정이 도출되도록 노력, 실패 시 3/4 다수결
제16조(부속서 제정 및 개정)	- 제안 및 개정안은 6개월 전 사무국을 통해 당사국들에게 통보 - 합의를 통해 결정이 도출되도록 노력, 실패 시 3/4 다수결
제17조(의정서)	- 의정서안은 6개월 전 사무국을 통해 당사국들에게 통보
제18조(투표권)	- 당사국은 하나의 투표권을 가짐. - 지역경제통합기구는 의정서에 가입한 회원국 수만큼의 투표수를 가짐.
제19조(수탁자)	- UN 사무총장이 수탁자
제20조(서명)	- '92.6.20. ~ '93.6.19일간 뉴욕 유엔본부에서 서명
제21조(잠정절차)	- 1차 당사국총회 전까지 잠정적인 사무국 운영 - 지구환경기금(GEF), 유엔환경계획(UNEP), 국제개발은행(IBRD)을 잠정적인 재정체계로 인정
제22조(비준, 승인)	- 서명기간 종료 후 비준, 승인 절차 개시
제23조(발효)	- 50개구 비준서 기탁 후 90일 후 빌효
제24조(유보)	- 유보 없음.

제25조(탈퇴)	-발효 3년 후 당사국은 서면통지를 통해 탈퇴 -수탁자가 가입 탈퇴 통보를 받은 후 1년 경과 후 탈퇴 효력 발생
제26조(정본)	-아랍어, 중국어, 영어, 프랑스어, 러시아어, 스페인어 의정서 원본은 동등
부속서 Ⅰ	-OECD 국가 24개국 동구권국가 11개국
부속서 Ⅱ	-OECD 국가 24개국

제3절 기후변화협약의 진행상황

기후변화협약에 가입한 국가를 당사국(Party)이라고 하며, 이들 국가들이 매년 한 번씩 모여 협약의 이행방법 등 주요 사안들에 대하여 결정하는 자리를 당사국총회(COP: Conference of the Parties)라고 한다. 따라서 당사국총회는 협약에 대한 최고 의사결정기구라고 할 수 있다.

1. 제1차 당사국총회(1995.3. 독일. 베를린)

2000년 이후의 온실가스 감축을 위한 협상그룹(Ad hoc Group on Berlin Mandate)을 설치하고 논의결과를 제3차 당사국총회에 보고하도록 하는 베를린 위임(Berlin Mandate) 사항을 결정하였다.

2. 제2차 당사국총회(1996.7. 스위스. 제네바)

미국과 EU는 감축목표에 대해 법적 구속력을 부여하기로 합의하였다. 또한 기후변화에 관한 정부간협의체(IPCC)의 2차 평가보고서 중 "인간의 활동이 지구의 기후에 명백한 영향을 미치고 있다"는 주장을 과학적 사실로 공식 인정하였다.

3. 제3차 당사국총회(1997.12. 일본. 교토)

부속서 Ⅰ 국가들의 온실가스배출량 감축의무화, 공동이행 제도, 청정개발체제, 배출권거래제 등 시장원리에 입각한 새로운 온실가스 감축 수단의 도입 등을 주요 내용으로 하는 교토 의정서(Kyoto Protocol)를 채택하였다.

4. 제4차 당사국총회(1998.11. 아르헨티나. 부에노스아이레스)

교토 의정서의 세부이행절차 마련을 위한 행동계획(Buenos Aires Plan of Action)을 채택하였다.

5. 제5차 당사국총회(1999.11. 독일. 본)

아르헨티나가 자국의 자발적인 감축목표를 발표함에 따라 개발도상국의 온실가스 감축의무부담 문제가 부각되었다. 아르헨티나는 자국의 온실가스 감축의무부담 방안으로 경제성장에 연동된 온실가스 배출목표를 제시하였다.

6. 제6차 당사국총회(2000.11. 네덜란드. 헤이그)

2002년에 교토 의정서를 발효하기 위하여 교토 의정서의 상세운영규정을 확정할 예정이었으나 미국, 일본, 호주 등 Umbrella 그룹과 유럽연합(EU) 간의 입장 차이로 협상이 결렬되었다.

7. 제6차 당사국총회 속개회의(2001.7. 독일. 본)

교토 메커니즘, 흡수원 등에서 EU와 개발도상국의 양보로 캐나다, 일본이 참여하면서 협상이 극적으로 타결되어 미국을 배제한 채 교토 의정서 체제에 대한 합의를 이루게 되었다.

8. 제7차 당사국총회(2001.11. 모로코. 마라케시)

지난 제6차 당사국총회 속개회의에서 해결되지 않았던 교토 메커니즘, 의무준수체제, 흡수원 등에 있어서의 정책적 현안에 대한 최종합의가 도출됨으로써 청정개발체제 등 교토 메커니즘 관련 사업을 추진하기 위한 기반을 마련하였다.

9. 제8차 당사국총회(2002.10. 인도. 뉴델리)

통계작성·보고, Mechanism, 기후변화협약 및 교토 의정서 향후 방향 등을 논의하였으며, 당사국들에게 기후변화에의 적용(Adaptation), 지속가능발전 및 온실가스 감축노력 촉구 등을 담은 뉴델리 각료선언(The Delhi Ministerial Declaration)을 채택하였다.

10. 제9차 당사국총회(2003.12. 이탈리아. 밀라노)

기술이전 등 기후변화협약의 이행과 조림 및 재조림의 CDM 포함을 위한 정의 및 방식 문제 등 교토 의정서의 발효를 전제로 한 이행체제 보완에 대한 논의가 진행되었다. 또한 기술이전전문가 그룹회의의 활동과 개도국의 적용 및 기술이전 등에 지원될 기후변화 특별기금(Special Climate Change Fund) 및 최빈국(LCD: Least Developed Countries) 기금의 운용 방안이 타결되었다.

11. 제10차 당사국총회(2004.12. 아르헨티나. 부에노스아이레스)

과학기술자문부속기구(SBSTA)가 기후변화의 영향, 취약성 평가, 적응수단 등에 관한 5년 활동계획을 수립하였으며 1차 공약기간(2008~2012) 이후의 의무부담에 대한 비공식적 논의가 시작되었다.

12. 제11차 당사국총회(2005.11.28.~12.9. 캐나다. 몬트리올)

2005년 2월 발표한 교토 의정서 이행절차보고 방안을 담은 19개의 마라케시 결정문을 제1차 교토 의정서 당사국회의에서 승인하였다. 2012년 이후 기후변화체제 협의회 구성 (Two Track Approach)에 합의하였다.

13. 제12차 당사국총회(2006.11.6.~11.17. 케냐. 나이로비)

제12차 당사국총회 결정문의 주요 내용은 선진국들의 2차 공약기간(2013~2017) 온실가스 감축량 설정을 위한 논의 일정에 합의하고 개도국들의 의무감축 참여를 당사국총회를 통해 결정할 수 있다는 것이며, 개도국의 온실가스 감축문제는 13차 총회에서 재논의될 예정이다.

14. 제13차 당사국총회(2007.12.3.~12.14. 인도네시아. 발리)

2012년 이후 선진국 및 개도국의 의무부담에 대한 논의가 활발히 이루어졌으며, 특히 교토 의정서상 의무감축에 상응한 노력을 하기 위해 모든 선진국이 협상에 성실히 임하기로 하고, 선진국 및 개발도상국 등 모든 국가들은 측정·기록·검증 가능한 방법으로 온실가스 감축을 수행토록 하는 발리로드맵을 채택하여 2009년 말을 목표로 협상 진행을 합의하였다.

15. 제14차 당사국회의(2008.12. 폴란드. 포즈난)

2010년 이후 선진국 및 개도국이 참여하는 기후변화체제의 본격적인 협상모드 전환을 위한 기반을 마련한 회의이다. 특히 2009년 6월까지 협상문의 구성요소 및 초안을 마련하자는 일정에는 합의하였으나, 발리와 2009년 12월 코펜하겐의 중간, 미국의 정권교체기 등 상황으로 인해 공유비전, 기술이전, 재원확대 등 중요쟁점에 대해서는 신·개도국 간 입장 차이를 재확인하는 수준으로 협상의 구체적인 성과는 미흡한 회의였다.

16. 제15차 당사국총회(2009.12. 덴마크. 코펜하겐)

100여 개국의 정상들이 모인 제15차 UN 기후변화협상에서는 선진국과 개도국 간 대립으로 난항을 겪었으며, 최종적으로 코펜하겐합의(Copenhagen Accord)라는 형태로 합의를 도출하였다. 그러나 금번 합의는 법적 구속력이 없고(not legally binding), 선·개도국 간 민감한 주요 쟁점들을 미해결 과제로 남긴 정치적 합의문 수준으로 2010년까지 타결을 위한 본격 협상이 이루어질 것으로 보인다.

제4절 기후변화협약에 대한 국가별 대응방안

온실가스가 대부분 에너지사용의 결과로 발생하므로 에너지사용량을 줄이기 위한 에너지절약 및 이용 효율 향상이야말로 기후변화를 완화시킬 수 있는 기본적인 방안이라 할 수 있다.

이에 대부분 선진국들도 기후변화 방지를 위하여 에너지 절약사업과 효율 향상 위주로 정책의 틀을 짜고 있으며, 신재생에너지(풍력, 태양에너지 등) 및 저탄소연료사용 확대 등에도 관심을 갖고 적극적으로 추진하고 있다.

1. EU

EU는 공동대응을 원칙으로 유럽의회 차원에서 공동정책을 구상하고 있다. 기후변화문제를 1980년대부터 '주요 지구 환경문제'로 분류하여 유럽이 주도권을 행사해야 한다는 입장이다.

선진국은 5.2%의 온실가스 삭감을 결정하였지만, 대기 중 온실가스를 안정화시키기 위해서는 50~70% 수준의 삭감이 필요함을 주장하였다. '유럽의 에너지 2020'정책을 수립하여 6% 이산화탄소 감축계획을 수립하고 있다.

유럽의 자동차제조자협회(ACEA)는 2008년까지 신규 자동차 이산화탄소 배출량을 1990년 대비 25% 감축(140g/km)하고 2012년까지 신규 자동차 이산화탄소 배출량을 120g/km 이하로 줄이기로 합의하였다.

2. 프랑스

총리실 산하 '온실가스 대응 범정부 위원회'를 설치하여 2000년 1월에 '기후변화 대응 국가프로그램'을 발표하였다. 또한 제조업체들이 새로운 시장환경에 적응하도록 유도하기 위해 탄소세를 도입하였는데 최대 탄소세액을 500프랑(US$ 76)TC로 결정하였다.

3. 영국

2000년 3월 기후변화 프로그램(UK Climate Change Program)을 발표하여 2010년까지 CO_2 배출 20% 감축을 목표로 하고 있다. 이를 위해 청정자동차 개발에 820만 달러를 투자하였다.

4. 일본

내각에 '지구온난화 대책 추진본부'를 설립하고 1998년에는 지구온난화방지대책법을 제정하였다. 일본의 감축목표는 2008~2012년에 1990년 대비 6%로 청정 연료 및 신·재생에너지사용량을 증가시키고 원자력 발전소를 추가 건설함으로써 이산화탄소 배출 안정화를 추진하고 있다.

– 온실효과배출감축·흡수량목표

구분	목표	
온실가스	2010년도 배출량	1990년도 비
① 에너지부문	1,056	+0.6%
② 비에너지부문	70	−0.3%
③ 메탄	20	−0.4%
④ 이산화질소	34	−0.5%
⑤ HFC PFC SF_6	51	+0.1%
삼림흡수원	−48	−3.9%
교토 메커니즘	−20	−1.6%
합계	1,163	−6.0%

5. 독일

기후변화 관련 정책은 1990년 6월 연방정부에 의해 설립된 범정부 CO_2 감축 실무반 (IWG: CO_2 Reduction Inter−Ministerial Working Group) 주관으로 마련되었다.

에너지부문은 전력소비감소, 석탄소비감소, 신재생에너지이용촉진방안과 천연가스 시장의 활성화를 통해 온실가스 감축을 추진하고 있다.

6. 미국

교토 의정서 비준거부(2001.3.)

기후변화에 대한 과학적 불확실성, 개도국 불참 및 자국경제에 미치는 파급영향을 이유로 거부하였다. 그러나 별도기준(온실가스 집약도방식)에 의한 18% 감축계획을 2003년 3월 발표하고 에너지부, 환경청 등 관련 부처 중심으로 지속적인 경제성장을 보장하며, 기후변화에 대응할 수 있는 대책을 추진하고 있다.

7. 호주

교토 의정서 비준을 거부하였다.
개도국들의 감축의무 참여, 국가경제 고려 등 미국에 동조하고 있다.

8. 한국

온실가스 감축의무부담이 없는 상황에서 범국가적 추진체계를 구축하고 제1, 2, 3차 종합대책을 수립하고, 분야별 실천계획을 내실 있게 추진하였다.

또한 2009년 12월 제15차 기후변화협약 당사국총회에서 2020년까지 우리나라의 온실가스 배출을 BAU 대비 30% 줄일 것임을 선언하였다.

구분	내용
제1차 종합대책('99~'01년)	부문별 감축사업, 온실가스 감축기반 구축사업, 기술개발 사업 등 36개 과제
제2차 종합대책('02~'04년)	협상역량 강화, 교토 메커니즘 대응기반 구축사업, 대국민 홍보사업 등 84개 과제
제3차 종합대책('05~'07년)	협상이행 기반구축, 부문별 온실가스 감축사업, 기후변화 대응기반 구축사업 등 90개 과제
제4차 종합대책('08~'12년)	온실가스 감축을 위한 부문별 단기목표 및 중장기 국가목표 산정, 감축·적용·연구개발 등 3대 핵심부문 중점 추진

제5절 교토 의정서

1. 비준현황

기후변화협약은 전 세계 국가들이 지구기후변화 방지를 위한 노력을 하겠다는 것이었고, 이를 이행하기 위하여 누가, 얼마만큼, 어떻게 줄이는가에 대한 문제를 해결한 것이 '교토 의정서'라고 할 수 있다.

교토 의정서는 1998.3.16.~1999.3.15.까지 뉴욕의 유엔본부에서 서명을 받아 채택되었고, 그 이후 각 협약 당사국들은 의정서가 발효될 수 있도록 자국의 비준을 위해 노력해 왔다.

그러나 2001년 3월 최대 온실가스 배출국인 미국이 의정서가 자국의 경제에 심각한 피해를 줄 수 있고 중국, 인도 등 개발도상국들이 의무감축대상에서 제외되어 있다는 이유를 내세워 반대 입장을 표명하였다.

이에 교토 의정서는 그 실효성에 큰 타격을 입었지만, EU와 일본 등이 중심이 되어 협상을 지속하였고 마침내 2004년 11월 러시아가 비준서를 제출함에 따라 교토 의정서의 발효조건이 충족되어 정해진 규정(의정서 제25조)에 의해 2005년 2월 교토 의정서는 발효되었다.

협약	발효시기	비준국가	우리나라 비준시기
기후변화협약	1994.3.21.	192	1993.12.
교토 의정서	2005.2.16.	187	2002.11.

2. 교토 의정서의 주요 내용

첫째, 선진국(Annex Ⅰ)의 구속력 있는 감축목표 설정(제3조)

둘째, 공동이행, 청정개발체제, 배출권 거래제 등 시장원리에 입각한 새로운 온실가스 감축수단의 도입(제6조, 제12조, 제17조)

셋째, 국가 간 연합을 통한 공동 감축목표 달성 허용(제4조) 등이다.

① 온실가스 배출 세부사항

의정서에 따르면 기후변화협약 Annex Ⅰ 국가들은 2008~2012년 기간 중 자국 내 온실가스 배출 총량을 1990년대 수준 대비 평균 5.2% 감축하여야 하며 그 세부사항은 다음과 같다.

　㉠ 대상 국가: 38개국(협약 Annex Ⅰ 국가 40개국 중 '97년 당시 협약에 가입하지 않은
　　터키, 벨라루스 제외)

　㉡ 목표연도: 2008~2012년

　㉢ 감축목표율: 1990년대 배출량 대비 평균 5.2% 감축(각국의 경제적 여건에 따라 −8
　　~＋10%까지 차별화된 감축량 규정)

　㉣ 감축대상 온실가스: CO_2, CH_4, NO, HFCs, PFCs, SF_6 6종(각국 사정에 따라 HFCs,
　　PFCs, SF_6 가스의 기준연도는 1995년도 배출량 이용 가능)

　㉤ 온실가스 배출원: 에너지 연소, 산업공정, 농축업, 폐기물 등으로 구분

　㉥ 온실가스 감축 도입 수단: 교토 메커니즘 도입

② Annex Ⅰ 국가 온실가스 감축의무(1990년대 대비)

국가	EU	스위스	체코	미국	일본	캐나다	폴란드	러시아	뉴질 랜드	노르 웨이	호주	아이슬 란드
증감률	−8%	−8%	−8%	−7%	−6%	−6%	−6%	0%	0%	1%	8%	10%

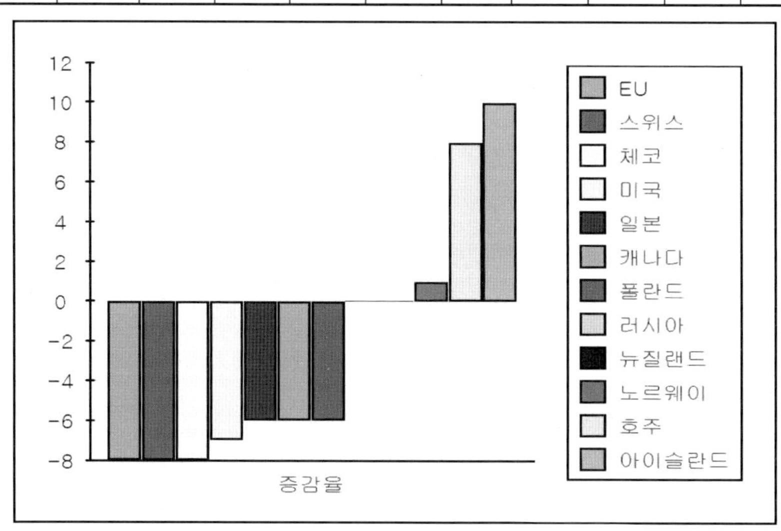

3. 교토 의정서의 발효요건

교토 의정서가 발효되기 위해서는
첫째, 55개국 이상의 협약 당사국들이 비준서를 기탁해야 하고,

둘째, 그중 비준서를 기탁한 부속서(Annex)Ⅰ 국가들의 1990년 기준 이산화탄소 배출량의 합이 전체 부속서 Ⅰ 국가들의 1990년 기준 이산화탄소 배출량의 55% 이상을 차지해야 한다.

교토 의정서는 위 조건이 충족된 날로부터 90일 경과 후 발효된다.

① 1990년 기준 Annex Ⅰ 국가의 주요국별 CO_2 배출비중

미국	EU	러시아	일본	캐나다	호주
36.1%	24.2%	17.4%	8.5%	3.3%	2.1%

② 교토 의정서 발효전망 및 영향

미국은 2011년 3월에 교토 의정서가 중국, 인도 등 선발 개발도상국을 온실가스 감축의 무대상국에서 제외하고 있고, 자국경제에도 심각한 피해를 줄 수 있다는 이유를 내세워 이에 반대한다는 입장을 밝혔다.

교토 의정서가 2005년 2월 16일 발효됨에 따라 2013년 이후의 온실가스 감축방안이 자연스럽게 논의될 것이며, 이에 따라 우리나라 등 선발 개도국의 감축 참여 문제가 EU를 중심으로 한 선진국으로부터 제기될 것이다.

EU 국가들은 미국이 참여하지 않는 일방적인 온실가스 감축으로 미국에 비하여 경쟁력이 약화되는 것을 우려하고 있다. 결국 EU 국가들은 미국의 참여를 유도하기 위해서는 미국이 지속적으로 주장해 온 개도국의 의무부담을 자연스럽게 거론할 것으로 예상된다.

4. 교토 메커니즘

교토 의정서는 온실가스를 효과적이고 경제적으로 줄이기 위하여 공동이행제도(JI), 청정개발체제(CDM), 배출권 거래제도(ET)와 같은 유연성체제를 도입하였는데, 이들을 '교토 메커니즘(Kyoto Mechanism)'이라고 한다.

또한 선진국들이 온실가스 감축의무를 자국 내에서만 모두 이행하기에는 한계가 있다는 점을 인정하여 배출권의 거래나 공동사업을 통한 감축분의 이전 등을 통해 의무이행에 유연성을 부여하는 체제를 '유연성체제'라고 말한다.

전 세계적으로 온실가스 감축비용을 줄이기 위한 것으로 기후변화협약에서는 교토 메커니즘이라 불리는 배출권 거래제(ET), 공동이행제도(JI), 청정개발체제(CDM) 등이 이에 속한다.

① 공동이행제도(JI: Joint Implementation): 교토 의정서 제6조

부속서 Ⅰ 국가들 사이에서 온실가스 감축사업을 공동으로 수행하는 것을 인정하는 것으로 한 국가가 다른 국가에 투자하여 감축한 온실가스 감축량의 일부분을 투자국의 감축실적으로 인정하는 체제이다.

특히 EU는 동부유럽국가와 공동이행을 추진하기 위하여 활발히 움직이고 있다. 현재 비부속서(Non-Annex) Ⅰ 국가인 우리나라가 활용할 수 있는 제도는 아니지만, 선진국의 의무부담 압력이 가중되는 현실을 감안할 때, 공동이행제도의 논의동향을 파악해 둘 필요가 있다.

② 청정개발체제(CDM: Clean Development Mechanism): 교토 의정서 제12조

이 체제는 선진국(부속서 Ⅰ 국가)이 개발도상국(비부속서 Ⅰ 국가)에서 온실가스 감축사업을 수행하여 달성한 실적의 일부를 선진국의 감축량으로 허용하는 것이다.

CDM을 통하여 선진국은 온실가스 감축량을 얻고, 개발도상국은 선진국으로부터 기술과 재정지원을 얻을 것으로 기대하고 있다.

2001년 7차 당사국총회에서 CDM 집행위원회(Executive Board)가 구성된 이래 세부적인 사업 추진절차가 마련되어 2005년 1월 현재 1개의 대규모 매립지가스 자원화사업과 1개의 소규모 수력발전사업이 CDM 집행위원회에 등록되어 있으며 19개의 베이스라인 및 모니터링 방법론이 집행위원회로부터 승인을 받은 상태이다.

청정개발체제는 공동이행제도와는 달리 1차 의무기간(2008~2012) 이전의 조기감축활동(Early Action)을 인정하는데 2000~2007년에 발생한 CERs(Certified Emission Reductions)를 소급하여 인정한다.

[청정개발체제의 편익]

세계적 편익	- 온실가스 배출감축 비용의 절감 - 민간부문의 참여확대 - 세계적인 온실가스 감축대책 이행의 가속화

개발도상국의 편익	– 외자유치를 통한 경제개발 – 기술이전 – 고용창출 – 사회간접자본 확충 – 에너지 수입 대체 및 에너지 효율 향상
선진국의 편익	– 온실가스 배출감축 비용의 절감 – 배출감축의무 달성에 유연성 확보 – 신기술 및 첨단기술에 대한 시장확보 – 새로운 투자기회 확대

㉠ CDM 운영기구(Operational Entity)의 역할

CDM 운영기구(Operational Entity)는 CDM 사업계획에 대한 타당성 확인(Validation)과 사업에 의한 감축실적을 검증(Verification)하는 독립된 인증기관으로서 교토 의정서 당사국총회(COP/MOP)로부터 지정받는다.

㉡ 타당성 확인

사업자가 제출한 사업계획서에 근거하여 CDM 사업의 사전 타당성을 평가하는 작업이며 검증이란 사업 운영자가 제출한 모니터링 보고서에 근거하여 CDM 사업에 의한 배출감축량을 평가하는 작업을 말한다.

㉢ 타당성 확인/검증 및 인증 절차

　ⓐ 타당성 확인/검증 및 인증 신청

　ⓑ 타당성 확인/검증 계획 통보

　　– 타당성 확인/검증팀 통보

　　– 타당성 확인/검증 및 인증 프로그램

　ⓒ 타당성 확인/검증 실시

　　– 타당성 확인/검증은 문서검토와 현장평가로 나누어 실시한다.

　　– CDM 사업 등록/CERs 발행 요청을 위한 위원회 심의

　　– CDM 사업 등록/CERs 발행 요청

　ⓓ 이의 및 불만 제기

　㉣ 타당성 확인/검증 수행 범위

수행범위	세 분류
에너지	– 재생에너지이용 사업 – 화석연료 발전 사업
제조업	제품공성 향상 또는 연료전환을 통한 온실가스 감축사업
화학사업	화학제품 생산 시 발생되는 온실가스 감축사업

③ 배출권 거래제도(ET: Emissions Trading): 교토 의정서 제17조

이 조항은 온실가스 감축의무 보유국가(Annex B)가 의무감축량을 초과하여 달성하였을 경우 이 초과분을 다른 부속서 국가(Annex B)와 거래할 수 있도록 허용하였다. 이와 반대로 의무를 달성하지 못한 국가는 부족분을 다른 부속서 B국가로부터 구입할 수 있다.

이것은 온실가스 감축량도 시장의 상품처럼 서로 사고팔 수 있도록 허용한 것이라고 할 수 있다. 이 제도가 시행될 경우, 각국은 최대한으로 배출량을 줄여 배출권 판매수익을 거두거나, 배출량을 줄이는 데 비용이 많이 드는 국가는 상대적으로 저렴한 배출권을 구입하여 감축비용을 줄일 수 있으므로 전체적으로는 감축비용을 최소화할 수 있게 된다.

㉠ 배출권 거래제의 장단점 비교

배출권 거래제의 장점	배출권 거래제의 단점
- 환경목표를 최소비용으로 달성할 수 있다. - 오염총량을 직접 관리할 수 있다. - 배출권 판매 및 구입업체에 대한 기술개발 유인이 높다. - 효율적인 자원배분을 촉진하는 가격기구 역할을 한다.	- 감시, 행정 및 거래비용이 크다. - 시장의 불확실성에 따른 위험비용이 발생할 수 있다. - 적정 환경목표설정이 선행되어야 한다.

실제로 여러 경제 모델들이 배출권거래 효과를 분석한 결과, 유럽 OECD 국가들이 자국 내에서만 감축의무를 이행하는 경우 감축비용은 탄소톤당 20~665달러지만, 의무부담을 갖고 있는 부속서 B 국가 간 배출권 거래가 이루어지는 경우에는 그 비용이 14~135달러로 줄어들고 GDP 손실률도 0.31~1.50%에서 0.13~0.81%로 개선될 것으로 전망하고 있다.

㉡ 2010년 선진국 GDP 손실 및 감축비용 분석

시나리오	미국		유럽 OECD 국가		일본	
	GDP 손실률(%)	한계감축비용 (1990US$탄소톤)	GDP 손실률(%)	한계감축비용 (1990US$탄소톤)	GDP 손실률(%)	한계감축비용 (1990US$탄소톤)
무거래	0.42~1.96	76~322	0.31~1.50	20~665	0.19~1.20	97~645
Annex B 거래	0.24~0.91	14~135	0.13~0.81	14~135	0.05~0.45	14~135

*출처: IPCC, Climate Change 2001 Synthesis Report

이처럼 온실가스 감축분을 상품으로 사고팔 수 있게 함으로써, 온실가스 감축 관련 국제 기술시장을 확대시키고 온실가스 감축비용이 저렴해지며 또한 CDM 사업 등을 통해 간접적으로 개발도상국의 참여를 유도하는 여러 가지 효과가 있다.

제6절 지구온난화와 온실가스

1. 지구온난화

우리가 지구환경 속에서 쾌적하게 살아갈 수 있는 이유는 대기 중 이산화탄소 등 온실가스가 온실의 유리처럼 작용하여 지구표면의 온도를 일정하게 유지하기 때문이다.

지구가 평균기온 15℃를 유지할 수 있는 것도 대기 중에 존재하는 일정량의 온실가스에 의한 것으로, 이러한 온실효과가 없다면 지구의 평균기온은 -18℃까지 내려가 대부분의 생명체는 살 수 없게 된다. 그런데 지난 100년 동안 이러한 온실효과를 일으키는 물질들의 대기 중 농도가 증가하여 인류는 기후변화라는 전 세계적인 문제에 직면하게 되었다.

즉 삼림벌채 등에 의하여 자연의 자정능력이 약화되고, 산업발전에 따른 화석연료의 사용량 증가로 인하여 인위적으로 발생하는 이산화탄소의 양이 증가됨에 따라 두꺼운 온실이 형성되어 온실효과가 커졌다.

이로 인하여 지구의 평균기온이 올라가는 지구온난화 현상이 나타나고 있는 것이다.

① 지구온난화의 요인과 영향

지구온난화의 약 60%는 이산화탄소에 의한 것이며, 이는 주로 화석연료의 사용에 따른 것이다. 산림을 파괴할 때, 나무에 저장되어 있다가 대기 중으로 배출되는 이산화탄소의 양도 많다.

대기 중의 이산화탄소 농도는 산업혁명 이전의 280ppm에서 2000년 현재 368ppm으로 31%가 증가된 상태이다. 향후 2100년까지 평균기온은 1.4~5.8℃, 해수면은 9~88㎝ 올라갈 것으로 예측하고 있다. 이러한 기온상승 속도는 지구가 변해 온 과정과 비교해 볼 때 과거의 기후변화보다 무려 100배나 빠른 속도이다.

이로 인하여 극지방과 고산지대의 빙하와 적설지대가 감소하고, 결빙기간 및 겨울철이 짧아졌다. 대신에, 식물의 생육기간은 늘어났고 집중 호우와 같은 극한 기상현상이 자주 발생하였다. 우리나라도 1912년 이래로 지구온난화와 도시화 효과로 평균기온이 1.5℃가 상승하였다.

특히 여름철보다는 겨울철의 최저 기온이 크게 상승하였고 강수의 횟수보다는 집중 호우 발생의 증가로 강수량이 증가하였다.

이러한 지구온난화는 인간의 건강, 산림과 해양생태계, 자연재해, 수자원, 농업 등 모든 분야에 영향을 미치며, 최근의 빈번한 이상기후와 자연재해도 이러한 징후로 여겨지고 있다.

2. 온실효과

온실효과는 태양으로부터 지구에 들어오는 단파장의 태양 복사에너지는 통과시키는 반면 지구로부터 방출되는 장파장의 복사에너지는 흡수함으로써 지표면을 보온하는 역할을 하며, 지구의 평균기온이 현재와 같이 15℃를 유지할 수 있도록 한다.

달의 표면이 태양이 비추는 쪽은 100℃가 넘고, 반대쪽은 영하 200℃가 되는 이유는 대기가 없어 온실효과 현상이 나타나지 않기 때문이다.

① 온실효과 메커니즘

태양에서 지구로 오는 빛 에너지 중에서 약 34%는 구름이나 먼지 등에 의해 반사되고, 지표면에는 약 44% 정도만 도달한다.

지구는 태양으로부터 받은 이 에너지를 파장이 긴 적외선으로 방출하는데 이산화탄소 등의 온실가스가 적외선 파장 일부를 흡수한다.

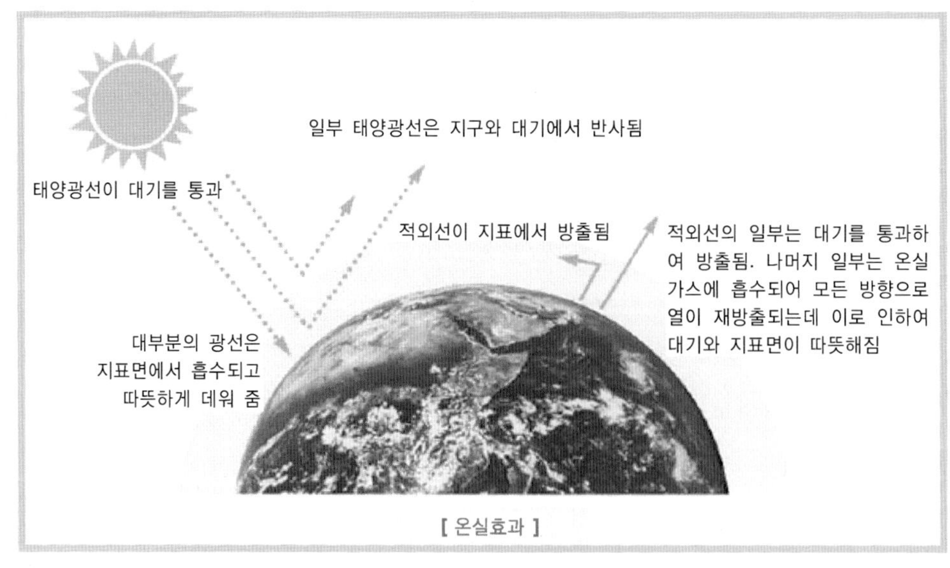

[온실효과]

3. 온실가스

대기를 구성하는 여러 가지 기체들 가운데 온실효과를 일으키는 기체를 '온실가스'라 하며, 온실가스로는 이산화탄소(CO_2), 메탄(CH_4), 이산화질소(N_2O), 프레온(CFCs), 수소불화탄소(HFCs), 과불화탄소(PFCs), 육불화유황(SF_6), 오존(O_3) 등이 있다.

이 중 제3차 당사국총회(COP: Conference of the Parties)에서는 이산화탄소(CO_2), 메탄(CH_4), 이산화질소(N_2O), 수소불화탄소(HFCs), 과불화탄소(PFCs), 육불화유황(SF_6)을 6대 온실가스로 지정하였다.

이들 온실가스들이 지구온난화에 기여하는 정도는 IPCC가 제시한 지구온난화 지수(GWP: Global Warming Protential)를 통해 알 수 있으며, 이산화탄소를 1로 보았을 때, 메탄은 21, 이산화질소는 310, 프레온가스는 1,300~23,900이다.

① 6대 온실가스

㉠ 이산화탄소(CO_2)

지구온난화 지수는 낮지만 규제 가능한 가스(Controllable Gas)로서 전체 온실가스배출량 중 약 80% 이상을 차지하고 있기 때문에 6대 온실가스 중 가장 중요한 온실가스로 분류되고 있다.

우리가 숨을 내쉴 때마다 나오는 이산화탄소(CO_2)는 나무와 석유, 석탄과 같은 화학연료가 탈 때, 탄소가 공기 중의 산소와 결합하여 생긴다.

자연계에서 이산화탄소는 식물이 광합성작용을 할 때 사용되고, 바다에 흡수되고 남은 양은 대기 중에 계속 쌓이게 된다. 산업혁명 이후 지난 100여 년 동안 화석연료사용이 급속히 증가하였다.

㉡ 메탄(CH_4)

천연가스(LNG)의 주성분이며, 음식물 쓰레기가 부패할 때와 소나 닭과 같은 가축의 배설물에서도 발생한다.

메탄의 발생량은 이산화탄소에 비하여 아주 적은 양이지만 메탄 1분자가 일으키는 온실효과는 이산화탄소의 약 20배 이상으로 지구 전체 온실효과의 15~20% 이상을 차지한다.

ⓒ 이산화질소(N₂O)

주로 석탄을 채광할 때 그리고 연료가 고온으로 타면서 발생하고, 대기 중에서 온실효과를 일으키는 작용을 한다고 밝혀졌다.

② 수소불화탄소(HFCs)

불연성 무독성 가스로 취급이 용이하며, 화학적으로 안정하여 냉장고 및 에어컨의 냉매로 사용된다.

◎ 과불화탄소(PFCs)

탄소와 불소의 화합물로 전자제품, 도금산업 등에서 세정용으로 사용되며, 우리나라의 경우 전량 반도체 제조공정(플라즈마 에칭 및 Chamber Cleaning)에 사용되고 있다.

ⓗ 육불화황(SF₆)

전기제품이나 변압기 등의 절연체로 사용되는 곳에 있다.

2002년도 우리나라 온실가스 배출 통계를 보면 에너지 연소로 발생하는 온실가스가 국내 온실가스배출량의 83.4%를 차지하고 산업공정에서 10.9%, 나머지는 농업 및 축산(2.9%), 폐기물(2.8%)에서 발생하고 있다.

다시 말해 온실가스는 대부분 에너지이용의 결과로 발생되므로 기후변화는 에너지문제와 직결되어 있다.

② 온실가스의 종류

배출원	CO_2	CH_4	N_2O	HFCs, PFCs, SF_6
	에너지사용/ 산업공정	폐기물/농업/축산	산업공정/ 비료사용	냉매/세척용
지구온난화 지수(CO_2=1)	1	21	310	1,300~23,900
온난화기여도(%)	55	15	6	24
국내 총배출량(%)	88.6	4.8	2.8	3.8

국내 온실가스 감축 관리

제1절 한국의 온실가스 배출

1. 한국의 온실가스 배출 현황

한국의 2009년 온실가스 총배출량(LULUCF 제외)은 607.6백만 톤 CO_2 eq.이며, 이는 1990년 대비 105.0%, 2008년 대비 0.9% 증가한 수치이다.

2009년 온실가스 순배출량(LULUCF 포함)은 564.7백만 톤 CO_2 eq.로 1990년 대비 106.6%, 2008년 대비 0.6% 증가했다. 부문별로 살펴보면 에너지 부문 84.9%, 산업공정 부문 9.3%, 농업 부문 3.3%, 폐기물 부문 2.5% 등의 순으로 나타났다.

2009년 1인당 온실가스배출량은 12.5톤 CO_2 eq.이다. 이는 1990년에 비해 80.3% 증가한 수치라고 할 수 있다. 온실가스 총배출량 및 1인당 배출량은 지속적으로 증가하고 있지만 그 증가폭은 둔화되고 있는 것으로 나타났다.

실질 국내총생산 대비 온실가스배출량은 619.0톤 CO_2 eq./10억 원으로 1990년에 비해 22.9% 감소한 것으로 나타났다. GDP당 온실가스배출량은 개선 추세를 보이다가 2009년 다소 증가한 것으로 조사되었다. 그 원인은 이상기후(한파 및 열대야 등) 등의 영향으로 전력 수요가 급증한 것으로 추정된다.

(단위: 백만 톤 CO₂ eq.)

구분	'90	'95	'00	'05	'06	'07	'08	'09
총배출량	296.4	448.1	513.7	570.3	575.7	588.8	602.3	607.6
에너지	243.1	357.7	414.4	469.6	476.6	495.8	509.6	516.0
산업공정	20.2	51.3	58.4	64.1	62.8	58.6	58.3	56.7
농업	22.7	23.5	22.4	20.3	19.7	19.3	19.4	19.8
폐기물	10.4	15.5	18.5	16.3	16.6	15.2	15.1	15.1
LULUCF	−23.1	−22.4	−36.5	−32.4	−33.5	−37.5	−41.0	−42.9

2009년도 온실가스별 배출 비중을 살펴보면, CO_2(이산화탄소)가 89.0%로 가장 큰 부분을 차지하고 있는 것으로 나타났다. 그다음으로는 CH_4(메탄) 4.6%, SF_6(육불화황) 3.1%, N_2O(아산화질소) 2.1%, HFCs(수소불화탄소) 1.0%, PFCs(과불화탄소) 0.4% 등의 순으로 나타났다. 또 1990년 대비 2009년 배출량에서 CO_2는 112.5%, N_2O는 18.8% 증가했고 CH_4는 9.1% 감소했다. HFCs는 1995년 대비 5.2%, SF_6는 160.3% 증가했고 PFCs는 4.2% 감소했다.

(단위: 백만 톤 CO₂ eq.)

구분	'90	'95	'00	'05	'06	'07	'08	'09
총배출량	296.4	448.1	513.7	570.3	575.7	588.8	602.3	607.6
CO_2	254.4	389.0	444.3	494.6	501.9	521.8	535.0	540.6
CH_4	30.5	29.1	29.1	28.8	28.4	27.8	27.9	27.7
N_2O	10.5	14.9	18.3	22.2	20.3	11.9	12.3	12.5
HFCs	1.0	5.6	8.4	6.7	6.1	7.4	6.9	5.9
PFCs	−	2.4	2.2	2.8	2.9	3.1	2.9	2.3
SF_6	−	7.1	11.3	15.3	16.0	16.9	17.4	18.6

한국은 기후변화협약 당사국으로서 전 지구적 문제인 기후변화 문제 해결을 위해 여러 부문에 걸쳐 자발적이고 선도적인 정책들과 조치들을 마련하여 추진하고 있다. 그 일환으로 한국정부는 지난 1998년부터 기후변화대책위원회를 구성해 운영하고 있으며, 이 위원회를 중심으로 3차례에 걸쳐 '기후변화협약 대응종합대책'을 수립해 추진했다.

최근 한국은 기후변화협약 중심의 대응 체계에서 한 발 더 나아가 환경, 산업국제협력 등을 포괄하는 종합 대책 성격을 가진 '기후변화대응 종합기본계획(2008~2012)'을 발표했다. 또 중기 온실가스 감축목표를 2020년 배출전망치(BAU: Business As Usual) 대비 30%로 확정 발표했으며, 분야별 세부 정책 및 조치들을 체계적으로 추진하고 있다.

한국정부는 발전과 산업 부문의 온실가스 감축을 위해 에너지의 수요와 공급 및 효율 향상 측면에서 많은 노력을 기울이고 있다. 특히 산업 부문의 에너지 수요 관리 강화, 신재생에너지와 청정에너지 보급 비중 확대 그리고 에너지 고효율 기자재 보급 확대를 통한 에너지 효율 향상에 초점을 맞춰 다양한 정책들을 추진하고 있다.

건물 부문에서는 건축물 에너지 설계 기준의 지속적 강화, 건물 에너지 효율등급 인증제도의 시행 확대, 친환경 건축물 인증제도 확대 등을 통해 온실가스 감축 노력을 강화하고 있다.

교통 부문에 있어 한국정부는 교통 수요 관리강화, 교통 운영 효율화, 저공해 자동차 보급 활성화, 저탄소 물류 체계 구축 등을 위한 정책들을 추진하고 있다.

또 한국정부는 농축산 부문의 영농 및 축산방식개선을 위한 정책들을 추진하고 있다.

임업 부문에서는 온실가스 흡수원의 보전과 확대, 산림 탄소 상쇄 사업을 위한 정책도 시행하고 있다. 이와 함께 폐기물 부문과 관련해 폐기물 감량화, 재활용 확대, 폐자원 에너지화를 위한 정책 등을 추진하고 있다.

2. 온실가스 배출 전망 및 부문별 감축 전망

국가 전체 온실가스배출량은 전망기간(2005~2020)에 지속적인 증가세가 유지될 것으로 보인다. 특히 2020년 배출량은 2005년 대비 약 36.1% 늘어날 전망이다. 배출원별 전망을 살펴보면 같은 기간 에너지 부문 배출량이 33.5%, 산업공정 부문이 81.8% 증가하는 데 반해 농업 부문은 7.5%, 폐기물 부문은 14.9% 감소하는 것으로 나타났다. LULUCF 부문의 순 흡수량 역시 26.0% 감소할 것으로 예상되고 있다.

에너지 부문의 세부 부문별 온실가스 배출 비중을 살펴보면 에너지산업 부문은 지속적인 전력 소비 증가로 인해 배출 비중이 2005년 37.8%에서 2020년 38.8%로 증가할 것으로 전망되고 있다. 또 제조업 및 건설업 부문의 경우 2005년 28.7%에서 2020년 33.1%로 증가할 것으로 보인다. 이와 함께 연비 개선 및 차량 증가율 둔화로 인해 수송 부문의 배출 비중은 2005년 17.4%에서 2020년 15.7% 수준으로 감소할 전망이며, 기타 부문은 인구 가구 수 증가율 둔화 및 에너지 효율 개선 등의 요인으로 인해 2005년 14.8%에서 2020년 11.1%로 배출 비중이 감소할 것으로 전망되고 있다.

산업공정 부문은 전망기간에 디스플레이 반도체 등 관련 업종의 성장을 이유로 불화성 가스 배출량이 급격히 증가할 것으로 전망되고 있다.

　농업 부문은 축산 및 경종 분야 배출량이 각각 2005년 대비 2020년 2.1%, 10.1%씩 감소하며, 폐기물 부문은 폐기물 재활용률 증가 등으로 인해 전체적으로 배출량이 감소할 것으로 예상되고 있다.

3. 온실가스 목표관리제의 흐름

　국내 온실가스 통계는 2010년 이전까지 '에너지 기본법' 제19조에 따라 지식경제부(구 산업자원부)에서 공표해 왔다. 이후 2010년 '저탄소 녹색성장기본법'이 시행됨에 따라 환경부가 국가 온실가스 통계 총괄기관의 업무를 수행하게 되었다. '저탄소 녹색성장 기본법'은 온실가스 관리 원칙과 역할, 체계, 정보관리 센터 설치 등을 법에 규정함으로써 투명하고 효율적인 국가 온실가스 종합 정보 관리체계를 구축하는 원동력이 되었다.

　한국은 다음과 같은 온실가스 통계 산정 절차를 마련해 놓고 있다.

　우선 국가 온실가스 통계 작성을 위한 첫 단계는 온실가스 산정 보고 검증(MRV4) 등의 지침을 센터에서 각 관장기관에 제공하는 것이다. 온실가스종합정보센터(이하 '센터')에서는 매년 전년도 NIR(National Inventory Report, 국가 온실가스 통계보고서)과 CRF(Common Reporting Format, 공통보고양식)를 작성하는 과정에서 발생한 문제점과 개선사항을 반영해 전년도 MRV 지침을 수정하고 보완한다. 그 뒤 위원회의 심의를 거쳐 이를 확정하고 각 관장기관에 2월 말까지 지침을 제공한다. 각 관장기관이 지정한 분야별 산정기관들은 이 지침에 따라 통계를 산정하고 NIR 및 CRF를 작성해야 하며 작성된 NIR 및 CRF는 관장기관이 취합해 6월 30일까지 센터에 제출하도록 되어 있다. 제출된 NIR과 CRF는 7월부터 8월 말까지 검증을 거치게 되며 센터는 최종 검증결과를 바탕으로 검증 보고서를 작성한다. 검증은 1차로 센터의 분야별 전문가에 의해 수행되고 필요한 경우 통계 작성에 참여하지 않은 외부 전문가들에 의해 2차 검증이 실시된다. 각 관장기관은 검증결과를 바탕으로 수정 보완한 NIR 및 CRF를 센터에 10월 말까지 제출한다. 그 뒤 기술협의체의 기술적 검토와 실무협의회의 협의를 거쳐 관리위원회가 최종적으로 심의 확정한 뒤 12월에 이를 대외에 공표한다.

4. 온실가스에너지 목표관리제의 실행

한국은 저탄소 녹색성장 기본법 및 시행령에 기후변화 완화의 수단으로 명령 통제 (Commend and Control) 방식인 온실가스에너지 목표관리제(이하 '목표관리제')를 규정하고 있다. 목표관리제는 온실가스 배출이 많고 다량의 에너지를 소비하는 대규모 사업장에 대해 온실가스 감축과 에너지절약 목표를 부과해 관리하는 제도이다. 이 제도를 통해 한국 정부는 앞으로 산업계 온실가스배출량의 90%, 국가 전체 온실가스배출량의 70% 이상을 관리하며 국가 온실가스 감축목표 달성과 녹색성장 동력 창출을 위해 노력할 것이다. 또한 목표관리제의 도입을 통해 국제적인 온실가스배출량 및 에너지사용량의 산정, 보고, 검증 체계를 구축하였다. 구축된 산정, 보고, 검증 체계는 향후 배출권 거래제의 기초 인프라로 활용될 예정이다.

목표관리대상은 저탄소 녹색성장 기본법 시행령에서 명시한 온실가스배출량 기준과 에너지사용량 기준을 초과할 경우 관리업체로 지정되며, 미관리업체의 사업장이 사업장 단위 기준치를 초과할 경우 목표관리대상으로 해당 사업장을 지정한다. 업체단위 선정기준은 연간 온실가스배출량 125,000톤 CO_2 eq.과 에너지사용량 500TJ 이상이며, 사업장 단위 선정기준은 온실가스배출량 25,000톤 CO_2 eq.과 에너지사용량 100TJ 이상이다. 2010년 9월 470여 개의 관리업체가 선정되었으며, 목표관리업체는 2011년에 온실가스배출량 정보 등을 수록한 명세서를 관장기관에 보고하였다. 2011년에 지정된 관리업체는 490개 업체로 전년에 비해 약 20여 개 업체가 증가하였다(사업장 위 4,231개). 부문별로는 농업 축산 28개, 산업 발전 384개, 건물 교통 51개, 폐기물 27개 업체가 대상으로 선정되었다. 2012년은 2011년 대비 94개 업체가 증가한 584개가 관리업체로 지정되었으며, 전년도 대비 38.4% 증가하였다. 관리업체 지정 기준은 2014년까지 연간 온실가스 50,000톤 CO_2 eq. 이상인 업체, 15,000톤 CO_2 eq. 이상인 사업장, 에너지사용량 200TJ 이상인 업체나 80TJ 이상인 사업장 등으로 단계적으로 확대될 예정이며, 목표관리제의 운영기관은 총괄기관과 부문별 관장기관으로 구분된다. 총괄감독기관인 환경부는 종합적인 지침과 기준을 설정하고 타 부처 업무에 대한 관리감독을 시행하며 검증기관의 지정과 관리를 담당한다. 관장기관은 부문에 따라서 농림수산식품부(농업, 축산), 지식경제부(산업, 발전), 국토해양부(건물, 교통), 환경부(폐기물)로 구분된다.

관장기관은 관리업체의 지정, 업체목표설정, 이행계획 및 실적의 평가 등 해당 부문에서 지정된 업체의 관리를 담당한다.

목표관리제는 한 해 단위로 추진되며, 그 순서는 관리업체 지정(7월), 부문 업종 업체별 목표설정(9월), 이행계획 제출(12월), 명세서 및 이행실적보고서 제출(3월)로 진행된다.

부문별 관장기관(소관부처)은 매년 9월 말까지 해당 분야 관리업체의 다음 연도 온실가스 감축, 에너지 절약, 에너지이용 효율 목표 등을 설정해 각 관리업체에 통보한다. 관리업체들의 연간 온실가스 배출 허용량 상한치는 2011년 7월 확정된 부문별·업종별 감축 목표를 기반으로 업체의 가동률 전망, 신증설 계획 등이 반영되어 최종 확정된다. 관리업체는 관장기관으로부터 받은 목표를 달성하기 위한 이행계획을 작성하여 매년 12월 말까지 제출하여야 하며, 이행연도 다음 해 3월 말까지 이행실적 및 명세서를 제출하여야 한다.

한국정부는 2011년 3월 「온실가스에너지 목표관리 운영 등에 관한 지침」을 고시하여 온실가스배출량 산정 보고 검증의 구체적인 지침을 규정하였다. 지침은 세부적인 온실가스 산정방법론과 배출계수 활동자료 등 배출량 산정 핵심 자료에 대한 합리적 관리기준을 제시하고 있다. 이 지침은 특히 온실가스배출량 산정 절차에 따라 조직경계 설정 방법, 사업장 내 연료사용량, 원료사용량 등 활동자료에 대한 모니터링 체계 구축 방법, 33개 배출 활동에 대한 구체적인 산정방법론과 배출계수의 활용 방법 등을 포괄적으로 규정하고 있으며 온실가스에너지 명세서 작성 서식을 담고 있다. 관리업체는 작성한 명세서에 대해 검증기관의 검증을 받은 뒤 해당 부문의 관장기관에 제출해야 한다.

온실가스배출량의 산정 보고 검증 절차
① 조직경계 설정 → ② 배출 활동 확인 구분 → ③ 모니터링 유형 및 방법 설정 → ④ 산정 보고 체계 구축 → ⑤ 산정방법론 선택 → ⑥ 배출량 산정 → ⑦ 명세서 작성 → ⑧ 제3자 검증 → ⑨ 명세서 및 검증보고서 제출

검증기관이란 관리업체가 작성한 명세서를 검증하는 제3자적 전문기관을 말한다. 검증기관으로 지정되기 위해서는 검증업무에 대한 전문성을 확보해야 할 뿐 아니라 조직의 독립성과 객관성을 확보해야 한다. 이를 위해 검증기관은 검증을 담당하는 조직과 행정을 담당하는 조직으로 구분해 운영되어야 한다. 검증기관 및 검증심사원의 지정 등록 관리는 국립환경과학원이 담당하고 있으며, 2011년 9월 현재 21개 검증기관이 지정되어 있다. 검증기관 지정 절차는 신청 서류 검토, 현장 조사, 지정 심사자문단 검토, 지정 요청, 관장부처 의견수렴, 검증기관 지정 등의 순서로 진행된다.

검증기관은 특히 엄격한 사후관리를 위해 2년마다 정기조사를 받아야 한다. 검증업무를 담당하는 검증심사원 양성 교육은 2011년 1월부터 실시하고 있으며 엄격한 평가를 통해 검증심사원 자격을 부여하고 있다. 검증심사원은 광물산업, 화학, 철강금속, 전기전자, 폐기물, 농축산임업, 공통분야 등 7개 전문분야로 나뉜다. 2011년 9월 현재까지 엄격한 시험과 교육을 거친 211명이 검증심사원 자격을 취득했다.

제2절 온실가스 배출권 거래제

1. 온실가스 배출권 거래제

한국정부는 온실가스·에너지 목표관리제 운영경험을 바탕으로, 시장기능에 기반을 두고 효율적으로 온실가스를 감축할 수 있는 온실가스 배출권 거래제 도입을 추진하고 있다. 한국정부는 2011년 4월 「온실가스 배출권의 할당 및 거래에 관한 법률」이 국회에 통과하여 2015년 1월 1일부터 온실가스 배출권 거래제가 시행된다.

PART 02

온실가스 · 에너지
국내법규 주요 내용

저탄소 녹색성장 기본법 주요 내용

제1절 저탄소 녹색성장 추진의 기본원칙

1. 저탄소녹색성장 추진의 기본원칙(제3조)

① 정부는 기후변화·에너지·자원 문제의 해결, 성장동력 확충, 기업의 경쟁력 강화, 국토의 효율적 활용 및 쾌적한 환경 조성 등을 포함하는 종합적인 국가 발전전략을 추진한다.

② 정부는 시장기능을 최대한 활성화하여 민간이 주도하는 저탄소 녹색성장을 추진한다.

③ 정부는 녹색기술과 녹색산업을 경제성장의 핵심 동력으로 삼고 새로운 일자리를 창출·확대할 수 있는 새로운 경제체제를 구축한다.

④ 정부는 국가의 자원을 효율적으로 사용하기 위하여 성장잠재력과 경쟁력이 높은 녹색기술 및 녹색산업 분야에 대한 중점 투자 및 자원을 강화한다.

⑤ 정부는 사회·경제 활동에서 에너지와 자원 이용의 효율성을 높이고 자원순환을 촉진한다.

⑥ 정부는 자연자원과 환경의 가치를 보존하면서 국토와 도시, 건물과 교통, 도로·항만·상하수도 등 기반시설을 저탄소 녹색성장에 적합하게 개편한다.

2. 녹색경제·녹색산업의 육성·지원(제23조)

① 정부는 녹색경제를 구현함으로써 국가경제의 건전성과 경쟁력을 강화하고 성장잠
재력이 큰 새로운 녹색산업을 발굴·육성하는 등 녹색경제·녹색산업의 육성·지
원 시책을 마련하여야 한다.
② 제1항에 따른 녹색경제·녹색산업의 육성·지원 시책에는 다음 각 호의 사항이 포
함되어야 한다.
　㉠ 국내외 경제여건 및 전망에 관한 사항
　㉡ 기존 산업의 녹색산업 구조로의 단계적 전환에 관한 사항
　㉢ 녹색산업을 촉진하기 위한 중장기·단계별 목표, 추진전략에 관한 사항
　㉣ 녹색산업의 신성장동력으로의 육성·지원에 관한 사항
　㉤ 전기·정보통신·교통시설 등 기존 국가기반시설의 친환경 구조로의 전환에 관
　　한 사항
　㉥ 녹색경영을 위한 자문서비스 산업의 육성에 관한 사항
　㉦ 녹색산업 인력 양성 및 일자리 창출에 관한 사항
　㉧ 그 밖에 녹색경제·녹색산업의 촉진에 관한 사항

3. 기업의 녹색경영 촉진(제25조)

① 정부는 기업의 녹색경영을 지원·촉진하여야 한다.
② 정부는 기업의 녹색경영을 지원·촉진하기 위하여 다음 각 호의 사항을 포함하는
시책을 수립·시행하여야 한다.
　− 기업의 에너지·자원 이용 효율화, 온실가스배출량 감축, 산림조성 및 자연환경
　　보전, 지속가능발전 정보 등 녹색경영 성과의 공개

4. 규제의 선진화(제36조)

① 정부는 자원을 효율적으로 이용하고 온실가스와 오염물질의 발생을 줄이기 위한 규

제를 도입하려는 경우에는 온실가스 또는 오염물질의 발생 원인자가 스스로 온실가스와 오염물질의 발생을 줄이도록 유도함으로써 사회·경제적 비용을 줄이도록 노력하여야 한다.

② 정부는 온실가스와 오염물질의 발생을 줄이기 위한 규제를 도입하려는 경우에는 민간의 자율과 창의를 저해하지 않도록 하고, 기업의 규제에 대한 국내외 실태조사 등을 하여 산업경쟁력을 높일 수 있도록 규제의 중복을 피하는 등 규제체계를 선진화하여야 한다.

5. 기후변화대응 및 에너지의 목표관리(제42조)

① 정부는 범지구적인 온실가스 감축에 적극 대응하고 저탄소 녹색성장을 효율적·체계적으로 추진하기 위하여 다음 각 호의 사항에 대한 중장기 및 단계별 목표를 설정하고 그 달성을 위하여 필요한 조치를 강구하여야 한다.
　㉠ 온실가스 감축목표
　㉡ 에너지 절약 목표 및 에너지이용 효율 목표
　㉢ 에너지 자립 목표
　㉣ 신·재생에너지 보급 목표

② 정부는 제1항에 따른 목표를 설정할 때 국개여건 및 각국의 동향등을 고려하여야 한다.

③ 정부는 1항에 따른 목표를 달성하기 위하여 관계중앙행정기관,지방자치단체 및 대통령령으로 정하는 공공기관등에 대하여 대통령령으로 정하는 바에 따라 해당기관별로 에너지 절약및 온실가스 감축목표를 설정하도록 하고, 그 이행사항을 지도·감독할수있다.

④ 정부는 제1항 제1호 및 제2호에 따른 목표를 달성할 수 있도록 산업, 교통·수송, 가정·상업 등 부문별 목표를 설정하고 그 달성을 위하여 필요한 조치를 적극 마련하여야 한다.

⑤ 정부는 제1항 제1호 및 제2호에 따른 목표를 달성하기 위하여 대통령령으로 정하는 기준량 이싱의 온실가스 배출업체 및 에너시 소비업체(이하 '관리업제'라 한다)별로 측정·보고·검증이 가능한 방식으로 목표를 설정·관리하여야 한다. 이 경우 정부

는 관리업체와 미리 협의하여야 하며, 온실가스 배출 및 에너지사용 등의 인력, 기술 수준, 국제경쟁력, 국가목표 등을 고려하여야 한다.

⑥ 관리업체는 제5항에 따른 목표를 준수하여야 하며, 그 실적을 대통령령으로 정하는 바에 따라 정부에 보고하여야 한다.

⑦ 정부는 제6항에 따라 보고받은 실적에 대하여 등록부를 작성하고 체계적으로 관리하여야 한다.

⑧ 정부는 관리업체의 준수실적이 제5항에 따른 목표에 미달하는 경우 목표달성을 위하여 필요한 개선을 명할 수 있다. 이 경우 관리업체는 개선명령에 따른 이행계획을 작성하여 이를 성실히 이행하여야 한다.

⑨ 관리업체는 제8항에 따른 이행 결과를 측정·보고·검증이 가능한 방식으로 작성하여 대통령령으로 정하는 공신력 있는 외부 전문기관의 검증을 받아 정부에 보고하고 공개하여야 한다.

⑩ 정부는 관리업체가 제5항에 따른 목표를 달성하고 제8항에 따른 이행계획을 차질 없이 이행할 수 있도록 하기 위하여 필요한 경우 재정·세재·경영·기술지원, 실태조사 및 진단, 자료 및 정보의 제공 등을 할 수 있다.

⑪ 제5항부터 제9항까지에서 규정한 사항 외에 등록부의 관리, 관리업체의 지원 등에 필요한 사항은 대통령령으로 정한다.

6. 온실가스배출량 및 에너지사용량 등의 보고(제44조)

① 관리업체는 사업장별로 매년 온실가스배출량 및 에너지소비량에 대하여 측정·보고·검증 가능한 방식으로 명세서를 작성하여 정부에 보고하여야 한다.

② 관리업체는 제1항에 따른 보고를 할 때 명세서의 신뢰성에 대하여 대통령령으로 정하는 공신력 있는 외부 전문기관의 검증을 받아야 한다. 이 경우 정부는 명세서에 흠이 있거나 빠진 부분에 대하여 시정 또는 보완을 명할 수 있다.

③ 정부는 명세서를 체계적으로 관리하고 명세서에 포함된 주요 정보를 관리업체별로 공개할 수 있다. 다만, 관리업체는 정보 공개로 인하여 그 관리업체의 관리나 영업상의 비밀이 현저히 침해되는 특별한 사유가 있는 경우에는 비공개를 요청할 수 있다.

④ 정부는 관리업체로부터 제3항 단서에 따른 정보의 비공개 요청을 받았을 때에는 심

사위원회를 구성하여 30일 이내에 그 결과를 통지하여야 한다.

⑤ 명세서의 내용, 보고·관리, 공개방법 및 심사위원회의 구성·운영 등에 필요한 사항은 대통령령으로 정한다.

제2절 총량제한 배출권 거래

1. 총량제한 배출권 거래제 등의 도입(제46조)

① 정부는 시장기능을 활용하여 효율적으로 국가의 온실가스 감축목표를 달성하기 위하여 온실가스 배출권을 거래하는 제도로 운영할 수 있다.

② 제1항의 제도에는 온실가스 배출허용총량을 설정하고 배출권을 거래하는 제도 및 기타 국제적으로 인정되는 거래 제도를 포함한다.

③ 정부는 제2항에 따른 제도를 실시할 경우 기후변화 관련 국제협상을 고려하여야 하고, 국제경쟁력이 현저하게 약화될 우려가 있는 제42조 제5항의 관리업체에 대해서는 필요한 조치를 강구할 수 있다.

2. 지속가능발전 기본계획의 수립·시행(제50조)

① 정부는 1992년 브라질에서 개최된 유엔환경개발회의에서 채택한 '의제21', 2002년 남아프리카공화국에서 개최된 세계지속가능발전정상회의에서 채택한 '이행계획' 등 지속가능발전과 관련된 국제적 합의를 성실히 이행하고, 국가의 지속가능발전을 촉진하기 위하여 20년을 계획기간으로 하는 지속가능발전 기본계획을 5년마다 수립·시행하여야 한다.

② 지속가능발전 기본계획을 수립하거나 변경하는 경우에는 「지속가능발전법」 제15조에 따른 지속가능발전위원회의 심의를 거친 다음 위원회와 국무회의의 심의를 거쳐야 한다. 대통령령으로 정하는 경미한 사항을 변경하는 경우에는 그러하지 아니하다.

③ 지속가능발전 기본계획에는 다음 각 호의 사항이 포함되어야 한다.

㉠ 지속가능발전의 현황 및 여건변화와 전망에 관한 사항

㉡ 지속가능발전을 위한 비전, 목표, 추진전략과 원칙, 기본정책 방향, 주요 지표에 관한 사항

㉢ 지속가능발전에 관련된 국제적 합의이행에 관한 사항

㉣ 그 밖에 지속가능발전을 위하여 필요한 사항

④ 중앙행정기관의 장은 제1항에 따른 지속가능발전 기본계획과 조화를 이루는 소관 분야의 중앙 지속가능발전 기본계획을 중앙추진계획에 포함하여 수립·시행하여야 한다.

⑤ 시·도지사는 제1항에 따른 지속가능발전 기본계획과 조화를 이루며 해당 지방자치 단체의 지역적 특성과 여건을 고려한 지방 지속가능발전 기본계획을 지방추진계획에 포함하여 수립·시행하여야 한다.

제3절 친환경 정책

1. 녹색건축물의 확대(제54조)

① 정부는 에너지이용 효율 및 신·재생에너지의 사용비율이 높고 온실가스 배출을 최소화하는 건축물(이하 '녹색건축물'이라 한다)을 확대하기 위하여 녹색건축물 등급제 등 정책을 수립·시행하여야 한다.

② 정부는 건축물에 사용되는 에너지소비량과 온실가스배출량을 줄이기 위하여 대통령령으로 정하는 기준 이상의 건물에 대한 중장기 및 기간별 목표를 설정·관리하여야 한다.

③ 정부는 건축물의 설계·건설·유지관리·해체 등 전 과정에서 에너지·자원 소비를 최소화하고 온실가스 배출을 줄이기 위하여 설계기준 및 허가·심의를 강화하는 등 설계·건설·유지관리·해체 등의 단계별 대책 및 기준을 마련하여 시행하여야 한다.

④ 정부는 기존 건축물이 녹색건축물로 전환되도록 에너지 진단 및 「에너지이용 합리화법」 제25조에 따른 에너지절약사업과 이를 통한 온실가스 배출을 줄이는 사업을

지속적으로 추진하여야 한다.

⑤ 정부는 신축되거나 개축되는 건축물에 대해서는 전력소비량 등 에너지의 소비량을 조절·절약할 수 있는 지능형 계량기를 부착·관리하도록 할 수 있다.

⑥ 정부는 중앙행정기관, 지방자치단체, 대통령령으로 정하는 공공기관 및 교육기관 등의 건축물이 녹색건축물의 선도적 역할을 수행하도록 제1항부터 제5항까지의 규정에 따른 시책을 적용하고 그 이행사항을 점검·관리하여야 한다.

⑦ 정부는 대통령령으로 정하는 일정 규모 이상의 신도시의 개발 또는 도시 재개발을 하는 경우에는 녹색건축물을 확대·보급하도록 노력하여야 한다.

⑧ 정부는 녹색건축물의 확대를 위하여 필요한 경우 대통령령으로 정하는 바에 따라 자금의 지원, 조세의 감면 등 지원을 할 수 있다.

2. 친환경 농림수산의 촉진 및 탄소흡수원 확충(제55조)

① 정부는 에너지 절감 및 바이오에너지 생산을 위한 농업기술을 개발하고, 기후변화에 대응하는 친환경 농산물 생산기술을 개발하여 화학비료·자재와 농약사용을 최대한 억제하고 친환경·유기농 농수산물 및 나무제품의 생산·유통 및 소비를 확산하여야 한다.

② 정부는 농지의 보전·조성 및 바다숲(대기의 온실가스를 흡수하기 위하여 바다 속에 조성하는 우뭇가사리 등의 해조류군을 말한다)의 조성 등을 통하여 탄소흡수원을 확충하여야 한다.

③ 정부는 산림의 보전 및 조성을 통하여 탄소흡수원을 대폭 확충하고, 산림바이오매스 활용을 촉진하여야 한다.

④ 정부는 기후변화에 적극 대응할 수 있는 신품종 개량 등을 통하여 식량자립도를 높일 수 있는 시책을 수립·시행하여야 한다.

온실가스 배출권의 할당 및 거래에 관한 법률의 주요 내용

1. 「저탄소 녹색성장 기본법」에 따라 설정된 국가 온실가스 감축목표를 효율적으로 달성하고 전 세계적인 기후변화 대응 노력에 적극 동참하기 위하여 온실가스를 다량으로 배출하는 업체에 온실가스 배출권을 할당하고 시장을 통해 거래할 수 있도록 하는 제도를 도입하려는 법이다.

2. 온실가스 배출권 거래제란 온실가스 배출허용량(＝배출권)을 할당받은 개별기업이 온실가스 감축에 따르는 비용과 시장의 배출권 가격을 비교해 온실가스를 감축하거나 배출권 구매를 선택하게 하는 제도이다. 시장원리를 적용해 국가 전체적으로 온실가스 감축비용을 절감할 수 있는 비용 효과적인 감축수단이다.

제1절 배출권 거래제

1. 배출권 거래제 기본계획의 수립(제4조)

정부는 시장기능을 활용하여 국가 온실가스 감축목표를 효율적으로 달성하기 위하여 10년을 단위로 하여 5년마다 배출권 거래제의 중·장기 정책목표와 기본방향을 정하는 배출권 거래제 기본계획을 수립하여 녹색성장위원회 및 국무회의의 심의를 거쳐 확정한다.

2. 국가 배출권 할당계획의 수립(제5조)

정부는 국가 온실가스 감축목표를 효과적으로 달성하기 위하여 계획기간별로 배출허용총량, 배출권의 총수량, 할당대상 부문 및 업종, 부문별·업종별·이행연도별 할당기준 및 할당량 등의 사항을 포함하는 국가 배출권 할당계획을 수립한다.

3. 배출권 할당위원회의 설치(제6조 및 제7조)

배출권 거래제에 관한 주요 사항을 심의·조정하기 위하여 배출권 할당위원회를 설치하고, 해당 위원회의 위원장은 기획재정부장관으로 하며, 위원은 기획재정부, 교육과학기술부, 농림수산식품부, 지식경제부, 환경부, 국토해양부 등 관계 중앙행정기관의 차관급 공무원과 저탄소 녹색성장에 관한 전문가로 구성하도록 한다.

4. 배출권 할당대상업체의 지정 및 목표관리제의 적용 배제(제8~10조)

① 이 법에 따라 배출권을 할당받는 업체의 범위를 「저탄소 녹색성장 기본법」에 따른 관리업체 중 온실가스배출량이 대통령령으로 정하는 기준량 이상인 업체와 할당업체로 지정받기 위하여 신청한 업체로 정한다.

② 이 법을 적용받는 배출권 할당대상업체에 대해서는 「저탄소 녹색성장 기본법」상 온실가스목표관리제를 적용하지 않도록 하여 배출권 거래제가 업체에 대한 이중 부담이 되지 않도록 한다.

5. 배출권의 할당(제12~14조)

① 주무관청은 국가 배출권 할당계획에 따라 할당대상업체에 해당 계획기간의 총 배출권과 이행연도별 배출권을 할당하도록 하고, 무상으로 할당하는 배출권의 비율은 국내 산업의 국제경쟁력에 미치는 영향, 기후변화 관련 국제협상 등 국제적 동향, 직전 계획기간에 대한 평가 등을 고려하여 대통령령으로 정하도록 한다.

② 무역집약도가 높거나 온실가스 감축으로 인한 생산비용이 대통령령으로 정하는 기준 이상으로 발생하는 업종에 속하는 할당대상업체에 대해서는 배출권의 전부를 무상으로 할당할 수 있도록 한다.

③ 배출권의 할당은 배출권등록부의 해당 할당대상업체의 계정에 그 내역을 등록하는 방법으로 하고, 주무관청이 배출권을 할당하였을 때에는 그 사실을 지체 없이 할당대상업체에 통보하도록 한다.

6. 배출권 할당의 조정 및 취소(제16조 및 제17조)

① 할당계획 변경으로 배출허용총량이 증가하거나 계획기간 중 시설의 신설·증설, 생산품목의 변경 등 경우 주무관청은 직권으로 또는 업체의 신청에 따라 배출권을 추가 할당하거나 이행연도별 할당량을 조정할 수 있도록 한다.

② 할당계획 변경으로 배출허용총량이 감소하거나 할당대상업체가 전체 시설을 폐쇄한 경우 등에는 주무관청이 할당된 배출권을 취소할 수 있도록 한다.

7. 배출권의 거래(제4장: 제19~23조)

① 할당된 배출권은 매매나 그 밖의 방법으로 거래할 수 있도록 하고, 배출권 거래에 따른 배출권 이전의 효력은 배출권등록부에 거래 내용을 등록한 때에 발생하도록 한다.

② 배출권을 거래하려는 자는 배출권등록부에 배출권 거래계정을 등록하도록 하되, 외국 법인과 개인에 대해서는 대통령령으로 정하는 경우에만 등록을 신청할 수 있도록 한다.

③ 배출권의 공정한 가격 형성과 안정적 거래를 위하여 배출권 거래소를 지정하거나 설치할 수 있도록 하고, 배출권 거래소에서의 정보이용금지 및 부정거래행위 금지 등에 관해서는 「자본시장과 금융투자업에 관한 법률」의 관련 규정을 준용하도록 한다.

④ 배출권 거래가격의 안정적 형성을 위하여 주무관청이 배출권 예비분을 추가 할당하는 등의 방법으로 배출권 시장을 안정화하는 조치를 할 수 있도록 한다.

8. 온실가스배출량의 보고·검증 및 인증(제24조 및 제25조)

할당대상업체는 매 이행연도가 종료하면 해당 이행연도의 실제 온실가스배출량을 외부 전문 검증기관의 검증을 거쳐 주무관청에 보고하도록 하고, 주무관청은 그 적합성을 평가하여 해당 이행연도의 실제 온실가스배출량을 인증하도록 한다.

9. 배출권의 제출, 이월·차입 및 상쇄(제27~30조)

① 할당대상업체는 매 이행연도의 종료일로부터 6개월 이내에 실제 인증받은 온실가스 배출량에 상응하는 배출권을 주무관청에 제출하도록 한다.
② 주무관청에 제출하고 남은 배출권 등 보유하고 있는 배출권은 주무관청의 승인을 받아 다음 이행연도 또는 다음 계획기간의 최초 이행연도로 이월할 수 있도록 하고, 제출할 배출권이 부족한 경우에는 주무관청의 승인을 받아 다음 이행연도의 배출권 을 차입할 수 있도록 한다.
③ 할당대상업체의 국제적 기준에 부합하는 방식으로 외부사업에서 발생한 온실가스 감 축량에 대해서는 주무관청의 인증절차를 거쳐 배출권으로 전환할 수 있도록 한다.

제2절 규제 및 지원

1. 과징금의 부과(제33조)

할당대상업체가 할당받은 온실가스배출량을 초과하여 온실가스를 배출한 경우에는 그 초과한 온실가스배출량에 대하여 이산화탄소 1톤당 10만 원의 범위 내에서 해당 이행연도의 배출권 평균 시장가격의 3배 이하의 과징금을 부과할 수 있도록 한다.

2. 금융·세제상의 지원(제35조)

배출권 거래제 도입으로 인한 기업의 경쟁력 감소를 방지하기 위하여 정부는 온실가스 감축설비를 설치하는 사업 등에 대해서는 금융·세제상의 지원을 하거나 보조금을 지급할 수 있도록 한다.

3. 1차 계획기간에 대한 특례 등(부칙 제2조)

배출권 거래제의 도입이 산업계 등에 미치는 영향을 고려하여 1차 계획기간은 2015년 2월 1일부터 2017년 12월 31일까지로, 2차 계획기간은 2018년 1월 1일부터 2020년 12월 31일까지로 하며, 1차 계획기간 및 2차 계획기간 중에 할당되는 배출권 총수의 95% 이상은 무상으로 할당하도록 한다.

에너지법

제1절 에너지법의 주요 내용

1. 안정적이고 효율적이며 환경친화적인 에너지 수급 구조를 실현하기 위한 에너지 정책 및 에너지 관련 계획의 수립·시행에 관한 기본적인 사항을 규정한 법률이다.

2. 국가 등의 책무(제4조), 적용범위(제5조), 비상시 에너지 수급계획의 수립(제8조), 에너지 기술개발계획(제11조), 에너지 및 에너지 자원기술 전문인력의 양성(제16조) 등 전문 18조와 부칙으로 이루어져 있다. 2006년 3월 3일 법률 제7860호에 의해 「에너지기본법」으로 제정되었다가 2010년 1월 13일 법률 제9931호로 「에너지법」으로 법률명이 변경되었다. 2011년 3월 9일 법률 제10445호까지 총 5차에 걸쳐 내용이 일부 개정되었다.

3. 이 법에서 사용하는 '에너지'란 연료·열 및 전기를 말하며, '연료'란 석유·가스·석탄, 그 밖에 열을 발생하는 열원을 말한다(제2조). 국가는 이 법의 목적을 실현하기 위한 종합적인 시책을 수립·시행해야 하며, 지방자치단체는 이 법의 목적, 국가의 에너지 정책 및 시책과 지역적 특성을 고려한 지역 에너지 시책을 수립·시행해야 한다(제4조). 특별시장·광역시장·도지사 또는 특별자치도지사는 관할 구역의 지역적 특성을 고려하여 「저탄소 녹색성장 기본법」 제41조에 따른 에너지 기본계획의 효율적인 달성과 지역경제의 발전을 위한 지역 에너지 계획을 5년마다 5년 이상을 계

획기간으로 하여 수립·시행해야 한다(제7조).

4. 지식경제부장관은 에너지 수급에 중대한 차질이 발생할 경우에 대비해 비상시 에너
   지 수급계획을 수립해야 하며(제8조), 정부는 에너지 관련 기술의 개발과 보급을 촉
   진하기 위해 10년 이상을 계획기간으로 하는 에너지 기술개발계획을 5년마다 수립
   하고, 이에 따른 연차별 실행계획을 수립·시행해야 한다(제11조). 관계 중앙행정기
   관의 장은 에너지 기술개발을 촉진하기 위해 필요한 경우 에너지 관련 사업자에게
   에너지 기술개발을 위한 사업에 투자하거나 출연할 것을 권고할 수 있다(제15조).

5. 지식경제부장관은 에너지 및 에너지 자원기술 분야의 전문인력을 양성하기 위해 필
   요한 사업을 할 수 있다(제16조). 국가와 지방자치단체는 이 법의 목적을 달성하기
   위해 학술연구 조사 및 기술개발 등에 필요한 행정적·재정적 조치를 할 수 있고(제
   17조), 에너지에 관련된 공익적 활동을 촉진하기 위해 민간 부문에 대해 필요한 자료
   를 제공하거나 재정적 지원을 할 수 있다(제18조). 정부는 매년 주요 에너지 정책의
   집행 경과 및 결과를 국회에 보고해야 한다(제20조).

PART 03

공공부문 온실가스·에너지 목표관리 지침

공공부문 온실가스·에너지 목표관리 운영 등에 관한 지침

[근거] 「저탄소 녹색성장 기본법」 제42조 및 같은 법 시행령 제28조

환경부 고시 제2010−185호, 2011년 1월 5일

공공부문 온실가스·에너지 목표관리 운영 등에 관한 지침

제1장 총칙

제1조(목적)

이 지침은 「저탄소 녹색성장 기본법」(이하 '법'이라 한다) 제42조 및 같은 법 시행령(이하 '시행령'이라 한다) 제28조의 공공부문 온실가스·에너지 목표관리 운영 등에 관한 세부사항을 정하는 것을 목적으로 한다.

제2조(용어의 정의)

이 지침에서 사용되는 용어의 뜻은 다음과 같다.

1. "온실가스·에너지 목표관리(이하 '목표관리'라 한다)"란 온실가스 발생량과 에너지사용량을 낮추기 위해 매년 일정수준의 감축목표를 세우고 이를 달성하기 위하여 지속적으로 온실가스 감축 및 에너지 절약활동을 하는 것을 말한다.

2. '공공부문'이란 중앙행정기관, 지방자치단체 및 다음 각 목의 공공기관을 말한다.

가. 「공공기관의 운영에 관한 법률」 제4조에 따른 공공기관

나. 「지방공기업법」 제49조에 따른 지방공사 및 같은 법 제76조에 따른 지방공단

다. 「국립대학병원 설치법」, 「국립대학치과병원 설치법」, 「서울대학교병원 설치법」 및 「서울대학교치과병원 설치법」에 따른 병원

라. 「고등교육법」 제3조에 따른 국립대학 및 공립대학

3. '온실가스'란 적외선복사열을 흡수하거나 재방출하여 온실효과를 유발하는 가스상태의 물질로서 법 제2조 제9호에서 정하고 있는 이산화탄소(CO_2), 메탄(CH_4), 아산화질소(N_2O), 수소불화탄소(HFCs), 과불화탄소(PFCs) 또는 육불화황(SF_6) 등을 말하며 수소불화탄소(HFCs), 과불화탄소(PFCs)에 대한 세부사항은 별표 1과 같다.

4. '온실가스 배출'이란 사람의 활동에 수반하여 발생하는 온실가스를 대기 중에 배출·방출 또는 누출시키는 직접배출과 다른 사람으로부터 공급된 전기 또는 열(연료 또는 전기를 열원으로 하는 것만 해당한다)을 사용함으로써 온실가스가 배출되도록 하는 간접배출을 말한다.

5. '에너지 사용'이란 연료(석유, 가스, 석탄 및 그 밖에 열을 발생하는 열원으로써 제품의 원료로 사용되는 것은 제외)·열 및 전기를 사용하는 것을 말한다.

6. '배출활동'이란 온실가스를 배출하거나 에너지를 소비하는 일련의 활동을 말한다.

7. "온실가스 배출시설 및 에너지사용시설(이하 '시설'이라 한다)"이란 온실가스를 대기에 배출하거나 에너지를 사용하는 건축물, 시설물, 기계, 기구, 그 밖의 물체 등을 말한다.

8. '에너지관리의 연계성(連繫性)'이란 전력, 열 또는 연료의 공급점을 공유하고 있는 상태, 즉 건물에서 타인으로부터 공급된 에너지를 변환하지 않고 다른 건물 등에 공급하고 있는 상태를 말한다.

9. '기준배출량'이란 공공부문의 온실가스 감축목표 등을 산정할 때 기준이 되는 온실가스배출량을 말한다.

10. '이행연도'란 공공부문이 목표관리를 위하여 온실가스 감축 및 에너지 절약활동을 실시하는 1년 단위의 기간으로서 매년 1월 1일부터 12월 31일까지를 말한다.

제3조(적용범위)

「저탄소 녹색성장 기본법」에 따른 공공부문의 목표관리에 관해서는 이 지침을 우선하여 적용한다.

제4조(기관별 역할)

① 환경부장관은 시행령 제28조에 따라 다음 사항을 담당한다.

1. 공공부문 목표관리 운영을 위한 기준 및 지침 제·개정과 운영

2. 공공부문의 목표 이행계획 검토

3. 공공부문의 목표 이행계획 개선·보완 요구

4. 공공부문의 이행결과보고서 평가

5. 공공부문의 이행결과보고서 평가결과 보고

6. 공공부문의 목표 이행계획 및 이행결과 종합 공표

② 행정안전부장관과 지식경제부장관은 시행령 제28조에 따라 다음 사항을 담당한다.

1. 공공부문의 목표 이행계획에 대한 개선·보완 요구 협의

2. 공공부문의 이행결과보고서 평가

③ 공공부문은 온실가스배출량 및 에너지사용량을 감축하는 주체로서 시행령 제28조에 따라 다음 사항을 수행한다.

1. 연도별 온실가스 감축목표 및 이행계획 제출

2. 감축목표 달성을 위한 온실가스 감축 및 에너지 절약 활동 추진

3. 환경부장관의 이행계획 개선·보완 요구에 대한 이행

4. 이행결과보고서 제출

5. 국무총리의 조치명령에 대한 이행

④ 환경부장관은 공공부문의 목표관리를 운영하기 위해 필요한 경우 소속기관 또는 소속 공공기

관 등으로 하여금 다음의 사항을 담당하게 할 수 있다.

1. 공공부문의 목표 이행계획 검토
2. 공공부문의 이행결과보고서 검토
3. 공공부문의 목표관리 운영을 위한 자료의 조사·분석·관리 및 연구·지원
4. 기타 공공부문 목표관리 운영을 위해 환경부장관이 필요하다고 인정하는 사항

⑤ 행정안전부장관과 지식경제부장관은 필요한 경우 소속기관 또는 소속 공공기관으로 하여금 제2항에 관한 업무 수행을 담당하게 할 수 있다.

제2장 목표관리 대상기관 및 시설

제5조(대상기관 및 특례)

① 목표관리 대상기관은 별표 2에 따른 공공부문으로 하고 공공부문에는 소속기관(지사, 지부, 사업소 등)을 모두 포함한다.

② 법 제42조 및 시행령 제29조에 따라 관리업체로 지정된 공공부문과 공공부문의 시설은 시행령 제28조의 이행계획과 이행결과보고서를 시행령 제30조 및 제34조의 관리업체 이행계획, 실적보고서 및 명세서 등으로 갈음할 수 있다.

③ 제2항의 경우 부문별 관장기관은 시행령 제30조 및 제34조에 따라 관리업체 이행계획, 실적보고서 및 명세서 등을 제출받는 즉시 이를 온실가스 종합정보센터(이하 '센터'라 한다)에 제출하여야 한다.

제6조(대상시설)

① 공공부문은 배출활동에 따른 온실가스배출량 및 에너지사용량을 시설단위로 산정하여 제12조의 이행계획과 제18조의 이행결과보고서를 작성하여야 한다.

② 공공부문이 온실가스배출량 및 에너지사용량을 산정하여야 하는 배출활동의 종류는 별표 3과 같고 온실가스배출량 및 에너지사용량 산정방법은 별표 4에서 정한 바에 따른다.

③ 제1조에 따라 온실가스배출량 및 에너지사용량을 산정하여야 하는 목표관리 대상시설은 공공부문에서 소유 또는 임차하여 사용하고 있는 건물과 차량으로 하고 건물은 「건축법」의 건축물, 차량은 「자동차관리법」의 자동차로 한다.

④ 건물은 「건축법」에 따른 건축물대장과 「부동산등기법」에 따른 건물등기부 등을 기준으로 구분하되 에너지관리의 연계성이 있는 건물과 이에 부속된 시설 등은 하나의 건물로 본다. 또한 동일 부지 내 건물, 인접한 건물, 연접한 건물이 동일한 조직에 의해 에너지 공급·관리 또는 온실가스 관리 등을 받을 경우에도 한 건물로 간주한다.

⑤ 차량의 경우 동일한 조직에 의해 관리되고 동일연료를 사용하는 복수의 차량을 하나의 차량으로 볼 수 있다.

제7조(합동청사 등의 특례)

① 정부합동청사의 경우 청사관리를 담당하는 중앙행정기관의 시설로 보며 해당 청사에 입주한 공공부문이 사용하고 있는 청사 건물 부분을 포함한다.

② 정부합동청사에 입주한 공공부문은 정부합동청사의 온실가스 감축 및 에너지 절약을 위한 청사관리 담당 중앙행정기관의 요구사항에 적극 협력하여야 한다.

③ 공공부문이 다른 공공부문 소유 건물 일부를 임차하여 입주한 경우 입주한 공공부문이 사용하는 건물부분을 포함하여 해당 건물을 소유한 공공부문의 시설로 본다. 다만 개별 계측시설 등으로 임차한 건물부분의 전기사용량 또는 연료사용량 등을 확인할 수 있을 경우에는 이를 입주한 공공부문의 시설로 보고 해당 배출활동에 대한 온실가스배출량과 에너지사용량을 산정하여야 한다.

④ 공공부문이 민간건물 일부를 구분소유 또는 임차하여 입주한 경우 사용하고 있는 건물부분을 입주한 공공부문의 시설로 본다.

⑤ 민간건물 일부를 구분소유 또는 임차한 공공부문이 구분소유 또는 임차한 건물 부분의 전기사용량 또는 연료사용량 등을 확인할 수 없을 경우 확인 가능한 배출활동에 대해서만 온실가스배출량과 에너지사용량을 별표 4에 따라 산정하여야 하고 확인이 불가능한 배출활동에 따른 온실가스배출량과 에너지사용량은 해당 건물의 연면적당 전기·연료사용량 등을 기준으로 산정하여야 한다.

⑥ 제5항의 규정 중 확인이 불가능한 배출활동에 따른 온실가스배출량과 에너지사용량은 제10조의 기준배출량 산정과 제12조의 이행계획 중 감축목표·배출목표량 산정, 제18조의 이행결과보고서 중 감축실적·목표 달성률 산정에서 제외한다. 다만 해당 온실가스배출량과 에너지사용량은 제18조에 따른 이행결과보고서에 포함하여 별도로 제출하여야 한다.

⑦ 공공부문의 건물 내 일부 공간을 민간에 임대한 경우 임대 부분도 대상시설에 포함하여야 한다. 다만 민간이 독자적으로 전기사용량 또는 연료사용량 등을 계측하고 비용을 부담하는 경우에는 이를 제외할 수 있다.

제8조(대상시설 제외)

① 다음 각 호의 경우에는 이 지침에 의한 목표관리 대상시설에서 제외할 수 있다.

1. 「건축법 시행령」 별표 1의 제1호 및 제2호 가목 내지 다목

2. 연면적 100㎡ 이하 소규모 건물

3. 1년 미만 기간의 임차시설

4. 유치원·초·중·고등학교

5. 교정·소년보호시설, 외국인보호소, 치료감호소

6. 노인·아동·장애인·부랑인·노숙인 복지시설, 영유아 보육시설

7. 「건축법 시행령」 별표 1에 따른 국방·군사시설과 국방·군사활동 용도의 차량

8. 검찰·경찰의 순찰·수사·정보수집 활동 용도 차량

9. 화재진압 및 구조·구급활동을 위한 소방차량, 산불진화차량, 응급환자 수송차량

② 제1항에 따라 일부 시설을 목표관리에서 제외하고자 하는 공공부문의 경우에도 해당 시설에 대한 온실가스 감축 및 에너지 절약을 적극적으로 추진하여야 한다.

제3장 이행계획 작성 및 검토

제9조(목표관리)

공공부문의 온실가스 감축 및 에너지 절약을 위한 목표는 온실가스 감축목표로 통합하여 관리하고 온실가스 감축목표를 달성하였을 경우 에너지 절약목표도 달성한 것으로 본다.

제10조(기준배출량)

① 공공부문의 장은 2007년, 2008년, 2009년 각 연도 1월 1일부터 12월 31일까지의 연간 온실가스배출량의 3년간 평균을 기준배출량으로 하고 매년 기준배출량에 대한 감축목표를 설정하여야 한다.

② 공공부문의 장은 특별한 사유가 있을 경우 기준배출량을 조정할 수 있으며 세부적인 기준배출량 설정 및 조정 방법은 별표 5에 따른다.

제11조(목표설정)

① 공공부문의 장은 2015년까지 온실가스 감축목표량이 기준배출량 대비 20% 이상 되도록 하고, 2011년부터 2015년까지 연차별로 감축목표량을 설정하여야 한다.

② 2016년 이후 감축목표는 법 제42조 및 시행령 제25조에 따라 설정된 온실가스 감축 국가목표 및 부문별 배출전망치, 감축목표 등을 감안하여 환경부장관이 추후 설정하고 이를 제시하여야 한다.

제12조(이행계획 작성)

① 공공부문의 장은 다음 각 호를 포함한 목표 이행계획을 별지 제1호 서식에 따라 작성하여야 한다.

1. 연차별 온실가스 감축목표

2. 2007년도, 2008년도, 2009년도 온실가스배출량 및 에너지사용량

3. 온실가스 감축 및 에너지 절약을 위한 이행계획

4. 목표관리 대상시설 내역

5. 시설별 온실가스 배출목표량

② 공공부문의 장은 제1항에 따라 작성한 다음 연도 이행계획을 매년 12월 31일까지 전자적 방식으로 센터에 제출하여야 한다.

③ 공공부문의 장은 이행계획 작성에 관한 연료 구입서류, 가스·전력 사용고지서 등의 배출량 산정 근거자료와 세부 산정내역을 이행계획을 제출한 날로부터 5일 이내에 환경부장관에게

제출하여야 한다.

제13조(이행계획 검토)

① 환경부장관은 공공부문의 장이 센터에 제출한 이행계획에 대하여 감축목표 및 그 이행계획의 적절성, 기준배출량 산정의 정확성 등에 대해 검토하여야 한다.

② 환경부장관은 필요한 경우 해당 공공부문의 장에게 추가 자료 제출 요구와 현장조사 등을 실시할 수 있다.

제14조(이행계획 개선 및 보완)

① 환경부장관은 제13조에 따른 검토 결과 이행계획이 부실하게 작성되었거나 보완이 필요한 경우 행정안전부장관 및 지식경제부장관과 협의하여 이행계획의 개선·보완을 요구할 수 있다.

② 제1항에 따라 개선·보완을 요구받은 공공부문의 장은 개선·보완을 요구받은 날로부터 1개월 이내에 이행계획을 재작성하여 전자적 방식으로 센터에 제출하여야 한다.

제15조(이행계획 변경)

① 공공부문의 장은 제12조에 따른 이행계획 작성 시 중대한 오류가 있었거나 조직 변경, 시설의 신설 등의 사유가 발생하였을 경우 이행연도의 이행계획을 변경할 수 있고 변경한 이행계획을 전자적 방식으로 센터에 제출하여야 한다.

② 환경부장관은 제1항에 따라 제출된 이행계획에 대하여 제13조 및 제14조 규정을 적용하여 이행계획 검토, 이행계획 개선 및 보완요구 등을 실시하여야 한다.

제4장 이행실적 관리

제16조(이행실적 관리)

공공부문의 장은 이행연도의 온실가스배출량과 에너지사용량을 관리하기 위하여 시설별로 온실가스배출량 및 에너지사용량 관리대장(이하 '관리대장'이라 한다)을 별지 제2호 서식에 따라 월별로 작성하고 보관하여야 한다.

제17조(이행실태 점검)

① 환경부장관은 공공부문의 이행계획에 대한 추진현황을 점검할 수 있고 필요한 경우 행정안전부, 지식경제부 등 관계기관과 공동으로 실시할 수 있다.

② 제1항에 따른 점검결과 이행계획에 대한 추진이 미흡한 기관에 대해서는 미흡사실을 통보하고 그 개선을 요구할 수 있다. 이 경우 공공부문의 장은 개선요구에 대한 추진계획을 환경부장관에게 제출하여야 한다.

제5장 이행결과 보고서 작성 및 평가

제18조(이행결과보고서 작성)

① 공공부문의 장은 제12조의 이행계획에 대한 이행결과보고서를 다음 각 호를 포함하여 별지 제3호 서식에 따라 작성하여야 하고 매년 3월 31일까지 전자적 방식으로 센터에 제출하여야 한다.

1. 이행연도의 온실가스 감축실적 및 목표 달성률
2. 이행연도의 시설별 온실가스배출량 및 에너지사용량
3. 이행계획에 대한 이행결과

② 공공부문의 장은 제1항의 온실가스배출량 및 에너지사용량 산정에 대한 연료 구입서류, 가스·전력 사용고지서 등의 근거자료와 세부 산출내역, 관리대장 사본 등을 이행결과보고서를 제출한 날로부터 5일 이내에 환경부장관에게 제출하여야 한다.

제19조(이행결과보고서 평가)

① 환경부장관은 공공부문의 장이 제출한 이행결과보고서에 대하여 이행결과보고서의 적절성, 이행연도 온실가스배출량 및 에너지사용량 산정의 정확성, 목표 달성 여부 등에 대하여 검토하여야 한다.

② 제10조에 따른 기준배출량과 이행연도의 온실가스배출량 차이를 이행연도의 감축실적으로 하고 제11조에 따라 설정한 감축목표와 대비하여 목표 달성 여부를 검토한다.

③ 환경부장관은 제1항에 따른 검토결과를 별지 제4호 서식에 따라 작성하고 검토자료를 첨부하여 행정안전부장관과 지식경제부장관에게 매년 5월 15일까지 통보하여야 한다.

④ 행정안전부장관과 지식경제부장관은 제3항의 검토결과를 확인하여야 하고 이에 대한 의견을 매년 6월 15일까지 환경부장관에게 제출하여야 한다.

⑤ 환경부장관, 행정안전부장관, 지식경제부장관은 이행결과보고서 평가를 위해 필요한 경우 해당 공공부문의 장에게 추가 자료 제출 요구와 현장조사 등을 실시할 수 있다. 이 경우 자료의 중복요구 등이 발생하지 않도록 하여야 한다.

⑥ 환경부장관은 행정안전부장관과 지식경제부장관의 검토결과를 반영하여 공공부문의 온실가스·에너지 목표관리 이행결과 종합보고서를 작성하고 매년 6월 30일까지 국무총리에게 보고하여야 한다.

제20조(이행결과 사후조치)

① 국무총리는 종합보고서를 검토한 후 미흡기관에 대하여 필요한 조치를 명할 수 있다.

② 제1항에 따라 조치명령을 받은 공공부문의 장은 명령을 받은 날로부터 30일 이내에 그에 대한 조치결과 및 향후계획 등을 국무총리에게 보고하고 환경부장관에게 제출하여야 한다.

제21조(평가결과의 공표)

환경부장관은 제12조에 의한 공공부문의 이행계획과 제19조에 의한 공공부문의 이행결과보고서 평가결과를 종합하여 공표할 수 있다.

제6장 보칙

제22조(재검토기한)

「훈령·예규 등의 발령 및 관리에 관한 규정」(대통령훈령 제248호)에 따라 이 고시 발령 후의 법령이나 현실 여건의 변화 등을 검토하여 이 고시의 폐지, 개정 등의 조치를 하여야 하는 기한은 2013년 12월 31일까지로 한다.

부 칙

제1조(시행일)

이 고시는 발령한 날부터 시행한다.

제2조(이행계획 제출 등에 대한 특례)

공공부문의 장은 이 지침 제12조에도 불구하고 2011년도 이행계획은 2011년 3월 31일까지 제출하여야 한다.

[별표 1]

수소불화탄소 및 과불화탄소 물질(제2조 관련)

1. 수소불화탄소(HFCs)	HFC-23, HFC-32, HFC-41, HFC-43-10mee, HFC-125, HFC-134, HFC-134a, HFC-143, HFC-143a, HFC-152a, HFC-227ea, HFC-236fa, HFC-245ca
2. 과불화탄소(PFCs)	PFC-14, PFC-116, PFC-218, PFC-31-10, PFC-c318, PFC-41-12, PFC-51-14

[별표 2]

목표관리제 대상기관 구분(제5조 제1항 관련)

1. 중앙행정기관	감사원, 방송통신위원회, 국무총리실, 법제처, 국가보훈처, 공정거래위원회, 금융위원회, 국민권익위원회, 기획재정부, 국세청, 관세청, 조달청, 통계청, 교육과학기술부, 외교통상부, 법무부, 통일부, 검찰청, 국방부, 병무청, 방위사업청, 행정안전부, 경찰청, 소방방재청, 문화체육관광부, 문화재청, 농림수산식품부, 농촌진흥청, 산림청, 지식경제부, 중소기업청, 특허청, 보건복지부, 식품의약안전청, 환경부, 기상청, 고용노동부, 여성가족부, 국토해양부, 해양경찰청, 행정중심복합도시건설청
2. 광역지방자치단체	서울특별시, 부산광역시, 대구광역시, 인천광역시, 대전광역시, 광주광역시, 울산광역시, 경기도, 강원도, 경상남도, 경상북도, 전라남도, 전라북도, 충청남도, 충청북도, 제주특별자치도
3. 기초지방자치단체	각 시·군 및 자치구

4. 시·도 교육청	서울특별시교육청, 부산광역시교육청, 인천광역시교육청, 대구광역시교육청, 대전광역시교육청, 광주광역시교육청, 울산광역시교육청, 경기도교육청, 강원도교육청, 경상남도교육청, 경상북도교육청, 전라남도교육청, 전라북도교육청, 충청남도교육청, 충청북도교육청, 제주특별자치도교육청
5. 공공기관	「공공기관의 운영에 관한 법률」 제4조에 따른 공공기관
6. 지방공사 및 지방공단	「지방공기업법」 제49조에 따른 지방공사 「지방공기업법」 제76조에 따른 지방공단
7. 국립대학병원, 국립대학 치과병원, 서울대학교병원, 서울대학교치과병원	「국립대학병원 설치법」에 따른 병원 「국립대학치과병원 설치법」에 따른 병원 「서울대학교병원 설치법」에 따른 병원 「서울대학교치과병원 설치법」에 따른 병원
8. 국립대학 및 공립대학	「고등교육법」 제3조에 따른 국립대학 및 공립대학

[별표 3]

산정 대상 온실가스 배출활동(제6조 제2항 관련)

구분		배출활동 종류
직접 배출	1. 고정 연소시설에서의 에너지사용에 따른 온실가스 배출	1. 고체연료연소 2. 기체연료연소 3. 액체연료연소
	2. 이동연소시설에서의 에너지사용에 따른 온실가스 배출	1. 도로수송(연료연소)
간접 배출	3. 전기, 열(스팀) 사용에 따른 간접 온실가스 배출	1. 외부에서 공급된 전기사용 2. 외부에서 공급된 열(스팀) 사용

비고 1. 고정 연소시설에서의 에너지사용은 건물의 난방, 취사, 온수급탕 등을 위한 연료연소로 하고 건물 내 위치한 발전시설, 공정연소시설, 소각시설 등의 연료연소는 제외한다. 다만 자가용전기설비(자가발전시설)에 사용되는 연료연소는 포함하여야 하고 이에 따른 전기사용은 대상에서 제외한다.

2. 전기사용 중 「환경친화적자동차의 개발 및 보급촉진에 관한 법률」에 따른 전기자동차 충전소에서 전기자동차 충전을 위한 전기사용은 제외한다.

[별표 4]

온실가스배출량 등의 산정방법(제6조 제2항 관련)

1. 고체연료 연소

가. 배출원

건물 난방 등을 위하여 무연탄, 유연탄, 갈탄과 같은 고체형태의 연료를 연소하는 보일러, 버너, 가열기, 급탕기, 열풍기 등의 시설

나. 배출량 산정방법

온실가스배출량(tCO_2eq)
$= \sum$[연료사용량(kg) × 순발열량(MJ/kg) × 배출계수(kgGHG(CO_2/CH_4/N_2O)/TJ) × 10^{-9} × 지구온난화 지수]

에너지사용량(TJ)
= 연료사용량(kg) × 총발열량(MJ/kg) × 10^{-6}

비고 1. 연료사용량: 사업자 혹은 연료공급자에 의해 측정된 연료사용량(공급자가 발행하고 구입량이 기입된 요금청구서, 재고량 등을 이용하여 산정)
　　 2. 발열량: 에너지법 시행규칙 제5조 제1항 별표 참고
　　 3. 배출계수: 온실가스 종합정보센터가 고시하는 국가 고유 배출계수를 사용하되 고시되기 전까지는 IPCC 기본 배출계수를 사용
　　 4. 지구온난화 지수: CO_2=1, CH_4=21, N_2O=310

2. 기체연료 연소

가. 배출원

건물 난방 등을 위하여 LNG, LPG, 프로판 및 기타 부생가스 등 기체형태의 연료를 연소하는 보일러, 버너, 가열기, 급탕기, 열풍기 등의 시설

나. 배출량 산정방법

온실가스배출량(tCO_2eq)
$= \sum$[기체 화석연료사용량(Nm^3 또는 kg) × 순발열량(MJ/Nm^3 또는 kg) × 배출계수(kgGHG(CO_2/CH_4/N_2O)/TJ) × 10^{-9} × 지구온난화 지수]

에너지사용량(TJ)
= 기체 화석연료사용량(Nm^3 또는 kg) × 총발열량(MJ/Nm^3 또는 kg) × 10^{-6}

비고 1. 연료사용량: 사업자 혹은 연료공급자에 의해 측정된 연료사용량(공급자가 발행하고 구입량이 기입된 요금청구서, 재고량 등을 이용하여 산정)
　　 2. 발열량: 에너지법 시행규칙 제5조 제1항 별표 참고
　　 3. 배출계수: 온실가스 종합정보센터가 고시하는 국가 고유 배출계수를 사용하되 고시되기 전까지는 IPCC 기본 배출계수를 사용
　　 4. 지구온난화 지수: CO_2=1, CH_4=21, N_2O=310

3. 액체연료 연소

가. 배출원

건물 난방 등을 위하여 등유, 경유, B－A/B/C와 같은 액체형태의 연료를 연소하는 보일러, 버너, 가열기, 급탕기, 열풍기 등의 시설

나. 배출량 산정방법

온실가스배출량(tCO$_2$eq)
= Σ[액체 화석연료사용량(L) × 순발열량(MJ/L) × 배출계수(kgGHG(CO$_2$/CH$_4$/N$_2$O)/TJ) × 10^{-9} × 지구온난화 지수]

에너지사용량(TJ)
= 액체 화석연료사용량(L) × 총발열량(MJ/L) × 10^{-6}

비고 1. 연료사용량: 사업자 혹은 연료공급자에 의해 측정된 연료사용량(공급자가 발행하고 구입량이 기입된 요금청구서, 재고량 등을 이용하여 산정)
    2. 발열량: 에너지법 시행규칙 제5조 제1항 별표 참고
    3. 배출계수: 온실가스 종합정보센터가 고시하는 국가 고유 배출계수를 사용하되 고시되기 전까지는 IPCC 기본 배출계수를 사용
    4. 지구온난화 지수: CO$_2$＝1, CH$_4$＝21, N$_2$O＝310

4. 이동연소(도로)

가. 배출원

휘발유, 경유, LPG 등의 차량 연료 연소 등을 통하여 온실가스를 배출하는 승용자동차, 승합자동차, 화물자동차, 특수자동차 및 이륜자동차 등 이동연소시설

나. 배출량 산정방법

온실가스배출량(tCO$_2$eq)
= Σ[연료사용량(L 또는 kg) × 순발열량(MJ/L 또는 kg) × 배출계수{kgGHG(CO$_2$/CH$_4$/N$_2$O)/TJ} × 10^{-9} × 지구온난화 지수]

에너지사용량(TJ)
= 연료사용량(L 또는 kg) × 총발열량(MJ/L 또는 kg) × 10^{-6}

비고 1. 연료사용량: 사업자 혹은 연료공급자에 의해 측정된 연료사용량(주유소 등에서 발행하고 주유량이 기입된 요금청구서, 기관별 차량 운행일지 등을 이용하여 산정)
    2. 발열량: 에너지법 시행규칙 제5조 제1항 별표 참고
    3. 배출계수: 온실가스종합정보센터가 고시하는 국가 고유 배출계수를 사용하되 고시되기 전까지는 아래의 연료별, 온실가스별 기본배출계수를 사용
    4. 지구온난화 지수: CO$_2$＝1, CH$_4$＝21, N$_2$O＝310

〈연료별・온실가스별 기본 배출계수〉

연료 종류	기본 배출계수(kg/TJ)		
	CO$_2$	CH$_4$	N$_2$O
휘발유	69,300	25	8.0
경유	74,100	3.9	3.9
LPG	63,100	62	0.2

등유	71,900	–	–
윤활유	73,300	–	–
CNG	56,100	92	3
LNG	56,100	92	3

5. 전기의 사용

가. 배출원

공공부문에서 소유 또는 사용하고 있는 건물의 조명·사무기기·기계·설비(에너지 관리의 연계성, 즉 전기 수전점을 공유하고 있는 다른 건물 및 부대시설 등 포함)의 사용을 위한 전기사용에 따른 온실가스배출량과 에너지사용량을 산정한다.

나. 배출량 산정방법

온실가스배출량(tCO_2eq)
$= \sum [$전력사용량$(MWh) \times$ 배출계수$(tGHG(CO_2/CH_4/N_2O)/MWh) \times$ 지구온난화 지수$]$

에너지사용량(TJ)
$=$ 전력사용량$(MWh) \times 9 \times 10^{-3}$

비고 1. 전력사용량: 법정계량기 등으로 측정된 시설별 전력 사용량(한국전력 등 전력공급자가 발행하고 전력사용량이 기입된 요금청구서의 전력사용량 등을 이용하여 산정)
2. 배출계수: 해당연도의 국가 고유 전력배출계수를 사용하고 2008년 이후의 국가고유 전력배출계수는 전력거래소에서 매년 발표하는 자료를 센터에서 확인하여 고시하는 값을 사용
3. 지구온난화 지수: $CO_2=1$, $CH_4=21$, $N_2O=310$

〈국가 고유 전력배출계수〉

연도	CO_2 (tCO_2/MWh)	CH_4 (kgCH_4/MWh)	N_2O (kgN_2O/MWh)
2005	0.4354	0.0054	0.0027
2006	0.4411	0.0054	0.0027
2007	0.4623	0.0056	0.0028
2008	0.468	0.0052	0.0026

6. 열(스팀)의 사용

가. 배출원

공공부문에서 소유 또는 사용하고 있는 건물의 난방 등을 위한 열(스팀) 사용에 따른 온실가스배출량과 에너지사용량을 산정한다.

나. 배출량 산정방법

> 온실가스배출량(tCO₂eq)
> = Σ[열(스팀)사용량(GJ) × 배출계수(tGHG(CO₂/CH₄/N₂O)/GJ) × 지구온난화 지수]

비고 1. 열에너지사용량: 적선열량계 등 법정계량기 등으로 측정된 시설별 열(스팀)사용량(열에너지 공급자가 발행하고 열에너지사용량이 기입된 요금청구서 등을 활용
 2. 배출계수: 열(스팀) 공급자가 「온실가스·에너지 목표관리 운영 등에 관한 지침」(환경부 고시)에 따라 개발한 간접배출계수를 사용
 3. 지구온난화 지수: $CO_2=1$, $CH_4=21$, $N_2O=310$

〈참고 1〉

연료별 발열량

연료명	단위	총발열량	순발열량
원유	MJ/kg	45.0	42.3
휘발유	MJ/L	33.5	31.0
실내등유	MJ/L	36.8	34.3
보일러등유	MJ/L	37.5	35.0
경유	MJ/L	37.9	35.4
B−A유	MJ/L	38.9	36.6
B−B유	MJ/L	40.4	38.1
B−C유	MJ/L	41.4	39.1
프로판	MJ/kg	50.4	46.3
부탄	MJ/kg	49.6	45.7
나프타	MJ/L	33.7	31.2
용제	MJ/L	33.3	30.8
항공유	MJ/L	36.6	34.3
아스팔트	MJ/kg	41.4	39.1
윤활유	MJ/L	38.7	36.2
석유코크	MJ/kg	33.9	32.9
부생연료 1호	MJ/L	37.0	35.0
부생연료 2호	MJ/L	40.6	38.5
천연가스(LNG)	MJ/kg	54.5	49.2
도시가스(LNG)	MJ/m³	44.2	40
도시가스(LPG)	MJ/m³	62.8	57.8
국내무연탄	MJ/kg	19.5	19.3
수입무연탄	MJ/kg	27.4	26.8
유연탄(연료용)	MJ/kg	26.0	24.9
유연탄(원료용)	MJ/kg	29.3	28.3
아역청탄	MJ/kg	22.4	20.9
코크스	MJ/kg	29.5	29.3

<참고 2>

기본 배출계수

□ 2006 IPCC 국가 인벤토리 가이드라인 연료별 배출계수

(단위: kgGHG/TJ)

연료명		국내에너 지원기준	CO₂	CH₄				N₂O	
				에너지 산업	제조업 건설업	상업 공공	가정 기타	에너지산업 제조업 건설업	상업공공 가정 기타
1. 액체연료									
원유		원유	73,300	3	3	10	10	0.6	0.6
오리멀전		−	77,000	3	3	10	10	0.6	0.6
천연가스액		−	64,200	3	3	10	10	0.6	0.6
가솔린	자동차용 가솔린	휘발유	69,300	3	3	10	10	0.6	0.6
	항공용 가솔린	−	70,000	3	3	10	10	0.6	0.6
	제트용 가솔린	JP−8	70,000	3	3	10	10	0.6	0.6
제트용 등유		JET A−1	71,500	3	3	10	10	0.6	0.6
기타 등유		실내 등유 보일러등유	71,900	3	3	10	10	0.6	0.6
혈암유		−	73,300	3	3	10	10	0.6	0.6
가스/디젤 오일		경유, B−A	74,100	3	3	10	10	0.6	0.6
잔여 연료유		B−B, B−C	77,400	3	3	10	10	0.6	0.6
액화석유가스		LPG	63,100	1	1	5	5	0.1	0.1
에탄		−	61,600	1	1	5	5	0.1	0.1
나프타		납사	73,300	3	3	10	10	0.6	0.6
역청(아스팔트)		아스팔트	80,700	3	3	10	10	0.6	0.6
윤활유		윤활유	73,300	3	3	10	10	0.6	0.6
석유 코크스		석유코크	97,500	3	3	10	10	0.6	0.6
정유공장 원료		정제연료 (반제품)	73,300	3	3	10	10	0.6	0.6
기타 오일	정유가스	정제가스	57,600	1	1	5	5	0.1	0.1
	접착제(파라핀왁스)	파라핀왁스	73,300	3	3	10	10	0.6	0.6
	백유	용제	73,300	3	3	10	10	0.6	0.6
	기타석유제품	기타	73,300	3	3	10	10	0.6	0.6
Ⅱ. 고체연료									
무연탄		국내 무연탄 수입 무연탄	98,300	1	10	10	300	1.5	1.5
점결탄		원료용 유연탄	94,600	1	10	10	300	1.5	1.5
기타 역청탄		연료용 유연탄	94,600	1	10	10	300	1.5	1.5
하위 유연탄		아역청탄	96,100	1	10	10	300	1.5	1.5
갈탄		갈탄	101,000	1	10	10	300	1.5	1.5
유혈암 및 역청암		−	107,000	1	10	10	300	1.5	1.5
갈탄 연탄		−	97,500	1	10	10	300	1.5	1.5

	특허연료	–	97,500	1	10	10	300	1.5	1.5
코크스	코크스로 코크스	코크스	107,000	1	10	10	300	1.5	1.5
	가스 코크스	–	107,000	1	1	5	5	0.1	0.1
	콜타르	–	80,700	1	10	10	300	1.5	1.5
Ⅲ. 기체연료									
	가스공장 가스	–	44,400	1	1	5	5	0.1	0.1
부생 가스	코크스로 가스	코크스가스	44,400	1	1	5	5	0.1	0.1
	고로 가스	고로가스	260,000	30	1	5	5	0.1	0.1
	산소 강철로 가스	전로가스	182,000	30	1	5	5	0.1	0.1
	천연가스	천연가스(LNG)	56,100	30	1	5	5	0.1	0.1
Ⅳ. 기타 화석연료									
도시 폐기물(비－바이오매스 부분)		–	91,700	30	30	300	300	4	4
산업 폐기물		–	143,000	30	30	300	300	4	4
폐유		–	73,300	30	30	300	300	4	4
토탄		이탄	106,000	1	2	10	300	1.5	1.4
Ⅴ. 바이오매스(Biomass)									
	목재/목재 폐기물	–	112,000	30	30	300	300	4	4
고체 바이오연료	아황산염 잿물(흑액)	–	95,300	3	3	3	3	2	2
	기타 고체바이오매스	–	100,000	3	30	300	300	4	4
	목탄	–	112,000	3	200	200	200	4	1
	바이오 가솔린	–	70,800	1	3	10	10	0.6	0.6
액체 바이오연료	바이오 디젤	–	70,800	1	3	10	10	0.6	0.6
	기타 액체바이오연료	–	79,600	1	3	10	10	0.6	0.6
	매립지 가스	–	54,600	30	1	5	5	0.1	0.1
기체 바이오매스	슬러지 가스	–	54,600	1	1	5	5	0.1	0.1
	기타 바이오가스	–	54,600	1	1	5	5	0.1	0.1
기타 비－화석연료	도시 폐기물 (바이오매스 부분)	–	100,000	30	30	300	300	4	4

* 주) '에너지산업'이란 연료 추출 또는 전력생산, 열병합 발전, 열 공장(heat plant), 석유 정제산업, 고체연료의 제조(코크스, 갈탄 등) 등의 산업을 의미한다.

[별표 5]

기준배출량 설정 및 조정 방법(제10조 제2항 관련)

1. 기준배출량 설정

가. 기관별 온실가스 감축목표 설정 시 기준이 되는 기준배출량은 2007년 온실가스배출량, 2008년 온실가스배출량, 2009년 온실가스배출량의 평균값으로 한다.

나. 2007년 이후 공공부문이 신설되었거나 2007년, 2008년 중 시설의 신・증설 또는 폐쇄로 2007년, 2008년, 2009년 연도별 배출량이 2% 이상 차이가 있을 경우에는 공공부문이 신설되거나 시설의 신・증설 또는 폐쇄가 발생한 다음 연도부터 2년간의 온실가스배출량 평균을

기준배출량으로 하고 2년간의 온실가스배출량 자료가 없을 경우 공공부문이 신설되거나 시설
의 신·증설 또는 폐쇄가 발생한 다음 연도 1년간 온실가스배출량을 기준배출량으로 한다.

다. 시설 폐쇄, 설비 및 인원 감소 등이 없는 정상적인 시설 운영에도 불구하고 이 지침 시행 이전
공공부문의 온실가스 감축노력으로 2007년, 2008년, 2009년 중 감축효과가 발생하여 감축
효과가 발생한 연도 이후의 공공부문의 온실가스배출량 평균이 나머지 연도의 배출량 평균보
다 2% 이상 적을 경우 감축효과가 발생한 연도를 제외한 연도의 배출량 평균을 기준배출량으
로 설정할 수 있다. 다만 감축노력으로 인하여 2007년부터 온실가스 감축효과가 발생된 경우
에는 2006년 배출량을 기준배출량으로 설정할 수 있다.

라. 다에 따라 기준배출량을 설정하고자 하는 공공부문의 장은 제12조의 이행계획 제출 이전에
시설별 감축실적 세부내용, 온실가스 감축 및 에너지 절약 등을 위한 시설투자·설비개선 내
역, 개선 전·후 연료 또는 전력 사용량 등의 자료를 첨부하여 환경부장관과 협의하여야 하고
그 감축실적을 인정받아야 한다.

2. 기준배출량 조정 사유

가. 2009년 이후 시설의 신·증설 또는 폐쇄 등에 따른 온실가스배출량 증감량이 기준배출량의
2% 이상인 경우

나. 기준배출량 산정 시 중대한 오류가 발생한 경우

다. 공공부문 조직개편 등으로 기준배출량 변경이 발생한 경우

3. 기준배출량 조정 방법

이행계획 제출 시 또는 이행연도 이행계획 변경을 통하여 기준배출량을 조정하고 이행계획 변경
시에는 조정된 기준배출량에 당초 감축목표율(%)을 적용하여 기관의 감축목표량·배출목표량, 시
설별 배출목표량 등을 변경하여야 한다.

가. 대상시설의 신·증설 또는 폐쇄, 건물 내 시설 증감, 건물 이전, 환경기초시설의 처리량 증가
에 따른 온실가스배출량 증감량이 기준배출량의 2% 이상인 경우

1) 대상시설의 신(증)설

신(증)설된 다음 연도 1월 1일부터 12월 31일까지의 1년간 배출량을 기존 기준배출량에 합산하
여 조정한다. 다만 1년간의 정확한 배출량 자료가 없을 경우 당해 이행계획 등에 한하여 실제 사용
기간 동안의 배출량이나 해당 배출량으로 1년간 배출량을 추정 산정한 자료를 기존 기준배출량에
합산하여 임시적으로 기준배출량을 조정한다.

(예시 1) 07년, 08년, 09년 배출량 평균(최초 기준배출량) 1,000톤인 기관

1. 2011년 8월 시설 신설(도립 문화센터 신축)
　-12년도 이행계획 제출 시(2011.12.31.)
　: 11년 8월부터 11년 12월까지 신설 시설의 배출량 자료(월 평균 10톤)로 1년간의 배출량을 추정 계산(120톤), 기존 기준배출량에 합산하여 임시 조정(1,000톤＋120톤＝1,120톤), 감축목표 등 이행계획 제출
　-11년도 이행계획 변경(2012년 1월 중)
　: 11년 8월부터 11년 12월까지 신설 시설의 배출량(52톤)을 기존 기준배출량에 합산하여 기준배출량 임시 조정(1,000톤＋52톤＝1,052톤)하고 11년도 이행계획 변경
　-13년도 이행계획 제출 시(2012.12.31.)
　: 신설시설의 12년도 배출량 자료로 12년 1월부터 12년 12월까지 1년간 배출량을 추정 계산(140톤), 기존 기준배출량에 합산하여 임시 조정(1,000톤＋140톤＝1,140톤), 감축목표 등 이행계획 제출
　-12년도·13년도 이행계획 변경(2013년 1월 중)
　: 12년 1월부터 12년 12월까지 신설 시설의 1년간 최종 배출량(145톤)을 기존 기준배출량에 합산하여 **기준배출량 최종 조정**(1,000톤＋145톤＝1,145톤)하고 12년도 이행계획 변경
　: 최종 조정된 기준배출량으로 13년도 이행계획 변경

　2) 대상시설의 폐쇄

　폐쇄된 시설의 07년, 08년, 09년 배출량 평균을 기존 기준배출량에서 차감하여 조정하고 시설이 폐쇄된 연도에는 당해 이행연도의 이행계획 등에 한하여 폐쇄된 시설의 07년, 08년, 09년 배출량 평균 중 폐쇄된 이후의 기간에 대한 배출량 평균을 기존 기준배출량에 차감하여 조정한다.

(예시 2) 07년, 08년, 09년 배출량 평균(최초 기준배출량) 1,000톤인 기관
폐쇄시설의 07년, 08년, 09년 배출량 평균: 120톤
2. 2014년 7월 시설 폐쇄(도립 체육관 매각)
　-14년 시설의 폐쇄 이후 14년도 이행계획 변경
　: 폐쇄시설의 07년, 08년, 09년 배출량 평균(120톤) 중 07년, 08년, 09년 7~12월의 배출량 평균(70톤)을 기존 기준배출량에서 감하여 임시 조정(1,000톤-70톤=930톤), 감축목표 재산정
　-15년도 이행계획 제출 시(2014.12.31.)
　: 폐쇄시설의 07년, 08년, 09년 배출량 평균(120톤)을 기존 기준배출량에서 감하여 **기준배출량 최종 조정**(1,000톤-120톤=880톤), 감축목표 산정

　3) 건물의 이전

　건물 이전으로 온실가스배출량 증감이 있는 경우 이전하기 전 건물의 폐쇄, 이전한 후 건물의 신설로 간주하여 기준배출량을 조정한다. 다만 특별한 사정변경 없이 에너지 효율 등급이 높은 건물로 이전하여 이전하기 전 건물의 배출량보다 이전 후 건물의 배출량이 적을 경우에는 기준배출량 조정 대상에서 제외할 수 있다.

　4) 건물의 시설 증감

　공공부문 건물의 신·증설 또는 폐쇄 없이 필수적인 업무처리를 위한 건물의 시설 증감(건물 내 전산실 서버 증가 등, 다만 보일러 등 열원시설은 제외)으로 온실가스배출량의 증감이 있는 경우 이에 따른 증감량을 기존 기준배출량에 가감하여 조정한다.

5) 환경기초시설 처리량 증감

중앙행정기관, 지방자치단체의 환경기초시설(폐기물처리시설, 공공하수처리시설, 분뇨처리시설, 축산폐수처리시설, 폐수종말처리시설 등)의 처리량이 기준배출량 산정 시에 비해 증감되어 온실가스배출량의 증감이 있을 경우 이에 따른 증감량을 기존 기준배출량에 가감하여 조정한다.

나. 대상기관의 조직변경이 발생한 경우

기관의 통폐합 등으로 대상시설의 소유 또는 관리 경계 변경이 발생한 경우 변경된 시설로 기준배출량을 조정한다.

다. 기존 기준배출량 산정 시 오류가 발생한 경우

기준배출량 산정에 오류가 발생한 경우(과거 배출량 산정방법 적용 착오 등) 객관적인 배출량 재산정을 통하여 기준배출량을 조정한다.

별지 서식 1[종서식]

[별지 제1호 서식]

온실가스 감축 및 에너지 절약 목표 이행계획

1 대상기관 현황

대상기관명		이행연도	년
본부(본청) 주소			

서식 2-1

2-1 2007년도 온실가스 배출량 및 에너지 사용량(기준배출량)

대상기관명	소속기관명	대상시설명	시설 구분 (용도별 차종별)	연면적/연간 주행거리 (m²,km)	배출활동	연료/전기 등 구분	사용량 (kg, ℓ, Nm², Mwh)	온실가스 배출량 산정						배출 원단위 (t/m²·km)	에너지 사용량 (TJ)
								CO_2 (tCO_2)	CH_4 (tCH_4)	N_2O (tN_2O)	합계(tCO_2eq)				
											직접배출	간접배출	종합		

서식 2-2[횡서식]

2-2 2008년도 온실가스 배출량 및 에너지 사용량(기준배출량)

대상기관명	소속기관명	대상시설명	시설 구분 (용도별 차종별)	연면적/연간 주행거리 (m²,km)	배출활동	연료/전기 등 구분	사용량 (kg, ℓ, Nm², Mwh)	온실가스 배출량 산정						배출 원단위 (t/m²·km)	에너지 사용량 (TJ)
								CO_2 (tCO_2)	CH_4 (tCH_4)	N_2O (tN_2O)	합계(tCO_2eq)				
											직접배출	간접배출	종합		

서식 2-3[횡서식]

2-3 | 2009년도 온실가스 배출량 및 에너지 사용량(기준배출량)

대상 기관명	소속기관명	대상시설명	시설 구분 (용도별 차종별)	연면적/ 연간 주행거리 (㎡,km)	배출활동	연료/전 기 등 구분	사용량 (kg, ℓ, Nm³, Mwh)	온실가스 배출량 산정						배출 원단위 (t/㎡· km)	에너지 사용량 (TJ)
								CO_2 (tCO_2)	CH_4 (tCH_4)	N_2O (tN_2O)	합계(tCO_2eq)				
											직접배출	간접배출	종합		

서식 2-4[횡서식]

2-4 | 20XX년도 온실가스 배출량 및 에너지 사용량(기준배출량)

대상 기관명	소속기관명	대상시설명	시설 구분 (용도별 차종별)	연면적/ 연간 주행거리 (㎡,km)	배출활동	연료/전 기 등 구분	사용량 (kg, ℓ, Nm³, Mwh)	온실가스 배출량 산정						배출 원단위 (t/㎡· km)	에너지 사용량 (TJ)
								CO_2 (tCO_2)	CH_4 (tCH_4)	N_2O (tN_2O)	합계(tCO_2eq)				
											직접배출	간접배출	종합		

서식 3-1[횡서식]

3-1 | 2010년도 온실가스 배출량 및 에너지 사용량

대상 기관명	소속기관명	대상시설명	시설 구분 (용도별 차종별)	연면적/ 연간 주행거리 (㎡,km)	배출활동	연료/전 기 등 구분	사용량 (kg, ℓ, Nm³, Mwh)	온실가스 배출량 산정						배출 원단위 (t/㎡· km)	에너지 사용량 (TJ)
								CO_2 (tCO_2)	CH_4 (tCH_4)	N_2O (tN_2O)	합계(tCO_2eq)				
											직접배출	간접배출	종합		

서식 3-2[횡서식]

3-2 | 2010년도 온실가스 배출량 및 에너지 사용량(임차건물)

대상 기관명	소속산하 기관명	대상시설명	건물전체						임차부분 온실가스 배출량 산정						임차부분 에너지 사용량 (TJ)
			연면적 (㎡)	배출활동	연료/전기 등 구분	사용량 (kg, ℓ, Nm³, Mwh)	단위면적당 사용량 (사용량/㎡)		임차부분 연면적(㎡)	임차부분 연료/전기/ 스팀 사용량	직접배출	간접배출	합계 (tCO_2eq)		

4 | 기준배출량 조정

최초 기준배출량 (tCO_2eq)	2007년 배출량	2008년 배출량	2009년 배출량	평균

과거 기준배출량 조정 내역	조정일자	기준배출량 조정 내역(tCO_2eq)
		→
		→
		→
		→
조정 전 기준배출량(tCO_2eq)		
조정 후 기준배출량(tCO_2eq)		
이행연도 기준배출량 조정사유		
기준배출량 조정내역	* 붙임: 기준배출량 조정 근거서류(시설 신설 및 배출량 자료, 실비 증가 및 배출량 자료, 조직변경 관련 서류 등)	

* 기준배출량 조정 시에만 작성

5 # 온실가스 배출 및 에너지사용시설 현황

건 물

대상 기관명	소속 기관명	대상시설명	시설 내역					
			시설 구분 (용도별)	배출활동	연면적 (㎡)	현원	소재지 (시군구단위)	소유구분 (소유/임차)

차 량

대상 기관명	소속 기관명	대상시설명	연료구분	배출활동	댓수	차량구분	관리 소재지 (시군구단위)
						승용- 대	
						승합- 대	
						화물- 대	
						특수- 대	
						이륜- 대	
						승용- 대	
						승합- 대	
						화물- 대	
						특수- 대	
						이륜- 대	
						승용- 대	
						승합- 대	
						화물- 대	
						특수- 대	
						이륜- 대	

※ 이행계획을 제출하는 연도의 12월 31일을 기준으로 작성하고 건물시설 구분은 건축법 시행령 별표 1의 건축물 소분류에 따른다.

6 **감축목표 및 이행계획**

□ 온실가스 감축목표

〈이행연도 목표〉

온실가스 감축목표			
온실가스 기준배출량 (tCO$_2$eq)	온실가스 배출목표량 (tCO$_2$eq)	온실가스 감축목표량 (tCO$_2$eq)	감축목표율 (%)

〈연차별 배출목표〉

이행연도＋1년		이행연도＋2년		이행연도＋3년		이행연도＋4년	
온실가스 감축목표량 (tCO$_2$eq)	감축목표율 (%)	온실가스 감축목표량 (tCO$_2$eq)	감축목표율 (%)	온실가스 감축목표량 (tCO$_2$eq)	감축목표율 (%)	온실가스 감축목표량 (tCO$_2$eq)	감축목표율 (%)

□ 이행계획

〈건물 분야〉
○
－
○
－
○
－
○
－

<차량 분야>
○
－
○
－

<조직 및 직원 행태 개선>
○
－
○
－

서식 7[횡서식]

| 7 | 시설별 이행연도 온실가스 배출목표량 |

대상 기관명	소속기관명	대상시설명	소유 구분 (소유/임차)	이행연도 배출목표량 (tCO₂eq)	시설별 온실가스 감축 및 에너지 절약 주요 이행계획

[별지 제2호 서식]

온실가스배출량 및 에너지사용량 관리대장

시설명		이행연도	
시설구분	용도별(건물)/ 차종별(차량)	시설규격	연면적(건물)/ 배기량(차량)
소유형태	소유/임차/기타	준공연도	준공연도(건물)/ 연식(차량)
배출활동	연료사용/전기·스팀 사용	공급자 (고객번호)	전기·가스·스팀 등의 공급자 (고객번호)
관리기관		관리부서		관리자	

월별	배출활동	구분 (연료 종류/ 전기/스팀)	사용량 (L/kg/ Mwh)	온실가스배출량 산정				에너지 사용량 (TJ)
				tCO_2	tCH_4	tN_2O	tCO_2eq	
1월	합계							
	연료사용							
	전기/스팀 사용							
2월	합계							
	연료사용							
	전기/스팀 사용							
3월	합계							
	연료사용							
	전기/스팀 사용							

4월	합계							
	연료사용							
	전기/스팀 사용							
5월	합계							
	연료사용							
	전기/스팀 사용							
6월	합계							
	연료사용							
	전기/스팀 사용							
7월	합계							
	연료사용							
	전기/스팀 사용							
8월	합계							
	연료사용							
	전기/스팀 사용							
9월	합계							
	연료사용							
	전기/스팀 사용							
10월	합계							
	연료사용							
	전기/스팀 사용							
11월	합계							
	연료사용							
	전기/스팀 사용							
12월	합계							
	연료사용							
	전기/스팀 사용							
합계								

이행결과보고서

1 목표달성도

대상기관명				이행연도	년	
본부(본청) 주소						
현원	기관 전체:　　　　명/본부(본청):　　　　명					

소속기관 현황	기관명	현원	주소	연락처

목표달성도	기준배출량 (tCO$_2$eq)	이행연도 감축목표율 (%)	이행연도 배출목표량 (tCO$_2$eq)	이행연도 감축목표량 (tCO$_2$eq)	이행연도 온실가스배출량 (tCO$_2$eq)	이행연도 온실가스감축량 (tCO$_2$eq)	온실가스 감축목표달성률 (%)

작성자	소속:　　　　직위:　　　　성명:　　　　연락처:　　　　(e－mail:　　　　)

2 온실가스 배출 및 에너지사용시설 현황

건물

대상 기관명	소속 기관명	대상시설명	시설 내역					
			시설 구분 (용도별)	배출활동	연면적 (㎡)	현원	소재지 (시군구단위)	소유구분 (소유/임차)

차량

대상 기관명	소속 기관명	대상시설명	연료구분	배출활동	대수	차량구분	관리 소재지 (시군구단위)
						승용 - 대	
						승합 - 대	
						화물 - 대	
						특수 - 대	
						이륜 - 대	
						승용 - 대	
						승합 - 대	
						화물 - 대	
						특수 - 대	
						이륜 - 대	
						승용 - 대	
						승합 - 대	
						화물 - 대	
						특수 - 대	
						이륜 - 대	

※ 이행연도의 12월 31일을 기준으로 작성하고 건물시설 구분은 건축법 시행령 별표 1의 건축물 소분류에 따른다.

3 | 이행결과

□ 추진현황

〈건물 분야〉
○
－

〈차량 분야〉
○
－

〈조직 및 직원 행태 개선〉
○
－

〈이행실태 자체 점검·관리〉
○
－

〈기타 이행계획〉
○
－

□ 목표 미달성 사유
○
－

□ 미흡사항
○
－

□ 향후계획
○
－

서식 4－1[횡서식]

4-1 온실가스 배출량 및 에너지 사용량

대상기관명	소속기관명	대상시설명	시설 구분(용도별 차종별)	연면적/연간 주행거리(㎡,km)	배출활동	연료/전기 등 구분	사용량(kg ℓ, N㎥, Mwh)	온실가스 배출량 산정							배출 원단위(t/㎡·km)	에너지 사용량(TJ)
								CO_2(tCO_2)	CH_4(tCH_4)	N_2O(tN_2O)	합계(tCO_2eq)				
											직접배출	간접배출	종합		

서식 4－2[횡서식]

4-2 온실가스 배출량 및 에너지 사용량(임차건물)

대상기관명	소속산하기관명	대상시설명	건물전체					임차부분 온실가스 배출량 산정					임차부분 에너지 사용량(TJ)
			연면적(㎡)	배출활동	연료/전기 등 구분	사용량(kg ℓ, N㎥, Mwh)	단위면적당 사용량(사용량/㎡)	임차부분 연면적(㎡)	임차부분 연료/전기/스팀 사용량	직접배출	간접배출	합계(tCO_2eq)	

서식 5[횡서식]

5 시설별 온실가스 감축 이행결과

대상기관명	소속산하기관명	대상시설명	이행연도 온실가스 배출목표량(tCO_2eq)	이행연도 온실가스 배출량(tCO_2eq)	이행계획의 주요 이행결과

별지 서식 4[횡서식]

[별지 제4호 서식]

이행결과보고서 평가결과

대상기관	온실가스 기준배출량(tCO_2eq)	이행연도 온실가스 배출목표량(tCO_2eq)	이행연도 온실가스 감축목표량(tCO_2eq)	이행연도 온실가스 배출량(tCO_2eq)	이행연도 온실가스 감축실적(tCO_2eq)	목표 달성 여부	목표 달성도(%)	조치 및 개선사항

PART 04

온실가스·에너지 목표관리 지침

지침의 주요내용

1. 온실가스에너지 목표관리 지침 목차

[지침] 온실가스·에너지 목표관리 운영 등에 관한 지침
환경부 고시 제2012−103호, 2012년 06월 21일 개정본(R.1)
최초: 환경부 고시 제2011−29호, 2011년 3월 16일 제정(R.0)
[지침의 근거] 「저탄소 녹색성장 기본법」 제42조 및 같은 법 시행령 제26조

2. 온실가스에너지 목표관리 지침 내용

[지침] 온실가스·에너지 목표관리 운영 등에 관한 지침
환경부 고시 제2012−103호 2012년 06월 21일 개정본(R.1)
최초: 환경부 고시 제2011−29호, 2011년 3월 16일 제정(R.0)
[지침의 근거] 「저탄소 녹색성장 기본법」 제42조 및 같은 법 시행령 제26조

온실가스·에너지 목표관리 운영 등에 관한 지침

제1장 총칙

제1조(목적)

이 지침은 「저탄소 녹색성장 기본법」(이하 '법'이라 한다) 제42조 및 같은 법 시행령(이하 '시행령'이라 한다) 제26조의 온실가스·에너지 목표관리제 운영 등에 관한 세부사항과 절차를 정하는

것을 목적으로 한다.

제2조(용어의 정의)

이 지침에서 사용되는 용어의 뜻은 다음과 같다.

1. '검증'이란 온실가스배출량과 에너지소비량(이하 '온실가스배출량 등'이라 한다)의 산정과 조기감축실적 및 외부감축실적의 산정이 이 지침에서 정하는 절차와 기준 등(이하 '검증기준'이라 한다)에 적합하게 이루어졌는지를 검토·확인하는 체계적이고 문서화된 일련의 활동을 말한다.

2. '검증기관'이란 검증을 전문적으로 할 수 있는 인적·물적 능력을 갖춘 기관으로서 환경부장관이 부문별 관장기관과의 협의를 거쳐 지정·고시하는 기관을 말한다.

3. '검증심사원'이란 검증업무를 수행할 수 있는 능력을 갖춘 자로서 일정기간 해당 분야 실무경력 등을 갖추고 제102조에 따라 등록된 자를 말한다.

4. '검증심사원보'란 검증심사원이 되기 위해 일정한 자격을 갖추고 교육과정을 이수한 자로서 제102조에 따라 등록된 자를 말한다.

5. '검증팀'이란 검증을 받는 자(이하 '피검증자'라 한다)에 대한 검증을 수행하는 2인 이상의 검증심사원과 이를 보조하는 검증심사원보로 구성된 집단을 말한다.

6. '공공기관 정보제공'이란 시행령 제35조 제1항에 따라 녹색성장위원회의 심의를 거쳐 부문별 관장기관 및 온실가스종합정보센터(이하 '센터'라 한다)가 관련 행정기관 또는 공공기관에 관련 정보를 제공하는 것을 말한다.

7. '공시를 위한 정보제공'이란 시행령 제35조 제2항에 따라 센터가 금융위원회 또는 한국거래소의 요청으로 해당 관리업체의 명세서를 통보하는 것을 말한다.

8. '공정배출'이란 제품의 생산 공정에서 원료의 물리·화학적 반응 등에 따라 발생하는 온실가스의 배출을 말한다.

9. '공평성'이란 검증기관이 객관적인 증거와 사실에 근거한 검증활동을 함에 있어 피검증자 등의 이해관계자로부터 어떠한 영향도 받지 않는 것을 말한다.

10. '관리업체'란 해당 연도 1월 1일을 기준으로 최근 3년간 업체 또는 사업장에서 배출한 온실가스와 소비한 에너지의 연평균 총량이 모두 별표 1 또는 별표 2의 기준 이상인 경우를 말한다.

11. '구분 소유자'란 「집합건물의 소유 및 관리에 관한 법률」 제1조 또는 제1조의2에 규정된 건물 부분[「집합건물의 소유 및 관리에 관한 법률」 제3조 제2항 및 제3항에 따라 공용 부분(共用部分)으로 된 것은 제외한다]을 목적으로 하는 소유권을 가지는 자를 말한다.

12. '기준연도'란 온실가스배출량 등 관련 정보를 비교하기 위해 지정한 과거의 특정기간에 해당하는 연도를 말한다.

13. '내부심의'란 검증기관이 검증의 신뢰성 확보 등을 위해 검증팀에서 작성한 검증보고서를 최종 확정하기 전에 검증과정 및 결과를 재검토하는 일련의 과정을 말한다.

14. '리스크'란 검증기관이 온실가스배출량 등의 산정과 연관된 오류를 간과하여 잘못된 검증의견

을 제시할 위험의 정도 등을 말한다.

15. '매개변수'란 두 개 이상 변수 사이의 상관관계를 나타내는 변수로서 온실가스배출량 등을 산정하는 데 필요한 배출계수, 발열량, 산화율, 탄소함량 등을 말한다.

16. '명세서 공개 심사위원회'라 함은 법 제44조 제4항 및 시행령 제35조 제5항에 따라 관리업체가 제출한 비공개 신청서를 심사하여 공개 여부를 결정하기 위해 센터에 두는 위원회(이하 '심사위원회'라 한다)를 말한다.

17. '모니터링 계획'이란 온실가스배출량 등의 산정에 필요한 자료와 기타 온실가스·에너지 관련 자료의 연속적 또는 주기적인 감시·측정 및 평가에 관한 세부적인 방법, 절차, 일정 등을 규정한 계획을 말한다.

18. '목표관리 계획기간'이란 이 지침에 따라 법 제42조 제5항의 관리업체별로 목표가 설정된 이후 목표의 이행·달성을 관리하는 연도를 말하며, 목표를 부여받은 이듬해 1월 1일부터 12월 31일까지가 된다.

19. '목표설정'이란 부문별 관장기관이 이 지침에서 정한 원칙과 절차 등에 따라 관리업체와 협의하여 온실가스 감축 및 에너지 절약 등에 관한 목표를 정하는 것을 말한다.

20. '배출계수'란 당해 배출시설의 단위 연료사용량, 단위 제품 생산량, 단위 원료 사용량, 단위 폐기물 소각량 또는 처리량 등 단위 활동자료당 발생하는 온실가스배출량을 나타내는 계수(係數)를 말한다.

21. '배출시설'이란 온실가스를 대기에 배출하는 시설물, 기계, 기구, 그 밖의 물체로서 각각의 원료(부원료와 첨가제를 포함한다)나 연료가 투입되는 지점부터의 해당 공정 전체를 말한다. 이때 해당 공정이란 연료 혹은 원료가 투입되는 설비군을 말하며, 설비군은 동일한 목적을 가지고 동일한 연료를 사용하여 유사한 역할 및 기능을 가지고 있는 설비들을 묶은 단위를 말한다.

22. '배출허용량'이란 연간 배출 가능한 온실가스의 양을 이산화탄소 무게로 환산하여 나타낸 것으로서 부문별·업종별·관리업체별로 구분하여 설정한 배출상한치를 말한다.

23. '배출활동'이란 온실가스를 배출하거나 에너지를 소비하는 일련의 활동을 말한다.

24. '법인'이란 민법상의 법인과 상법상의 회사를 말한다.

25. '벤치마크'란 온실가스 배출 및 에너지 소비와 관련하여 제품생산량 등 단위 활동자료당 온실가스배출량(이하 '배출집약도'라 한다) 등의 실적·성과를 국내외 동종 배출시설 또는 공정과 비교하는 것을 말한다.

26. '보고'란 관리업체가 법 제44조 제1항 및 시행령 제34조에 따라 온실가스배출량 등을 전자적 방식으로 부문별 관장기관에 제출하는 것을 말한다.

27. '불확도'란 온실가스배출량 등의 산정결과와 관련하여 정량화된 양을 합리적으로 추정한 값의 분산특성을 나타내는 정도를 말한다.

28. '사업장'이란 동일한 법인, 공공기관 또는 개인(이하 '동일 법인 등'이라 한다) 등이 지배적인 영향력을 가지고 재화의 생산, 서비스의 제공 등 일련의 활동을 행하는 일정한 경계를 가진

장소, 건물 및 부대시설 등을 말한다.

29. '산정'이란 법 제44조 제1항 및 시행령 제34조에 따라 관리업체가 해당 관리업체의 온실가스 배출량 등을 계산하거나 측정하여 이를 정량화하는 것을 말한다.

30. '산정등급(Tier)'이란 활동자료, 배출계수, 산화율, 전환율, 배출량 및 온실가스배출량 등의 산정방법의 복잡성을 나타내는 수준을 말한다.

31. '산화율'이란 단위 물질당 산화되는 물질량의 비율을 말한다.

32. '성장률'이란 온실가스를 배출하거나 에너지를 사용하는 시설의 가동률(연간 생산 가능량에 대한 당해 연도 실제 생산량 또는 연간 작업 가능시간에 대한 당해 연도 실제 작업시간의 비율), 활동자료, 제품생산량, 입주율(연간 이용 가능한 건축물 연면적에 대한 실제 이용한 연면적의 비율 등)의 증감률 등을 말한다.

33. '순발열량'이란 일정 단위의 연료가 완전 연소되어 생기는 열량에서 연료 중 수증기의 잠열을 뺀 열량으로서 온실가스배출량 산정에 활용되는 발열량을 말한다.

34. '업체'란 동일 법인 등이 지배적인 영향력을 미치는 모든 사업장의 집단을 말한다.

35. '업체 내 사업장'이란 제34호의 업체에 포함된 각각의 사업장을 말한다.

36. '에너지'란 연료(석유, 가스, 석탄 및 그 밖에 열을 발생하는 열원으로서 제품의 원료로 사용되는 것은 제외)·열 및 전기를 말한다.

37. '에너지 관리의 연계성(連繫性)'이란 연료, 열 또는 전기의 공급점을 공유하고 있는 상태, 즉 건물 등에 타인으로부터 공급된 에너지를 변환하지 않고 다른 건물 등에 공급하고 있는 상태를 말한다.

38. '연소배출'이란 연료 또는 물질을 연소함으로써 발생하는 온실가스 배출을 말한다.

39. '연속측정방법(Continuous Emissions Monitoring)'이란 일정지점에 고정되어 배출가스 성분을 연속적으로 측정·분석할 수 있도록 설치된 측정 장비를 통해 모니터링하는 방법을 의미한다.

40. '온실가스'란 적외선 복사열을 흡수하거나 재방출하여 온실효과를 유발하는 가스상태의 물질로서 법 제2조 제9호에서 정하고 있는 이산화탄소(CO_2), 메탄(CH_4), 아산화질소(N_2O), 수소불화탄소(HFCs), 과불화탄소(PFCs) 또는 육불화황(SF_6) 등을 말하며 수소불화탄소(HFCs)와 과불화탄소(PFCs)에 대한 세부사항은 별표 3과 같다.

41. '온실가스 배출'이란 사람의 활동에 수반하여 발생하는 온실가스를 대기 중에 배출·방출 또는 누출시키는 직접 배출과 다른 사람으로부터 공급된 전기 또는 열(연료 또는 전기를 열원으로 하는 것만 해당한다)을 사용함으로써 온실가스가 배출되도록 하는 간접 배출을 말한다.

42. '온실가스 간접배출'이란 관리업체가 외부로부터 공급된 전기 또는 열(연료 또는 전기를 열원으로 하는 것만 해당한다)을 사용함으로써 발생되는 온실가스 배출을 말한다.

43. '외부감축실적'이란 관리업체가 당해 업체의 조직경계 외부의 배출시설 또는 배출활동 등에서 온실가스를 감축, 흡수 또는 제거한 실적을 말한다.

44. '이산화탄소 상당량'이란 이산화탄소에 대한 온실가스의 복사 강제력을 비교하는 단위로서 해

당 온실가스의 양에 지구온난화 지수를 곱하여 산출한 값을 말한다.

45. '이행계획'이란 시행령 제30조 제3항에 따라 관리업체가 온실가스 감축 및 에너지 절약 등의
목표를 달성하기 위하여 작성·제출하는 세부적인 계획을 말한다.

46. '적격성'이란 검증에 필요한 기술, 경험 등의 능력을 적정하게 보유하고 있음을 말한다.

47. '전환율'이란 단위 물질당 변화되는 물질량의 비율을 말한다.

48. '조기감축실적'이란 관리업체가 조기행동을 통해 온실가스를 감축한 실적 중에서 이 지침에서
정하는 유형, 방법 및 절차에 따라 인정된 부분을 말한다.

49. '조기행동'이란 관리업체가 법 및 시행령에 따른 목표관리를 받기 이전에 자발적이고 추가적
으로 온실가스 감축을 위하여 행한 일련의 행동을 말한다.

50. '종합적인 점검·평가'란 환경부장관이 법 제42조 및 시행령 제26조에서 정하고 있는 부문
별 관장기관의 소관 사무에 대하여 서면 등의 방법으로 온실가스·에너지 목표관리제의 전반
적인 제도 운영 또는 집행과정에서의 문제점을 발굴·시정·개선하는 것을 말한다.

51. '주요 정보 공개'란 법 제44조 제3항에 따라 관리업체 명세서의 주요 정보를 전자적 방식 등
으로 국민에게 공개하는 것을 말한다.

52. '중앙행정기관 등'이란 중앙행정기관, 지방자치단체 및 다음 각 목의 공공기관을 말한다.

가. 「공공기관의 운영에 관한 법률」 제4조에 따른 공공기관

나. 「지방공기업법」 제49조에 따른 지방공사 및 같은 법 제76조에 따른 지방공단

다. 「국립대학병원설치법」, 「국립대학치과병원설치법」, 「서울대학교병원설치법」 및 「서울대학교
치과병원설치법」에 따른 병원

라. 「고등교육법」 제3조에 따른 국립대학 및 공립대학

53. '중요성'이란 온실가스배출량 등의 최종확정에 영향을 미치는 개별적 또는 총체적 오류, 누락
및 허위 기록 등의 정도를 말한다.

54. '지배적인 영향력'이란 동일 법인 등이 당해 사업장의 조직 변경, 신규 사업에의 투자, 인사,
회계, 녹색경영 등 사회통념상 경제적 일체로서의 주요 의사결정이나 온실가스 감축 및 에너
지 절약 등의 업무집행에 필요한 영향력을 행사하는 것을 말한다.

55. '총발열량'이란 일정 단위의 연료가 완전 연소되어 생기는 열량(연료 중 수증기의 잠열까지
포함한다)으로서 에너지사용량 산정에 활용된다.

56. '최적가용기술(Best Available Technology)'이란 온실가스 감축 및 에너지 절약과 관련하
여 경제적·기술적으로 사용이 가능하면서 가장 최신이고 효율적인 기술, 활동 및 운전방법
을 말한다.

57. '추가성'이란 인위적으로 온실가스를 저감하거나 에너지를 절약하기 위하여 일반적인 경영여
건에서 실시할 수 있는 활동 이상의 추가적인 노력을 말한다.

58. '피검증자'란 이 지침에 의한 검증기관으로부터 온실가스배출량 등의 명세서, 조기감축실적
및 외부감축실적 등에 대한 검증을 받는 관리업체를 말한다.

59. '합리적 보증'이란 검증기관(검증심사원을 포함한다)이 검증결론을 적극적인 형태로 표명함에

있어 검증과정에서 이와 관련된 리스크가 수용 가능한 수준 이하임을 보증하는 것을 말한다.
60. '활동자료'란 사용된 에너지 및 원료의 양, 생산·제공된 제품 및 서비스의 양, 폐기물 처리량 등 온실가스배출량 등의 산정에 필요한 정량적인 측정결과를 말한다.

제3조(타 규정과의 관계)

① 「저탄소 녹색성장 기본법」의 온실가스·에너지 목표관리(이하 '목표관리'라 한다)에 관해서는 이 지침을 우선하여 적용한다.

② 온실가스배출량 등의 산정·보고·검증 등에 대하여 이 지침에서 정하지 아니한 사항에 대해서는 국제표준화기구(ISO) 등 국제적으로 통용되는 기준을 적용할 수 있다.

③ 부문별 관장기관은 이 지침에 따라 산정·보고·검증이 가능한 방식으로 관리업체의 목표설정, 이행실적 평가, 명세서의 확인 등 목표관리와 관련한 제반 조치 등을 실시하여야 한다.

제4조(주체별 역할분담)

① 환경부장관은 다음 각 호의 사항을 담당한다.

1. 목표관리에 관한 제도 운영 및 총괄·조정

2. 목표관리에 관한 종합적인 기준과 지침의 제·개정 및 운영

3. 부문별 관장기관 등의 소관 사무에 관한 종합적인 점검·평가

4. 부문별 관장기관이 선정한 관리업체의 중복·누락, 규제의 적절성 등의 확인

5. 관리업체 지정에 대한 부문별 관장기관의 이의신청 재심사 결과 확인

6. 부문별 관장기관이 지정·고시한 관리업체의 종합·공표

7. 검증기관의 지정·관리, 검증심사원 교육 및 양성

8. 부문별 관장기관이 검토한 산정등급 3(Tier 3) 배출계수에 대한 확인

② 부문별 관장기관은 다음 각 호의 사항을 담당한다.

1. 관리업체의 선정·지정·관리 및 필요한 조치 등에 관한 사항

2. 관리업체에 대한 온실가스 감축, 에너지 절약 등 목표의 설정

3. 관리업체 지정에 대한 이의신청 재심사, 결과 통보 및 변경 내용에 대한 고시

4. 관리업체 선정 및 지정관련 자료 제출

5. 이행실적 및 명세서의 확인

6. 관리업체에 대한 개선명령, 과태료 부과, 필요한 조치 요구 등 목표이행의 관리 및 평가에 관한 사항

7. 산정등급 3(Tier 3) 배출계수에 대한 검토와 관리업체에 대한 사용 가능 여부 및 시정사항의 통보

③ 센터는 다음 각 호의 사항을 담당한다.

1. 목표관리 업무 수행 지원 및 체계적 관리를 위한 국가온실가스종합관리시스템(이하 '전자적 방식'이라 한다)의 구축 및 관리 등에 관한 사항

2. 금융위원회 또는 한국거래소의 요청에 따른 관리업체 명세서의 통보

3. 심사위원회의 운영

4. 국가 및 부문별 온실가스 감축목표 설정의 지원

5. 국가 온실가스배출량·흡수량, 배출·흡수 계수(係數), 온실가스 관련 각종 정보 및 통계의
   검증·관리

6. 국내외 온실가스 감축 지원을 위한 조사·연구

7. 저탄소 녹색성장 관련 국제기구·단체 및 개발도상국과의 협력 등

④ 관리업체는 다음 각 호의 의무와 권리를 행사한다.

1. 온실가스 감축, 에너지 절약 등 목표의 달성

2. 시행령 제30조에 따른 이행계획 및 이행실적 제출

3. 시행령 제34조에 따른 명세서의 작성 및 검증기관의 검증을 거친 명세서의 제출

4. 시행령 제30조 제5항에 따른 관장기관의 개선명령 등 필요한 조치에 대한 성실한 이행

5. 부문별 관장기관이 관리업체 선정·지정·관리를 위해 필요한 자료의 제출

6. 관리업체 지정에 대한 이의신청

⑤ 환경부장관은 제1항에 관한 업무를 수행하기 위해 필요한 경우 소속기관 또는 소관 공공기관
   으로 하여금 다음 각 호의 업무를 담당하게 할 수 있다.

1. 관리업체 선정 누락·중복 및 적절성 등 확인

2. 관리업체 지정 및 관리 등의 총괄·조정을 위한 자료의 조사·분석·관리 및 연구·지원

3. 관리업체 이의신청에 대한 관장기관의 재심사 결과 확인

4. 검증기관의 지정 및 관리를 위한 현장심사

5. 기타 온실가스·에너지 목표관리제에 관한 제도 운영 및 총괄·조정 등을 위해 환경부장관이
   필요하다고 인정하는 사항

⑥ 부문별 관장기관은 제2항에 관한 업무를 수행하기 위해 필요한 경우 소속기관 또는 공공기관
   으로 하여금 다음 각 호의 업무를 담당하게 할 수 있다.

1. 관리업체 선정·지정을 위한 자료의 조사·분석·관리

2. 관리업체의 지정을 위한 연구 및 지원

3. 관리업체 지정에 대한 이의신청 재심사

4. 관리업체 선정·지정 관련 자료 및 목록의 작성

5. 기타 부문별 관장기관이 목표관리 운영에 필요하다고 인정하는 사항

제5조(비밀 준수)

① 이 지침에 의해 취득한 정보(취득한 정보를 가공한 경우를 포함한다)를 다른 용도로 사용하거
   나 외부로 유출하여서는 아니 된다.

② 다음 각 호에 해당하는 자는 관련 정보를 취급함에 있어 보안유지 의무를 따른다.

1. 총괄기관 또는 부문별 관장기관(동 기관으로부터 관련 업무를 위임받은 기관을 포함한다. 이

하 같다) 및 센터에서 관리업체의 온실가스 및 에너지 통계 자료를 취급하는 자

2. 법 제44조에 따라 구성된 심사위원회의 위원

3. 공공기관 정보제공에 의해 온실가스 및 에너지 정보를 취급하는 관련 행정기관 및 공공기관에 근무하는 자

4. 공시를 위한 정보 공개에 의해 온실가스 및 에너지 정보의 열람 및 공개가 허가된 금융위원회 또는 한국거래소에 근무하는 자

5. 관리업체의 명세서 및 이행실적(목표를 달성하지 못해 개선명령을 받은 경우에 한한다)의 검증업무를 수행하는 검증심사원(검증심사원보를 포함한다) 및 검증기관

6. 기타 관련 법률에 의해 온실가스 및 에너지 통계 자료를 취급하는 자

7. 위의 각 호에 종사하였던 자

③ 이 지침 등을 통해 취득한 정보를 외부로 공개하거나 다른 용도로 사용하고자 하는 경우에는 부문별 관장기관 및 센터와 사전에 협의하여야 한다.

제6조(자료제출 협조)

① 환경부장관은 목표관리 총괄 운영 및 평가 등을 위해 부문별 관장기관 및 검증기관에 필요한 자료의 제출을 요청할 수 있다. 이때 자료제출을 요청받은 기관은 이에 협조하여야 한다.

② 환경부장관은 목표관리의 원활한 추진을 위해 이행계획서, 이행계획 실적보고서, 명세서 및 검증보고서 등을 전자적 방식을 통해 제출토록 할 수 있다.

③ 부문별 관장기관은 소관 부문의 목표관리 및 부문별 온실가스 감축정책의 수립·이행을 위해 필요한 경우 다른 관장기관이 보유한 자료의 협조 또는 공유를 요청할 수 있다. 자료 협조 등의 요청을 받은 관장기관은 특별한 이유가 없으면 이에 협조하여야 한다.

④ 관리업체가 관리대상 배출원별 온실가스배출량 및 에너지사용량 등을 알기 위해 전력 사용량, 열 사용량 등에 관한 정보를 관련 공공기관 등에 요청할 경우 해당 공공기관은 이에 적극 협조하여야 한다.

제7조(정책협의회)

① 관리업체의 관리, 온실가스 감축목표 설정 등 이 지침에서 정하는 온실가스·에너지 목표관리의 운영과 관련된 주요사항은 환경부, 부문별 관장기관, 기획재정부 및 녹색성장위원회 등으로 구성된 국가온실가스 정책협의회(이하 '정책협의회'라 한다)에서 협의하여 정할 수 있다.

② 제1항의 정책협의회 구성 및 운영 등에 관해서는 환경부장관이 부문별 관장기관 등과 협의하여 별도로 정한다.

제2장 관리업체의 지정 및 관리

제8조(관리업체의 구분)

① 관리업체(중앙행정기관 등을 포함한다. 이하 같다)는 업체, 업체 내 사업장 및 사업장으로 구분한다.

② 관리업체에 해당되는 업체는 다음 각 호의 경우를 말한다.

1. 업체에서 배출한 온실가스와 소비한 에너지의 최근 3년간 연평균 총량이 별표 1에서 정하는 기준 이상인 경우

2. 업체 내 사업장에서 배출한 온실가스와 소비한 에너지의 최근 3년간 연평균 총량이 별표 2에서 정하는 기준 미만이더라도 제1호에 해당되는 경우

③ 관리업체에 해당되는 사업장은 사업장에서 배출한 온실가스와 소비한 에너지의 최근 3년간 연평균 총량이 모두 별표 2의 기준 이상인 경우를 말한다.

④ 제2항의 업체에 해당되지 않는 경우로서 업체 내 사업장이 별표 2의 기준 이상일 경우에는 제3항에 의한 각각의 사업장으로 본다.

제9조(소관 부문별 관장기관 등)

① 제8조의 관리업체의 소관 관장기관 구분은 다음 각 호에 따른다. 이 경우 관리업체의 소관 관장기관 구분은 가장 많은 온실가스를 배출하거나 에너지를 소비하는 업체 내 사업장 또는 사업장을 기준으로 한다.

1. 농림수산식품부: 농업·축산 분야

2. 지식경제부: 산업·발전(發電) 분야

3. 환경부: 폐기물 분야

4. 국토해양부: 건물·교통 분야

② 한국표준산업분류 기준에 의한 일부 업종의 관장기관은 다음 각 호와 같다. 이 경우 관리업체 업종 구분은 제1항의 후단에 따른다.

1. 농림수산식품부: 농업, 임업 및 어업(01~03), 제조업(10~12, 식료품, 음료, 담배)

2. 국토해양부: 건설업(41~42), 도매 및 소매업(45~47), 운수업(49~52), 숙박 및 음식점업(55~56), 출판업(58), 영상오디오 기록물 제작 및 배급업(59), 방송업(60), 금융 및 보험업(64~66), 부동산업 및 임대업(68~69), 전문·과학 및 기술서비스업(70~73), 보건업 및 사회복지 서비스업(86~87), 교육 서비스업(85), 예술, 스포츠 및 여가관련 서비스업(90~91), 협회 및 단체, 수리 및 기타 개인 서비스업(94~96)

3. 환경부: 하수·폐기물처리, 원료재생 및 환경복원업(37~39), 수도사업(36)

③ 제1항 및 제2항에도 불구하고 소관 관장기관 구분이 어려울 경우에는 부문별 관장기관과 환경부장관이 협의하여 정한다.

제10조(관리업체 지정대상 선정 등)

① 관리업체 선정 및 지정을 위한 온실가스배출량 등 산정은 시행령 제28조, 제30조 및 제34조에 따라 제출되는 온실가스·에너지 목표관리 이행실적 및 명세서 등을 기준으로 하여야 한다.

② 부문별 관장기관은 제1항의 자료로 확인이 곤란할 경우에는 다음 각 호의 자료를 활용할 수 있다.

1. 환경부의 '온실가스 및 대기오염물질 통합관리시스템'(Greenhouse Gas－Clean Air Policy Support System, http://airemiss.nier.go.kr)

2. 지식경제부의 '국가 온실가스 종합정보시스템'(National GHG Emission Total Information System, http://netis.kemco.or.kr) 및 에너지이용합리화법 제31조에 따른 에너지사용량신고자료

3. 국토해양부의 '운수행정시스템(ITAS)', '화물차 유류구매카드 통합한도관리시스템', '자동차 검사통합전산시스템(Vehicle Inspection Management System)'

③ 제1항 및 제2항에도 불구하고 관련 자료의 확인이 곤란할 경우에는 해당 법인 등에게 별지 제1호 서식의 관리업체 지정 활동자료 조사표에 따라 관련 자료를 요청할 수 있다.

④ 제3항의 경우 구체적인 작성방법 등은 제5장 온실가스배출량 및 에너지소비량의 산정·보고 기준에 따른다.

제11조(관리업체의 적용제외 등)

① 제8조 제1항에 해당되는 업체 내 사업장의 온실가스배출량 등이 별표 4의 기준에 모두 해당되는 경우(이하 '소량 배출사업장'이라 한다)에는 시행령 제30조 제3항, 제4항 및 제34조의 일부 규정을 적용하지 아니할 수 있다.

② 제1항에 해당되는 소량 배출사업장들의 온실가스배출량 등의 합은 업체 내 모든 사업장의 온실가스배출량 등 총합의 1,000분의 50 미만이어야 하고 별표 2의 기준 미만인 경우에 한한다.

③ 제1항과 제2항을 적용함에 있어 사업장의 일부를 포함시키거나 제외하여서는 아니 된다.

제12조(건축물의 특례)

① 제8조의 관리업체에 해당하는 법인 등의 건축물(이하 '건물'이라 한다)이 업체 내 사업장 또는 사업장과 지역적으로 달리하더라도 관리업체에 포함된 것으로 본다.

② 건물에 대해서는 「건축물대장의 기재 및 관리에 관한 규칙」에 따라 등재되어 있는 건축물대장과 「부동산등기법」에 따라 등재되어 있는 등기부를 기준으로 한다. 다만 「건축법 시행령」 별표 1의 제2호 가목 내지 다목은 제외한다.

③ 건물이 제2항의 건축물 대장 또는 등기부에 각각 등재되어 있거나 소유지분을 달리하고 있는 경우에는 다음 각 호에 따른다.

1. 인접 또는 연접한 대지에 동일 법인이 여러 건물을 소유한 경우에는 한 건물로 본다.

2. 에너지관리의 연계성(連繫性)이 있는 복수의 건물 등은 한 건물로 본다. 또한, 동일 부지 내

있거나 인접 또는 연접한 집합건물이 동일한 조직에 의해 에너지 공급·관리 또는 온실가스 관리 등을 받을 경우에도 한 건물로 간주한다.

3. 건물의 소유구분이 지분형식으로 되어 있을 경우에는 최대 지분을 보유한 법인 등을 당해 건물의 소유자로 본다.

④ 동일 건물에 구분 소유자와 임차인이 있는 경우에도 하나의 건물로 본다. 다만, 동일 건물 내에 제1항에 의해 관리업체에 포함된 경우에 한해서는 적용을 제외한다.

제13조(교통부문 특례)

① 동일 법인 등이 여객자동차운수사업자로부터 차량을 일정기간 임대 등의 방법을 통해 실질적으로 지배하고 통제할 경우에는 당해 법인 등의 소유로 본다.

② 일반화물자동차 운송사업을 경영하는 법인 등이 허가받은 차량은 차량 소유 유무에 상관없이 당해 법인 등이 지배적인 영향력을 미치는 차량으로 본다.

③ 제10조의 관리업체 지정을 위해 온실가스배출량 등을 산정할 때에는 항공 및 선박의 국제 항공과 국제 해운부문은 제외한다.

④ 제10조의 관리업체 지정을 위해 차량 및 선박의 온실가스배출량 등을 산정할 때에는 별표 5의 기준을 적용(최초 관리업체 지정을 위한 경우에 한한다)하여 산정할 수 있다.

⑤ 화물운송량이 연간 3천만 톤-km 이상인 화주기업의 물류부문에 대해서는 교통 부문 관장기관인 국토해양부에서 다른 부문의 소관 관장기관에 관련 자료의 제출 또는 공유를 요청할 수 있다. 이 경우 해당 관장기관은 특별한 사유가 없으면 이에 협조하여야 한다.

제14조(중앙행정기관 등에 대한 특례)

① 중앙행정기관과 지방자치단체에 대해서는 다음 각 호에 대해서만 이 지침을 적용한다.

1. 「가축분뇨의 관리 및 이용에 관한 법률」 제24조에 의한 축산폐수공공처리시설
2. 「자원의 절약과 재활용촉진에 관한 법률」 제34조의4에 의한 공공재활용기반시설
3. 「폐기물관리법」 제5조, 제14조 및 제29조에 의한 폐기물처리시설
4. 「수질 및 수생태계 보전에 관한 법률」 제48조에 의한 폐수종말처리시설
5. 「하수도법」 제11조에 의한 공공하수도 시설 및 제42조에 의한 분뇨처리시설
6. 「수도법」 제17조 및 제49조에 의한 수도사업과 제52조의 전용상수도
7. 「전기사업법」 제7조에 의한 전기사업 시설
8. 「집단에너지사업법」 제9조에 의한 집단에너지사업 시설

② 이 지침에 의해 관리업체로 지정된 중앙행정기관 등은 시행령 제28조의 이행계획과 이행실적을 시행령 제30조 및 제34조의 관리업체 이행계획, 이행실적 및 명세서 등으로 갈음할 수 있다.

③ 제2항의 경우 부문별 관장기관은 시행령 제28조에 따른 중앙행정기관 등에 해당하는 관리업체의 이행계획, 이행실적 및 명세서 등을 받는 즉시 센터에 제출하여야 한다.

제15조(권리와 의무의 승계 등)

법인 등이 사업장이나 업체를 양도하거나 소멸한 경우 또는 합병할 경우에는 인수·합병 계약서 등에 관리업체에 대한 권리·의무 승계조항이 포함되도록 한다.

제16조(지정대상 관리업체의 목록작성)

① 부문별 관장기관은 시행령 제29조 제3항에 따라 선정한 관리업체에 대하여 별지 제2호 서식에 따라 지정대상 관리업체 목록을 작성하여야 한다.

② 부문별 관장기관은 제1항 목록의 관리업체에 대한 온실가스배출량 등의 산정근거를 별지 제3호의 서식에 따라 작성하여야 한다.

제17조(지정대상 관리업체 목록 등의 제출시기)

부문별 관장기관은 제16조의 목록 및 산정근거 자료를 매년 4월 30일까지 전자적 방식 등으로 환경부장관에게 통보하여야 한다.

제18조(적절성 등 확인)

① 환경부장관은 부문별 관장기관이 통보한 관리업체의 중복·누락, 규제의 적절성 등을 확인하고 그 결과를 매년 5월 31일까지 부문별 관장기관에 통보한다.

② 환경부장관은 지정대상 관리업체의 중복·누락 또는 규제의 적절성 등을 검토하기 위해 필요한 경우 센터에 관련 자료의 제출을 요구할 수 있다.

제19조(확인결과 보완 등)

① 부문별 관장기관은 제18조에 의한 환경부장관의 확인결과를 반영하여 관리업체의 목록을 수정·보완하여야 한다.

② 부문별 관장기관은 환경부장관의 확인결과에 이의가 있을 경우에는 제20조에 의한 관리업체 지정·고시 이전에 그 사유 등을 첨부하여 환경부장관에게 재확인을 요청하여야 한다.

③ 환경부장관은 제2항에 따라 관장기관으로부터 재확인 요청을 받는 즉시 이를 검토하고 그 결과를 관장기관에 통보하여야 한다. 이 경우 부문별 관장기관은 특별한 사유가 없는 한 재확인 결과를 반영하여야 한다.

제20조(관리업체의 지정·고시)

① 부문별 관장기관은 제18조 및 제19조에 따라 환경부장관의 확인을 거쳐 매년 6월 30일까지 소관 관리업체를 관보에 고시하여야 한다.

② 부문별 관장기관은 제1항에 따라 소관 관리업체를 고시할 때에는 관리업체명, 사업장명, 소재지, 업종, 적용기준 등의 내용을 포함하여야 한다.

③ 부문별 관장기관은 제1항 및 제2항에 따라 소관 관리업체를 고시한 경우에는 환경부장관과 관

리업체에 즉시 통보하여야 한다.

④ 환경부장관은 부문별 관장기관이 지정·고시한 관리업체를 종합하여 공표할 수 있다.

⑤ 관리업체를 고시한 이후 다음 각 호에 해당되는 경우에는 제18조 및 제19조에 따른 환경부장관의 확인을 거쳐 변경하여 고시하고 이를 해당 관리업체에 통보하여야 한다.

1. 관리업체로 지정 고시한 관리업체의 업종, 상호명, 대표자, 소재지 등이 변경된 경우

2. 관리업체 적용기준이 업체에서 사업장으로 변경되거나 사업장에서 업체로 변경된 경우

3. 제8조에 따라 관리업체 지정 대상에 해당됨에도 불구하고 누락된 경우

4. 제22조의 규정에 의한 재심사 결과 변경사항이 발생한 경우

5. 기타 당초 관리업체 지정 고시 내용이 변경된 경우

제21조(이의신청서 작성 등)

① 관리업체는 관장기관의 지정·고시에 이의가 있는 경우 고시된 날부터 30일 이내에 별지 제4호 서식에 따라 소명자료를 작성하여 지정·고시한 부문별 관장기관에 이의를 신청할 수 있다.

② 제1항에 따른 이의신청 시 다음 각 호의 내용을 포함하는 소명자료를 첨부하여야 한다.

1. 업체의 규모, 생산설비, 제품원료 및 생산량 등 사업현황

2. 사업장별 배출 온실가스의 종류 및 배출량, 온실가스 배출시설의 종류·규모·수량 및 가동시간

3. 사업장별 사용 에너지의 종류 및 사용량, 사용연료의 성분

4. 제2호부터 제3호까지의 부문별 온실가스배출량 및 에너지사용량의 계산 또는 측정 방법

5. 그 밖에 관리업체의 온실가스배출량 등을 확인할 수 있는 자료

③ 관리업체가 제2항 각 호를 작성할 때에는 검증기관의 검증결과를 첨부하지 아니할 수 있다.

제22조(관리업체 재심사)

① 관장기관은 이의신청이 접수된 날부터 17일 이내에 이의신청에 대한 재심사를 실시하고 별지 제5호 서식에 따라 재심사 결과 및 검토자료 등을 첨부하여 환경부장관의 확인을 받아야 한다.

② 부문별 관장기관은 필요한 경우 이의를 신청한 관리업체에 추가 자료 제출을 요청하거나 현장 조사 등을 실시할 수 있다.

③ 부문별 관장기관은 제21조의 이의신청 내용 검토 등을 위해 관계 전문가로 구성된 자문단의 의견을 들을 수 있다. 다만, 시행령 제32조에 따라 지정된 검증기관의 검증심사원 등은 관계 전문가에서 제외하여야 한다.

④ 환경부장관은 부문별 관장기관이 제1항에 따라 제출한 이의신청에 대한 재심사 결과를 확인하고 그 결과를 7일 이내에 부문별 관장기관에 통보한다.

⑤ 환경부장관은 제4항에 의한 검토를 위해 필요한 경우 관계 전문가로 구성된 자문단의 의견을 들을 수 있다.

⑥ 부문별 관장기관은 환경부장관으로부터 통보받은 확인결과를 반영하여야 한다. 다만 확인결과에 중대한 하자가 있을 경우 추가 확인을 요청할 수 있으며, 이 경우 환경부장관은 재확인하고

즉시 그 결과를 부문별 관장기관에 통보한다.

⑦ 부문별 관장기관은 이의신청을 받은 날부터 30일 이내에 별지 제6호 서식에 따라 재심사 결과를 이의신청 업체에 통보하여야 한다.

⑧ 부문별 관장기관은 이의신청에 대한 재심사 결과 당초 고시한 내용에 변경이 있을 경우에 그 내용을 즉시 관보에 고시하여야 한다.

제3장 온실가스·에너지 감축목표의 설정 및 관리

제23조(목표설정의 원칙)

부문별 관장기관은 관리업체와 온실가스 감축, 에너지 절약 및 에너지이용 효율 등의 목표(이하 '목표'라 한다)를 협의·설정함에 있어서 다음 각 호의 원칙을 준수하여야 한다.

1. 목표의 설정 방법과 수준 등은 관리업체가 예측할 수 있도록 가능한 범위에서 사전에 공표되어야 한다.

2. 목표의 협의 및 설정은 다수 이해관계자들의 신뢰를 확보할 수 있도록 투명하게 진행되어야 한다.

3. 관리업체의 과거 온실가스배출량과 에너지사용량의 이력을 적절하게 반영하여야 한다.

4. 관리업체의 신·증설 계획과 국제경쟁력 등을 적절하게 고려하여야 한다.

5. 관리업체의 기술 수준, 감축 잠재량 및 경제적 비용 등을 함께 고려하여야 한다.

6. 관리업체의 목표는 시행령 제25조에서 정한 온실가스 감축 국가목표를 달성하기 위한 범위 이내에서 설정되어야 한다.

제24조(목표설정협의체의 구성)

① 부문별 관장기관은 시행령 제30조 제2항에 따라 목표설정 등에 관한 사항을 협의하기 위하여 목표설정협의체(이하 '협의체'라 한다)를 구성·운영할 수 있다.

② 협의체는 위원장 1명을 포함한 25명 이내의 위원으로 구성하고 위원은 당연직 위원과 위촉위원으로 구성한다.

③ 위원장은 부문별 관장기관의 장이 지명하는 공무원이 된다.

④ 당연직 위원은 녹색성장위원회 소속 공무원과 부문별 관장기관의 장이 지명하는 공무원이 된다.

⑤ 위촉위원은 온실가스, 에너지 분야와 소관부문에 관한 학식과 경험이 풍부한 자 또는 해당 산업계의 추천을 받은 자 중에서 부문별 관장기관이 지명하는 자가 된다.

⑥ 위촉위원의 임기는 2년으로 하고 연임할 수 있다.

제25조(목표설정협의체의 기능)

협의체는 다음 각 호의 사항을 협의하여야 한다.

1. 관리업체별 기준연도 배출량 등의 인정 및 재산정

2. 관리업체의 기술 수준 또는 국제경쟁력 유지 등을 고려한 관리업체별 목표의 설정

3. 국가 에너지 및 전력 수급계획에 따른 목표설정 예외사항

4. 기타 관장기관의 장이 환경부장관과 협의하여 필요하다고 인정되는 사항

제26조(기준연도 배출량 등)

① 목표관리를 위한 기준연도는 관리업체가 최초로 지정된 연도의 직전 3개년으로 하며, 이 기간의 연평균 온실가스배출량을 기준연도 배출량으로 한다.

② 제1항에서 기준연도 기간 중 신·증설(건물의 신·증축을 포함한다)이 발생한 경우 해당 신·증설 시설의 기준연도 배출량은 최근 2개년 평균 또는 단년도 배출량으로 정할 수 있다.

③ 제1항에서 관리업체의 최근 3개년 배출량 자료가 없는 경우에는 활용 가능한 최근 2개년 평균 또는 단년도 배출량을 기준연도 배출량으로 정할 수 있다.

제27조(기준연도 배출량의 재산정)

① 관리업체는 다음 각 호에 해당하는 사유가 발생할 경우 부문별 관장기관과 협의하여 기준연도 배출량을 재산정하여 수정하여야 한다.

1. 제15조의 권리와 의무의 승계 등에 해당하는 경우

2. 조직경계 내·외부로 온실가스 배출원 또는 흡수원의 변경이 발생하는 경우

3. 온실가스배출량 산정방법론이 변경된 경우

② 제1항 각 호의 사유로 기준연도 배출량을 수정한 관리업체는 재산정 이유와 근거 및 세부절차 등을 문서화하여 관리하여야 한다.

제28조(목표관리 대상기간)

① 관리업체의 목표관리 대상기간은 부문별 관장기관으로부터 목표를 설정받은 이듬해의 1월 1일부터 12월 31일까지로 한다.

② 당해 연도에 새로이 관리업체로 지정된 경우에는 이듬해에 목표를 설정하고 그 이듬해 1월 1일부터 12월 31일까지를 목표관리 대상기간으로 한다.

제29조(목표설정의 기준)

① 관리업체의 목표는 기존 배출시설(공정, 건물 등을 포함한다. 이하 같다)에 해당하는 배출허용량과 신·증설 시설(건물의 신·증축 등을 포함한다. 이하 같다)에 해당하는 배출허용량을 합산하여 산정한다.

② 부문별·업종별 관리업체들의 총 온실가스 배출허용량과 제1항에 따른 관리업체의 배출허용량 합산결과 간의 차이를 조정하고 상호 일관성을 확보하기 위하여 조정계수 등을 적용한다.

제30조(과거실적 기반의 목표설정방법)

① 부문별 관장기관은 기존 배출시설에 대한 배출허용량과 신·증설 시설에 대한 배출허용량을 합산하여 관리업체의 배출허용량을 설정한다.

② 관리업체로 최초 지정된 연도 이전에 정상 가동한 기존 배출시설의 배출허용량은 다음 각 호를 고려하여 설정한다.

1. 제26조의 기준연도 배출량(검증기관의 검증을 거친 배출량을 말한다)

2. 해당 배출시설의 기준연도 대비 목표설정 대상연도의 예상성장률

3. 해당 업종의 목표설정 대상연도 감축계수(1.0을 초과할 수 없다)

③ 관리업체로 최초 지정된 연도의 1월 1일 이후부터 가동을 개시하는 신·증설 배출시설에 대한 배출허용량은 다음 각 호를 고려하여 정한다.

1. 해당 신·증설 시설의 설계용량 및 일일 가동시간

2. 해당 신·증설 시설의 목표설정 대상연도의 가동일수

3. 해당 신·증설 시설에 대한 활동자료당 평균 배출량

4. 해당 업종의 목표설정 대상연도 감축계수(1.0을 초과할 수 없다)

④ 제3항에 따라 목표가 설정된 신·증설 시설이 정상적으로 가동되어 1년 단위의 실제 배출량을 산정·보고할 경우 해당 배출시설은 제2항의 방법에 따라 목표를 설정한다. 이 경우 해당 배출시설의 기준연도 배출량은 최근 연도의 실제 배출량으로 한다.

⑤ 제1항 내지 제4항의 세부적인 목표설정 방법은 별표 6에 따른다.

⑥ 부문별 관장기관은 매년 9월 30일까지 다음 연도 관리업체의 목표를 설정하여 해당 관리업체에 통보하고, 목표설정 결과와 제2항 및 제3항 각 호의 사항을 전자적 방식으로 센터에 제출하여야 한다.

제31조(벤치마크 기반의 목표설정방법)

① 최적가용기술(BAT)을 고려한 벤치마크 방식에 따라 관리업체의 목표를 설정하는 경우에는 기존 배출시설에 대한 배출허용량과 신·증설 시설에 대한 배출허용량을 합산하여 관리업체의 배출허용량을 설정한다.

② 관리업체로 최초 지정된 연도 이전에 정상 가동한 기존 배출시설의 배출허용량은 다음 각 호를 고려하여 설정한다.

1. 제26조에 따른 기준연도 배출량(검증기관의 검증을 거친 배출량을 말한다.)

2. 해당 배출시설의 기준연도 대비 목표설정 대상연도의 예상성장률

3. 해당 배출시설의 기준연도 평균 활동자료(연료 또는 원료사용량, 제품생산량 등을 말한다)

4. 해당 배출시설의 벤치마크 할당계수

5. 해당 업종의 목표설정연도의 기준연도 배출량의 인정계수(1.0을 초과할 수 없다)

③ 관리업체로 최초 지정된 연도의 1월 1일 이후부터 가동을 개시하는 신·증설 배출시설의 배출허용량은 다음 각 호를 고려하여 정한다.

1. 해당 신·증설 시설의 설계용량 및 일일 가동시간

2. 해당 신·증설 시설의 목표설정 대상연도의 가동일수

3. 해당 신·증설 시설의 벤치마크 할당계수

④ 제3항에 따라 목표가 설정된 신·증설 시설이 정상적으로 가동되어 1년 단위의 실제 배출량을 산정·보고할 경우 해당 배출시설은 제2항의 방법에 따라 목표를 설정한다. 이 경우 해당 배출시설의 기준연도 배출량은 최근 연도의 실제 배출량으로 한다.

⑤ 제1항 내지 제4항의 세부적인 목표설정 방법은 별표 7을 따른다.

⑥ 부문별 관장기관은 매년 9월 30일까지 다음 연도의 관리업체 목표를 설정하여 해당 관리업체에 통보하고, 목표설정 결과와 제2항 및 제3항 각 호의 사항을 전자적 방식으로 센터에 제출하여야 한다.

⑦ 제1항 내지 제6항의 벤치마크 방식을 적용하여 목표를 설정하는 배출시설은 제32조 제1항의 벤치마크 계수 개발계획에 따라 개발·고시되는 배출시설 등을 말한다. 이 경우 벤치마크 방식을 적용받지 아니하는 배출시설에 대한 목표설정은 제30조의 규정을 따른다.

제32조(벤치마크 할당계수의 개발 등)

① 환경부장관과 부문별 관장기관은 공동으로 제31조의 목표설정을 위하여 벤치마크 계수 개발계획을 수립하고, 이 계획에 따라 배출시설(공정, 건축물 등을 포함한다) 및 신·증설 배출시설의 최적가용기술(BAT)의 종류와 운전방법 및 이를 적용하였을 때의 단위활동자료당 온실가스배출량에 해당하는 벤치마크 할당계수를 개발하여 고시한다. 이 경우 관리업체 및 민간전문가의 의견을 들을 수 있다.

② 제1항의 벤치마크 할당계수를 개발함에 있어 다음 각 호에 해당하는 배출시설과 국내 관리업체의 배출시설의 온실가스 배출실적 및 성능 등을 조사·비교하여 적용할 수 있다.

1. 세계 최고 수준의 온실가스 배출집약도 또는 에너지 효율 성능을 보유한 배출시설

2. 유럽연합(EU), 미국, 일본 등 특정 국가 단위에서 최고의 온실가스 배출집약도 또는 에너지 효율 성능을 보유한 배출시설

③ 제1항의 최적가용기술(BAT)과 이에 따른 벤치마크 할당계수를 개발할 경우 제2항 각 호의 배출시설 대비 상위 100분의 10에 해당하는 실적·성능을 보유한 관리업체의 배출시설은 서로 동등한 수준으로 본다.

④ 제1항의 최적가용기술(BAT)의 종류 및 운전방법 등을 개발함에 있어 고려할 사항은 별표 8과 같다.

⑤ 국내외 기술발전 등을 고려하여 최적가용기술(BAT)의 변경 또는 추가 등이 있을 경우에는 이를 변경하여 고시한다.

제33조(목표의 설정 및 관리 특례)

① 부문별 관장기관은 국제적 동향, 국가 온실가스 감축목표관리와의 연계성, 국가 온실가스 감축

효과 및 기여도, 전력수급계획 등을 종합적으로 고려하여 필요하다고 인정되는 다음 각 호의
부문에 대해서는 환경부장관과 협의하여 제30조 및 제31조에서 정한 것과 다른 방식으로 목
표를 설정할 수 있다. 이 경우 기준연도 배출량의 산정, 목표의 설정방법 등은 제26조 내지
제31조를 준용한다.

1. 발전
2. 철도(지하철을 포함한다)
3. 그 외, 환경부장관이 부문별 관장기관과 협의하여 정하는 업종 또는 배출시설

② 부문별 관장기관은 제30조 및 제31조에도 불구하고 폐기물 소각열 회수시설의 목표를 설정할
　　때에는 별표 9에 따른다.

③ 부문별 관장기관은 제2항 규정에도 불구하고, 에너지 회수 효율목표를 적용할 수 없는 시설에
　　대해서는 가연성폐기물 사용촉진에 의한 화석연료 대체효과 및 국가 전체의 온실가스 감축효
　　과 등이 최대한 고려될 수 있도록 목표를 협의·설정하여야 한다.

④ 관리업체가 목표를 설정·통보받기 이전에「기후변화에 관한 국제연합 기본협약」(이하 '협약'
　　이라 한다)에 따라 청정개발체제사업으로 등록·인정된 사업의 경우 부문별 관장기관은 해당
　　청정개발체제사업의 유형, 적용범위, 감축량 등을 감안하여 목표를 설정할 수 있다. 다만, 관
　　리업체가 목표를 설정·통보받기 이전에 청정개발체제사업으로 국가승인을 받았거나 해당 청
　　정개발체제 사업을 위한 신규 방법론을 협약에 따라 등록한 사업으로서, 관리업체의 목표가
　　설정된 후 협약에 따라 등록·인정된 경우에도 부문별 관장기관은 이를 감안하여 목표를 다시
　　설정할 수 있다.

제34조(에너지 절약목표 등의 설정)

① 부문별 관장기관은 에너지 절약 및 에너지이용 효율 목표를 설정함에 있어서 제26조 내지 제
　　33조에서 정한 사항을 준용한다.

② 부문별 관장기관은 시행령 제25조에 따른 온실가스 감축 국가목표를 달성하기 위하여 관리업
　　체의 에너지 절약목표 등을 설정함에 있어서 당해 업체의 온실가스 감축목표와 상호 연계하여
　　설정하여야 한다.

제35조(이의 신청)

① 제30조, 제31조, 제33조 및 제34조에 따른 목표설정 결과에 대하여 이의가 있는 관리업체는
　　목표를 통보받은 날로부터 30일 이내에 부문별 관장기관에 이의를 신청할 수 있다. 이 경우
　　관리업체는 다음 각 호의 사항을 작성하여 문서에 첨부·제출하여야 한다.

1. 신청법인명, 사업장 소재지, 대표자의 이름 및 담당자의 이름과 연락처
2. 이의신청 대상이 되는 처분의 내용
3. 이의신청 취지 및 이유와 이를 증빙할 수 있는 자료

② 제1항에 따라 이의신청을 받은 부문별 관장기관은 요청을 받은 날부터 14일 이내에 인정 여

부를 결정하여 청구인과 환경부장관에게 지체 없이 알려야 한다. 다만, 부득이한 사유로 14일 이내에 결정할 수 없을 때에는 7일 이내의 범위에서 연장할 수 있으며, 그 사유를 청구인에게 문서로 즉시 알려야 한다.

제36조(목표 달성의 평가 등)

① 부문별 관장기관은 온실가스·에너지 목표 달성에 대한 평가를 온실가스 감축 및 에너지 절약의 두 가지 목표를 상호 연계하여 평가한다.

② 부문별 관장기관은 제85조 제1항에 따른 외부감축실적을 관리업체의 목표이행 실적으로 반영할 수 있다.

제4장 이행계획의 작성

제37조(이행계획서의 작성 및 제출)

① 부문별 관장기관으로부터 다음 연도 목표를 통보받은 관리업체는 당해 연도 12월 31일까지 전자적 방식으로 다음 연도 이행계획을 작성하여 부문별 관장기관에 제출하여야 한다.

② 제1항의 이행계획에는 다음 연도를 시작으로 하는 5년 단위의 연차별 목표와 이행계획이 포함되어야 한다.

③ 이행계획 수립의 세부적인 작성양식 및 방법 등은 별지 제7호 서식에 따른다.

④ 부문별 관장기관은 소관 관리업체의 이행계획이 적절하게 수립되었는지를 확인하고 이를 1월 31일까지 센터에 제출하여야 한다. 다만, 이행계획을 센터에 제출한 이후에도 계획이 부실하게 작성되었거나 보완이 필요한 경우에는 해당 관리업체에 시정을 요청할 수 있으며, 시정된 이행계획을 받는 즉시 센터에 제출하여야 한다.

제38조(이행계획 수립의 적용 특례)

① 관리업체는 이행계획을 제출함에 있어 제11조의 소량 배출사업장에 대해서는 시행령 제30조 제3항 제3호, 제7호를 제외한 각 호의 내용은 제출하지 않을 수 있다.

② 관리업체가 부문별 관장기관이 통보한 목표를 당해 소량 배출사업장도 포함하여 이행하고자 하는 경우에는 제1항에도 불구하고 시행령 제30조 제3항 각 호의 내용을 모두 포함한 이행계획을 부문별 관장기관에 제출하여야 한다.

제5장 온실가스배출량 및 에너지소비량의 산정·보고

제39조(배출량 등의 산정·보고 원칙)

① 관리업체는 이 지침에서 정하는 방법 및 절차에 따라 온실가스배출량 등을 산정·보고하여야 한다.

② 관리업체는 이 지침에 제시된 범위 내에서 모든 배출활동과 배출시설에서 온실가스배출량 등

을 산정·보고하여야 한다. 온실가스배출량 등의 산정·보고에서 제외되는 배출활동과 배출
시설이 있는 경우에는 그 제외사유를 명확하게 제시하여야 한다.

③ 관리업체는 시간의 경과에 따른 온실가스배출량 등의 변화를 비교·분석할 수 있도록 일관된
자료와 산정방법론 등을 사용하여야 한다. 또한, 온실가스배출량 등의 산정과 관련된 요소의
변화가 있는 경우에는 이를 명확히 기록·유지하여야 한다.

④ 관리업체는 배출량 등을 과대 또는 과소 산정하는 등의 오류가 발생하지 않도록 최대한 정확
하게 온실가스배출량 등을 산정·보고하여야 한다.

⑤ 관리업체는 온실가스배출량 등의 산정에 활용된 방법론, 관련 자료와 출처 및 적용된 가정 등
을 명확하게 제시할 수 있어야 한다.

제40조(배출량 등의 산정·보고 체계 및 절차)

① 관리업체의 온실가스배출량 등의 산정·보고 체계는 별표 10과 같다.

② 관리업체가 온실가스배출량 등을 산정·보고하는 절차는 별표 11과 같다.

제41조(배출량 등의 산정·보고 범위)

① 관리업체는 온실가스 직접배출과 간접배출로 온실가스 배출유형을 구분하여 온실가스배출량
등을 산정·보고하여야 한다.

② 관리업체는 법인 단위, 사업장 단위, 배출시설 단위 및 배출활동별로 온실가스배출량 등을 산
정·보고하여야 한다.

③ 관리업체가 온실가스배출량 등을 산정·보고해야 하는 배출활동의 종류는 별표 12와 같다.

④ 보고대상 배출시설 중 연간배출량이 $100tCO_2-eq$ 미만인 소규모 배출시설은 부문별 관장기
관의 확인을 거쳐 제2항에 따른 배출시설 단위로 구분하여 보고하지 않고 사업장 단위 총배출
량에 포함하여 보고할 수 있다. 다만 소규모 배출시설의 배출량 합은 사업장 배출총량의 5%
를 초과할 수 없다.

제42조(모니터링 계획의 작성 등)

관리업체는 온실가스배출량 등의 산정·보고의 정확성과 신뢰성 향상을 위하여 다음 각 호의 사
항이 포함된 모니터링 계획을 작성하고 이를 이행계획에 반영하여 부문별 관장기관에 제출하여야 한다.

1. 사업장의 조직경계에 대한 세부내용(사업장의 위치, 조직도, 시설배치도 등을 포함한다. 단, 동
   일한 형태의 시설이 다수인 경우 대표 시설에 대한 세부내용으로 갈음할 수 있다)

2. 배출시설 및 배출활동의 목록과 세부 내용

3. 각 배출활동별 배출량 산정방법론(계산방식 또는 측정방식) 및 산정등급(Tier)의 적용현황과
   이와 관련된 내용

4. 온실가스배출량 등의 산정·보고와 관련된 품질관리(QC) 및 품질보증(QA)의 내용

5. 활동자료의 설명 및 수집방법 등 온실가스배출량 등의 모니터링에 관한 내용

6. 이 지침에서 요구하는 산정등급(Tier)과 관련하여 활동자료의 불확도 기준의 준수 여부에 대한 설명

7. 이 지침에서 요구하는 산정등급(Tier)을 준수하지 못하는 경우 이를 준수하기 위한 조치 및 일정 등에 관한 사항

8. 배출시설 단위 고유 배출계수 등을 개발 또는 적용하여야 하는 관리업체의 경우에는 고유 배출계수 등의 개발계획 또는 개발방법, 시험 분석 기준 및 그에 따른 결과 등에 관한 설명

9. 연속측정방법을 사용하는 관리업체의 경우에는 굴뚝자동측정기기 설치시기, 굴뚝자동측정기기에 의한 배출량 산정방법 적용시기 등에 관한 설명

10. 조직경계, 배출활동, 배출시설, 배출량 산정방법론 및 산정등급(Tier) 등과 관련하여 이전 방법론 대비 변동사항에 대한 비교·설명 자료

제43조(배출량 등의 산정방법 및 적용기준)

관리업체는 배출시설의 규모 및 세부 배출활동의 종류에 따라 별표 13의 최소 산정등급(Tier)을 준수하여 배출량을 산정·보고하여야 한다. 이 경우 세부적인 온실가스배출량 등의 산정방법 및 매개변수별 관리기준은 별표 14에 따른다.

제44조(활동자료의 수집방법)

관리업체의 배출량 등의 산정에 필요한 활동자료의 수집방법론은 별표 15에 따른다.

제45조(불확도 관리기준 및 방법)

① 관리업체는 별표 13의 최소 산정등급(Tier) 및 별표 14의 배출량 산정방법론에서 규정하고 있는 불확도 관리기준을 준수하여야 한다. ② 제1항에서 불확도 산정의 세부적인 방법은 별표 16을 따른다.

제46조(배출계수 등의 활용)

① 관리업체가 산정등급 1(Tier 1)에 따라 배출량 등을 산정·보고할 경우 별표 17의 기본 배출계수와 별표 18의 기본 발열량을 활용한다. 다만, 별표 17에 제시되지 않은 원료 등의 배출계수는 별표 14의 각 배출활동별 산정방법론을 참조한다.

② 관리업체가 산정등급 2(Tier 2)에 따라 배출량 등을 산정·보고하는 경우에는 센터가 확인·검증하여 공표하는 국가 고유 배출계수 등을 활용한다. 다만, 연료별 국가 고유 발열량 값은 별표 19를 우선적으로 활용한다.

③ 관리업체가 산정등급 3(Tier 3)에 따라 배출량 등을 산정·보고할 경우에는 배출시설 또는 공정 단위의 고유 배출계수를 제47조 제3항 내지 제4항의 규정에 따라 부문별 관장기관으로부터 사용 가능 여부를 통보받은 후 사용하여야 한다.

제47조(시료의 시험·분석방법 및 기준)

① 관리업체는 별표 14에서 제4E시하는 매개변수의 관리기준에 따라 고유 배출계수(Tier 3) 등을 개발·활용하기 위하여 연료, 원료 및 부산물 등의 시료를 채취하고 분석할 때에는 다음 각 호의 사항을 준수하여야 한다.

1. 시료의 채취 및 분석을 실시할 수 있는 기관은 다음과 같다.

가. 'KS A ISO/IEC 17025: 2006(시험기관 및 교정기관의 자격에 대한 일반 요구사항)'에 따라 공인된 시험·교정기관

나. 가목의 기준에 적합한 자체 실험실을 갖춘 관리업체

다. 「환경분야 시험·검사에 관한 법률」 제16조에 따른 측정대행업자

2. 시료를 채취하는 경우에는 시료의 대표성을 확보할 수 있도록 충분한 횟수로 시료를 채취하여야 하며 연료의 경우에는 별표 20의 시료의 최소 분석 주기를 만족하여야 한다.

3. 시료 채취는 배출량의 과다산정 혹은 과소산정의 오류가 발생하지 않도록 실시하여야 한다.

② 제1항의 연료 등의 시료 채취 및 분석방법은 별표 21의 국가표준(KS) 또는 국제표준화기구(ISO), 미국재료시험학회(ASTM) 등 국제적으로 통용되는 방법론을 사용하고 있는 경우 이를 분석방법으로 활용할 수 있다.

③ 관리업체는 제1항 및 제2항에 따라 배출시설 단위 고유 배출계수 등을 개발하여 활용하려면 계수의 개발결과 및 근거 등을 제37조에 따른 이행계획에 포함하여 미리 부문별 관장기관에 제출하여야 하며, 부문별 관장기관은 이를 검토한 후 환경부장관에게 통보하여야 한다.

④ 환경부장관은 제3항에 따라 부문별 관장기관이 통보한 고유 배출계수의 개발결과 및 근거에 대하여 법 제45조 제1항에 의한 국가 배출계수의 개발결과 및 개발방법과의 정합성과 부문 간 유사시설에 대한 배출계수의 등가성 및 정확성 등을 확인하여 그 결과를 부문별 관장기관에 통보하고, 부문별 관장기관은 이를 반영하여 고유 배출계수 사용 가능 여부 및 시정사항을 관리업체에 통보한다.

제48조(연속측정방법에 따른 배출량 산정방법 및 기준)

① 관리업체가 연속측정방법을 사용하여 배출량 등을 산정·보고하고자 할 경우 해당 배출시설의 산정등급은 4(Tier 4)로 규정한다.

② 연속측정방법을 통한 배출량 산정방법, 측정기기의 설치 및 관리기준 등은 별표 22를 따른다.

③ 환경부장관과 부문별 관장기관은 배출량 산정·보고의 정확성, 객관성 및 신뢰성 확보를 위하여 대규모 연소시설과 폐기물 소각시설 등에 대해서는 연속측정방법의 적용이 확산되도록 권고할 수 있다.

④ 환경부장관은 법 제42조 제10항에 따라 연속측정방법을 활용하고자 하는 관리업체 및 부문별 관장기관에 필요한 기술지원 및 자료·정보의 제공 등을 실시할 수 있다.

제49조(바이오매스 등)

① 관리업체가 다음 각 호에 해당하는 온실가스를 배출하는 경우에는 총 온실가스배출량에서 이를 제외하고 보고한다. 단, 에너지사용량 산정에는 이를 제외하지 않는다.

1. 별표 23의 바이오매스 사용에 따른 이산화탄소의 직접배출량(이산화탄소 이외의 기타 온실가스는 총배출량 산정에 포함한다)

2. 관리업체 외부의 폐기물 소각열 회수시설에서 공급받아 사용한 소각열의 간접배출량

3. 관리업체 외부로부터 공급받은 공정폐열 사용에 따른 간접배출량

② 관리업체 외부로부터 열을 공급받아 이를 사용하지 않고 관리업체 외부로 공급하는 경우는 해당 열의 간접배출량 및 에너지사용량을 모두 제외하고 보고한다.

③ 제1항 제1호에서 바이오매스와 화석연료를 혼합하여 사용하는 경우에는 제47조의 규정에 따라 바이오매스 혼합비율을 산정하여 해당 비율만큼의 이산화탄소 배출량을 제외한다.

④ 관리업체는 제1항 각 호의 배출량을 산정하는 경우 별표 17의 기본배출계수(바이오매스) 또는 제51조에 따른 간접 열 배출계수 등을 활용할 수 있다.

제50조(열병합 발전시설에서 외부열 공급 시 배출계수의 개발 활용)

① 관리업체가 열병합 발전설비를 활용하여 생산하는 열을 관리업체 조직경계 외부로 공급할 때에는 별표 24에 따라 열 공급에 따른 간접배출계수를 개발하여 열을 사용하는 관리업체에 제공하여야 한다.

② 외부로 열을 공급하는 관리업체가 제1항의 간접배출계수를 개발·제공하지 못할 경우에는 간접배출계수 개발·활용을 위한 활동자료, 온실가스배출량 및 열 공급량 등의 자료를 열을 사용하는 관리업체에 제공하여야 한다.

제51조(폐기물 소각시설에서 외부열 공급 시 배출계수의 개발·활용)

① 관리업체가 폐기물 소각시설에서 열을 회수하여 조직경계 외부로 열을 공급할 경우 별표 25의 열 공급에 따른 간접배출계수를 개발하여 열을 사용하는 관리업체에 제공하여야 한다.

② 외부로 열을 공급한 관리업체가 제1항의 간접배출계수를 개발·제공하지 못할 경우에는 간접배출계수 개발·활용을 위한 활동자료, 온실가스배출량, 소각열 회수량 및 공급량 등의 자료를 열을 사용하는 관리업체에 제공하여야 한다.

제52조(명세서의 작성 및 제출)

① 관리업체는 제42조 내지 제49조에 따른 온실가스배출량 등의 산정결과를 별지 제8호 서식에 따라 명세서를 작성하고 검증기관의 검증을 거쳐 매년 3월 31일까지 전자적 방식으로 부문별 관장기관에 제출하여야 한다.

② 관리업체는 다음 각 호에 해당하는 경우 과거에 제출한 명세서를 수정하여 검증기관의 검증을 거쳐 제1항의 당해 연도 명세서와 함께 부문별 관장기관에 전자적 방식으로 제출하여야 한다.

1. 제15조에 따라 관리업체의 권리와 의무가 승계된 경우
2. 조직경계 내·외부로 온실가스 배출원 또는 흡수원의 변경이 발생한 경우
3. 배출량 등의 산정방법론이 변경되어 온실가스배출량 등에 상당한 변경이 유발된 경우
4. 고유 배출계수를 제47조 제3항 및 제4항에 따라 검토·확인을 받거나, 그 값이 변경된 경우

제53조(품질관리 및 품질보증)

① 관리업체는 온실가스배출량 등의 산정에 대한 정확도 향상을 위해 활동자료 수집, 배출량 산정, 불확도 관리, 정보 보관 및 배출량 보고에 대한 품질관리 활동을 수행하여야 한다.
② 관리업체는 자료의 품질을 지속적으로 개선하는 체제를 갖추는 등 배출량 산정·보고의 품질보증 활동을 수행하여야 한다.
③ 제1항 및 제2항에 대한 세부내용은 별표 26에 따른다.

제54조(자료의 기록관리 등)

관리업체는 온실가스배출량 등의 산정·보고와 관련하여 다음 각 호의 자료를 문서화하여 최소 5년 이상 보관하여야 한다.
1. 온실가스 배출시설, 공정, 배출활동 등의 목록
2. 온실가스배출량 등의 산정을 위해 사용된 자료들(계산방법 또는 측정방법을 포함한다)
3. 온실가스배출량 등의 계산을 위해 사용된 공정 또는 사업장 운영자료
4. 연간 온실가스배출량 등의 산정 보고서(명세서)
5. 연간 온실가스배출량 등의 검증 보고서
6. 연간 모니터링 계획
7. 연속측정시스템(CEMS), 유량계, 기타 온실가스 산정과 관련된 측정장치의 검·교정 결과 및 장치의 유지관리 보고서

제6장 온실가스배출량 및 에너지소비량의 검증

제55조(검증의 원칙)

① 검증은 객관적인 자료와 증거 및 관련 규정에 따라 사실에 근거하여야 하고 그 내용을 정확하게 기록하여야 한다.
② 검증을 하는 과정에서 필요한 경우에는 피검증자나 관계인의 의견을 충분히 수렴하여야 한다.

제56조(검증의 보증수준)

검증팀은 검증의
수준을 최대한 완벽하게 유지할 수 있도록 노력하여 합리적인 보증 수준 이상을 확보·제공하여야 한다.

제57조(검증에 필요한 자료의 요구)

검증기관은 검증을 위해 피검증자에게 서면 또는 전자적 방식을 통해 관련 자료제출을 요구할 수 있다. 이 경우 피검증자는 특별한 사유가 없으면 협조하여야 한다.

제58조(검증팀의 구성)

① 검증기관은 검증을 개시하기 전에 2명 이상의 검증심사원으로 검증팀을 구성하고 이 가운데 1명을 검증팀장으로 선임하여야 한다. 이 경우 검증팀에는 피검증자의 해당 분야 자격을 갖춘 검증심사원이 1명 이상 포함되어야 한다. 피검증자에 포함된 분야가 다수인 경우에도 이와 같다.

② 제1항의 검증팀에는 검증심사원의 검증업무를 보조 및 지원하기 위해 검증심사원보가 참여할 수 있다. 이 경우 참여한 검증심사원보의 인적사항 등을 검증보고서에 기재하여야 한다.

③ 제1항의 검증팀에 포함되는 검증심사원은 다음 각 호의 지식을 갖추어야 한다.

1. 피검증자의 공정, 운영체계 등 기술적 이해

2. 온실가스배출량 등의 산정·보고 및 검증의 방법과 절차

3. 데이터 및 정보에 대한 중요성 판단과 리스크 분석

4. 기타 검증에 필요한 사항

④ 다음 각 호에 해당하는 검증심사원(검증심사원보를 포함한다)은 검증팀의 구성원이 될 수 없다. 다만, 제1호 및 제2호의 경우 2년이 경과한 때에는 그러하지 아니하다.

1. 피검증자의 임·직원으로 근무한 자

2. 피검증자에 대한 컨설팅에 참여한 자

3. 기타 당해 검증의 독립성을 저해할 수 있는 사항에 연관된 자

제59조(기술전문가)

① 검증팀장은 검증팀과는 별도로 검증의 전문성 보완을 위하여 제58조 제3항의 각 호에 대한 전문지식을 갖춘 자이거나 또는 이와 동등한 자격을 갖춘 자를 기술전문가로 선임할 수 있다.

② 검증기관은 제1항의 기술전문가를 선임할 때에는 제58조 제4항의 각 호에 해당하는 자를 제외(제1호 및 제2호는 2년이 경과한 경우에는 그러하지 아니하다. 이하 같다)하여야 한다.

③ 기술전문가는 당해 검증과정에 직접 참여할 수 없으며 기술전문가의 활동범위는 검증팀장이 요청하는 해당 전문분야에 대한 정보 제공 등에 한한다.

제60조(내부심의팀의 구성)

① 검증기관은 소속 검증심사원 1명 이상으로 내부심의를 위한 심의팀을 구성하여야 한다.

② 제1항의 심의팀에는 당해 검증에 참여하였거나 제58조 제4항에 해당되는 검증심사원은 제외하여야 한다.

제61조(검증의 절차 및 방법)

① 관리업체는 검증기관이 검증업무를 수행할 수 있는지를 확인하고 계약을 체결하여야 한다.

② 검증기관은 공평성 확보를 위해 계약 체결 이전에 별지 제9호 서식에 따라 자가진단을 실시하여야 한다.

③ 온실가스배출량 등의 검증은 별표 27의 절차에 따라 실시하며 세부적인 절차 및 방법은 별표 28에 따른다. 다만 검증기관이 필요하다고 인정되는 경우에는 검증절차를 추가할 수 있다.

④ 검증팀은 필요한 경우 별지 제10호의 서식을 참고하여 검증 체크리스트를 작성하여 이용할 수 있다.

제62조(시정조치)

① 검증팀장은 검증기준 미준수 사항 및 온실가스배출량 등의 산정에 영향을 미치는 오류(이하 '조치 요구사항'이라 한다) 등에 대해서는 피검증자에게 시정을 요구하여야 한다.

② 검증기관은 제1항의 조치 요구사항 및 시정결과에 대한 내역을 별지 제11호의 서식에 따라 작성하여 검증보고서를 제출할 때 함께 제출하여야 한다.

③ 피검증자는 조치 요구사항에 대한 시정내용 등이 반영된 명세서와 이에 대한 객관적인 증빙자료를 검증팀에 제출하여야 한다.

제63조(검증의견의 결정)

① 검증팀장은 모든 검증절차 및 시정조치가 완료되면 최종 검증의견을 제시하여야 한다.

② 검증결과에 따른 최종의견은 다음 각 호의 기준에 따른다.

1. 적정: 검증기준에 따라 배출량이 산정되었으며, 불확도와 오류(잠재 오류, 미수정된 오류 및 기타 오류를 포함한다) 및 수집된 정보의 평가결과 등이 별표 28 제7호 다목의 중요성 기준 미만으로 판단되는 경우

2. 조건부 적정: 중요한 정보 등이 검증기준을 따르지 않았으나, 불확도와 오류 평가결과 등이 별표 28 제7호 다목의 중요성 기준 미만으로 판단되는 경우

3. 부적정: 불확도와 오류 평가결과 등이 별표 28 제7호 다목의 중요성 기준 이상으로 판단되는 경우

제64조(검증보고서 작성)

① 검증팀장은 검증의견을 확정한 후, 별지 제12호 서식에 따라 검증보고서를 작성하여야 한다.

② 검증보고서에는 다음 각 호의 사항이 포함되어야 한다.

1. 검증 개요 및 검증의 내용

2. 검증과정에서 발견된 사항 및 그에 따른 조치내용

3. 최종 검증의견 및 결론

4. 내부심의 과정 및 결과

5. 기타 검증과 관련된 사항

제65조(내부심의)

① 검증기관은 제60조에 따라 구성된 내부심의팀으로 하여금 검증절차 준수 여부 및 검증결과에 대한 내부심의를 실시하여야 한다.

② 검증팀은 다음 각 호의 자료를 내부심의팀에 제출하여야 한다.

1. 검증 수행계획서, 체크리스트 및 검증보고서

2. 검증과정에서 발견된 오류 및 시정조치사항에 대한 이행결과

3. 피검증자가 작성한 이행계획, 이행실적보고서 및 명세서

4. 기타 검토에 필요한 자료

③ 내부심의팀은 내부심의 과정에서 발견된 문제점을 즉시 검증팀에 통보하여야 하며, 검증팀은 이를 반영하여 검증보고서를 수정하여야 한다.

④ 내부심의팀은 내부심의결과 반영 여부를 확인한 후 수정조치가 적절하다고 판단되는 경우 검증팀에 심의 종료를 통보한다.

제66조(검증보고서의 제출)

검증기관은 검증의 보증수준이 합리적 보증 수준 이상이라고 판단되는 경우에 최종 검증보고서를 피검증자에게 제출하여야 한다.

제7장 이행실적의 작성

제67조(이행실적 보고서의 작성)

① 관리업체는 이행계획에 대한 실적(이하 '이행실적'이라 한다)을 전자적 방식으로 작성하여 매년 3월 31일까지 부문별 관장기관에 제출하여야 한다.

② 이행실적의 세부적인 작성방법 등은 별지 제13호 서식에 따른다.

③ 제1항의 규정에도 불구하고 관리업체가 부문별 관장기관의 개선명령을 반영하여 수립한 이행계획의 이행실적에 대해서는 검증기관의 검증을 거쳐야 한다.

제68조(이행실적 보고서의 적용 특례)

① 관리업체는 제11조의 소량 배출사업장에 대해서는 제67조의 이행실적 보고서에 포함하지 않을 수 있다. 다만, 관리업체는 소량 배출사업장별 온실가스배출량 등을 부문별 관장기관에 제출하여야 한다.

② 제1항의 소량 배출사업장별 온실가스배출량 등은 별지 제13호 서식의 소량 배출사업장 실적현황에 따라 작성한다.

③ 관리업체가 소량 배출사업장을 대상으로 부문별 관장기관이 부여한 목표를 이행한 경우에는

제1항에도 불구하고 제67조의 이행실적 보고서를 작성하여 부문별 관장기관에 제출하여야 한다.

제8장 명세서 및 이행실적의 확인

제69조(이행실적의 확인)

① 부문별 관장기관은 관리업체가 제67조에 따라 제출한 이행실적에 대해 다음 각 호의 사항을 확인하여야 한다.

1. 이행계획과의 연계성 및 정확성
2. 온실가스배출량 등의 산정·보고 기준 준수 여부
3. 목표에 대한 이행 여부
4. 검증결과의 적정성(개선명령에 따른 이행계획에 대한 이행실적의 경우에 한한다)
5. 개선명령의 이행 여부
6. 기타 이 지침에서 정한 절차 및 기준 등의 준수 여부 등

② 부문별 관장기관은 제1항 각 호에 따른 사항을 확인하기 위하여 필요한 경우 해당 관리업체의 의견을 듣거나 관련 자료의 제출 등을 요청할 수 있다.

③ 부문별 관장기관은 관리업체가 이행실적을 제출한 날로부터 60일 이내에 확인을 완료하고 전자적 방식을 통해 센터에 제출하여야 한다.

제70조(명세서의 확인)

① 부문별 관장기관은 관리업체가 제52조에 따라 제출한 명세서에 대하여 시행령 제34조 제2항 각 호의 사항에 대한 누락 및 검증기관의 검증 여부 등을 확인하여야 한다.

② 부문별 관장기관은 제1항에 따른 확인결과 누락되었거나 부적절한 사항이 있는 관리업체에 대해서는 그 시정을 요구할 수 있다.

③ 부문별 관장기관은 관리업체가 명세서를 제출한 날로부터 60일 이내에 전자적 방식으로 센터에 제출하여야 한다.

④ 부문별 관장기관은 소관 관리업체 중 중앙행정기관 등의 명세서를 받는 즉시 전자적 방식으로 센터에 제출하여야 한다. 단, 센터에 제출한 이후 제2항에 따른 시정요청에 의해 명세서 내용에 수정 또는 보완이 있는 경우에는 해당되는 사항을 센터에 제출하여야 한다.

제71조(개선명령)

① 부문별 관장기관은 관리업체가 시행령 제30조 제5항에 따라 목표를 달성하지 못하거나 제출한 이행실적이 측정·보고·검증 방법의 적용기준에 미흡한 경우에는 법 제42조 제8항에 따른 개선명령 등 필요한 조치를 하여야 한다.

② 제1항에 따라 개선명령을 받은 관리업체는 다음 연도 이행계획에 개선계획을 반영하여 부문별 관장기관에 제출하여야 한다.

③ 관리업체는 제2항의 이행계획에 대한 이행실적을 제출할 때에는 검증기관의 검증결과를 첨부
하여야 한다.

④ 제3항에 따른 이행실적의 검증은 제61조의 검증 절차 및 방법에 따른다.

⑤ 부문별 관장기관은 제1항의 개선명령 등 관리업체에 대해 필요한 조치를 하는 경우에는 환경
부장관에게 그 사실을 즉시 통보하여야 한다.

제9장 조기감축실적 등의 인정

제72조(조기감축실적의 인정원칙)

① 조기감축실적 인정은 관리업체가 목표관리를 받기 이전에 자발적으로 행한 감축실적을 인정함
으로써 관리업체의 조기행동을 적절하게 반영하는 것을 목적으로 한다.

② 조기감축실적의 인정은 시행령 제25조 제1항의 온실가스 감축 국가목표를 달성하는 데 필요
한 제반 사항과 그 범위 안에서 고려되어야 한다.

③ 조기감축실적은 관리업체의 이행실적을 평가할 때 반영하는 것을 원칙으로 하며, 관리업체는
제77조 제1항에서 정하는 연간 인정총량의 범위 내에서 일시 또는 분할하여 이행실적에 반영
되도록 할 수 있다.

④ 관리업체가 조기감축실적을 분할하여 이행실적에 반영하고자 하는 경우에는 최초로 이행실적
을 보고하는 연도를 포함하여 연속으로 3회까지 반영할 수 있다.

제73조(조기감축실적의 인정기준)

조기감축실적을 인정함에 있어 고려되어야 할 기준은 다음 각 호와 같다.

1. 조기감축실적은 국내에서 실시한 행동에 의한 감축분에 한하여 그 실적을 인정한다.

2. 조기감축실적은 관리업체의 조직경계 안에서 발생한 것에 한하여 그 실적을 인정한다. 다만,
복수의 사업자가 참여하여 조직경계 외에서 실적이 발생한 경우에는 이를 인정할 수 있다.

3. 조기감축실적은 관리업체 사업장 단위에서의 감축분 또는 사업단위에서의 감축분에 대하여 인
정할 수 있다.

4. 시행령 제25조에서 정한 온실가스 감축 국가목표를 달성하기 위하여 조기감축실적으로 반영
할 수 있는 연간 인정총량의 상한선을 설정할 수 있다.

5. 조기감축실적으로 인정되기 위해서는 조기행동으로 인한 감축이 실제적이고 지속적이어야 하
며, 정량화되어야 하고 검증 가능하여야 한다.

6. 관리업체는 조기감축실적 인정을 위한 제반 서류의 제출 등 조기행동 입증을 위하여 필요한
사항에 대하여 부문별 관장기관에 협조하여야 한다.

제74조(조기감축실적의 인정대상 시기)

조기감축실적은 2005년 1월 1일부터 관리업체가 최초로 목표를 설정하는 해 12월 31일까지 실

시한 조기행동에 의한 감축분에 대하여 인정한다.

제75조(조기감축실적의 인정유형)

조기감축실적으로 인정받을 수 있는 사업의 유형은 별표 29에서 정한 유형의 사업으로 한정한다. 다만, 별표 29에서 정한 유형 외에 자발적 감축사업으로 감축기술 및 재원 등에 상당한 투자가 수반된 개별 감축사업에 대해서는 환경부장관과 부문별 관장기관이 협의하여 조기감축실적으로 인정할 수 있다.

제76조(조기감축실적의 인정 예외)

① 제75조 규정에도 불구하고 다음 각 호에 해당하는 경우에는 조기감축실적으로 인정될 수 없다.

1. 관리업체가 법적 규제·기준을 충족하기 위하여 실시한 사업의 결과에 수반하여 온실가스배출량이 감소된 경우

2. 관리업체의 생산량이 감소하거나 조직경계 내 배출시설의 폐쇄 등으로 인하여 온실가스배출량이 감소된 경우

3. 관리업체 내 온실가스 배출시설을 조직경계 외부 또는 외국으로 이전하여 온실가스배출량이 감소된 경우

4. 관리업체 내에서 생산, 관리, 수송, 폐기물 처리 등과 관련하여 자체적으로 수행하던 활동을 조직경계 외부로 위탁하여 처리함으로써 온실가스배출량이 감소된 경우

5. 관련 규정에 따라 관리업체가 온실가스 감축사업에 따라 획득한 권리에 대하여 정부가 재정적으로 보상한 경우

② 제1항 제5호 규정에도 불구하고 별표 29 제1호의 사업으로 2011년 12월 31일까지 정부가 재정적으로 보상한 경우에는 그 감축실적의 40%에 해당하는 부분을 조기감축실적으로 인정할 수 있다.

제77조(연간 인정총량)

① 매년 조기감축실적으로 인정할 수 있는 전체 총량(이하 '연간 인정총량'이라 한다)은 전체 관리업체 배출허용량의 1%로 한다.

② 관리업체별로 반영을 신청할 수 있는 연간 조기감축실적의 한도량(이하 '연간 신청 가능량'이라 한다)은 다음 각 호의 값 중 작은 것으로 한다.

1. 연간 인정총량에 제82조의 조기행동 기여계수를 곱한 값

2. 관리업체 배출허용량에 0.1을 곱한 값

제78조(조기감축실적의 인정 신청)

① 관리업체가 조기감축실적에 대하여 인정을 받고자 하는 경우에는 별지 제14호의 서식에 따른 조기감축실적 인정 신청서(이하 '신청서'라 한다)를 작성하여 관리업체로 최초 지정된 해의

다음 연도 7월 31일까지 부문별 관장기관에 제출하여야 한다.

② 관리업체는 최초로 목표를 설정한 해에 연간 기준으로 추가적인 조기감축실적이 있는 경우 해당되는 추가 실적에 대하여 제1항의 신청서를 작성하여 다음 연도 7월 31일까지 부문별 관장기관에 제출하여야 한다.

③ 관리업체는 제1항 및 제2항의 신청서를 작성·제출하기에 앞서 제96조에서 정한 검증기관의 검증을 거쳐야 하며, 그 검증결과를 신청서와 함께 제출하여야 한다. 다만, 제75조에서 정한 조기감축실적 인정유형의 사업 중 별표 29 제1호는 2011년 6월 30일 이전에, 제2호 내지 제4호의 사업은 이 지침이 시행되기 이전에 사업시행 부처의 확인을 받은 실적은 검증결과를 제출하지 않아도 된다.

제79조(조기감축실적의 평가 및 기준)

① 제78조 제1항에 따라 신청서를 제출받은 부문별 관장기관이 조기감축실적의 인정 여부와 인정량을 평가할 때에는 제73조 내지 제76조의 규정을 기준으로 한다. 이 경우, 부문별 관장기관은 필요한 경우에 조기감축실적 인정유형 사업을 시행하는 부처에 확인을 요청할 수 있다.

② 부문별 관장기관은 다음 각 호의 사항들을 고려하여 조기감축실적을 평가한다.

1. 조기행동의 일반사항

2. 조기행동의 실제성

3. 조기행동에 따른 감축효과의 지속성

4. 조기행동의 추가성

5. 조기행동에 따른 감축실적의 정량화에 대한 타당성

6. 기준 배출량 산정방법론의 적합성

7. 조기행동에 따른 감축실적 산정방법의 적합성

8. 조기감축실적에 대한 검증결과

9. 조기감축실적 인정 예외 사유에의 해당 여부

10. 제75조의 인정유형에 따른 타 감축실적과의 중복 여부

11. 환경 및 관련 법규에의 저촉 여부

③ 제2항 제4호의 추가성이 인정되기 위해서는 다음 각 호의 요건을 충족하여야 한다.

1. 법적 규제·기준을 충족하기 위한 것이 아니어야 하며, 관련 법령 등에서 요구하는 요건을 상당 부분 크게 초과하여 실시한 행동

2. 검증되지 않은 기술의 사용에 따른 비용상의 어려움, 시설·장비의 운영과 유지상의 어려움과 기타 제도적인 어려움과 같은 장애요인이 있었음에도 불구하고 시행되는 등 기업 경영에서 표준적으로 발생하는 개선활동 이상의 행동

④ 부문별 관장기관은 제2항의 평가를 위하여 필요한 경우 신청서 외에 별도의 근거자료를 관리업체에 요구할 수 있으며, 이 경우 관리업체는 관련 근거자료를 즉시 부문별 관장기관에 제출하여야 한다.

⑤ 부문별 관장기관은 신청서를 받은 날로부터 30일 이내에 제2항의 규정에 따른 평가결과를 별지 제15호 서식에 따라 작성하여 관련 근거자료와 함께 환경부장관에게 통보하여야 한다.

제80조(조기감축실적 평가결과의 확인)

환경부장관은 제75조 후단에 해당하는 사업에 대해서는 부문별 관장기관의 평가결과에 대한 중복성·적절성 등을 확인하고 그 결과를 제79조 제5항의 평가결과를 받은 날로부터 30일 이내에 부문별 관장기관에 통보한다.

제81조(조기감축실적 인정결과 통보 및 관리)

① 부문별 관장기관은 제79조 내지 제80조에 따른 조기감축실적에 대한 인정 결과 및 인정량을 매년 10월 31일까지 관리업체에 통보하여야 한다. 이때, 관리업체에 통보하는 인정 결과 및 인정량이 제79조 제5항의 평가결과와 다를 경우에는 이를 환경부장관에게 통보하여야 한다.
② 부문별 관장기관은 별지 제16호의 서식에 따라 조기감축실적 인정서를 발급·관리하여야 한다.

제82조(조기행동 기여계수의 산정)

① 관리업체별로 산정되는 조기행동 기여계수는 당해 관리업체의 조기감축실적 인정량을 전체 관리업체의 조기감축실적 인정량의 합으로 나눈 값으로 한다. 이때, 조기행동 기여계수는 매년 산정하여야 하며, 이전에 이행실적 평가를 하면서 이미 조기감축실적으로 반영된 양은 차감하여 산정한다.
② 관리업체는 목표관리 대상기간에 해당하는 연도의 3월 31일까지 당해 관리업체가 보유하고 있는 조기감축실적의 인정량을 부문별 관장기관에 보고하여야 한다. 이때, 이전에 이미 조기감축실적으로 반영한 양과 당해 연도에 반영을 신청한 양은 차감하여 보고한다.
③ 부문별 관장기관은 제1항에서 보고된 조기감축실적의 인정량을 제81조 제2항의 관리내역과 비교·확인한 후 4월 10일까지 환경부장관에게 통보하여야 하며, 환경부장관은 녹색성장위원회 및 부문별 관장기관과 협의하여 관리업체별 조기행동 기여계수를 산정한 후, 이를 4월 20일까지 부문별 관장기관에 통보한다.
④ 부문별 관장기관은 제77조 제2항에 따라 관리업체별로 연간 인정총량에 조기행동 기여계수를 곱한 값과 배출허용량에 0.1을 곱한 값을 비교한 후 그중 작은 값을 당해 관리업체의 연간 신청 가능량으로 산정하여 4월 30일까지 통보한다.

제83조(조기감축실적의 반영)

① 관리업체가 조기감축실적을 이행실적에 반영하고자 하는 경우에는 시행령 제30조 제4항에 따른 이행실적을 보고할 때 제82조 제4항에 따라 통보받은 연간 신청 가능량의 범위 내에서 그 반영을 신청하여야 한다.
② 부문별 관장기관은 관리업체의 목표 달성을 평가할 때 제1항의 신청된 부분을 반영하여야 한다.

제84조(조기감축실적 정보의 공개)

센터는 조기감축실적의 인정 등과 관련하여 다음 각 호의 정보를 일반국민이 알 수 있도록 종합하여 공개한다.

1. 조기감축실적 인정기준
2. 조기감축실적 인정사업의 목록

제85조(외부감축실적)

① 관리업체는 업체의 조직경계 외부(중소기업기본법 제2조 제1항에 의한 중소기업인 관리업체를 포함한다)에서 온실가스를 감축·흡수·제거하는 사업(이하 '외부감축사업'이라 한다)을 수행하고 그 실적(이하 '외부감축실적'이라 한다)을 관리업체의 목표이행 실적으로 사용할 수 있다.

② 외부감축사업과 외부감축실적의 인정은 시행령 제25조 제1항의 온실가스 감축 국가목표를 달성하는 데 필요한 제반 사항과 그 범위 내에서 고려되어야 한다.

③ 외부감축실적은 관련된 국제 기준과 지침을 고려하여 추진되어야 하며, 관리업체의 감축의무가 특정 업체 및 부문에 전가되지 않도록 투명하고 공정하게 관리되어야 한다.

④ 외부감축사업의 유형 및 방법론, 외부감축사업의 타당성 평가 및 등록, 외부감축실적의 산정·모니터링·검증, 인정방법, 외부감축실적 인증서의 발급·등록·관리 등에 관한 구체적인 사항은 환경부장관이 부문별 관장기관과 협의하여 따로 정하여 고시한다.

제10장 등록부의 관리

제86조(등록부 구축)

센터는 시행령 제31조에 따라 부문별 관장기관으로부터 제출받은 다음 각 호의 사항에 대하여 등록부를 구축하고 전자적 방식으로 통합 관리·운영하여야 한다.

1. 관리업체의 상호 또는 명칭
2. 관리업체의 대표
3. 관리업체의 본점 및 사업장 소재지
4. 관리업체 지정에 관한 사항
5. 시행령 제30조 제3항부터 제5항까지에 따른 이행계획, 이행실적 및 개선명령 등에 관한 사항
6. 시행령 제34조에 따른 명세서에 관한 사항
7. 기타 목표관리제 운영에 필요한 사항으로서 환경부장관이 부문별 관장기관과 협의하여 정하는 사항

제87조(등록부 관리)

전자적 방식에 의한 등록부의 운영 및 관리 등에 관한 세부적인 사항은 환경부장관이 부문별 관장기관과 협의하여 따로 고시한다.

제11장 명세서의 공개

제88조(심사위원회)

① 센터는 심사위원회를 구성하여 법 제44조 제3항에 따라 명세서의 주요 정보에 대한 관리업체 비공개 요청에 대해 심사를 하여야 한다.

② 심사위원회는 정보 공개로 인하여 관리업체의 영업 및 사업상 권리 또는 비밀에 대한 침해가 발생하지 않도록 노력하여야 한다.

제89조(심사위원회 구성)

① 심사위원회는 위원장 1명을 포함하여 7명 이내의 위원으로 구성한다.

② 위원회의 위원은 다음 각 호와 같이 부문별 관장기관의 온실가스 또는 에너지 관련 업무를 수행하는 공무원 4명과 녹색성장 및 정보 공개에 있어 학식과 경험이 풍부한 사람 중 환경부장관이 부문별 관장기관과 협의하여 위촉하는 민간위원으로 구성한다.

1. 농림수산식품부: 녹색성장정책관
2. 지식경제부: 에너지절약추진단장
3. 환경부: 온실가스종합정보센터장
4. 국토해양부: 정책기획관

③ 심사위원회의 위원장은 환경부 온실가스종합정보센터장이 수행하며 위원장은 위원회의 업무를 총괄한다.

④ 위원의 임기는 2년으로 연임이 가능하다. 다만, 공무원인 위원의 임기는 그 직위에 재직하는 기간으로 한다.

⑤ 심사위원회의 회의는 위원장이 필요하다고 인정될 경우 소집할 수 있으며, 재적위원 과반수의 출석으로 개의하고 출석위원 과반수의 찬성으로 의결한다.

제90조(심사위원회의 사무국)

① 센터는 심사위원회의 업무를 보좌하고 그 밖의 행정사무를 효율적으로 처리하기 위하여 필요한 경우 사무국을 운영할 수 있다.

② 사무국은 심사위원회의 개최 필요성이 있을 경우 위원장에게 관련 내용을 보고하여야 한다.

③ 사무국은 관리업체 비공개 요청에 대해 사전 검토를 수행하고 그 결과를 심사위원회 개최 이전에 위원장과 위원에게 송부하여야 한다.

제91조(비공개 심사 절차)

① 관리업체는 제92조의 주요정보 공개항목에서 비공개를 원하는 항목(제1호, 제4호 및 제5호는 제외한다)이 있을 경우 별지 제17호 서식에 따라 비공개 요청 항목과 사유서를 첨부하여 부문별 관장기관에 3월 31일까지 전자적인 방법으로 제출하여야 한다.

② 부문별 관장기관은 제1항의 비공개 요청 항목과 사유서를 받는 즉시 이를 센터에 전자적인 방법으로 제출하여야 한다.

③ 심사위원회는 제1항의 비공개 요청 심사에 필요할 경우 다음 각 호의 조치를 취할 수 있다.

1. 비공개 신청 관리업체에 추가적인 자료 및 관련 서류 등의 제출 요구

2. 비공개 신청 관리업체의 관계자 또는 관련 전문가의 의견청취

④ 심사위원회는 제1항에 따른 비공개 요청에 대해 공개 여부를 심사하여야 한다. 필요한 경우에는 서면 심사로 대체할 수 있다.

⑤ 센터는 해당 관리업체와 부문별 관장기관에 심사위원회의 공개 심사결과를 서면으로 통지하여야 하며, 관리업체의 비공개 요청에도 불구하고 공개를 결의한 경우 공개결정이유를 명시하여야 한다.

⑥ 부문별 관장기관 및 센터는 매년 6월 30일까지 명세서의 주요 정보를 전자적 방식으로 공개하여야 한다.

⑦ 그 외 심사위원회의 구성, 심사 및 공개방법, 일정, 절차 등 심사위원회 운영에 관한 구체적인 사항은 환경부장관이 관장기관과 협의하여 따로 고시할 수 있다.

제92조(주요 정보 공개)

① 법 제44조 제3항에 따라 명세서의 주요 정보에 해당되어 공개대상이 되는 항목은 다음 각 호와 같다.

1. 관리업체의 상호·명칭 및 업종

2. 관리업체의 본점 및 사업장 소재지

3. 관리업체의 규모

4. 관리업체 지정연도 및 소관 관장기관

5. 관리업체의 명세서 검증수행기관

6. 관리업체 및 업체 내 사업장에서 배출하는 온실가스의 종류 및 배출량, 사용 에너지의 종류 및 사용량

7. 관리업체 내에서의 온실가스 감축·흡수·제거실적

② 센터와 부문별 관장기관은 제1항의 정보 공개시기 등에 대해 사전에 협의하여야 한다.

③ 센터 및 부문별 관장기관은 제1항의 주요 정보와 함께 온실가스·에너지 목표관리제도에 관한 대국민 이해를 위해 부문별 또는 입종별로 다음 각 호의 사항을 공개할 수 있다.

1. 관리업체 대상업체 및 사업장 수

2. 연도별 전체 관리업체의 온실가스배출량 및 에너지사용량 추이

3. 업체별·사업장별 온실가스배출량 순위 및 에너지사용량 순위

4. 업체별·사업장별 온실가스배출량 및 에너지사용량의 증감순위

제93조(공공기관 정보제공)

① 시행령 제35조 제1항에 따라 행정기관 또는 공공기관은 다음 각 호의 사유에 해당하는 경우 부문별 관장기관 및 센터에 명세서 정보 제공을 요청할 수 있다.

1. 법 제10조 제1항에 따른 중앙행정기관의 녹색성장국가전략 소관분야 추진계획의 수립·시행에 필요한 경우

2. 법 제11조 제1항에 따른 지방자치단체(시·도지사)의 지방녹색성장 추진계획의 수립·시행에 필요(관내 업체·사업장에 한정한다)한 경우

3. 법 제12조 제1항에 따른 국무총리의 녹색성장국가전략 및 중앙추진계획의 점검·평가를 위하여 필요한 경우

4. 법 제25조에 따라 기업의 녹색경영을 지원·촉진하기 위하여 필요(대상업체에 한정한다)한 경우

5. 법 제28조에 따라 저탄소 녹색성장을 촉진하기 위한 금융 시책 수립·시행에 필요(대상업체에 한정한다)한 경우

6. 법 제29조에 따라 녹색산업투자회사의 설립과 지원을 위하여 필요(대상업체에 한정한다)한 경우

② 제1항의 정보제공을 요청할 경우에는 해당 정보 요청사유와 활용범위 및 사용목적 등을 명확히 제시하여야 한다.

③ 정보제공 요청을 받은 부문별 관장기관 및 센터는 제2항에 따른 정보제공 요청 사유 등을 검토한 후 타당하다고 판단될 경우 검토의견서를 첨부하여 녹색성장위원회에 정보제공에 대한 심의를 요청하여야 한다.

④ 부문별 관장기관 및 센터는 제3항의 녹색성장위원회의 정보제공 심의결과에 따라 관련 정보를 제공할 수 있으며, 제공된 정보의 활용이 제2항의 활용범위와 사용목적에 타당한지 관리하여야 한다.

⑤ 관련 정보를 제공받은 행정기관 또는 공공기관은 제91조에 따라 심사위원회에서 비공개 결정한 항목 등에 대해서는 이를 명기하고 외부로 유출하거나 다른 용도로 사용하여서는 아니 된다.

제94조(공시를 위한 정보 공개)

① 센터는「자본시장과 금융투자업에 관한 법률」제163조에 따라 사업보고서 공시를 위해 금융위원회 또는 한국거래소의 관련 정보 제공 요청이 있을 경우 제92조의 주요 정보 범위 내에서 자료를 제공할 수 있다.

② 사업보고서의 거짓 기재 등에 대한 사항을 판단하기 위해 해당 관리업체의 명세서 비공개 항목을 열람하고자 할 경우에는 관계 공무원의 입회하에 이를 열람할 수 있다.

③ 센터는 제1항에 의해 자료를 제공한 경우, 해당 업체를 소관하는 부문별 관장기관에 즉시 관련 사실을 통보하여야 한다.

제12장 검증기관의 지정 및 관리

제95조(검증기관 등의 운영원칙)

① 검증은 공평하고 독립적으로 이루어져야 하며 검증기관은 이를 최대한 보장할 수 있도록 필요한 조치를 강구하여야 한다.

② 검증기관은 소속 검증심사원이 보유한 전문분야에 대해서만 검증업무를 수행하여야 하며, 피검증자 등의 특성과 조건 등을 종합적으로 고려하여 적격성 있는 검증팀을 구성하여야 한다.

③ 검증기관은 검증업무를 수행하는 과정에서 취득한 정보를 외부로 유출하거나 다른 목적으로 사용하여서는 아니 된다.

제96조(검증기관의 지정)

① 검증기관 지정을 받고자 하는 자는 별지 제18호의 신청서와 별표 30이 정하는 지정요건을 증명하는 서류를 첨부하여 국립환경과학원장에게 제출하여야 한다.

② 검증기관은 관리업체 온실가스배출량 등의 명세서, 이행실적(법 제42조 제8항의 개선명령을 받은 경우에 한한다)에 대한 검증과 조기감축실적 및 외부감축실적에 대한 검증업무 등을 수행한다.

③ 다음 각 호의 어느 하나에 해당하는 경우 검증기관으로 지정을 받을 수 없다.

1. 임원 중 금치산자 또는 한정치산자가 있는 경우

2. 제100조 제1항의 규정에 따라 지정이 해지된 날로부터 3년이 경과하지 아니한 경우

3. 최근 3년간 「부정경쟁방지 및 영업비밀 보호에 관한 법률」 제18조에 의해 벌금형 이상의 처분을 받은 경우

4. 관리업체와 동일 법인(개인 및 공공기관 등을 포함한다)이거나 제4조 제5항 및 제6항의 업무를 수행하는 경우 또는 검증기관 지정 이후 제4조 제5항 및 제6항의 업무를 수행하는 경우

④ 국립환경과학원장은 검증기관 지정 신청에 대한 검토결과 등의 자문을 위해 부문별 관장기관의 추천을 받아 13명 이내의 지정심사 자문단을 구성하여 운영할 수 있다.

⑤ 국립환경과학원장은 서면 및 현장조사 등을 실시하고 관련 규정에 적합하다고 인정될 경우에는 지정심사 자문단의 자문결과를 첨부하여 환경부장관에게 검증기관으로 지정하여 줄 것을 요청하여야 한다.

⑥ 환경부장관은 부문별 관장기관과 협의를 거쳐 특별한 사유가 없으면 제5항에 따른 지정 요청에 대해 별지 제19호 서식의 검증기관 지정서를 교부하고 다음 각 호의 사항을 관보에 고시하여야 한다.

1. 검증기관의 명칭 및 소재지

2. 검증기관 지정일

3. 검증기관에 소속된 검증심사원의 전문분야

제97조(검증기관의 변경신고 등)

① 검증기관은 다음 각 호의 사유가 발생한 경우 국립환경과학원장에게 변경신고를 하여야 한다.

1. 검증기관 사무실 소재지의 변경

2. 법인 및 대표자가 변경된 경우

3. 검증 관련 내부 업무규정의 변경

4. 검증심사원의 변경

5. 검증 전문분야의 변경

② 제1항의 변경신고를 하려는 자는 제1호, 제2호는 변경된 날로부터 30일 이내에, 제3호 내지 제5호는 변경된 날로부터 7일 이내에 별지 제18호 서식의 변경신고서에 변경내용을 증명하는 서류와 지정서를 첨부하여 국립환경과학원장에게 제출하여야 한다.

③ 국립환경과학원장은 변경내용의 적절성 등을 검토하여 타당하다고 인정되면 변경내역을 지정서에 기재하고 환경부장관에게 그 내역을 제출하여야 한다.

④ 국립환경과학원장은 제3항의 검증기관 변경내역을 공고하고 부문별 관장기관에 통보한다.

제98조(검증기관의 관리)

① 국립환경과학원장은 검증기관 지정 후 2년마다 검증업무 수행의 적절성(현장확인 및 입회심사를 포함한다), 검증심사원의 자격 유지 등 전반적인 운영실태에 대한 종합적인 평가를 실시하여야 한다.

② 국립환경과학원장은 제1항의 평가결과를 작성하여 환경부장관에게 제출하여야 하며, 평가결과보고서에는 다음 각 호의 사항이 포함되어야 한다.

1. 검증기관 사무소 소재지, 조직 등 일반현황

2. 검증기관의 지정요건 및 운영절차의 준수 여부, 검증절차의 적절성 등에 대한 현장조사를 포함한 평가 결과

3. 조치 필요사항 등

③ 환경부장관은 제2항의 평가결과를 검토하고 그 결과를 센터 및 부문별 관장기관에 통보한다.

제99조(검증기관의 준수사항)

① 검증기관은 검증결과보고서, 검증업무 수행내역 등 관련 자료를 5년 이상 보관하여야 한다.

② 검증기관은 관리업체가 제출한 자료와 검증 수행과정에서 취득한 정보를 외부로 유출하거나 다른 용도로 사용하면 아니 된다.

③ 검증기관은 별지 제20호 서식에 따라 반기별 검증업무 수행내역을 작성하여 반기 종료일로부터 30일 이내에 국립환경과학원장에게 제출하여야 한다.

④ 검증기관은 소속 임·직원과 검증심사원 보안교육 등을 정기적으로 실시하여야 하며, 이와 관련된 업무처리절차를 마련하여야 한다.

⑤ 검증기관은 피검증자 등으로부터 위탁받은 검증업무를 다른 검증기관에 재위탁 또는 수탁하여

서는 아니 된다.

⑥ 검증기관은 검증업무를 수행하기 이전 2년 이내 또는 검증업무 수행 중에 피검증자의 온실가스 또는 에너지와 관련된 자문, 진단, 관리대행, 컨설팅 및 중개 등과 관련된 업무를 수행한 경우에는 검증업무를 수행할 수 없다.

⑦ 검증기관은 보유한 전문분야에 대해서만 검증을 수행하여야 한다.

제100조(검증기관의 지정해지 등)

① 국립환경과학원장은 검증기관이 다음 각 호에 해당하는 경우에는 환경부장관에게 6개월 이내의 기간을 정하여 검증과 관련한 영업의 정지 또는 지정해지 등을 요청할 수 있다.

1. 거짓이나 그 밖의 부정한 방법으로 지정을 받은 경우

2. 고의 또는 중대한 과실로 검증결과를 거짓으로 보고한 경우

3. 지정서를 대여 또는 업무정지 기간 중 검증업무를 수행한 경우

4. 검증기관의 인력요건에 미흡한 경우(검증인력의 변동일로부터 30일이 경과한 경우에 한한다)

5. 제96조 제3항의 결격사유에 해당된 경우(결격사유가 발생한 날로부터 30일이 경과한 경우에 한한다)

6. 검증업무를 수행하는 과정에서 이해관계자의 부당한 개입 등으로 인해 검증의 독립성과 공평성을 훼손한 경우

7. 제99조의 검증기관 준수사항을 준수하지 아니한 경우

② 환경부장관은 제1항의 해지요청의 적정 여부를 확인하기 위해 필요한 경우 센터의 의견을 들을 수 있다.

③ 환경부장관은 제1항에 따른 영업정지 또는 지정해지 등을 요청받은 경우에는 필요한 경우 해당 검증기관으로부터 소명자료를 제출받거나 의견을 청취할 수 있다.

④ 환경부장관은 제1항의 해지사유가 타당할 경우 해당 검증기관명, 대표자, 해지사유 및 해지일 등을 관보에 공고하고 이를 부문별 관장기관에 즉시 통보한다. 이때 국립환경과학원장은 즉시 해당 검증기관의 지정서를 회수하여야 한다.

제101조(검증기관의 휴·폐업신고 등)

① 휴업 또는 폐업하려는 검증기관은 별지 제21호 서식의 신고서와 검증기관 지정서, 검증과 관련하여 취득한 정보의 관리계획(폐업신고에 한한다) 및 해당 기간까지의 검증업무 수행내역서를 작성하여 휴업 또는 폐업 예정일로부터 10일 전에 국립환경과학원장에게 제출하여야 한다.

② 국립환경과학원장은 검증업무와 관련하여 취득한 정보의 관리방안 등을 확인하고 필요한 경우 관련 정보를 제출토록 하여 별도로 관리할 수 있다.

③ 국립환경과학원장은 사업장명, 휴업기간 또는 폐업일 등을 즉시 공고한 뒤 환경부장관에게 보고하고 부문별 관장기관에 통보한다. 다만, 폐업의 경우는 관보에 공고한다.

④ 검증기관이 업무를 재개하고자 할 때에는 휴업기간 종료일로부터 7일 이전에 국립환경과학원

장에게 신고하여야 한다. 국립환경과학원장은 검증기관 지정요건을 유지하고 있다고 판단되면
이를 공고하고 환경부장관과 부문별 관장기관에 즉시 통보한다.

제102조(검증심사원 자격 및 등록)

① 검증심사원보는 학력 및 경력 등이 별표 31의 기준에 적합한 자로서 환경부장관이 정한 교육
과정을 이수한 자를 말한다. 이 경우 검증심사원보는 검증심사원의 업무를 보조한다.

② 검증심사원보가 검증기관에서 별표 12 및 별표 13의 배출활동 구분에 따른 아래 제1호 내지
제4호에 해당되는 분야의 검증실적을 신고일 기준 최근 3년 이내 5회, 제5호 및 제6호에 해
당되는 분야의 검증실적을 신고일 기준 최근 3년 이내 3회 이상 검증에 참여한 경우 해당 분
야 검증심사원(다만, 제7호의 경우 전문분야에 관계없이 신고일 기준 최근 3년 이내 5회 이상
의 검증업무에 참여한 경우 해당 분야의 자격이 있는 것으로 본다)이 된다. 이 경우 2개 이상
의 분야의 자격을 인정받고자 하는 경우에는 각각에 해당하는 검증 실적과 제104조 제1항 1
호 또는 3호에 해당하는 해당 분야 교육 및 평가를 이수하여야 한다.

1. 광물산업 분야(시멘트·석회 생산, 유리 생산 등 탄산염의 기타 공정사용 등)
2. 화학 분야(암모니아·질산·아디프산·카바이드·이산화티탄·소다회·석유화학제품·불소
   화합물 생산 등)
3. 철강·금속 분야(철강·합금철·아연 생산, 산업기계 등)
4. 전기·전자 분야[전자·전기산업, 오존층파괴물질(ODS)의 대체물질 사용 등]
5. 폐기물 분야(폐기물, 하·폐수처리, 바이오매스 등)
6. 농축산 및 임업 분야(농업, 축산, 조림 및 재조림 등)
7. 공통 분야(연소, 전기·열·스팀의 사용, 수송 및 탈루성 배출 등)

③ 국립환경과학원장은 제2항에 따른 검증실적 인정에 있어 별표 27의 검증절차 중 2단계부터
3단계까지만 참여한 경우에도 1회 실적으로 인정할 수 있으며, 실적 분야는 가장 주된(공통은
제외할 수 있다) 배출활동 분야에 대하여 인정한다. 다만, 해당 관리업체가 사업장을 기준으로
별표 2의 사업장 지정 최소기준($15kilotones\ CO_2-eq$) 이상의 다른 유형의 배출활동을 포
함하고 있는 경우에는 해당 분야에 대한 검증실적을 추가로 인정할 수 있다.

④ 환경부장관은 국제적인 동향과 국내 여건 등을 고려하여 필요하다고 인정될 경우에는 제2항의
전문분야를 보다 세분화하여 전문성을 강화할 수 있다.

⑤ 검증심사원(검증심사원보를 포함한다. 이하 같다)이 되고자 하는 자는 별지 제22호의 등록신
청서를 작성하여 국립환경과학원장에게 제출(전문분야의 추가 또는 변경을 포함한다)하여야
한다. 다만, 검증심사원보의 등록은 교육기관으로부터 통보된 교육이수자 명단으로 갈음한다.

⑥ 국립환경과학원장은 검증심사원으로 등록하고자 하는 자가 제2항의 검증심사원 자격요건에
적합할 경우 별지 제23호의 등록증을 교부하고 그 결과를 별지 제24호의 검증심사원 관리대
장에 기록하여야 한다.

⑦ 다음 각 호의 경우에는 검증심사원으로 등록할 수 없다.

1. 금치산자 또는 한정치산자

2. 이 지침에 의해 검증심사원의 등록이 해지된 후 3년이 경과되지 아니한 자

3. 최근 3년간 「부정경쟁방지 및 영업비밀보호에 관한 법률」 제18조 내지 제18조의3에 해당하
   는 처벌을 받은 자

제103조(검증심사원의 관리)

① 검증심사원은 등록증을 교부받은 날로부터 2년마다 보수 교육을 이수하여야 한다.

② 국립환경과학원장은 검증심사원으로 등록된 자가 다음 각 호의 어느 하나에 해당되는 경우에
   는 등록을 해지하고 그 결과를 교육기관의 장에게 통보한다.

1. 거짓 또는 그 밖에 부정한 방법으로 검증심사원으로 등록한 경우

2. 검증보고서를 허위로 작성한 경우

3. 제102조 제6항 제1호 내지 제3호에 해당되는 경우

4. 검증심사와 관련한 업무 등을 다른 사람에게 대행하게 한 경우

5. 제58조의 규정에 해당되지 않는 검증팀에 참여하여 검증업무를 수행한 경우

제104조(검증심사원의 교육과정)

① 검증심사원의 교육과정은 다음 각 호와 같다.

1. 검증심사원보 양성교육 과정: 새로이 검증심사원보가 되고자 하는 자가 받아야 하는 교육으로
   이론교육과 실습 및 평가를 포함하여 총 80시간 이상

2. 검증심사원 보수교육 과정: 검증심사원이 등록일로부터 2년마다 받아야 하는 교육으로 해당
   전문분야별 이론교육, 실습 및 평가를 포함하여 24시간 이상

3. 전문분야 추가 과정: 제1호에 의한 분야 외의 전문분야를 인정받고자 하는 검증심사원(검증심
   사원보를 포함하며, 해당 분야 검증실적이 있는 자에 한한다)이 받아야 하는 교육으로서 이론
   교육과 실습 및 평가를 포함하여 16시간 이상

② 제1항 각 호의 교육과정에서 정한 평가기준을 만족한 경우 해당 교육과정을 이수한 것으로 본다.

③ 교육기관의 장은 관련 근거 규정에 따라 제1항 제1호의 교육과정과 유사한 교육을 이수한 자
   에 대해서는 그 내용의 중복성을 검토하여 교육과정의 일부를 경감할 수 있다.

④ 교육기관의 장은 제1항의 교육생을 선발하는 데 있어 분야별 검증 수요, 해당 분야 검증실적
   등을 감안하여 우선 선발기준을 마련할 수 있다.

⑤ 교육기관의 장은 검증심사원 교육신청자가 별표 31 및 제102조 제7항에 해당되는 지를 사전
   에 확인하여야 한다.

제105조(검증심사원 교육기관)

검증심사원 교육기관은 국립환경인력개발원으로 한다. 단, 환경부장관이 교육 수요 등을 고려하
여 필요하다고 인정할 경우 부문별 관장기관과 협의하여 교육기관을 추가로 지정할 수 있다.

제106조(교육계획의 수립)

① 교육기관의 장은 매년 2월 28일까지 검증심사원 교육에 관한 기본계획을 수립하여 환경부장 관의 승인을 받아야 한다.

② 제1항의 기본계획에 포함되어야 하는 사항은 다음 각 호와 같다

1. 교육의 목표 및 교육의 기본방향

2. 교육대상 검증심사원의 중장기 추계

3. 교육과정별 주요내용 및 교재, 과정별 최소 이수시간

4. 교육과정별 평가방법 및 시기

5. 교육장소 및 교수요원 확보방안

6. 기타 검증심사원 교육에 관한 사항

③ 환경부장관은 제1항의 교육계획을 승인하기 전에 부문별 관장기관과 관련 전문가의 의견을 들을 수 있다.

제107조(교육실적 보고)

교육기관의 장은 매년 1월 31일까지 다음 각 호의 사항이 포함된 전년도 교육실적을 환경부장관에게 제출하여야 한다. 다만, 제2호는 매회 교육이 완료된 날로부터 7일 이내에 국립환경과학원장에게 통보하여야 한다.

1. 제106조 제1항의 교육계획에 대한 추진실적

2. 검증심사원 교육과정 입교생 및 수료생 명단

3. 교육생의 교육 만족도 등 설문조사 결과

4. 기타 환경부장관이 필요하다고 요청한 사항

제108조(수수료 기준)

① 국립환경과학원장은 검증에 소요되는 비용의 산출기준 및 방법 등을 정하여 환경부장관의 승인을 거쳐 공고할 수 있다.

② 교육기관의 장은 국립환경인력개발원장이 검증심사원 등의 교육 내용 및 기간 등을 고려하여 정한 기준에 따라 일정 비용을 교육대상자로부터 징수할 수 있다. 이 경우 환경부장관의 승인을 거쳐야 한다.

제13장 부문별 관장기관 소관 사무의 종합적인 점검·평가

제109조(점검·평가의 원칙)

① 부문별 관장기관 소관 사무의 종합적인 점검·평가(이하 '점검·평가'라 한다)는 온실가스·에너지 목표관리제의 신뢰성을 높여 선진적인 국가 온실가스 관리시스템을 마련하고 저탄소 녹색성장을 위한 기반을 조성하는 것을 목적으로 한다.

② 점검·평가는 관련 법령과 규정에 따라 조사와 증거를 통한 사실에 근거하여 수행한다.

③ 점검·평가는 대상 관장기관의 장이나 관계인의 의견을 충분히 수렴하고 적법절차를 준수하여야 한다.

④ 점검·평가의 중복, 과도한 자료요구 등으로 인한 대상 관장기관의 부담이 최소화되도록 한다.

제110조(대상기관 및 사무 등)

① 점검·평가 대상기관은 다음 각 호와 같다.

1. 시행령 제26조 제3항의 부문별 관장기관

2. 제1호의 부문별 관장기관으로부터 온실가스·에너지 목표관리제와 관련된 소관 사무를 위탁받거나 대행하는 행정기관 또는 「공공기관의 운영에 관한 법률」 제4조에 따른 공공기관

② 점검·평가 대상기관이 온실가스·에너지 목표관리제와 관련하여 행하는 업무수행 및 이와 관련된 결정·집행 등의 모든 사무가 점검·평가 대상이 된다.

③ 부문별 관장기관은 온실가스·에너지 목표관리제와 관련한 소관 사무를 소속기관 또는 「공공기관의 운영에 관한 법률」 제4조에 따른 공공기관 등에 위탁하거나 대행하게 한 경우에는 당해 기관, 소재지, 대표자, 담당부서, 업무범위 등을 환경부장관에게 즉시 통보하여야 한다.

제111조(자료제출 요구의 원칙)

① 점검·평가와 관련한 자료 요구 시에는 필요 최소한의 범위 안에서 충분한 준비기간 등을 고려하여야 한다.

② 점검·평가와 관련한 자료는 체계적으로 관리하여 중복적으로 제출되지 않도록 하여야 하며, 센터에 전자적 방식으로 구축된 자료를 최대한 활용하여야 한다.

제112조(관련 자료의 제출)

① 제110조 제1항 각 호의 대상기관은 시행령 제26조 제6항의 규정에 의하여 점검·평가와 관련한 자료를 환경부장관에게 제출하여야 한다.

② 점검·평가와 관련하여 필요한 제출자료의 종류, 제출시기 등에 대한 세부사항은 환경부장관이 필요하다고 인정하는 때에 제110조 제1항 각 호의 대상기관에 통보한다.

제113조(자료의 제출방법)

① 온실가스·에너지 목표관리제와 관련하여 각종 문서나 대장으로 관리하는 자료는 그 문서 또는 대장의 사본을, 전산으로 관리하는 자료는 그 디스켓을 각각 제출함을 원칙으로 한다. 다만, 필요한 경우에는 모사전송 등 정보통신망을 이용하여 제출할 수 있다.

② 점검·평가와 관련하여 제출할 자료의 양이 많거나 내용이 복잡한 경우에는 일정한 서식에 따라 집계하여 제출할 수 있다.

③ 관리업체가 시행령 제26조 및 제34조에 따라 직접 또는 부문별 관장기관을 거쳐 제출한 온실

가스 감축 및 에너지 절약 목표 등의 이행계획, 이행실적, 명세서 등은 센터로부터 관련 자료를 제출받거나 전자적 방식으로 열람하는 것으로 대체할 수 있다.

④ 제1항 및 제2항에 따라 제출하는 자료는 문서로 제출하거나 관계책임자가 그 사본 또는 디스켓 등에 서명날인 등의 확인을 거친 다음 제출한다.

제114조(비밀유지 의무)

① 점검・평가를 담당하는 관계 공무원은 이 규정에 따라 알게 된 내용을 타인에게 제공하거나 누설 또는 목적 외의 용도로 사용하여서는 아니 된다.

② 환경부장관은 점검・평가 대상기관으로부터 제출받은 자료 중 비밀로 분류된 자료를 보안관련 규정에 따라 별도로 관리・보존한다.

제115조(점검・평가계획의 수립)

① 환경부장관은 매년 연간 점검・평가계획을 수립하여 당해 연도 개시 30일 이내에 제110조 제1항의 점검・평가 대상기관에 통보한다.

② 연간 점검・평가계획에는 다음 각 호의 사항이 포함된다.

1. 점검・평가의 목적 및 필요성

2. 점검・평가 대상기관

3. 점검・평가의 내용

4. 점검・평가의 방법 및 시기

5. 제출 자료의 종류와 제출 시기

6. 기타 점검・평가에 필요한 사항 등

제116조(사전조사)

① 환경부장관은 관장기관의 소관사무에 대한 종합적인 점검・평가에 필요한 자료를 수집・활용하기 위해 관련 자료의 수집계획을 수립하여 시행한다.

② 다양한 자료 수집을 위해 점검・평가 대상기관으로부터 자료를 제출받거나 센터에 구축된 정보를 열람할 수 있다.

제117조(서면점검・평가)

① 환경부장관은 점검・평가 대상기관으로부터 제출받은 자료와 제116조의 사전조사 등을 통해 점검・평가를 실시한다.

② 점검・평가를 실시하면서 업무처리 내용 등에 확인이 필요한 경우에는 점검・평가 대상기관으로부터 의견을 들을 수 있다.

제118조(공동 실태조사 등)

① 환경부장관은 관리업체의 목표의 이행실적, 시행령 제34조에 따른 명세서의 신뢰성 등에 중대한 문제가 있다고 인정될 경우에는 부문별 관장기관과 공동으로 실태조사를 실시할 수 있다.

② 제1항에 따라 공동조사를 실시하고자 할 경우에는 사전에 소관 관장기관에 그 내용을 사전에 알리고 공동 실태조사 일정 등을 협의하여야 한다. 이 경우 해당 관리업체에 조사사유 및 일시 등을 조사개시 7일 전에 통보할 수 있다.

③ 환경부장관과 소관 관장기관은 공동실태조사를 위한 조사반을 편성·운영한다.

④ 공동조사반은 활동기간, 공동조사 대상 지역 및 규모 등을 고려하여 소관 관장기관과 협의하여 결정한다.

⑤ 환경부장관은 공동조사반의 활동기간이 종료된 날부터 30일 이내에 부문별 관장기관과 공동으로 조사 결과보고서를 작성한다.

제119조(점검·평가보고서의 작성)

① 환경부장관은 제117조에 따라 실시한 점검·평가결과에 대하여 결과보고서를 작성하여야 하며, 제118조에 따라 실시한 공동실태조사에 대해서는 소관 관장기관과 공동으로 결과보고서를 작성한다.

② 제117조에 따른 점검·평가결과 보고서는 점검·평가 종료 후 2개월 이내에 작성하여야 한다.

1. 상시보고서는 점검·평가 대상기관으로부터 제출받거나 사전조사 등을 통해 확인된 주요 사항에 대하여 필요한 경우 작성한다.

2. 정기보고서는 상반기(당해 연도 1월 1일부터 6월 30일까지)와 하반기(7월 1일부터 12월 31일까지)의 점검·평가결과를 반기 종료 후 2개월 이내에 작성하여야 한다.

③ 제2항의 평가보고서는 다음 각 호의 내용이 포함되어야 한다.

1. 점검·평가의 목적, 필요성, 범위 및 대상기관

2. 점검·평가내용 및 결과

3. 조치 필요사항

4. 기타 점검·평가와 관련된 사항 및 참고자료

④ 환경부장관은 점검·평가결과 보고서를 작성하면서 필요한 경우 점검·평가대상기관으로부터 의견을 들을 수 있다.

제120조(점검·평가업무 등의 지원)

① 환경부장관은 관장기관의 소관 사무에 대한 종합적인 점검·평가를 위해 필요할 경우 환경부 소속기관 또는 소관 공공기관으로부터 인력지원, 자료조사 및 검토 등의 업무를 담당하게 하거나 지원을 받을 수 있다.

② 환경부장관은 점검·평가를 위해 필요한 경우 관계 전문가로 구성된 자문단의 자문을 받을 수 있다.

제121조(점검·평가결과의 통보)

① 환경부장관은 점검·평가 대상기관의 소관 사무 점검·평가결과 및 제118조의 공동실태조사 결과(조치가 필요한 사항을 포함한다)를 해당 기관과 부문별 관장기관에 통보한다.

② 환경부장관은 점검·평가결과 다음 각 호에 해당되는 경우에는 법 제42조 제5항의 관리업체에 대한 개선명령 등 필요한 조치를 요구할 수 있고 부문별 관장기관은 특별한 사정이 없으면 이에 따라야 한다.

1. 관리업체가 법 제42조 제6항에 따른 보고를 허위로 한 경우
2. 관리업체가 법 제42조 제9항에 따른 보고를 허위로 한 경우
3. 관리업체가 법 제44조 제1항에 따른 보고를 허위로 한 경우
4. 기타 점검·평가 결과 관리업체의 개선 등의 조치가 필요한 사항

제122조(개선명령 등)

① 제121조에 따라 부문별 관장기관은 해당 관리업체에 대해 필요한 조치를 하고 그 결과를 별지 제25호 서식에 따라 작성하여 환경부장관에게 통보하여야 한다.

② 환경부장관 및 부문별 관장기관은 조치결과 등을 별지 제26호 서식의 대장에 기록·보전한다.

③ 부문별 관장기관은 관리업체가 제1항에 따른 조치명령에도 불구하고 이를 이행하지 않을 경우에는 시행령 제44조에 따라 과태료를 부과하는 등의 조치를 취하여야 한다.

제14장 보칙

제123조(영업정지 및 지정해지기준)

① 제100조 및 제103조에 따른 지정해지 등에 관한 기준은 별표 32와 같다.

② 환경부장관은 위반사항의 내용으로 볼 때 그 위반 정도가 경미하거나 그 밖에 특별한 사유가 있다고 인정되는 경우에는 별표 32에 따른 업무정지 기간의 2분의 1의 범위에서 처분을 경감할 수 있다.

제124조(재검토기한)

「훈령·예규 등의 발령 및 관리에 관한 규정」(대통령훈령 제248호)에 따라 이 고시 발령 후의 법령이나 현실 여건의 변화 등을 검토하여 이 고시의 폐지, 개정 등의 조치를 하여야 하는 기한은 2014년 3월 31일까지로 한다.

부칙(환경부 고시 제2011-39호, 2011.3.16.)

제1조(시행일)

① 이 지침은 발령한 날로부터 시행한다.

② 제31조에 따른 벤치마크 기반의 목표설정방법은 벤치마크 할당계수 개발 실적 및 제도 시행을 위한 정보 구축 등 여건 조성을 감안하여 적용시기를 따로 정할 수 있다.

③ 별표 12의 산정·보고대상 온실가스 배출활동 중 탈루성 온실가스의 산정은 2013년 1월 1일부터 시행하며, 이에 대한 보고는 2014년 1월 1일 이후부터 적용한다.

제2조(다른 고시의 폐지)

환경부 고시 제2010-109호「온실가스·에너지 관리업체 지정 및 관리 등에 관한 지침」은 폐지한다.

제3조(관리업체 지정 및 명세서 등에 대한 경과조치)

① 환경부 고시 제2010-109호「온실가스·에너지 관리업체 지정 및 관리 등에 관한 지침」에 따라 지정된 관리업체(이 지침 제20조 제5항의 경우를 포함한다)는 2011년 6월 30일까지 이 지침에 의해 관리업체로 지정된 것으로 본다.

② 제1항의 관리업체는「저탄소 녹색성장 기본법」제44조에 의한 관리업체 지정 당해 연도의 명세서와 동법 부칙 제2조에 따른 최근 3년간의 명세서를 2011년 5월 31일까지 부문별 관장기관에 제출하여야 한다.

③ 부문별 관장기관은 제17조의 규정에도 불구하고 2011년도 관리업체 지정대상 목록을 2011년 6월 30일까지 총괄기관에 제출한다.

④ 총괄기관은 제3항에 따라 부문별 관장기관이 제출한 2011년도 관리업체 지정대상 목록을 제18조의 규정에도 불구하고 2011년 7월 15일까지 확인하여 부문별 관장기관에 통보한다.

⑤ 부문별 관장기관은 제4항에 따라 환경부장관의 확인을 거친 후 제20조의 규정에도 불구하고 2011년 7월 31일까지 관리업체를 관보에 고시하여야 한다.

제4조(명세서 작성에 관한 특례)

2010년에 지정된 관리업체는 제26조 제3항의 규정에도 불구하고 법 부칙 제2조에 따라 과거 3년간의 명세서를 작성하여 보고하여야 한다.

제5조(산정등급 및 불확도 관리기준의 적용 특례)

① 관리업체로 지정된 업체 중「중소기업기본법」제2조 제1항에 따른 중소기업에 해당하는 관리업체가 제43조 및 제45조에 따른 최소산정등급, 매개변수별 관리기준 및 활동자료의 불확도 관리기준을 불가피하게 준수하지 못할 경우에는 관리업체 최초 지정 이후 2회 이내의 범위 안에서 명세서를 제출할 때 이를 적용하지 아니할 수 있다.

② 제1항에 해당하는 관리업체는 제43조 및 제45조의 관리기준을 준수하기 위한 조치 및 일정 등을 이행계획에 반영하여 부문별 관장기관에 제출하여야 한다.

제6조(배출계수의 적용 특례)

① 제43조에 의해 산정등급 2(Tier 2)에 따라 배출량 등을 산정·보고해야 하는 관리업체는 국가 고유 배출계수가 고시되지 않았을 경우에 한하여 산정등급 1(Tier 1)에 해당하는 배출계수를 적용할 수 있다.

② 관리업체는 제47조 제3항의 규정에도 불구하고 관리업체로 최초 지정된 경우에는 고유 배출계수 개발결과 및 근거 등을 제52조에 따른 명세서에 포함하여 부문별 관장기관에 제출하여 계수에 대한 적합성 평가를 받을 수 있다.

③ 관리업체는 제46조 제3항의 규정에도 불구하고 관리업체로 최초 지정된 경우에는 제2항에 따라 명세서로 제출한 고유 배출계수에 대한 부문별 관장기관의 검토 및 사용 가능 여부를 통보받지 아니하더라도 명세서 작성에 이를 활용할 수 있다. 다만 고유 배출계수 등의 검토 및 사용 가능 여부를 통보받은 이후에는 다음 연도 명세서를 제출할 경우 제52조 제2항에 따라 전년도의 명세서를 수정하여 제출하여야 한다.

제7조(관리업체 지정을 위한 배출량 등의 예비산정의 특례)

제10조 제3항의 적용에 따라 배출량을 산정할 경우에는 별표 14의 기준에도 불구하고 산정등급 1(Tier 1)을 적용할 수 있다.

제8조(검증기관 전문분야 적용례)

① 환경부장관은 제96조의 지정요건에 따른 별표 30의 제2항 나목에도 불구하고 2011년 6월 30일까지는 상근 검증심사원보가 3명 이상을 충족하는 경우에는 이를 검증기관으로 지정할 수 있다. 이 경우 당해 검증기관은 2012년 6월 30일까지 상근 검증심사원보를 5명 이상 확보하여야 하며, 2013년 12월 31일까지 해당 검증 전문분야를 갖춘 상근 검증심사원 5명을 확보하여 지정서를 재교부받아야 한다.

② 제96조에 따라 지정된 검증기관은 2011년 6월 30일까지 법인의 정관 및 등기부의 법인의 사업내용에 온실가스·에너지 목표관리제와 관련된 검증업무를 추가하고 관련 자료를 국립환경과학원에 제출하여야 한다.

③ 환경부장관은 검증기관이 제1항 및 제2항을 기간 내에 이행하지 못할 경우에는 검증기관 지정을 해지한다.

제9조(검증심사원 등록례)

① 제102조의 규정에 따라 검증심사원보로 등록된 자는 2012년 12월 31일까지 검증 전문분야에 관계없이 검증심사원에 해당하는 업무를 수행할 수 있다. 다만, 국립환경인력개발원의 해당 전문분야 교육을 이수한 검증심사원보는 해당 전문분야 검증실적이 1회 이상 있으면 그 분야에 한하여 2013년 12월 31일까지는 검증심사원에 해당하는 업무를 수행할 수 있다.

② 이 지침 시행 이전에 국립환경인력개발원장이 실시하는 온실가스·에너지 목표관리 검증심사

원 관련 교육과정을 80시간 이상 이수하였거나 이수 중인 경우에는 이 지침에 의한 검증심사원 교육과정을 이수하였거나 이수 중인 것으로 본다. 다만, 이 지침에 의한 검증심사원 자격기준에 적합한 경우에 한한다.

③ 제102조 제2항에도 불구하고 폐기물분야를 포함하여 개설된 공통분야 검증심사원보 양성과정을 이수한 자가 최근 3년 이내에 3회 이상 폐기물분야 실적을 쌓은 경우, 폐기물분야 검증심사원으로 등록할 수 있다.

부칙(환경부 고시 제2012 – 103호. 2012.6.21.)

제1조(시행일)

이 지침은 관보에 고시된 날로부터 시행한다. 다만, 별표 14 「배출활동별 온실가스배출량 등의 세부 산정방법 및 기준」 및 별표 19 「연료별 국가 고유 발열량」의 개정사항은 2013년 3월 31일까지 제출하는 명세서 작성 시부터 적용한다.

제2조(명세서 제출의 적용례)

별표 14의 개정으로 배출량 산정결과가 변동된 관리업체는 제52조에 따라 과거에 제출한 명세서를 수정한 후 검증기관의 검증을 거쳐 2013년 초에 제출하는 명세서와 함께 관장기관에 전자적 방식으로 제출하여야 한다.

3. 온실가스에너지 목표관리 지침 주요 일정

[지침] 온실가스·에너지 목표관리 운영 등에 관한 지침
환경부 고시 제2012-103호, 2012년 06월 21일 개정본(R.1)
(최초: 환경부 고시 제2011-29호, 2011년 3월 16일 제정(R.0)
[지침의 근거] 「저탄소 녹색성장 기본법」 제42조 및 같은 법 시행령 제26조

◉ 목표관리제 연간 일정 수순

1. 관리업체지정

- 4월 30일 – 지정대상 관리업체 목록 등의 제출(관장기관→환경부)

- 5월 31일 – 지정대상 관리업체 적절성 등 확인, 통보(환경부→관장기관)

- 6월 30일 – 관리업체의 지정·고시(관장기관) ☀

- 고시일+30일 – 지정고시 이의신청(관리업체→관장기관) <6/30+30=7/30>

- 접수일+17일 – 재심사, 환경부 통보, 환경부 확인(7일 이내)(관장기관, 환경부)

- 접수일+30일 – 신청자에 통보, 고시(관장기관) <7/30+17+7=8/24 & 8/30 통보>

2. 관리업체 목표설정

- 9월 30일 – 관리업체 목표설정(관장기관) ☀

- 통보일+30일 – 이의제기 신청(업체)

- 신청일+14일(+7일) – 인정 여부 결정, 청구인과 환경부 통보(관장기관)

3. 목표이행계획 수립

- 12월 31일 – 이행계획서의 작성 및 제출(업체) ☀

- 01월 31일 – 이행계획서의 확인, 센터에 제출(관장기관)

4. 목표이행실적 보고

- 03월 31일 – 명세서의 작성 및 제출(업체→관장기관) ☀

  이행실적 보고서의 작성 제출(업체→관장기관)

- 제출일+60일 – 이행실적 보고서의 확인(관장기관) <3월 31일+60일=5월 31일>

5. 조기감축실적

- 관리업체지정해＋다음 해 7월 31 – 실적제출(업체→관장기관) ☀
- 신청서접수＋30일 – 통보(관장기관→환경부) 〈7/31＋30＝8/31〉
- 10월 31일 – 조기감축실적 인정서 발급(관장기관)
- 3월 31일 – 관리업체 보유 조기감축실적의 인정량 보고(업체→관장기관) ☀
- 4월 10일 – 조기감축실적의 인정량 통고(관장기관→환경부)

6. 정보 비공개 심사

- 3월 31일 – 비공개 신청(업체→관장기관) ☀
- 4월 30일 – 심사(센터)
- 5월 15일 – 결과통보(센터→관장기관, 업체)
- 6월 30일 – 주요 정보 공개(센터)

온실가스배출량·에너지소비량 산정방법

[지침] 온실가스·에너지 목표관리 운영 등에 관한 지침
환경부 고시 제2012-103호, 2012년 06월 21일 개정본(R.1)
(최초: 환경부 고시 제2011-29호, 2011년 3월 16일 제정(R.0)
[지침의 근거] 「저탄소 녹색성장 기본법」 제42조 및 같은 법 시행령 제26조

제1절 관리절차도

1. [절차]

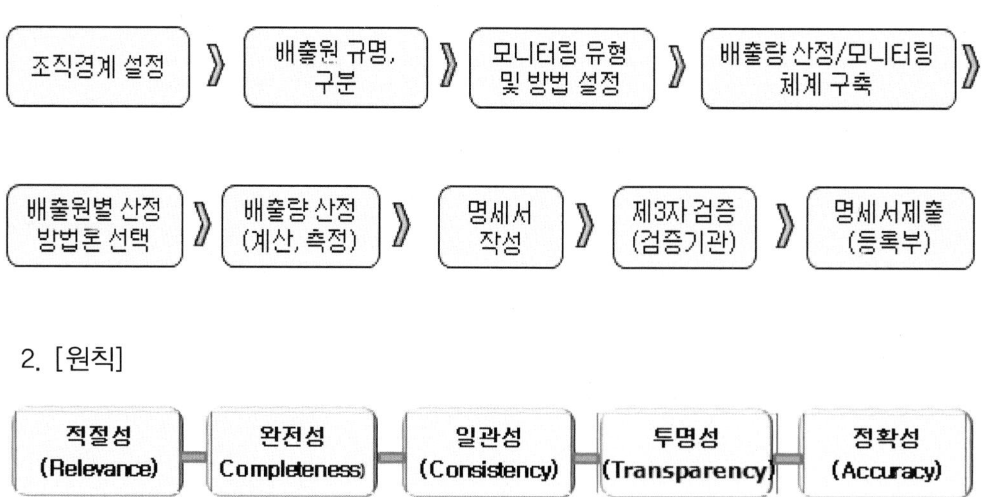

2. [원칙]

3. 배출량 등의 산정·보고절차

[별표 11] 배출량 등의 산정·보고절차(제40조 제2항 관련)

1단계	조직경계의 설정

「산업집적활성화 및 공장설립에 관한 법률」, 「건축법」 등 관련 법률에 따라 정부에 허가받거나 신고한 문서(사업자 등록증, 사업보고서 등)를 이용하여 사업장의 부지경계를 식별한다.

▼

2단계	배출활동의 확인·구분

별표 14에서 제시하는 배출량 산정방법론에 따라 사업장 내 온실가스 배출활동을 구분하여 식별하고 제41조 제4항에 따른 소량 배출원을 확인한다.
보고대상 활동의 파악 시 활용 가능한 자료로는 공정의 설계자료, 설비의 목록, 연료 등의 구매전표 등이 있다.

▼

3단계	모니터링 유형 및 방법의 설정

각 배출활동 및 배출시설에 대하여 별표 15를 참조하여 활동자료의 모니터링 유형을 선정한다.
모니터링 유형, 활동자료의 불확도 수준, 시료의 채취 및 분석 방법 및 빈도 등이 지침에서 요구하는 관리기준(Tier 구분 등)을 충족하는지 확인한다.

▼

4단계	배출량 산정 및 모니터링 체계의 구축

사업장 내 온실가스 산정책임자(최고 책임자) 및 산정담당자와 모니터링 지점의 관리책임자·담당자 등을 정한다.
제53조(품질관리 및 품질보증)에 따라 '누가', '어떤 방법으로' 활동자료 혹은 배출가스 등을 감시하고 산정을 하는지, 세부적인 방법론, 역할 및 책임을 정한다.

▼

5단계	배출활동별 배출량 산정방법론의 선택

배출량 산정방법론(계산법 혹은 연속측정방법) 및 별표 13의 최소 산정등급(Tier) 요구기준에 따라 사업자는 배출활동별로 배출량 산정방법론을 선택한다.
별표 14 배출량 세부산정방법론에서 정하는 활동자료, 배출계수, 배출가스 농도, 유량 등 각 매개변수에 대하여 자료의 수집 방법을 정하고 자료를 모니터링한다.

▼

6단계	배출량 산정(계산법 혹은 연속측정방법)

수집한 데이터를 이용하여 별표 14의 배출활동별 세부 산정방법에 따라 온실가스배출량 등을 산정하고 배출량 산정보고서(명세서)를 작성한다.

▼

7단계	명세서의 작성

제52조(명세서 작성 및 제출)에 따라 관리업체는 별지 제8호 서식에 따라 온실가스배출량 등의 명세서를 작성한다. 제54조(자료의 기록관리 등)에 따라 배출량 등의 산정·보고와 관련된 자료 등은 차기년도 배출량의 산정과 검증단계에서 활용하기 위하여 내부적으로 기록·관리한다.

▼

8단계	배출량 등의 제3자 검증

환경부장관이 지정·고시한 검증기관을 활용하여 관리업체가 작성한 명세서에 대한 제3자 검증을 실시한다.

▼

9단계	명세서 및 검증보고서의 제출

관리업체는 제3자 검증 종료 후 매년 3월 31일까지 온실가스배출량 등의 명세서와 검증보고서를 부문별 관장기관에 전자적 방식으로 제출한다.

4. 산정·보고대상 온실가스 배출활동

[별표 12] 산정·보고대상 온실가스 배출활동(제41조 제3항 관련)

1) 고정 연소시설에서의 에너지이용에 따른 온실가스 배출

(1) 고체연료연소

(2) 기체연료연소

(3) 액체연료연소

2) 이동연소시설에서의 에너지이용에 따른 온실가스 배출

(1) 항공

(2) 도로수송

(3) 철도수송

(4) 선박

3) 탈루성 온실가스 배출(2013년 1월 1일부터 산정, 2014년 1월 1일 이후부터 보고한다)

(1) 석탄의 채굴, 처리 및 저장

(2) 원유(석유) 및 천연가스 시스템

4) 제품 생산공정 및 제품사용 등에 따른 온실가스 배출

(1) 시멘트 생산

(2) 석회 생산

(3) 탄산염의 기타 공정사용

(4) 암모니아 생산

(5) 질산 생산

(6) 아디프산 생산

(7) 카바이드 생산

(8) 소다회 생산

(9) 석유정제활동

(10) 석유화학제품 생산

(11) 불소화합물 생산

(12) 철강 생산

(13) 합금철 생산

(14) 아연 생산

(15) 납 생산

(16) 전자산업

(17) 오존층파괴물질(ODS)의 대체물질 사용

(18) 기타 공정배출(지구온난화 물질 사용 등)

5) 폐기물 처리과정에서의 온실가스 배출

(1) 고형폐기물의 매립

(2) 고형폐기물의 생물학적 처리

(3) 하·폐수 처리 및 배출

(4) 폐기물의 소각

6) 외부로부터 공급된 전기, 열, 증기 등에 따른 간접 온실가스 배출

(1) 외부로부터 공급된 전기사용

(2) 외부로부터 공급된 열 및 증기 사용

제2절 산정 순서

1. 온실가스·에너지 관리 절차의 수립

1) 목적

온실가스배출량을 파악하기 위한 방법론을 마련하고 온실가스배출량 및 에너지소비량에 관한 명세서 작성에 기인하여 '온실가스·에너지 목표관리제'에 대응하기 위한 기반을 구축할 수 있도록 하며 세부적인 작성목적을 설정한다.

① 보고대상 배출원의 파악

② 배출원별 배출량 산정방법 수립

③ 배출량 산정 업무

④ 명세서 작성 및 보고

⑤ 품질관리 및 품질보증 방안 수립

2) 배출량 산정/보고 원칙의 선언

① 사업장/회사가 소유하고 사업장들을 범위로 하여 '온실가스·에너지 목표관리제' 명시하고 있는 6대 온실가스의 배출을 배출원별로 산정하기 위한 방법론을 제시하며, 배출원별 배출량의 산정은 '온실가스·에너지 목표관리제'에서 제시하고 있는 산정방법을 기초로 한다.

② '온실가스·에너지 목표관리제'에서는 온실가스 인벤토리를 구축하여 배출량을 산정하고 보고하는 데에 있어 국제표준에 부합되도록 할 것을 제시한다.

③ 관리업체는 '온실가스·에너지 목표관리제' 지침의 요구사항에 의거하여 배출량을 산정하여야 한다(적절성).

④ 모든 배출활동 및 배출원을 규명하여야 한다(완전성).

⑤ 시간경과에 따라 배출량을 비교분석할 수 있도록 배출량을 산정하여야 한다(일관성).

⑥ 과다 또는 과소 산정의 오류가 발생하지 않도록 유의하여 산정한다(정확성).

⑦ 관리업체는 배출량을 산정하여 보고 시 배출량의 산정방법에 대한 충분한 근거를 제시하여야 한다(투명성).

제3절 온실가스배출량 산정방법론 설정

1. 개요

1) 관리업체 지정 사항의 확인

가. 관리업체 지정기준: 관리업체(사업장) 지정기준은 지침의 별표 1~2와 같다

나. 관리업체 지정: 사업장/회사는 위의 가)항 기준에 해당되어 00년 00월 00일자에 관리업체로 지정되어, 매년 당해 연도 온실가스 배출 및 에너지사용 명세서를 작성하고 검증을 받은 후에 정부에 제출하여야 한다.

다. 관리업체는 조직경계 내의 모든 배출원 및 배출시설별로 온실가스 배출 및 에너지사용 명세서를 작성, 정부에 보고해야 한다.

2) 온실가스배출량 산정 보고 방법의 결정

모든 산정방법론과 배출량 산정에 사용되는 계수들은 온실가스에너지 목표관리 등에 관한 운영지침에 따른다.

가. 산정등급 최소기준: 온실가스에너지 목표관리 등에 관한 운영지침_별표 13

나. 산정방법론: 온실가스에너지 목표관리 등에 관한 운영지침_별표 14

다. 연료 발열량: 온실가스에너지 목표관리 등에 관한 운영지침_별표 19

라. 배출계수: 온실가스에너지 목표관리 등에 관한 운영지침_별표 17

마. 산화계수: 온실가스에너지 목표관리 등에 관한 운영지침_별표 14

바. 기타: 지침이 정의하는 사항 준수

3) 배출량 산정의 기초정보 관리

가. 사업현황

나. 시설 배치도

다. 에너지 흐름도

라. 공정도

마. 원료흐름도

바. 공정설명

2. 배출량 산정

1) 조직경계의 설정

보고대상 사업장/회사가 경계 범위를 확인하기 위하여 다음의 서류를 관리한다.

가. 주소

나. 사업자 등록증

다. 법인등기부 등본

라. 사업장 위치도/항공사진

마. 명세서에 포함될 기타 정보는 다음 표와 같다.

1. 업체(법인)에 대한 일반정보

(1)	법인명		(2)	대표자		(3)	대상연도	
(4)	법인등록번호	－	(5)	지정업종 (대표업종)				
(6)	법인 소재지		(7)	법인 전화번호				
(8)	법인담당부서		(9)	법인 담당자		(10)	직 급	
(11)	담당자 전화번호		(12)	담당자 휴대폰		(13)	담당자 이메일	
(14)	주요 생산제품 또는 처리물질		(15)	연간 생산량 또는 처리량		(16)	상 시 종업원 수	
(17)	당해 연도 매출액 (백만 원)		(18)	당해 연도 에너지비용 (백만 원)		(19)	자본금 (백만 원)	
(20)	중소기업 여부							

2. 사업장 목록

(1)	(2)	(3)	(4)	(5)	(6)	(7)
사업장 일련번호	사업장명	사업자등록번호	사업장 대표자	사업장 업종	사업장 소재지	소량 배출사업장 여부
사업장 01	사업장명					
사업장 02						

3. 사업장에 대한 일반정보

(1)	사업장명		(2)	대표자		(3)	사업장 일련번호	
(4)	사업자등록번호		(5)	업종		(6)	업 종	
(6)	사업장 소재지		(7)	사업장 전화번호				
(8)	사업장담당부서		(9)	사업장 담당자		(10)	직 급	
(11)	담 당 자 전화번호		(12)	담당자 휴대폰		(13)	담당자 이메일	

(14)	주요 생산제품 또는 처리물질		(15)	연간생산량 또는 처리량		(16)	상 시 종업원 수	
(17)	당해 연도매출액 (백만 원)		(18)	당해 연도 에너지비용 (백만 원)		(19)	자본금 (백만 원)	

4. 사업장 조직경계 입력

(1)	조직경계 관련 서류 구분	

2) 운영경계 설정 확인

가. 온실가스 배출시설현황

온실가스 배출시설 현황은 다음의 표에 입력 관리한다.

3 │ 사업장별 배출시설 현황

3-1. 배출시설정보 등

(1)	일련번호	사업장명	사업자 등록번호

(2)	(3)		(4)	(5)	(6)	(7)	(8)			(9)	(10)								
배출시설 일련번호	비출시설		시설용량 (단위)	세부시설 용량 (단위)	일일평균 가동시간 (hr/day)	연간가동 일수 (day/yr)	방지시설(선택)			비출구 (굴뚝) 번호	투입량 및 생산량 정보								
	코드 [참고2]	비출시 설명					대상 가스	방지시설 이름	처리 효율 (%)		투입 연료 및 원료			생산 제품			기타		
											명칭	값	단위 [참고5]	명칭	값	단위 [참고5]	명칭	값	단위 [참고5]
01																			

※ 제41조에 의한 소규모배출시설의 현황은 서식 3-2에 작성하여 첨부
※ 제11조 및 별표 제4호에 의한 소량배출사업장은 서식 3-1을 작성하지 아니하고, 서식 3-3에 해당 소량배출사업장 전체를 포함하여 작성할 수 있다.

3-1. 배출시설정보 및 사용량 정보 작성방법

(1) 사업장 정보	1-2. 사업장 목록에서의 사업장별 일련번호와 이어 따른 사업장명, 사업자등록번호를 기재
(2) 비출시설일련번호	비출시설 일련번호 기재
(3) 비출시설	[참고2]의 비출시설 해당코드 및 명칭 기재
(4) 시설용량	연료 최대 투입량, 발전용량 등 비출시설 설치 허가증 등을 참고하여 시설용량을 기재. 단, 미립은 총 미립용량을 기재 (단위포함)
(5) 세부시설용량	연료명(코크스, 무연탄 등) 등 비출시설 설치 허가증 상에 기재된 추가적인 시설용량정보를 기재 (선택사항)
(6) 일일 평균 가동시간	비출시설의 실제 일 평균 가동시간을 기재.
(7) 연간 가동일수	비출시설의 실제 연간 가동 일수를 기재
(8) 방지시설	해당 신증설 시설에 방지시설을 설치할 경우 처리하는 온실가스의 공류(CO2, CH4, N2O, [참고3]의 불소계 온실가스 명을 기재), 세부 방지시설 이름과 처리효율(%)을 기재
(9) 비출구(굴뚝)번호	Tier4(연속측정법)을 이용하여 비출량을 산정하는 경우 비출시설과 연결된 비출구(굴뚝)번호를 기재
(10) 투입량 및 생산량 정보	해당 비출시설의 주요 투입원료 및 연료, 주요생산제품, 기타(폐기물 처리량, 연면적, 주행거리 등)를 기재. 단위는 [참고5]를 참조

나. 보고대상 배출활동의 파악

명세서 보고대상 온실가스 배출활동을 파악한다.

① 고정연소

(a) 고체연료 – 무연탄 사용

(b) 기체연료 – LNG, LPG 사용

(c) 액체연료 – 보일러등유 사용

② 이동연소

ⓐ 도로-소유하고 있는 차량의 휘발유, 경유 사용

③ 간접배출: 외부 구매 전기사용

④ 탈루배출: 소화설비의 소화약제 보충(구매)량

⑤ 기타 온실가스 배출

다. 보고대상에서 제외되는 배출활동의 파악

3. 배출량 산정 등급 설정

1) 시설별 최소등급 기준의 적용[지침 별표 13]

가. 산정등급(Tier) 분류체계

① Tier 1: 활동자료, IPCC 기본 배출계수(기본 산화계수, 발열량 등 포함)를 활용하여 배출량을 산정하는 기본방법론

② Tier 2: Tier 1보다 더 높은 정확도를 갖는 활동자료, 국가 고유 배출계수 및 발열량 등 일정 부분 시험·분석을 통하여 개발한 매개변수 값을 활용하는 배출량 산정방법론

③ Tier 3: Tier 2보다 더 높은 정확도를 갖는 활동자료, 사업장·배출시설 및 감축기술 단위의 배출계수 등 상당 부분 시험·분석을 통하여 개발한 매개변수 값을 활용하는 배출량 산정방법론

④ Tier 4: 굴뚝자동측정기기 등 배출가스 연속측정방법을 활용한 배출량 산정방법론

나. 배출시설의 배출량 규모에 따른 산정등급(Tier) 분류 기준1212

① A그룹: 연간 5만 톤 미만의 배출시설-해당됨.

② B그룹: 연간 5만 톤 이상, 연간 50만 톤 미만의 배출시설-해당 없음.

③ C그룹: 연간 50만 톤 이상의 배출시설-해당 없음.

다. 연소시설에서 에너지이용에 따른 온실가스 배출

배출활동	산정 방법론			활동자료						배출계수			산화계수		
				연료사용량			순발열량								
시설규모	A	B	C	A	B	C	A	B	C	A	B	C	A	B	C
1. 고정연소															
① 고체연료	1	2	3	1	2	3	2	2	3	1	2	3	1	2	3
② 기체연료	1	2	3	1	2	3	2	2	3	1	2	3	1	2	3
③ 액체연료	1	2	3	1	2	3	2	2	3	1	2	3	1	2	3
2. 이동연소*															
① 항공	1	1	2	1	1	2	2	2	2	1	1	2	–	–	–
② 도로	1	1	2	1	1	2	2	2	2	1	1	2	–	–	–
③ 철도	1	1	1	1	1	1	2	2	2	1	1	1	–	–	–
④ 선박	1	1	1	1	1	1	2	2	2	1	1	1	–	–	–

라. 외부 전기 및 열(스팀) 사용에 따른 온실가스 간접배출－해당 공정 파악

배출활동	산정방법론			활동자료						간접배출계수		
				외부에너지 사용량			순발열량					
시설규모	A	B	C	A	B	C	A	B	C	A	B	C
11. 외부 전기사용	1	1	1	2	2	2	–	–	–	2	2	2
12. 외부열·증기사용	1	1	1	2	2	2	–	–	–	3	3	3

4. 모니터링 유형 선정 [지침 별표 15]

1) 모니터링 유형 개요

관리업체는 다음 2항 내지 4항에서 제시하는 모니터링 유형에 따라 배출시설별로 활동
자료를 수집·결정할 수 있다. 측정기기의 기호, 종류 등은 <표 4-2-1>과 같다.

〈표 4-2-1〉 측정기기의 기호 및 종류

기호	세부 내용	측정기기 예시
WH	상거래 또는 증명에 사용하기 위한 목적으로 측정량을 결정하는 법정계량에 사용하는 측정기기로서 계량에 관한 법률 제2조에 따른 법정계량기	가스미터, 오일미터, 주유기, LPG 미터, 눈새김탱크, 눈새김탱크로리, 적산열량계, 전력량계 등 법정계량기
FL	관리업체가 자체적으로 설치한 계량기로서, 국가표준기본법 제14조에 따른 시험기관, 교정기관, 검사기관에 의하여 주기적인 정도검사를 받는 측정기기	가스미터, 오일미터, 주유기, LPG 미터, 눈새김탱크, 눈새김탱크로리, 적산열량계, 전력량계 등 법정계량기 및 그 외 계량기
FL	관리업체가 자체적으로 설치한 계량기이나, 주기적인 정도검사를 실시하지 않는 측정기기	

* 비고) 관리업체가 자체적으로 설치한 측정기기 중 시험·교정기관 등으로부터 주기적인 정도검사를 받지 않았을 경우 해당 측정기기에 대한 정도
검사 일정 등을 제37조에 따른 이행계획에 포함하여 전자적 방식으로 제출하여야 한다.

2) 측정기기 정도검사 주기 등

관리업체가 자체적으로 설치한 측정기기 중 시험·교정기관 등으로부터 주기적인 정도검사를 실시할 경우 그 주기는 측정기기의 종류에 따라 「계량에 관한 법률 시행령」 제21조(검정)의 검정 유효기간 및 「환경분야 시험·검사 등에 관한 법률」 제11조(측정기기의 정도검사)에 따른 주기 등을 준용하여 정도검사를 실시할 수 있다(정기보수 기간 등 환경·안전·기술 특성을 고려하여 주기적 검사일정을 수립).

3) 연료 등 구매량 기반 모니터링 방법

이 방법은 연료 및 원료의 공급자가 상거래 등의 목적으로 설치·관리하는 측정기기를 이용하여 활동자료의 양을 수집하는 방법이다.

① 모니터링 유형(A−1)

A−1 유형은 연료 및 원료 공급자가 상거래 등을 목적으로 설치·관리하는 측정기기(WH)를 이용하여 연료사용량 등 활동자료를 수집하는 방법이다. 이는 주로 전력 및 열(증기), 도시가스를 구매하여 사용하는 경우 혹은 화석연료를 구매하여 단일 배출시설에 공급하는 경우에 적용할 수 있다.

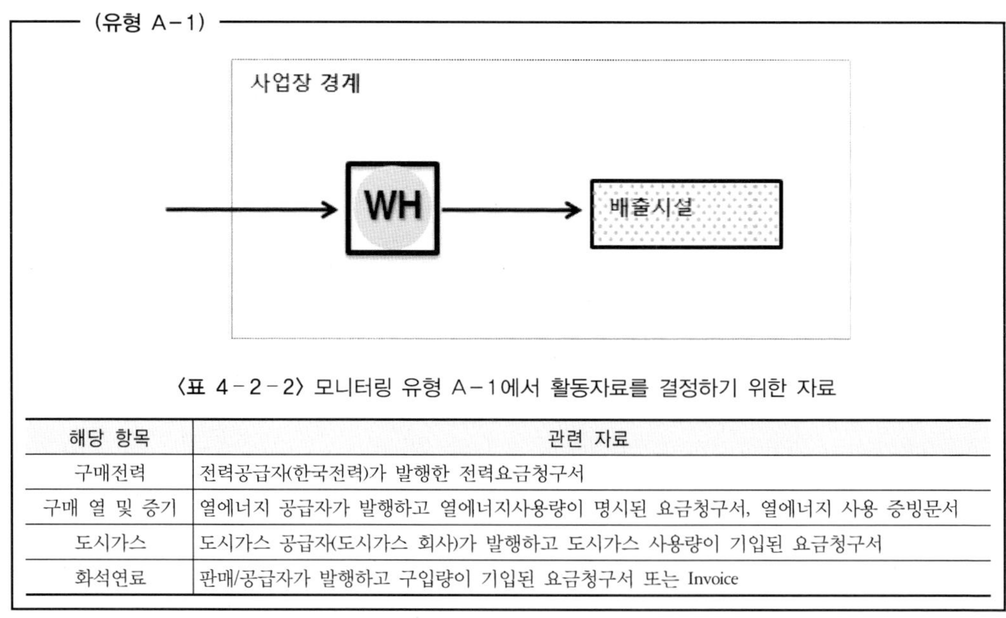

〈표 4-2-2〉 모니터링 유형 A−1에서 활동자료를 결정하기 위한 자료

해당 항목	관련 자료
구매전력	전력공급자(한국전력)가 발행한 전력요금청구서
구매 열 및 증기	열에너지 공급자가 발행하고 열에너지사용량이 명시된 요금청구서, 열에너지 사용 증빙문서
도시가스	도시가스 공급자(도시가스 회사)가 발행하고 도시가스 사용량이 기입된 요금청구서
화석연료	판매/공급자가 발행하고 구입량이 기입된 요금청구서 또는 Invoice

A-2 유형은 연료 및 원료 공급자가 상거래 등을 목적으로 설치·관리하는 측정기기 (WH)와 주기적인 정도검사를 실시하는 내부 측정기기(FL)가 같이 설치되어 있을 경우 활동자료를 수집하는 방법이다. 이 경우 각 배출시설에 설치된 내부 측정기기의 측정값을 기준으로 배출시설별 활동자료를 결정한다. 다만, 상거래를 목적으로 연료나 원료공급자가 설치·관리하는 측정기기의 계측자료는 참고자료로 활용할 수 있다.

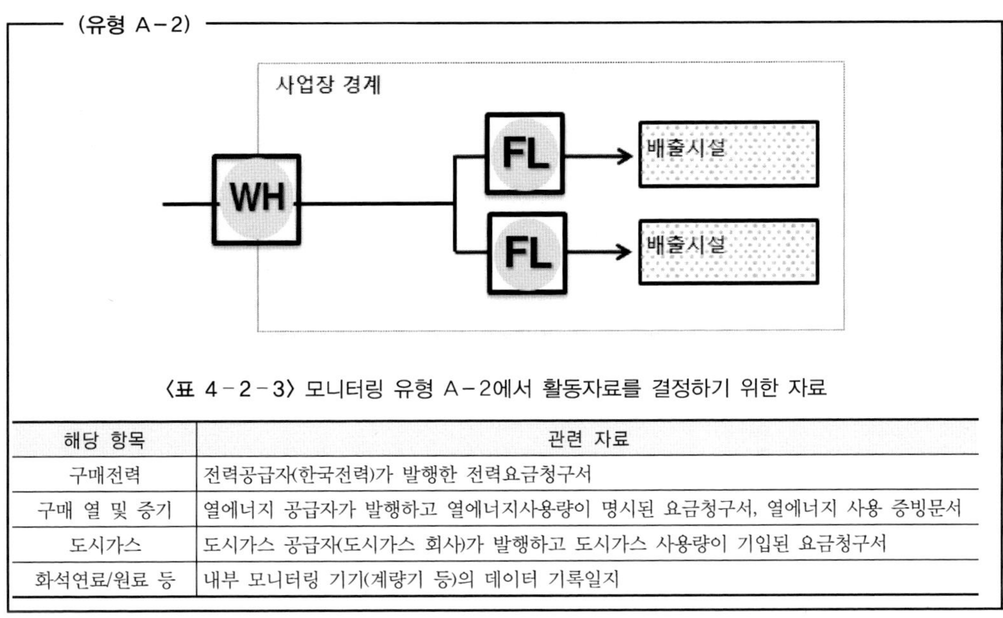

〈표 4-2-3〉 모니터링 유형 A-2에서 활동자료를 결정하기 위한 자료

해당 항목	관련 자료
구매전력	전력공급자(한국전력)가 발행한 전력요금청구서
구매 열 및 증기	열에너지 공급자가 발행하고 열에너지사용량이 명시된 요금청구서, 열에너지 사용 증빙문서
도시가스	도시가스 공급자(도시가스 회사)가 발행하고 도시가스 사용량이 기입된 요금청구서
화석연료/원료 등	내부 모니터링 기기(계량기 등)의 데이터 기록일지

[3] 모니터링 유형(A-3)

A-3 유형은 연료·원료 공급자가 상거래를 목적으로 설치·관리하는 측정기기(WH)와 주기적인 정도검사를 실시하는 내부 측정기기(FL)를 사용하며 저장탱크에서 연료나 원료가 일부 저장되어 있거나, 그 일부를 판매 등 기타 목적으로 외부로 이송하는 경우, 배출시설의 활동자료를 결정하는 방법이다. 이 유형은 주로 화석연료의 사용, 불소계 온실가스를 구매하여 사용하는 경우에 적용할 수 있다. 아래 식에 따라서 연료 및 원료의 구매량, 재고량, 판매량 등의 물질수지를 활용하여 활동자료를 결정할 수 있다.

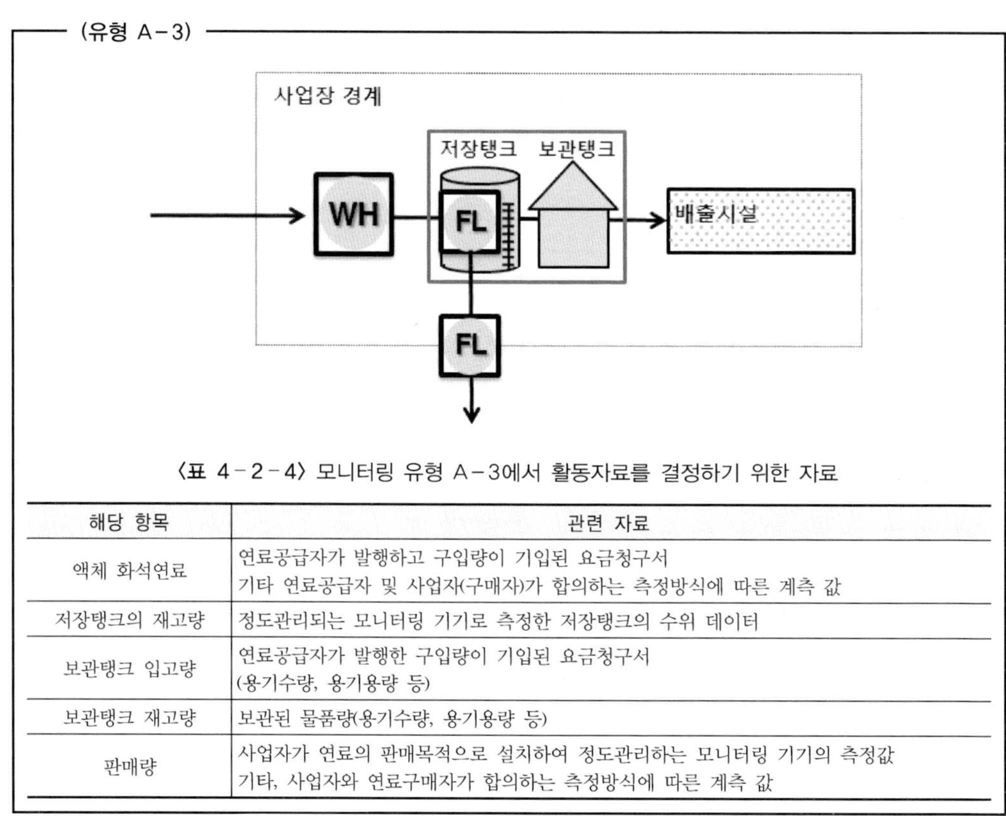

〈표 4-2-4〉 모니터링 유형 A-3에서 활동자료를 결정하기 위한 자료

해당 항목	관련 자료
액체 화석연료	연료공급자가 발행하고 구입량이 기입된 요금청구서 기타 연료공급자 및 사업자(구매자)가 합의하는 측정방식에 따른 계측 값
저장탱크의 재고량	정도관리되는 모니터링 기기로 측정한 저장탱크의 수위 데이터
보관탱크 입고량	연료공급자가 발행한 구입량이 기입된 요금청구서 (용기수량, 용기용량 등)
보관탱크 재고량	보관된 물품량(용기수량, 용기용량 등)
판매량	사업자가 연료의 판매목적으로 설치하여 정도관리하는 모니터링 기기의 측정값 기타, 사업자와 연료구매자가 합의하는 측정방식에 따른 계측 값

④ 모니터링 유형(A-4)

A-4 유형은 연료나 원료 공급자가 상거래를 목적으로 설치·관리하는 측정기기(WH)
와 주기적인 정도검사를 실시하는 내부 측정기기(FL)를 사용하며 연료나 원료 일부를 파
이프 등을 통해 연속적으로 외부 사업장이나 배출시설에 공급할 경우 활동자료를 결정하
는 방법이다. 사업장에 공급된 화석연료사용량에서 외부 사업장 혹은 배출시설에 판매하
거나 공급한 양을 제외하여 배출시설의 활동자료를 결정한다. 만약 열(스팀), 전기 등 에
너지의 경우, 외부 사업장에 공급하는 과정에서 손실이 발생할 경우 손실분은 해당 사업
장에서 에너지를 사용한 것으로 간주한다.

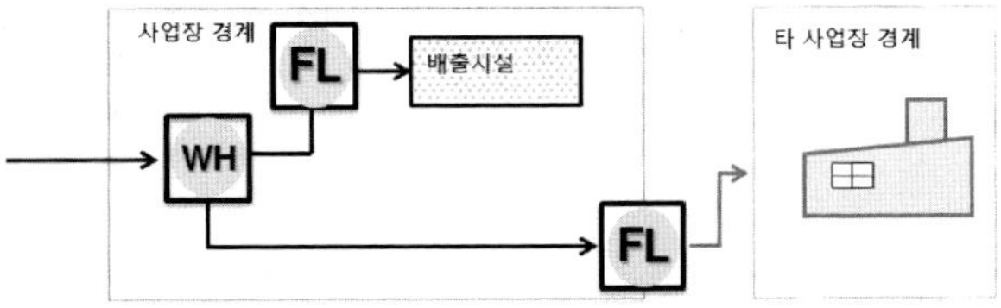

〈표 4-2-5〉 모니터링 유형 A-4에서 활동자료를 결정하기 위한 자료

해당 항목	관련 자료
구매전력	전력공급자(한국전력)가 발행한 전력요금청구서
구매 열 및 증기	열에너지 공급자가 발행하고 열에너지사용량이 명시된 요금청구서, 열에너지 사용 증빙문서
도시가스	도시가스 공급자(도시가스 회사)가 발행하고 도시가스 사용량이 기입된 요금청구서
판매량	사업자가 연료의 판매목적으로 설치하여 정도관리하는 모니터링 기기의 측정값 기타, 사업자와 연료구매자가 합의하는 측정방식에 따른 계측 값

4) 연료 등의 직접계량에 따른 모니터링 방법

① 모니터링 유형(B)

B 유형은 배출시설별로 정도검사를 실시하는 내부 측정기기(FL)가 설치되어 있을 경우 해당 측정기기를 활용하여 활동자료를 결정하는 방법이다. 이 유형은 이 지침에서 가장 권장하고 있는 활동자료의 결정방법이며, 주기적인 정도검사를 받지 않을 경우 정확한 활동자료 결정을 위하여 시설별로 정도검사/정도관리를 실시하는 등 품질관리를 할 필요성이 있다. 이 유형은 배출시설별로 연료 및 원료(부생가스 등을 포함한다), 폐기물처리량, 제품생산량, 불소계 온실가스 사용량 등의 활동자료 결정과정에 광범위하게 사용된다.

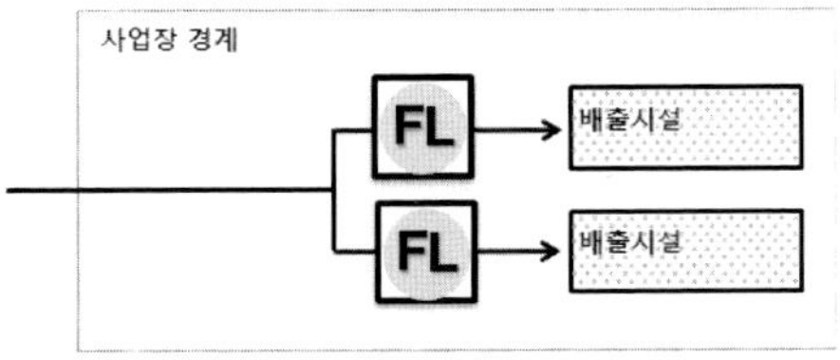

〈표 4-2-6〉 모니터링 유형 B에서 활동자료를 결정하기 위한 자료

해당 항목	관련 자료
화석연료/ 원료 등	내부 모니터링 기기의 데이터 기록일지 Log Sheet: 모니터링 기기 운용과 관련된 상세 정보를 기록해 놓은 것. 예) 연료 종류, 연료사용량 등

5) 근사법에 따른 모니터링 유형

활동자료를 결정하는 과정에서 부득이한 사유로 인하여 모니터링 유형 A(구매량 기준에 따른 모니터링), 유형 B(직접계량에 따른 모니터링)를 적용하지 못할 경우에는 다음과 같은 근사법을 통하여 활동자료를 결정할 수 있다. 이 경우 관리업체는 근사법을 사용할 수밖에 없는 합당한 이유, 배출시설단위로 측정기기의 신규설치 및 정도검사/관리 일정 등의 사항을 이행계획에 포함하여 관장기관에 전자적 방식으로 제출하여야 한다. 아래의 C-1 유형 및 C-2 유형과 같이 구매한 연료 및 원료 등의 활동자료가 측정기기가 설치되어 있지 않거나, 정도관리를 받지 않은 측정기기를 지나 각 배출시설로 공급된다고 가정할 때, 각 배출시설별 활동자료의 불확도는 구매 연료 및 원료의 측정을 위한 메인 측정기기(WH)의 불확도 값을 준용하여 결정할 수 있다.

다음과 같은 배출시설 등에 대하여 모니터링 유형 C(근사법에 따른 모니터링)를 적용할 수 있다.
① 식당 LPG, 비상발전기, 소방펌프 및 소방설비 등 저배출원
② 이동연소배출원(사업장에서 개별 차량별로 온실가스배출량을 산정하는 경우를 의미한다)
③ 타 사업장 또는 법인과의 수급계약서에 명시된 근거를 이용하여 활동자료를 배출시설별로 구분하는 경우
④ 기타 모니터링이 불가능하다고 관장기관이 인정하는 경우

① 모니터링 유형(C-1)

C-1 유형은 구매한 연료 및 원료, 전력 및 열에너지를 정도검사를 받지 않은 내부 측정기기를 이용하여 활동자료를 분배·결정하는 방법이다. 이 경우 사업장 총사용량은 공급업체에서 제공된 연료 및 원료량을 바탕으로 하되 각 배출시설별로는 정도검사를 받지 않은 내부 측정기기의 측정값을 이용하여 활동자료를 분배·결정하는 방법이다. 가능하다면, 이때 아래 예시와 같은 유형으로 산출한 활동자료 값과 비교하여 큰 차이가 없어야 바람직하다.

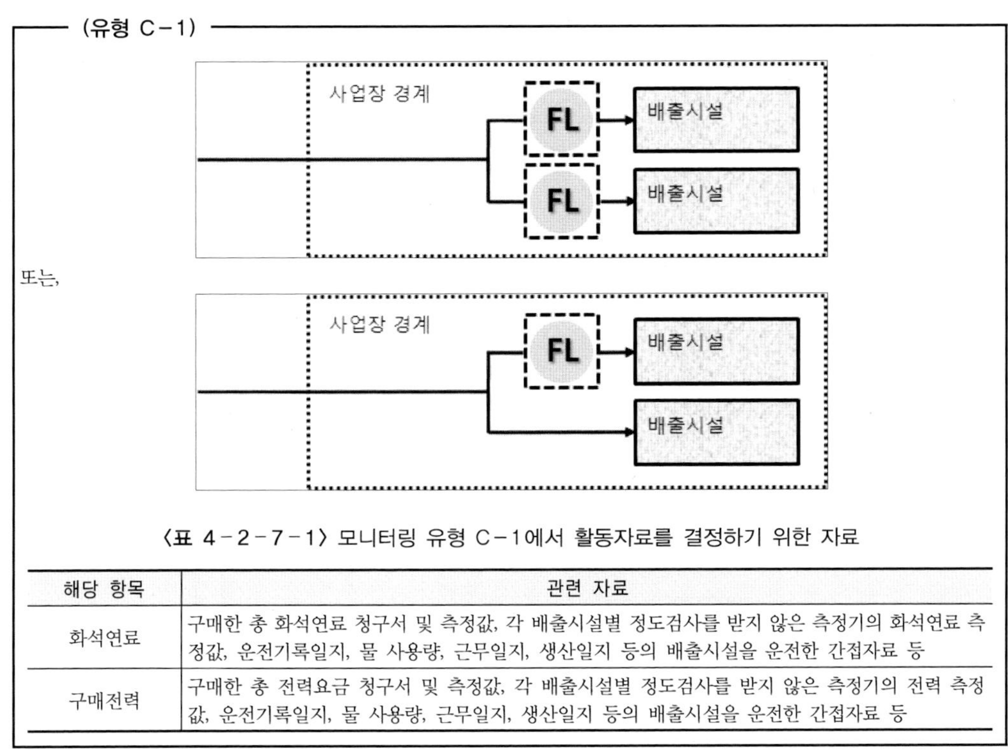

〈표 4-2-7-1〉 모니터링 유형 C-1에서 활동자료를 결정하기 위한 자료

해당 항목	관련 자료
화석연료	구매한 총 화석연료 청구서 및 측정값, 각 배출시설별 정도검사를 받지 않은 측정기의 화석연료 측정값, 운전기록일지, 물 사용량, 근무일지, 생산일지 등의 배출시설을 운전한 간접자료 등
구매전력	구매한 총 전력요금 청구서 및 측정값, 각 배출시설별 정도검사를 받지 않은 측정기의 전력 측정값, 운전기록일지, 물 사용량, 근무일지, 생산일지 등의 배출시설을 운전한 간접자료 등

<예시>
소성로와 사업장 내 보일러를 운영 중인 시멘트회사는 시멘트 생산을 위해 연간 중유를 1,000톤 구매하였으며 구매량은 공급자가 제공한 요금 청구서에 기록된 측정량이다(중유는 전량 소성로 및 사업장 내 보일러에 공급된다). 사업장의 측정기기는 아래 그림과 같이 배출시설별로 검·교정 등 정도검사를 받지 않은 측정기이다. 이때 소성로와 보일러의 연간 중유 사용량을 C-1 유형으로 산출하면?

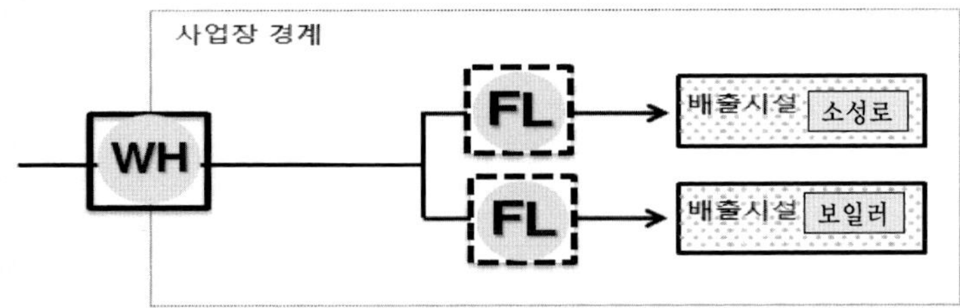

○ 배출시설별 활동자료를 결정하기 위한 자료(중유의 비중을 1이라 가정)

구분	소성로	보일러
측정기기 측정값	800톤	400톤
측정기기 측정값을 이용한 활동자료 결정	667톤	333톤
보일러 급수량(전량이 스팀으로 생산됨을 가정)	–	680,000톤
보일러 설계효율에 따른 중유 사용량과 스팀생산량		2톤-스팀/중유 L

-보일러의 급수량이 전부 생산된 스팀 양으로 전환된다고 가정하면 보일러에서 연간 스팀 680,000톤을 생산하였고 이때 중유사용량은 보일러 설계효율 2톤-스팀/중유 L에 의하여 340,000 L(340톤)가 소비되었다.

2 모니터링 유형(C-2)

C-2 유형은 구매한 연료 및 원료, 전력 및 열에너지를 측정기기가 설치되지 않았거나 일부 시설에만 설치되어 있는 배출시설로 공급하는 경우 배출시설별 활동자료를 결정할 수 있는 근사법이다.

관리업체는 배출시설별로 측정기기가 설치되지 않았거나 검·교정 등 정도검사를 받지 않은 측정기기가 있을 경우 이때 총사용량은 공급업체에서 제공된 연료 및 원료량을 바탕으로 하되 각 배출시설별로는 배출시설 및 공정상의 운전기록일지, 물 사용량, 근무일지, 생산일지 등을 활용하여 활동자료를 분배·결정하는 방법이다.

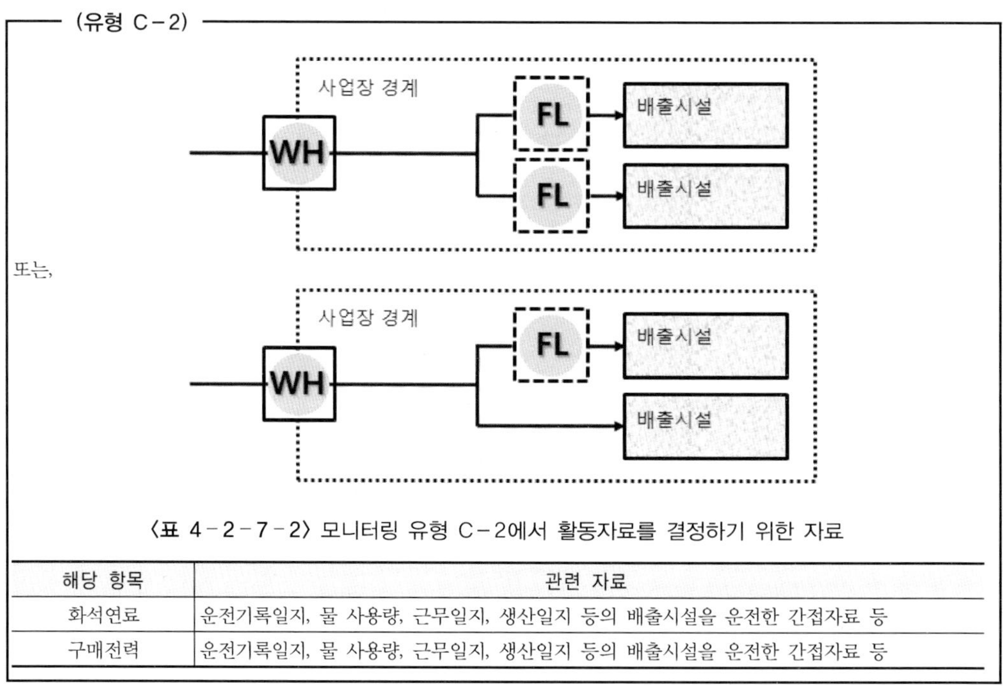

〈표 4-2-7-2〉 모니터링 유형 C-2에서 활동자료를 결정하기 위한 자료

해당 항목	관련 자료
화석연료	운전기록일지, 물 사용량, 근무일지, 생산일지 등의 배출시설을 운전한 간접자료 등
구매전력	운전기록일지, 물 사용량, 근무일지, 생산일지 등의 배출시설을 운전한 간접자료 등

3 모니터링 유형(C-3)

C-3 유형은 연료 및 원료 공급자가 상거래 등을 목적으로 설치·관리하는 측정기기(WH), 주기적인 정도검사를 실시하는 내부 측정기기(FL)와 주기적인 정도검사를 실시하지 않는 내부 측정기기(FL)가 같이 설치되어 있거나 측정기기가 없을 경우 활동자료를 수집하는 방법이다.

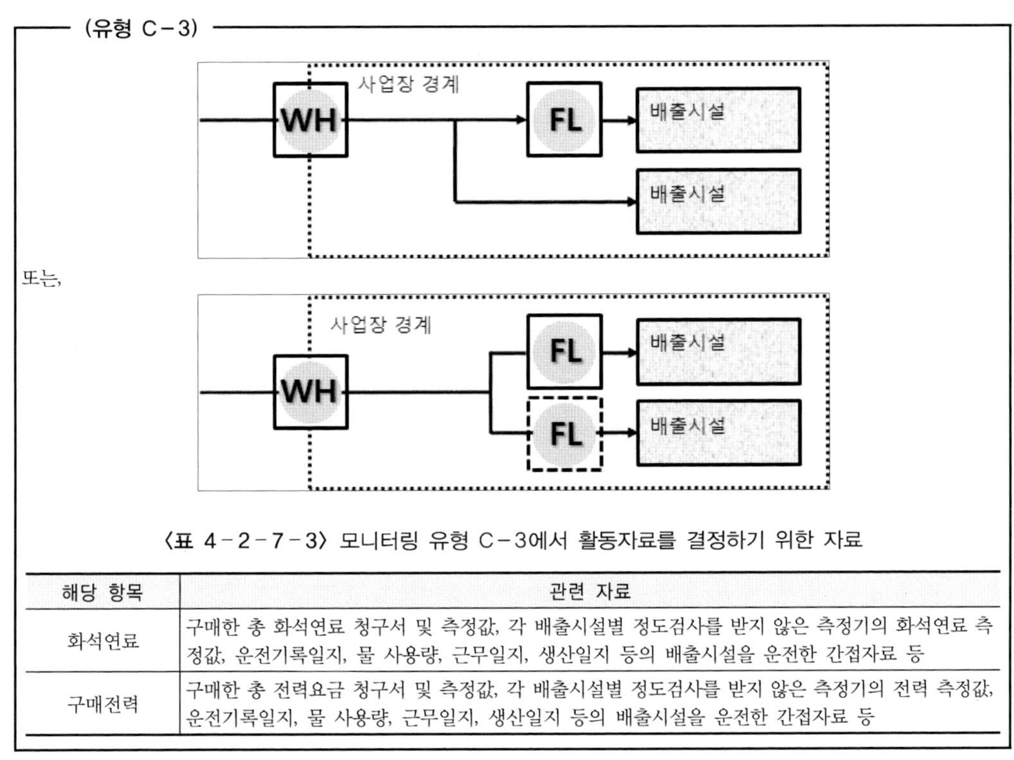

〈표 4-2-7-3〉 모니터링 유형 C-3에서 활동자료를 결정하기 위한 자료

해당 항목	관련 자료
화석연료	구매한 총 화석연료 청구서 및 측정값, 각 배출시설별 정도검사를 받지 않은 측정기의 화석연료 측정값, 운전기록일지, 물 사용량, 근무일지, 생산일지 등의 배출시설을 운전한 간접자료 등
구매전력	구매한 총 전력요금 청구서 및 측정값, 각 배출시설별 정도검사를 받지 않은 측정기의 전력 측정값, 운전기록일지, 물 사용량, 근무일지, 생산일지 등의 배출시설을 운전한 간접자료 등

④ 모니터링 유형(C-4)

 C-4 유형은 연료의 사용량을 측정하는 데 있어 생산 공정으로 투입된 원료 및 연료의 누락 값, 공정과정의 변환으로 투입된 원료 및 연료의 누락 값, 시설의 변형 및 장애로 인한 원료 및 연료의 누락 값, 유량계의 정확도나 정밀도 시험에서 불합격할 경우 및 오작동 등이 생길 경우 등 각각의 누락데이터에 대한 대체 데이터를 활용·추산하여 활동자료를 결정하는 방법이다. 예를 들어 고장 난 계측기의 유량측정값은 유용하지 않고, 계측기의 질량 및 유량측정은 제품생산량으로 추정해야 한다. 즉 이전의 제품생산량 대비 연료 유량 값과 질량 값을 추정한다.

$$결측기간의\ 연료(또는\ 원료)\ 사용량=$$

$$\frac{정상기간\ 중\ 사용된\ 연료(또는\ 원료)\ 사용량(Q)}{정상기간\ 중\ 생산량(P)} \times 결측기간\ 총\ 생산량(P)$$

⑤ 모니터링 유형(C-5)

C-5 유형은 사업장에서 운행하고 있는 차량 등의 이동연소 부문에 대하여 적용할 수 있는 방법으로, 아래 식과 같이 차량별 연료의 구매비용(주유 영수증 등)과 연료별 구매단가를 활용하여 차량별 연료사용량을 결정할 수 있다.

$$연료사용량 = \sum \frac{연료별\ 이동연소\ 배출원별\ 연료구매비용}{연료별\ 이동연소\ 배출원별\ 구매단가}$$

⑥ 모니터링 유형(C-6)

C-6 유형은 사업장에서 운행하고 있는 차량 등의 이동연소 부문에 대하여 적용 가능한 방법으로 차량별 이동거리 자료와 연비 자료를 활용하여 계산에 따라 연료사용량을 결정하는 방식이다.

$$연료사용량 = \sum \frac{연료별\ 이동연소\ 배출원별\ 주행거리(km)}{연료별\ 이동연소\ 배출원별\ 연비(km/l)}$$

6) 모니터링 기타 유형(D)

D 유형은 A~C 유형 이외 기타 유형을 이용하여 활동자료를 수집하는 방법으로서, 제37조에 따른 이행계획에 세부사항을 포함하여 관장기관에 전자적 방식으로 제출하여야 한다.

5. 모니터링 데이터의 불확도 산정 절차 및 방법[별표 16]

1) 일반사항

(1) 불확도의 개념

불확도(Uncertainty)란, 측정값들의 범위와 상대적 분포 가능성을 기술할 수 있는, 진실한 값에 대한 상대적인 측정오차를 의미하며 측정량을 합리적으로 추정한 분산특성을 나타내는 파라미터이다. 불확도의 산정은 완전한 온실가스 인벤토리 산정의 본질적인 요소이며 불확도 분석을 통하여 인벤토리의 정확도를 향상시키기 위한 실질적인 품질관리 활동을 실시하는 데 기여한다.

(2) 불확도 관리 중요성

관리업체 목표관리 측면에서는, 인벤토리 결과에 따라 인센티브와 페널티가 부과되므로 그 정확성을 확보하여야 하며, 관리업체 간 인벤토리를 비교 가능하도록 규정하고 형평성을 확보하기 위하여 불확도의 관리기준과 절차를 규정하는 것이 필수적이다.

(3) 불확도의 유형

온실가스배출량 등의 산정과 관련된 불확도의 유형으로는 크게 모형 불확도(Model Uncertainty)와 매개변수 불확도(Parameter Uncertainty)로 구분할 수 있다.

(가) 모형 불확도

배출량을 산정하기 위한 산정방법론(모형)이 복잡성이 큰 현실 시스템을 정확하게 반영하지 못하여 발생하는 오류이다(모형은 현실시스템의 단순화이므로 일반적으로 불확도를 내포). 이 경우 부적절한 배출량 산정식이 활용되었거나 산정식의 입력변수가 부적절하게 정의된 경우에 발생한다. 일반적으로 모형불확도를 감소시키기 위한 활동은 사업자의 관리범위를 넘어선다.

(나) 매개변수 불확도

배출량을 산정하기 위한 활동자료, 배출계수 등 매개변수의 측정 및 정량화와 관련한 불확도이다. 자료가 대표성이 없거나 통계적인 표본추출 오차가 발생한 경우, 측정기기의 오차, 이용 가능한 자료가 없는 경우에 발생한다. 매개변수 불확도는 사업자의 인벤토리 품질관리 활동에 주요 대상이 되는 부분이다.

이 지침에서는 매개변수 중 활동자료에 대한 불확도를 Tier별로 관리하며, 관리업체는 아래 온실가스 측정불확도 산정절차 중 2단계까지의 불확도를 산정하여 보고한다.

2) 불확도 산정절차

일반적인 온실가스배출량의 측정불확도 산정절차는 다음과 같다.

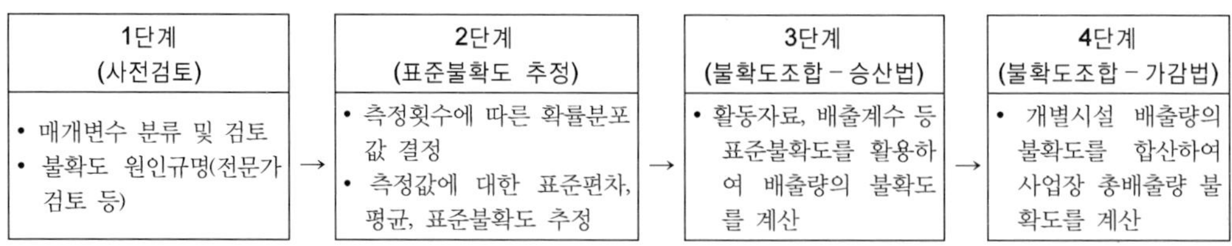

〈표 4-2-8〉 온실가스 측정불확도 산정절차

1단계 (사전검토)	2단계 (표준불확도 추정)	3단계 (불확도조합 – 승산법)	4단계 (불확도조합 – 가감법)
• 매개변수 분류 및 검토 • 불확도 원인규명(전문가 검토 등)	• 측정횟수에 따른 확률분포 값 결정 • 측정값에 대한 표준편차, 평균, 표준불확도 추정	• 활동자료, 배출계수 등 표준불확도를 활용하여 배출량의 불확도를 계산	• 개별시설 배출량의 불확도를 합산하여 사업장 총배출량 불확도를 계산

(1) 사전검토(1단계)

관리업체 내 배출시설 및 배출활동에 대하여 배출량 산정과 관련한 매개변수의 종류, 측정이 필요한 자료, 불확도를 발생시키는 요인 등을 파악하고 규명하는 단계이다. 예를 들면 실측법을 활용하여 산정할 경우 농도, 배출가스 유량 등이 불확도와 연관되는 자료이며, 계산법을 적용할 경우 활동자료와 발열량, 배출계수, 산화계수 등이 온실가스의 측정 불확도와 연관된 각각의 변수들이다. 불확도 추정을 위한 사전검토 단계에서 관련 분야의 전문가 판단 및 검토 등을 통해 불확도와 관련된 다양한 변수들과 발생원인 등을 규명할 수 있다.

(2) 각 매개변수의 표준불확도 추정

매개변수의 불확도는 보통 통계학적 방법으로 샘플링 구간(Interval), 샘플 값 차이, 기기 교정 값 등을 통하여 신뢰구간과 오차범위 형태로 제시된다. 일반적으로 온실가스배출량 산정과 관련한 불확도의 추정에서는 표본채취에 대한 확률분포가 정규분포를 따른다는 가정하에 95%의 신뢰구간에서 불확도를 추정하는 것을 요구한다(WRI/WBCSD).

특정 매개변수와 관련된 불확도의 추정절차는 다음과 같다.

① 활동자료 측정횟수에 따른 확률분포 값을 계산

아래 제시된 [참고자료]–'표본횟수(n)에 따른 표준정규분포표'를 활용하여 활동자료 등의 측정횟수(표본횟수)에 따른 확률분포 값(t)을 결정한다. 확률밀도함수가 정규분포를 따른다는 가정에 따라 표본의 측정값이 특정 신뢰구간에 존재할 때의 확률분포 값(t)을 표본횟수(n)에 따라 구한다.

② 측정값에 대한 평균 및 표준편차 계산

'식-1, 2'에 따라 표본측정값에 대한 평균($\bar{x}$)과 표준편차(s)를 구한다.

$$\bar{x} = \frac{1}{n}\sum_{k=1}^{n} x_k \qquad\qquad\qquad (\text{식}-1)$$

$$s = \sqrt{\frac{1}{n-1}\sum_{k=1}^{n}(x_k - \bar{x})^2} \qquad\qquad (\text{식}-2)$$

$\bar{x}$: 표본측정값의 평균

n : 표본채취(샘플링) 횟수

x_k : 측정된 표본 값

s : 표본측정값의 표준편차

③ 각 매개변수에 대한 표준불확도(U_i) 계산

표본이 95% 신뢰구간으로 존재할 확률분포 값(t)과 표본횟수(n), 표준편차(s)를 이용하여 '식-3'에 따라 매개변수의 표준불확도(U_i)를 구한다.

$$U_i = \frac{s_i \times t_i}{\sqrt{n}} \times \frac{1}{\bar{x}} \times 100(\%) \qquad\qquad (\text{식}-3)$$

U_i : 매개변수 i의 표준불확도(%)

s_i : 매개변수 i의 표준편차

t_i : 매개변수 i의 95% 신뢰구간에 존재할 확률분포 값

n : 표본측정횟수

$\bar{x}$: 표본측정값의 평균

참고로, 매개변수의 불확도를 산정하는 방법으로는 제47조 제1항과 같이 측정기기의 정밀도에 대하여 공인된 시험 및 교정기관의 검사·교정·시험을 받는 방법이 있으며, 이 경우 시험성적서에 측정기기의 불확도가 제시되므로 이를 활용할 수 있다. 또한, ISO 9000 등의 공인된 인증을 획득한 사업장의 관리절차에 따라 관리하는 측정기기는 관련

근거 서류 등을 활용할 수 있다.

(3) 불확도의 조합 – 승산법

계산법에서 배출량은 활동자료와 배출계수를 곱하여 산정하므로 '식–4'의 불확도 승산법에 따라 각 매개변수의 표준불확도를 조합하여 배출량의 불확도를 결정한다. 이 경우 매개변수가 서로 독립적이어서 불확도가 정규분포를 따르고, 개별 매개변수의 불확도가 60%를 초과하지 않는 범위에서 유효하다.

$$e = \sqrt{a^2 + b^2 + c^2 + d^2 + \cdots} \qquad \text{(식–4)}$$

e : 배출활동(E)의 불확도

a : 활동자료(A)의 불확도

b : 배출계수(B)의 불확도

c : 발열량(C)의 불확도

d : 산화계수(D)의 불확도

(4) 불확도의 조합 – 가감법

'식–4'에 따라 개별 배출원 혹은 배출시설별 온실가스배출량에 대한 불확도를 산정한 이후, 사업장 혹은 관리업체의 총배출량에 대한 불확도를 계산할 때에는 '식–5'에 제시되는 불확도 가감법에 따라 총배출량의 불확도를 계산한다.

$$f = \frac{\sqrt{\sum (C \times c)^2}}{F} \qquad \text{(식–5)}$$

F : 사업장/배출시설의 배출량(ton)

f : 사업장/배출시설 총배출량(F)의 불확도(%)

C : F에 영향을 미치는 배출시설/배출활동의 배출량(ton)

c : F에 영향을 미치는 배출시설/배출활동(C)의 불확도(%)

[참고]

표본횟수(n)에 따른 확률분포(t)를 구하기 위한 표준정규분포표

⟨표 4-2-9⟩ 신뢰구간 및 측정횟수에 표준정규분포표

측정 횟수(n)	신뢰구간					
	68.27%	90%	95%	95.45%	99%	99.73%
2	1.84	6.31	12.71	13.97	63.66	235.8
3	1.32	2.92	4.30	4.53	9.92	19.21
4	1.20	2.35	3.18	3.31	5.84	9.22
5	1.14	2.13	2.78	2.87	4.60	6.62
6	1.11	2.02	2.57	2.65	4.03	5.51
7	1.09	1.94	2.45	2.52	3.71	4.90
8	1.08	1.89	2.36	2.43	3.50	4.53
9	1.07	1.86	2.31	2.37	3.36	4.28
10	1.06	1.83	2.26	2.32	3.25	4.09
11	1.05	1.81	2.23	2.28	3.17	3.96
12	1.05	1.80	2.20	2.25	3.11	3.85
13	1.04	1.78	2.18	2.23	3.05	3.76
14	1.04	1.77	2.16	2.21	3.01	3.69
15	1.04	1.76	2.14	2.20	2.98	3.64
16	1.03	1.75	2.13	2.18	2.95	3.59
17	1.03	1.74	2.12	2.17	2.92	3.54
18	1.03	1.73	2.11	2.16	2.90	3.51
19	1.03	1.73	2.10	2.15	2.88	3.48
20	1.03	1.73	2.09	2.14	2.86	3.45
25	1.02	1.71	2.06	2.11	2.80	3.34
30	1.02	1.70	2.05	2.09	2.76	3.28
35	1.01	1.70	2.03	2.07	2.73	3.24
40	1.01	1.68	2.02	2.06	2.71	3.20
50	1.01	1.68	2.01	2.05	2.68	3.16
100	1.005	1.66	1.98	2.025	2.63	3.08
∞	1.00	1.645	1.96	2.00	2.576	3.00

비고) 표본의 분포는 정규분포를 따른다고 가정한다.

6. 배출활동별 배출량 산정방법 결정

1) 고정연소 배출량 산정

2) 이동연소 배출량 산정

3) 공정배출량 산정

4) 탈루배출량 산정

5) 외부전기사용에 따른 배출량 산정

6) 외부열 사용에 따른 배출량 산정

7. 활동데이터 관리(모니터링 체계)

1) 고정연소 활동자료

2) 이동연소 활동자료 수집

3) 공정배출 활동자료 수집

4) 탈루배출 활동자료 수집

5) 외부전기사용 활동자료 수집

6) 외부열 사용 활동자료 수집

8. 활동자료 및 매개변수 입력

산정식 테이블에 매개변수인 활동데이터, 발열량, 배출계수, 산화계수, 단위환산 등 변수를 입력하여 산정 값을 도출할 수 있다.

　－ 엑셀프로그램 '온실가스 산정프로그램. XLS'에 입력 산정할 수 있다.

[프로그램 화면 예시]

연료명	사용량	순발열량	배출계수	산화계수	GWP	단위환산	배출량
명칭	Q_i	EC_i	$EF_{i,j}$	f_i	$F_{eq,i}$		$E_{i,j}$
단위	kg－연료	MJ/kg	kg－GHG/TJ				t CO_2－eq
CO_2							
CH_4							
N_2O							
[합계]							

9. 배출활동 및 배출시설별 산정의 결과

배출활동별 배출량 산정의 결과는 다음의 표에 입력 관리한다.

4 사업장 배출량 현황(총괄)

| 4-1. 사업장 온실가스 배출량 총괄 현황 | | | | | | | | (1) | 일련번호 | | 사업장명 | | 사업자 등록번호 | | |

(2) 배출활동 [참고1]		(3) 배출시설 [참고2]			(4) 온실가스 배출량						(5) 소계 (tCO₂eq)		(6) 합계 (tCO₂eq)	(8) 에너지 사용량 (MJ)			(9) 합계 (TJ)
배출활동 코드	배출활동명	일련 번호	배출시설 코드	배출시설명	CO₂ (ton)	CH₄ (kg)	N₂O (kg)	HFCs (kg)	PFCs (kg)	SF₆ (kg)	Scope1	Scope2		에너지	전력	스팀	
					(7) 사업장 총 온실가스 배출량 (tCO2eq)									(10) 사업장 총에너지 사용량 (TJ)			

4-1. 배출시설정보 및 사용량 정보 작성방법

(1)	사업장 정보	: 1-2. 사업장 목록에서의 사업장별 일련번호와 이에 따른 사업장명, 사업자등록번호를 기재
(2)	배출활동	: [참고1]의 배출활동 및 해당 코드 기재
(3)	배출시설	: 5번 양식의 배출시설 일련번호, [참고2]의 배출시설코드 및 배출시설명 기재
(4)	온실가스 배출량	: 해당 배출시설의 배출활동별 온실가스 배출량 기재
(5)	소계(tCO₂eq)	: 배출시설의 배출활동별 온실가스 배출량을 직접배출량(Scope1)과 간접배출량(Scope2)로 구분하여 합한 값을 기재 (CO₂ 이외의 온실가스의 경우 [참고3]의 지구온난화지수(GWP)를 곱하여 tCO₂-eq 단위로 기재)
(6)	합계(tCO₂eq)	: 배출시설의 배출활동별 온실가스 배출량 합계 기재 (CO₂ 이외의 온실가스의 경우 [참고3]의 지구온난화지수(GWP)를 곱하여 tCO₂-eq 단위로 기재)
(7)	사업장 총 온실가스 배출량(tCO₂eq)	: 사업장의 총 온실가스 배출량 기재 (CO₂ 이외의 온실가스의 경우 [참고3]의 지구온난화지수(GWP)를 곱하여 tCO₂-eq 단위로 기재)
(8)	에너지사용량	: 배출시설의 배출활동별 에너지 사용량 기재
(9)	합계(TJ)	: 배출시설의 배출활동별 에너지 사용량 합계 기재
(10)	사업장 총 에너지 사용량	: 사업장의 총 에너지 사용량 기재

[참고1] 배출활동 코드

코드	배출활동명	코드	배출활동명	코드	배출활동명
1001	고체연료연소	4001	시멘트 생산	5001	고형폐기물의 매립
1002	기체연료연소	4002	석회 생산	5002	고형폐기물의 생물학적처리

[참고2] 배출시설 코드

코드	배출시설명	코드	배출시설명	코드	배출시설명
0001	개질 공정	0031	소각보일러	0061	전로
0002	건축물	0032	소결로	0062	전해로

제4절 품질관리(QC) 및 품질보증 활동(QA)[지침 별표 26]

1. 품질관리(QC)의 활동

1) 품질관리(QC)의 의미

품질관리(Quality Control)는 배출량 산정결과의 품질을 평가 및 유지하기 위한 일상적인 기술적 활동의 시스템이다. 이는 배출량 산정담당자에 의해 수행된다. 품질관리는 다음 각 목의 목적을 위하여 설계·실시된다.

(1) 자료의 무결성, 정확성 및 완전성을 보장하기 위한 일상적이고 일관적인 검사의 제공

(2) 오류 및 누락의 확인 및 설명

(3) 배출량 산정자료의 문서화 및 보관, 모든 품질관리 활동의 기록

품질관리(QC) 활동에는 자료 수집 및 계산에 대한 정확성 검사와, 배출량 감축량의 계산·측정, 불확도 산정, 정보의 보관 및 보고를 위한 공인된 표준 절차의 이용과 같은 일반적인 방법이 포함된다. 품질관리(QC) 활동에는 배출활동, 활동자료, 배출계수, 기타 산정 매개변수 및 방법론에 관한 기술적 검토를 포함한다.

2. 세부내용 및 방법

구분	세부내용
기초자료의 수집 및 정리	① 측정자료(연료·원료 사용량, 제품생산량, 전력 및 열에너지 구매량, 유량 및 농도 등)의 정확한 취합·보관·관리 ② 측정기기의 주기적인 검·교정 실시 ③ 측정지점(하위레벨)에서 배출량 산정담당자(부서)(상위레벨)까지의 정확한 자료 수집·정리 체계의 구축 ④ 측정 관련 담당자가 직접 자료를 기록하는 과정에서 발생할 수 있는 오류의 점검 ⑤ 산정방법론, 발열량, 배출계수의 출처 기록관리 ⑥ 내부감사(Internal Audit) 및 제3자 검증을 위한 온실가스배출량 관련 정보의 보관·관리 ⑦ 보고된 온실가스배출량 관련 데이터의 안전한 기록·관리
산정 과정의 적절성	① 각 자료의 단위에 대한 정확성 확인 ② 각 매개변수(활동자료, 발열량, 배출계수, 산화율 등) 활용의 적절성 확인 ③ 내부감사(Internal Audit) 및 제3자 검증단계에서, 배출량 산정의 재현 가능성 확인 ④ 배출량 산정과 관련한 정보화시스템을 구축하거나 활용할 경우, 자료의 입력 및 처리과정의 적절성 확인 * 지침 산정방법론과의 일치 여부, 자체 매뉴얼 구축 여부 등
산정 결과의 적절성	① 조직경계 내 모든 온실가스 배출활동의 포함 여부 확인(포함되지 않는 배출활동에 대한 누락·제외사유를 기재) ② 공정 물질수지 등을 활용한 활동자료의 합(하위레벨)과 사업장 단위 활동자료(상위레벨) 간 일치 여부 등 완전성 확인 ③ 활동자료, 배출계수 등의 변경이 발생할 경우, 각 자료의 변동사항 확인 등 시계열적 일관성 확보에 관한 사항 ④ 기준연도부터 현재까지의 온실가스배출량 산정에 활용된 기초자료 등의 기록·관리·보안상태 확인 ⑤ 측정기기, 배출계수(필요시), 온실가스배출량 등에 대한 불확도 산정결과의 적절성 확인, 불확도 관리기준에 미달 시 측정기기 검·교정 등 개선활동의 실시 여부 확인 ⑥ 배출량 산정결과에 대한 내부감사(Internal Audit) 실시 여부
보고의 적절성	① 조직경계 설정의 적절성·정확성 확인 　－사업자 등록증 등 정부에 허가받거나 신고한 문서를 근거로 수립한 조직경계와 실제 온실가스 배출시설, 배출활동에 따라 수립된 조직경계의 일치 여부 확인 ② 배출량 산정 및 보고 업무 담당자(실무자, 책임자) 및 내부감사 담당자 등에 책임·권한의 문서화 여부 ③ 이행계획, 명세서, 이행실적 등 지침에서 요구하는 자료의 목차, 내용, 서식에 따라 적절하게 배출량을 보고하는지 확인 ④ 품질보증(QA) 활동과 관련하여, 내부감사 담당자의 감사·검토 활동의 실시 여부 및 관련 규정(매뉴얼 등) 존재 여부

3. 품질보증(QA) 활동

1) 품질보증(QA) 의미

품질보증(Quality Assurance)은 배출량 산정(명세서 작성 등) 과정에 직접적으로 관여하지 않은 사람에 의해 수행되는 검토절차의 계획된 시스템을 의미한다. 독립적인 제3자에 의해 산정절차 수행 이후 완성된 배출량 산정결과(명세서 등)에 대한 검토가 수행된다. 검토는 측정 가능한 목적(자료품질의 목적)이 만족되었는지 검증하고 주어진 과학적 지식 및 가용성이 현재 상태에서 가장 좋은 배출량 산정결과를 나타내는지 확인하고, 품질관리(QC) 활동의 유효성을 지원한다.

(1) 세부내용 및 방법

모니터링 계획에 근거하여 산정된 관리업체의 온실가스배출량 명세서가 중요성의 관점에서 허위나 오류, 누락 없이 작성되기 위하여, 관리업체는 배출량 산정·보고와 관련한 효과적인 내부 통제 활동들을 설계하고 운영하며 이를 문서화함으로써 품질보증(QA) 활동을 수행한다. 이를 위하여 온실가스배출량 보고와 관련한 고유 위험, 통제 위험 및 오류·누락사항을 적시에 방지하거나 적발하지 못할 경우 발생할 수 있는 위험(Risk)에 대한 자체평가 절차를 마련하여 문서화한다.

배출량 보고와 관련한 위험(고유 위험, 통제 위험, 오류 및 누락 등)을 완화하는 일련의 활동을 내부 감사(Internal Audit)라 하며, 관리업체는 매년 배출량 산정·보고 절차와 관련한 내부감사 활동을 실시하고 이를 평가하여 주기적으로 이를 개선한다.

품질보증 활동은 다음 각 요소를 포함한다.

구분	세부내용
내부감사 담당자, 책임자 지정	관리업체는 온실가스배출량 산정 관련 내부감사활동을 담당할 책임자를 지정하고 이를 문서화한다. 내부감사 담당자는 온실가스배출량 산정업무를 담당할 수 없도록 하는 등 상충되는 업무를 고려하여 업무분장이 이루어져야 한다.
품질감리	측정기기의 계측 정확성을 검·교정 절차를 통하여 주기적으로 확인하고, 국제적 측정 기준과 비교하며 관련 검·교정 내역을 문서화한다. 배출량 산정을 위한 정보화시스템을 구축·활용할 경우, 시스템에서 산출되는 자료가 위험평가 절차에 의거하여 신뢰성 있고 정확한 데이터를 적시에 산출가능하도록 정보화시스템이 설계·운영·통제·테스트 및 문서화되도록 한다(정보화시스템의 통제로는 백업, 자료보완 등을 포함한다).

배출량 정보 자체 검증 (내부감사)	평가된 위험을 완화하기 위하여 관리업체는 온실가스 산정 근거자료에 대하여 자체검증을 수행하고 이를 문서화한다. 산정 관련 서류검토, 현장점검 등을 포함한 자체검증계획을 수립하고 이에 따라 검증하며, 검증결과 발견된 오류 및 수정결과를 보고서형태로 작성할 수 있다.
배출량 산정업무 위탁 시 감독 절차 마련	관리업체가 온실가스배출량 산정업무를 외부기관에 위탁할 경우, 관리업체는 온실가스 산정·보고 위험과 관련한 위험평가 결과에 따라 외부기관에 위탁한 산정업무에 대한 품질보증 활동을 수행하여야 한다.
수정 및 보완 절차	관리업체가 수행하는 품질보증 절차의 설계 및 운영상 미비점이 자체 평가 또는 제3자 검증 절차에 의하여 발견될 경우, 관리업체는 즉시 이에 대한 수정 및 보완절차를 수행하고 관련 결과를 문서화하여야 한다. 또한 발견된 미비점의 근본원인에 대하여 파악하고 관리업체의 품질보증 시스템에 따른 산출물의 유효성을 평가하여 미비점에 대해서는 보완하는 보정절차를 수행한다.

고정연소 온실가스배출량 · 에너지소비량 산정

[지침] 온실가스 · 에너지 목표관리 운영 등에 관한 지침
환경부 고시 제2012-103호, 2012년 06월 21일 개정본(R.1)
(최초: 환경부 고시 제2011-29호, 2011년 3월 16일 제정(R.0)
[지침의 근거]「저탄소 녹색성장 기본법」제42조 및 같은 법 시행령 제26조

제1절 고체연료 연소(IPCC 카테고리: 1A)

1. 배출활동 개요

고체연료 연소란 특정 시설에 열을 제공하고 이를 열 혹은 기계적인 일(Mechanical Work)로 공정에 제공하거나 장치로부터 멀리 떨어져 이용하기 위해 설계된 장치 내에서 무연탄, 유연탄, 갈탄, 코크스와 같은 고체 화석연료의 의도적인 연소로부터 발생되는 온실가스 배출을 말한다. 동 활동에서는 CO_2와 CH_4, N_2O가 발생한다.

2. 보고대상 배출시설

고체연료 연소의 보고대상 배출시설은 아래와 같으며, 세부내용은 별표 7의 배출활동별 배출시설 개요를 참조한다.

① 화력발전시설

② 열병합 발전시설

③ 발전용 내연기관

④ 일반보일러 시설

　　㉠ 원통형 보일러, ㉡ 수관식 보일러, ㉢ 주철형 보일러

⑤ 공정연소시설

　　㉠ 건조시설, ㉡ 가열시설, ㉢ 용융・용해시설, ㉣ 소둔로, ㉤ 기타로

⑥ 대기오염물질 방지시설

　　㉠ 배연탈황시설, ㉡ 배연탈질시설

3. 보고대상 온실가스

구분	CO_2	CH_4	N_2O
산정방법론	Tier 1, 2, 3, 4	Tier 1	Tier 1

4. 배출량 산정방법론

고체연료는 연료 종류 및 생산지에 따라 탄소함량, 회분함량, 수분 및 휘발분 함량 등 각각에 대해 불균질성이 있고, 특히 유연탄 등 석탄류와 같이 수분 및 휘발분을 다량 함유한 연료의 경우 채탄 후 연소 전까지 보관기간에 따라 이들 성분이 대기 중으로 휘발되어 함량 변화가 심하기 때문에 연료의 분석이 온실가스배출량 산정에 매우 중요하다.

① *Tier 1~3*

$$E_{i,j} = Q_i \times EC_i \times EF_{i,j} \times f_i \times F_{eq,j} \times 10^{-6}$$

$E_{i,j}$: 연료(i) 연소에 따른 온실가스(j)별 배출량(tCO_2eq)

Q_i: 연료(i) 사용량(측정값, ton － 연료)

EC_i: 연료(i)별 열량계수(연료 순발열량, MJ/kg － 연료)

$EF_{i,j}$: 연료(i)별 온실가스(j)의 배출계수(kg － GHG/TJ － 연료)

f_i: 연료(i)별 산화계수

$F_{eq,i}$: 온실가스(CO_2, CH_4, N_2O)별 CO_2 등가계수

($CO_2=1$, $CH_4=21$, $N_2O=310$)

② *Tier 4*

연속측정방식(CEM)을 사용한다.

5. 매개변수별 관리기준

① 활동자료(연료사용량, Q_i)

Tier 1

사업자 또는 연료공급자에 의해 측정된 측정불확도 ±7.5% 이내의 연료사용량 자료를
활용한다.

Tier 2

사업자 또는 연료공급자에 의해 측정된 측정불확도 ±5.0% 이내의 연료사용량 자료를
활용한다.

Tier 3

사업자 또는 연료공급자에 의해 측정된 측정불확도 ±2.5% 이내의 연료사용량 자료를
활용한다.

Tier 4

연속측정방식(CEM)을 사용한다.

② 열량계수(순발열량, EC_i)

Tier 1

별표 18에 따른 IPCC 가이드라인 기본 발열량 값을 사용한다.

Tier 2

별표 19에 따른 국가 고유 발열량 값을 사용한다.

Tier 3

제47조에 따라 사업자가 자체적으로 개발하거나 연료공급자가 분석하여 제공한 발열량 값을 사용한다.

Tier 4

연속측정방식(CEM)을 사용한다.

③ 배출계수($EF_{i,j}$)

Tier 1

별표 17에 따른 IPCC 가이드라인 기본 배출계수를 사용한다.

Tier 2

제46조 제2항에 따른 국가 고유 배출계수를 사용한다.

Tier 3

제47조에 따라 사업자가 자체 개발하거나 연료공급자가 분석하여 제공한 고유 배출계수를 사용한다.

배출계수는 다음 식에 따라 개발하여 사용한다.

$$EF_{i,CO_2} = EF_{i,C} \times \frac{44}{12}$$

$$EF_{i,C} = \frac{C_{ar,i}}{100} \times \frac{1}{EC_i} \times 1000$$

$$C_{ar,i} = \frac{C_{daf,i} \times (100 - M_{ar,i} - A_{ar,i})}{100}$$

EF_{i,CO_2}: 연료(i)에 대한 CO_2 배출계수(kg$-CO_2$/GJ$-$연료)

$EF_{i,C}$: 연료(i)에 대한 탄소 배출계수(kg$-$C/GJ$-$연료)

$C_{ar,i}$: 연료(i) 중의 탄소 퍼센트(인수식 또는 연소식, 계산 값, %)

EC_i: 연료(i)의 열량계수(연료 순발열량, GJ/ton$-$연료)

$C_{daf,i}$: 연료(i)의 무수무회 기준 탄소 함량(측정값, Dry Ash$-$Free, %)

$M_{ar,i}$: 연료(i)의 수분함량(인수식 또는 연소식, 측정값, %)

$A_{ar,i}$: 연료(i)의 재($灰$) 함량(인수식 또는 연소식, 측정값, %)

Tier 4

연속측정방식(CEM)을 사용한다.

④ 산화계수(f_i)

Tier 1

산화계수(f_i)는 기본 값인 1.0을 적용한다.

Tier 2

발전 부문은 산화계수(f_i) 0.99를 적용하고, 기타 부문은 0.98을 적용한다.

Tier 3

제47조에 따라 사업자가 자체 개발하거나 연료공급자가 분석하여 제공한 고유 산화계수를 사용한다.

산화계수(f_i)는 다음 식에 따라 개발하여 사용한다.

$$f_i = 1 - \frac{C_{a,i} \times A_{ar,i}}{(100 - C_{a,i}) \times C_{ar,i}}$$

$C_{a,i}$: 재(灰) 중 탄소 함량(비산재와 바닥재의 가중 평균, 측정값, %)

$A_{ar,i}$: 연료의 재(灰) 함량(인수식 또는 연소식, 측정값, %)

$C_{ar,i}$: 연료 중의 탄소 퍼센트(인수식 또는 연소식, 계산 값, %)

Tier 4

연속측정방식(CEM)을 사용한다.

제2절 기체연료의 연소(IPCC 카테고리: 1A)

1. 배출활동 개요

특정 시설에 열을 제공하고 이를 열 혹은 기계적인 일(Mechanical Work)로 공정에 제공하거나 장치로부터 멀리 떨어져 이용하기 위해 설계된 장치 내에서 LNG, LPG, 프로판, 부탄 및 기타 부생가스 등 기체연료의 의도적인 연소로부터 발생되는 온실가스 배출을 말한다. 동 활동에서는 CO_2와 CH_4, N_2O가 발생한다.

2. 보고대상 배출시설

기체연료 연소의 보고대상 배출시설은 아래와 같으며, 세부내용은 별표 7의 배출활동별 배출시설 개요를 참조한다.

① **화력발전시설**

② **열병합 발전시설**

③ **발전용 내연기관**

④ **일반보일러 시설**

ㄱ 원통형 보일러, ㄴ 수관식 보일러, ㄷ 주철형 보일러

⑤ **공정연소시설**

ㄱ 건조시설, ㄴ 가열시설, ㄷ 나프타 분해시설(NCC), ㄹ 폐가스 소각시설,

ㅁ 용융·용해시설, ㅂ 소둔로, ㅅ 기타로

⑥ **대기오염물질 방지시설**

ㄱ 배연탈황시설, ㄴ 배연탈질시설

3. 보고대상 온실가스

구분	CO_2	CH_4	N_2O
산정방법론	Tier 1, 2, 3, 4	Tier 1	Tier 1

4. 배출량 산정방법론

기체연료는 연료 중에 포함된 성분의 종류, 성분별 함량, 밀도 및 표준온도로의 환산값 등이 온실가스배출량 산정에 영향을 미칠 수 있으므로 이들 항목에 대한 조사가 필요하다.

① *Tier 1~3*

$$E_{i,j} = Q_i \times EC_i \times EF_{i,j} \times f_i \times F_{eq,j} \times 10^{-9}$$

$E_{i,j}$: 연료(i) 연소에 따른 온실가스(j)별 배출량(CO_2-eq ton)

Q_i: 연료(i) 사용량(측정값, m^3-연료)

EC_i: 연료(i)의 열량계수(연료 순발열량, MJ/m^3-연료)

$EF_{i,j}$: 연료별(i) 온실가스(j) 배출계수($kg-GHG/TJ-$연료)

f_i: 연료(i)의 산화계수

$F_{eq,j}$: 온실가스(j)별 CO_2 등가계수($CO_2=1$, $CH_4=21$, $N_2O=310$)

② *Tier 4*

연속측정방식(CEM)을 사용한다.

5. 매개변수별 관리기준

① 활동자료(연료사용량, Q_i)

Tier 1

사업자 또는 연료공급자에 의해 측정된 측정불확도 ±7.5% 이내의 연료사용량 자료를 활용한다.

Tier 2

사업자 또는 연료공급자에 의해 측정된 측정불확도 ±5.0% 이내의 연료사용량 자료를 활용한다.

Tier 3

사업자 또는 연료공급자에 의해 측정된 측정불확도 ±2.5% 이내의 연료사용량 자료를 활용한다.

Tier 4

연속측정방식(CEM)을 적용한다.

② 열량계수(순발열량, EC_i)

Tier 1

별표 18에 따른 IPCC 가이드라인 기본 발열량 값을 사용한다.

Tier 2

별표 19에 따른 국가 고유 발열량 값을 사용한다.

Tier 3

제47조에 따라 사업자가 자체적으로 개발하거나, 연료공급자가 분석하여 제공한 발열량 값을 사용한다.

Tier 4

연속측정방식(CEM)을 사용한다.

③ 배출계수(EF_i)

Tier 1

별표 17의 IPCC 가이드라인 기본 배출계수를 사용한다.

Tier 2

제46조 제2항에 따른 국가 고유 배출계수를 사용한다.

Tier 3

제47조에 따라 사업자가 자체 개발하거나 연료공급자가 분석하여 제공한 고유 배출계수를 사용한다.

배출계수는 다음 식에 따라 개발하여 사용한다.

$$EF_{i,CO_2} = \frac{EF_{i,t}}{EC_i} \times D_i$$

$$EF_{i,t} = \sum_y \left[\left(\frac{mol_y\% \times \left(\frac{mw_y}{V} \right) \times 100}{d_{y,total}} \right) \times \left(\frac{44.010 \times N_y \times f_i}{mw_y \times 100} \right) \right]$$

$EF_{i,CO2}$: 연료(i)별 CO_2 배출계수(kg CO_2/GJ)

EC_i : 연료(i)의 열량계수(연료 순발열량, GJ/천m³ − 연료)

$EF_{i,t}$: 연료(i)의 CO_2 환산계수(kg CO_2/kg − 연료)

D_i : 연료(i)의 밀도(kg − 연료/천m³ − 연료)(=d_y, total/100)

$mol_y\%$: 연료(i) 1몰에 포함된 가스성분(y)별 함량(%)

mw_y : 연료(i)의 가스성분(y)의 분자량((kg/k − mol))

V : 표준상태하에서의 연료(i) 1k − mol이 갖는 부피(=22.4m³)

N_y : 연료(i)의 가스성분(y)의 탄소 원자수(개)

f_i : 연료(i)의 산화계수(=0.995)

$d_{y,\ total}$: $d_{y,total} = \sum_y \left\{ mol_y\% \times \left(\frac{mw_y}{V} \right) \right\}$

Tier 4

연속측정방식(CEM)을 사용한다.

④ 산화계수(f_i)

Tier 1

산화계수(f_i)는 기본 값인 1.0을 적용한다.

Tier 2

산화계수(f_i)는 0.995를 적용한다.

Tier 3

산화계수가 고유 배출계수 개발식에 포함되므로 별도로 적용하지 아니한다.

Tier 4

연속측정방식(CEM)을 사용한다.

제3절 액체연료의 연소(IPCC 카테고리: 1A)

1. 배출활동 개요

특정 시설에 열을 제공하고 이를 열 혹은 기계적인 일(Mechanical Work)로 공정에 제공하거나 장치로부터 멀리 떨어져 이용하기 위해 설계된 장치 내에서 원유, 휘발유, 등유, 경유, B-A/B/C와 같은 액체 화석연료의 의도적인 연소로부터 발생되는 온실가스 배출을 말한다. 동 활동에서는 CO_2와 CH_4, N_2O가 발생한다.

2. 보고대상 배출시설

기체연료 연소의 보고대상 배출시설은 아래와 같으며, 세부내용은 별표 7의 배출활동별 배출시설 개요를 참조한다.
① 화력발전시설
② 열병합 발전시설
③ 발전용 내연기관
④ 일반보일러 시설
　　㉠ 원통형 보일러, ㉡ 수관식 보일러, ㉢ 주철형 보일러
⑤ 공정연소시설
　　㉠ 건조시설, ㉡ 가열시설, ㉢ 나프타 분해시설(NCC), ㉣ 용융・용해시설,
　　㉤ 소둔로, ㉥ 기타로
⑥ 대기오염물질 방지시설
　　㉠ 배연탈황시설, ㉡ 배연탈질시설

3. 보고대상 온실가스

구분	CO₂	CH₄	N₂O
산정방법론	Tier 1, 2, 3, 4	Tier 1	Tier 1

4. 배출량 산정방법론

① *Tier 1~3*

$$E_{i,j} = Q_i \times EC_i \times EF_{i,j} \times f_i \times F_{eq,j} \times 10^{-9}$$

$E_{i,j}$: 연료(i) 연소에 따른 온실가스(j)별 배출량(CO_2-e ton)

Q_i : 연료(i)의 사용량(측정값, L-연료)

EC_i : 연료(i)의 열량계수(연료 순발열량, MJ/L-연료)

$EF_{i,j}$: 연료(i)의 온실가스(j) 배출계수(kg-GHG/TJ-연료)

f_i : 연료(i)의 산화계수

$F_{eq,j}$: 온실가스(j)별 CO_2 등가계수($CO_2=1$, $CH_4=21$, $N_2O=310$)

② *Tier 4*

연속측정방식(CEM)을 사용한다.

5. 매개변수별 관리기준

① 활동자료(연료사용량, Q_i)

Tier 1

사업자 또는 연료공급자에 의해 측정된 측정불확도 ±7.5% 이내의 연료사용량 자료를 활용한다.

Tier 2

사업자 또는 연료공급자에 의해 측정된 측정불확도 ±5.0% 이내의 연료사용량 자료를
활용한다.

Tier 3

사업자 또는 연료공급자에 의해 측정된 측정불확도 ±2.5% 이내의 연료사용량 자료를
활용한다.

Tier 4

연속측정방식(CEM)을 사용한다.

② 열량계수(순발열량, EC_i)

Tier 1

별표 18에 따른 IPCC 가이드라인 기본 발열량 값을 사용한다.

Tier 2

별표 19에 따른 국가 고유 발열량 값을 사용한다.

Tier 3

제47조에 따라 사업자가 자체적으로 개발하거나 연료공급자가 분석하여 제공한 발열
량 값을 사용한다.

Tier 4

연속측정방식(CEM)을 사용한다.

③ 배출계수(EF_i)

Tier 1

별표 17에 따른 IPCC 가이드라인 기본 배출계수를 사용한다.

Tier 2

제46조 제2항에 따른 국가 고유 배출계수를 사용한다.

Tier 3

제47조에 따라 사업자가 자체 개발하거나 연료공급자가 분석하여 제공한 고유 배출계
수를 사용한다.

배출계수는 다음 식에 따라 개발하여 사용한다.

$$EF_{i,CO2} = \frac{C_i}{100} \times \frac{D_i}{EC_i} \times \frac{44}{12}$$

$EF_{i,CO2}$: 연료(i)의 CO_2 배출계수(kg$-CO_2$/GJ$-$연료)

C_i : 연료(i)의 탄소 함량(퍼센트, %)

D_i : 연료(i)의 밀도(kg$-$연료/kl$-$연료)

EC_i : 연료(i)의 열량계수(연료 순발열량, GJ/kl$-$연료)

Tier 4

연속측정방식(CEM)을 사용한다.

④ 산화계수(f_i)

Tier 1

산화계수(f_i)는 기본 값으로 1.0을 적용한다.

Tier 2

산화계수(f_i)는 0.99를 적용한다.

Tier 3

산화계수(f_i)는 0.99를 적용한다.

Tier 4

연속측정방식(CEM)을 사용한다.

[첨부 1] [별표 13의 내용 일부]

1. 배출량 산정 등급 설정
1) 시설별 최소등급 기준의 적용[지침 별표 13]

가. 산정등급(Tier) 분류체계

① Tier 1: 활동자료, IPCC 기본 배출계수(기본 산화계수, 발열량 등 포함)를 활용하여 배출량을 산정하는 기본방법론

② Tier 2: Tier 1보다 더 높은 정확도를 갖는 활동자료, 국가 고유 배출계수 및 발열량 등 일정 부분 시험·분석을 통하여 개발한 매개변수 값을 활용하는 배출량 산정방법론

③ Tier 3: Tier 2보다 더 높은 정확도를 갖는 활동자료, 사업장·배출시설 및 감축기술 단위의 배출계수 등 상당 부분 시험·분석을 통하여 개발한 매개변수 값을 활용하는 배출량 산정방법론

④ Tier 4: 굴뚝자동측정기기 등 배출가스 연속측정방법을 활용한 배출량 산정방법론

나. 배출시설의 배출량 규모에 따른 산정등급(Tier) 분류 기준

① A그룹: 연간 5만 톤 미만의 배출시설－해당됨.

② B그룹: 연간 5만 톤 이상, 연간 50만 톤 미만의 배출시설－해당 없음.

③ C그룹: 연간 50만 톤 이상의 배출시설－해당 없음.

다. 연소시설에서 에너지이용에 따른 온실가스 배출

| 배출활동 | 산정방법론 | | | 활동자료 | | | | | | 배출계수 | | | 산화계수 | | |
				연료사용량			순발열량								
시설규모	A	B	C	A	B	C	A	B	C	A	B	C	A	B	C
1. 고정연소															
① 고체연료	1	2	3	1	2	3	2	2	3	1	2	3	1	2	3
② 기체연료	1	2	3	1	2	3	2	2	3	1	2	3	1	2	3
③ 액체연료	1	2	3	1	2	3	2	2	3	1	2	3	1	2	3

[별표 17]

2006 IPCC 국가 인벤토리 가이드라인 기본 배출계수
(제46조 제1항 관련)

(단위: kgGHG/TJ)

연료명		국내에너지원 기준	CO_2	CH_4				N_2O	
				에너지산업	제조업 건설업	상업공공	가정 기타	에너지산업 제조업 건설업	상업공공 가정 기타
Ⅰ. 액체연료									
원유		원유	73,300	3	3	10	10	0.6	0.6
오리멀전		−	77,000	3	3	10	10	0.6	0.6
천연가스액		−	64,200	3	3	10	10	0.6	0.6
가솔린	자동차용 가솔린	휘발유	69,300	3	3	10	10	0.6	0.6
	항공용 가솔린	−	70,000	3	3	10	10	0.6	0.6
	제트용 가솔린	JP−8	70,000	3	3	10	10	0.6	0.6
제트용 등유		JET A−1	71,500	3	3	10	10	0.6	0.6
기타 등유		실내 등유 보일러등유	71,900	3	3	10	10	0.6	0.6
혈암유		−	73,300	3	3	10	10	0.6	0.6
가스/디젤 오일		경유, B−A	74,100	3	3	10	10	0.6	0.6
잔여 연료유		B−B, B−C	77,400	3	3	10	10	0.6	0.6
액화석유가스		LPG	63,100	1	1	5	5	0.1	0.1
에탄		−	61,600	1	1	5	5	0.1	0.1
나프타		납사	73,300	3	3	10	10	0.6	0.6
역청(아스팔트)		아스팔트	80,700	3	3	10	10	0.6	0.6
윤활유		윤활유	73,300	3	3	10	10	0.6	0.6
석유 코크스		석유코크	97,500	3	3	10	10	0.6	0.6
정유공장 원료		정제연료 (반제품)	73,300	3	3	10	10	0.6	0.6
기타 오일	정유가스	정제가스	57,600	1	1	5	5	0.1	0.1
	접착제(파라핀왁스)	파라핀왁스	73,300	3	3	10	10	0.6	0.6
	백유	용제	73,300	3	3	10	10	0.6	0.6
	기타석유제품	기타	73,300	3	3	10	10	0.6	0.6
Ⅱ. 고체연료									
무연탄		국내 무연탄 수입 무연탄	98,300	1	10	10	300	1.5	1.5
점결탄		원료용 유연탄	94,600	1	10	10	300	1.5	1.5
기타 역청탄		연료용 유연탄	94,600	1	10	10	300	1.5	1.5
하위 유연탄		아역청탄	96,100	1	10	10	300	1.5	1.5
갈탄		갈탄	101,000	1	10	10	300	1.5	1.5
유혈암 및 역청암		−	107,000	1	10	10	300	1.5	1.5

갈탄 연탄		−	97,500	1	10	10	300	1.5	1.5
특허연료		−	97,500	1	10	10	300	1.5	1.5
코크스	코크스로 코크스	코크스	107,000	1	10	10	300	1.5	1.5
	가스 코크스	−	107,000	1	1	5	5	0.1	0.1
콜타르		−	80,700	1	10	10	300	1.5	1.5
Ⅲ. 기체연료									
부생 가스	가스공장 가스	−	44,400	1	1	5	5	0.1	0.1
	코크스로 가스	코크스가스	44,400	1	1	5	5	0.1	0.1
	고로 가스	고로가스	260,000	1	1	5	5	0.1	0.1
	산소 강철로 가스	전로가스	182,000	1	1	5	5	0.1	0.1
천연가스		천연가스(LNG)	56,100	1	1	5	5	0.1	0.1
Ⅳ. 기타 화석연료									
도시 폐기물 (비−바이오매스 부분)		−	91,700	30	30	300	300	4	4
산업 폐기물		−	143,000	30	30	300	300	4	4
폐유		−	73,300	30	30	300	300	4	4
토탄		이탄	106,000	1	2	10	300	1.5	1.4
Ⅴ. 바이오매스(Biomass)									
고체 바이오 연료	목재/목재 폐기물	−	112,000	30	30	300	300	4	4
	아황산염 잿물 (흑액)	−	95,300	3	3	3	3	2	2
	기타 고체바이오매스	−	100,000	3	30	300	300	4	4
	목탄	−	112,000	3	200	200	200	4	1
액체 바이오 연료	바이오 가솔린	−	70,800	1	3	10	10	0.6	0.6
	바이오 디젤	−	70,800	1	3	10	10	0.6	0.6
	기타 액체바이오 연료	−	79,600	1	3	10	10	0.6	0.6
기체 바이오 매스	매립지 가스	−	54,600	30	1	5	5	0.1	0.1
	슬러지 가스	−	54,600	1	1	5	5	0.1	0.1
	기타 바이오가스	−	54,600	1	1	5	5	0.1	0.1
기타 비−화석 연료	도시 폐기물 (바이오매스 부분)	−	100,000	30	30	300	300	4	4

* 주) '에너지산업'이란 연료 추출 또는 전력생산, 열병합 발전, 열 공장(Heat Plant), 석유 정제산업, 고체연료의 제조(코크스, 갈탄 등) 등 산업을 의미한다.

[참고]

연료에 대한 세부설명

① 원유(Crude Oil): 자연적으로 발생하며 다양한 농도 및 점도를 가지는 탄화수소의 혼합물로 구성된 광물성 오일을 말한다.

② 오리멀전(Orimulsion): 베네수엘라에서 자연적으로 발생하는 타르와 비슷한 물질, 직접 태우거나 석유제품으로 정제되는 것을 포함한다.

③ 천연가스액(Natural Gas Liquids): 천연가스액(NGLs)은 천연가스의 제조, 정제, 안정화에서 생산되는 액체 내지 액화 탄화수소이다. 분리기(Separator), 가스처리 공장(Gas Processing Plants)에서 액체로 재생되는 천연가스 부분이다. 천연가스액은 에탄(Ethane), 프로판(Propane), 부탄(Butane), 펜탄(Pentane), 천연 가솔린(Natural Gasoline)의 응축액(Condensate)을 포함한다.

④ 혈암유(Shale Oil): 유모혈암(Oil Shale)으로부터 추출된 광물성 오일로 500℃ 이상에서 분해 건류하여 얻어진다. 석유와 유사한 성질을 가지며, 나프타 성분이 적고, 경유나 등유의 제조에 적합한 유분 성분을 함유한다.

⑤ 가스/디젤 오일(Gas/Diesel Oil)

 1. 가스오일(Gas Oil): 등유와 중유의 중간유분으로 비중은 0.84~0.90이다. 석유의 원유를 증류하여 200~350℃의 끓는점의 유분을 채취하여 황산 및 수산화나트륨으로 세정하고 정제하여 제품으로 하며, 용도는 대체로 등유와 유사하다.

 2. 디젤 오일(Diesel Oil): 디젤엔진의 연료로 경유(Light Oil) 및 중유(Heavy Oil) 등으로 구분된다. 경유는 끓는점이 250~350℃ 사이의 탄화수소로, 원유의 증류과정 중 등유 다음으로 유출된다. 경유에는 유황분이 함유되어 연소 시 황산화물을 배출하게 된다. 중유는 원유로부터 LPG, 가솔린, 등유, 경유 등을 증류하고 남은 기름으로, 보통 원유 부피의 30~50% 정도를 차지한다. 또한 비중(0.90~0.95) 및 점도 등에 따라 A중유, B중유, C중유로 구분된다.

⑥ 잔여 연료유(Residual Fuel Oil): 이는 혼합에 의해 얻어지는 오일을 포함한, 모든 잔여 연료유로 구성된다. 동적 점성도(Kinematic Viscosity)는 80℃에서 0.1cm²(10cSt) 이상이다. 인화점은 항상 50℃ 이상이고 농도는 0.90kg/l 이상이다.

⑦ 역청(Bitumen): 콜로이드 구조(Colloidal Structure)를 가진 고체, 반고체, 점성의 탄화수

소를 말한다. 흑갈색 또는 갈색이며, 원유 증류에서의 잔여물, 상압증류에서 오일 잔여물(Oil Residues)의 진공증류로 얻어진다. 역청은 아스팔트(Asphalt)로 종종 불리며 도로의 포장재 등으로 주로 이용된다.

⑧ 석유 코크스(Petroleum Coke): 석유 코크스는 Delayed Coking 내지 Fluid Coking과 같은 공정에서 석유에서 파생된 원료, 진공실 찌꺼기(Vacuum Bottoms), 타르(Tar), 피치(Pitches)의 열분해(Cracking) 및 탄화(Carbonising)에 의해 주로 얻어지는 흑색 고체를 의미한다.

⑨ 정유공장 원료(Refinery Feedstocks): 정유공장 원료는 원유로부터 파생된 제품 혹은 제품들의 혼합물을 통칭적으로 일컫는 용어이다.

⑩ 정유가스(Refinery Gas): 정유공장에서 원유의 증류 및 열분해와 같은 석유제품의 처리과정에서 얻어지는 비압축 가스(Non-Condensable Gas)를 의미한다. 주로 수소, 메탄, 에탄, 올레핀(Olefins) 등으로 구성된다.

⑪ 파라핀 왁스(Waxes): 일반적인 식 C_nH_{2n+2}을 가지는 포화된 지방성 탄화수소이다. 분자당 탄소원자 12개 이상을 포함하는 결정구조(Crystalline Structure)를 가진다. 녹는점은 약 45℃이며 무색, 무취, 반투명하다.

⑫ 백유(White Spirit): 백유는 석유를 135~200℃에서 증류하여 만든 휘발성 투명 액체로, 30℃ 이상의 인화점을 가지며 주로 용제나 페인트 희석제로 사용된다. 및 SBP는 나프타/등유 범위에서 증류되는 정제된 증류 중간생성물을 의미한다.

⑬ 무연탄(Anthracite): 무연탄은 산업 및 주거용으로 이용되는 높은 등급의 석탄이다. 이는 일반적으로 10% 이하의 휘발물(Volatile Matter)과 높은 탄소 함유량(약 90%의 고정된 탄소)을 가진다.

⑭ 점결탄(Coking Coal): 석탄을 건류·연소할 때 석탄입자가 연화 용융하여 서로 점결하는 성질이 있는 석탄을 말하며 건류용탄·원료탄이라고도 한다. 점결성의 정도에 따라 약점결탄(탄소함유량 80~83%), 점결탄(탄소함유량 83~85%), 강점결탄(탄소함유량 85~95%)으로 구분된다.

⑮ 기타 역청탄(Other Bituminous Coal): 기타 역청탄은 증기용으로 이용되며 원료탄에 포함되지 않는 모든 역청탄을 포함한다. 무연탄보다 높은 휘발물(10% 이상)과 낮은 탄소 함유량(90% 이하의 고정된 탄소)의 특성을 가진다.

⑯ 하위 역청탄(Sub-Bituminous Coal): 건조하고 광물질이 없는 상태에서 17,435kJ/kg

(4,165kcal/kg)과 23,865kJ/kg(5,700kcal/kg) 사이의 총열량을 가지고 31% 이상의 휘발물을 포함하는 덩어리 형태가 아닌 석탄을 의미한다.

⑰ 갈탄(Lignite): 석탄 중에서 가장 탄화도가 낮은 석탄으로(약 70%), 흑갈색을 띠며 원목의 형상, 나이테, 줄기 등의 조직이 육안으로 보인다. 다른 석탄에 비해 수분 및 휘발분이 높으며, 공극이 많아 여러 종류의 기체를 흡착하는 성질이 강하다.

⑱ 유모혈암(Oil Shale): 열분해(Pyrolysis, 고온으로 암석을 가열하는 것으로 구성되는 처리)될 때, 다양한 고체 생성물과 함께, 탄화수소를 산출하는 상당한 양의 고체 유기물을 포함하는 무기(Inorganic), 비다공성(Non−Porous) 암석을 말한다.

⑲ 역청암(Tar Sands): 종종 역청(Bitumen)으로 불리는 점성이 있는 형태의 무거운 원유와 자연적으로 혼합된 모래(내지 다공성 탄산염 암석)를 말한다.

⑳ 갈탄 연탄(Brown Coal Briquettes): 고압하에서 굳혀서 생산되는, 갈탄으로부터 제조된 혼합연료(Composition Fuels)이다. 이 형태는 건조된 갈탄 미립자와 재를 포함한다.

㉑ 특허연료(Patent Fuel): 접착제를 추가하여 무연탄(Hard Coal) 분말로부터 제조된 혼합연료이다. 그러므로 생산되는 특허연료의 양은 전환공정에서 소비된 석탄의 실제량보다 약간 높다.

㉒ 코크스로 코크스(Coke Oven Coke): 고온에서 석탄, 주로 원료탄(Coking Coal)의 탄화로부터 얻어지는 고체 생성물이다. 이는 습기 함유량 및 휘발율이 낮다. 또한 Semi−Coke, 즉 낮은 온도에서 석탄의 탄화로부터 얻어진 고체 생성물, 갈탄 코크스(Lignite Coke), 즉 갈탄으로부터 만들어진 Semi−Coke, 코크스 분탄(Coke Breeze), 주조용 코크스(Foundry Coke)가 또한 포함된다.

㉓ 가스 코크스(Gas Coke): 가스 코크스는 가스공장에서 도시가스의 생산을 위해 이용된 무연탄(Hard Coal)의 부산물이다. 가스 코크스는 가열을 위해 이용된다.

㉔ 콜타르(Coal Tar): 역청탄(Bituminous Coal)의 분해 증류 결과이다. 콜타르는 코크스로(Coke Oven) 공정에서 코크스를 만들기 위한 석탄 증류의 액체 부산물이다. 콜타르는 석유화학 산업의 원료(Feedstock)로 일반적으로 언급되는 여러 가지 다른 유기 제품(예: 벤젠, 톨루엔, 나프탈렌)으로 추가적으로 증류될 수 있다.

㉕ 가스공장 가스(Gas Works Gas): 가스공장 가스는 가스의 제조, 수송, 분배를 목적으로 생산되는 모든 유형의 가스를 의미한다. 이는 턴화(Carbonization), 석유제품(LPG, 잔여 연료유 등)의 가스화(Total Gasification), 개질, 가스와 공기가 혼합된 가스를 포

함한다.

㉖ 코크스로 가스(Coke Oven Gas): 철강의 생산을 위한 코크스로 코크스(Coke Oven Coke) 제조 시 발생하는 부생가스이다.

㉗ 고로 가스(Blast Furnace Gas): 철강 산업에서 용광로에서의 코크스 연소 시 생산되는 부생가스이다.

㉘ 산소 강철로 가스(Oxygen Steel Furnace Gas): 산소 용광로(Oxygen Furnace)에서 강철 생산의 부산물로서 얻어지며, 전로 가스(Converter Gas), LD gas, BOS gas로 불리기도 한다.

㉙ 도시 폐기물(비−바이오매스 부분): 도시 폐기물의 바이오매스 부분은 가정, 산업 부문에 의해 생산되고 특정한 시설에서 소각되어 에너지용으로 이용되는 폐기물을 포함한다. 미생물에 의해 분해되지 않는 연료 부분만 해당된다.

㉚ 산업 폐기물(Industrial Wastes): 일반적으로 사업장 등 산업분야에서 열전기 등을 생산하기 위하여 직접 연소되는 고체 및 액체 상태의 폐기물을 의미한다(바이오매스 부분을 제외한다).

㉛ 폐유(Waste Oil): 모래, 금속, 물, 촉매, 계면활성제 등 여러 불순물이 포함된 폐유를 재생공정을 통하여 연소 방해물질 및 환경오염 물질을 제거한 재생 연료유를 말한다.

㉜ 토탄(Peat): 석탄이 지하에 매몰된 수목질이 오랜 세월 동안에 지압과 지열작용을 받아 생성된 것과는 달리 식물질의 주성분인 리그닌·셀룰로스 등이 주로 지표에서 분해작용을 받아 생성된다. 연하고, 다공성이거나 압축된, 목질(Woody Material)을 포함한 식물에서 유래한 퇴적광상(Sedimentary Deposit)은 원래 상태에서 90%까지 높은 수분 함유량을 가지고, 쉽게 잘리며, 연한 갈색에서 진한 갈색의 보다 단단한 부분을 포함할 수 있다. 비−에너지 목적을 위해 이용된 토탄은 포함되지 않는다.

㉝ 목재/목재 폐기물(Wood/Wood Waste): 에너지용으로 직접 연소되는 목재 및 목재 폐기물(목재 칩·펠릿·브리켓)을 포함한다.

㉞ 아황산염 잿물(Sulphite Lyes): 아황산염 잿물은 에너지 함유물(Energy Content)이 목재 펄프로부터 제거된 목질소(Lignin)로부터 발생하는 종이의 제조 동안 황산염(Sulphate) 혹은 소다(Soda) 펄프의 생산에서 압력솥으로부터 나온 알칼리성 잔존액(Alkaline Spent Liquor)이다. 농축된 형태의 이 연료는 일반적으로 65~70% 고체이다.

㉟ 기타 고체바이오매스: 기타 고체 바이오매스는 목재/목재 폐기물 내지 아황산염 잿물에 포함되지 않는 연료로 직접 이용되는 식물 재료(Plant Matter), 식물성 폐기물

(Vegetal Waste), 동물성 재료/폐기물 등을 말한다.

㊱ 목탄(Charcoal): 목재 등 목탄생산을 위한 재료를 공기의 공급을 차단하고 가열하거나 또는 공기를 아주 적게 하여 가열하였을 때 생기는 고체 생성물을 말한다. 재료로는 보통 단단한 나무가 사용되며, 검탄·백탄·성형목탄으로 분류된다.

㊲ 바이오가솔린(Biogasoline): 해조류와 같은 바이오매스를 사용하여 생산하는 가솔린으로 분자당 6~12의 탄소를 포함한다. 바이오부탄올, 바이오에탄올이 알코올기인 것에 반해 바이오가솔린은 탄화수소로서 화학적으로 차이가 난다.

㊳ 바이오디젤(Biodiesel): 쌀겨 기름이나 식용유 등의 식물성 기름을 특수 공정으로 가공하여 경유와 섞어서 만든 디젤 기관의 연료이다. 기존의 경유와 특성이 비슷하지만, 연소 시 공해가 거의 발생하지 않는 특징이 있다.

㊴ 매립가스(Landfill Gas): 매립지의 바이오매스 및 고체 폐기물의 혐기성 발효(Anaerobic Fermentation)로부터 발생하는 가스를 말하며, 주로 열 및 전력을 생산하는 데 사용된다.

㊵ 슬러지 가스(Sludge Gas): 오수 및 동물성 현탁액(Slurries)으로부터 바이오매스 및 고체 폐기물의 혐기성 발효(Anaerobic Fermentation)로부터 발생하는 가스를 말하며, 회수되어 열 및 전력을 생산하는 데 사용된다.

㊶ 도시 폐기물(바이오매스 부문): 도시 폐기물의 바이오매스 부분은 가정, 산업 부문에 의해 생산되고 특정한 시설에서 소각되어 에너지용으로 이용되는 폐기물을 포함한다. 미생물에 의해 분해되는 연료 부분만 해당된다.

[별표 18]

2006 IPCC 국가 인벤토리 가이드라인 연료별 기본 발열량
(제46조 제1항 관련)

연료명		국내에너지원 기준	단위	순발열량
I. 액체연료				
원유		원유	TJ/Gg	42.3
오리멀전		–	TJ/Gg	27.5
천연가스액		–	TJ/Gg	44.2
가솔린	자동차용 가솔린	휘발유	TJ/Gg	44.3
	항공용 가솔린	–	TJ/Gg	44.3
	제트용 가솔린	JP−8	TJ/Gg	44.3
제트용 등유		JET A−1	TJ/Gg	44.1
기타 등유		실내 등유 보일러등유	TJ/Gg	43.8
혈암유		–	TJ/Gg	38.1
가스/디젤 오일		경유, B−A	TJ/Gg	43.0
잔여 연료유		B−B, B−C	TJ/Gg	40.4
액화석유가스		LPG	TJ/Gg	47.3
에탄		–	TJ/Gg	46.4
나프타		납사	TJ/Gg	44.5
역청(아스팔트)		아스팔트	TJ/Gg	40.2
윤활유		윤활유	TJ/Gg	40.2
석유 코크스		석유코크	TJ/Gg	32.5
정유공장 원료		정제연료(반제품)	TJ/Gg	43
기타 오일	정유가스	정제가스	TJ/Gg	49.5
	접착제(파라핀왁스)	파라핀왁스	TJ/Gg	40.2
	백유	용제	TJ/Gg	40.2
	기타석유제품	기타	TJ/Gg	40.2
II. 고체연료				
무연탄		국내 무연탄 수입 무연탄	TJ/Gg	26.7
점결탄(Coking Coal)		원료용 유연탄	TJ/Gg	28.2
기타 역청탄		연료용 유연탄	TJ/Gg	25.8
하위 유연탄		아역청탄	TJ/Gg	18.9
갈탄		갈탄	TJ/Gg	11.9
유혈암 및 역청암		–	TJ/Gg	8.9
갈탄 연탄		–	TJ/Gg	20.7
특허연료		–	TJ/Gg	20.7
코크스	코크스로 코크스	코크스	TJ/Gg	28.2
	가스 코크스	–	TJ/Gg	28.2
콜타르		–	TJ/Gg	28

Ⅲ. 기체연료

부생 가스	가스공장 가스	–		TJ/Gg	38.7
	코크스로 가스	코크스가스		TJ/Gg	38.7
	고로 가스	고로가스		TJ/Gg	2.47
	산소 강철로 가스	전로가스		TJ/Gg	7.06
천연가스		천연가스(LNG)		TJ/Gg	48

Ⅳ. 기타 화석연료

도시 폐기물(비–바이오매스 부분)	–		TJ/Gg	10
산업 폐기물	–		TJ/Gg	–
폐유	–		TJ/Gg	40.2
토탄	이탄		TJ/Gg	9.76

Ⅴ. 바이오매스(Biomass)

고체 바이오연료	목재/목재 폐기물	–		TJ/Gg	15.6
	아황산염 잿물	–		TJ/Gg	11.8
	기타 고체바이오매스	–		TJ/Gg	11.6
	목탄	–		TJ/Gg	29.5
액체 바이오연료	바이오 가솔린	–		TJ/Gg	27
	바이오 디젤	–		TJ/Gg	27
	기타 액체바이오연료	–		TJ/Gg	27.4
기체 바이오매스	매립지 가스	–		TJ/Gg	50.4
	슬러지 가스	–		TJ/Gg	50.4
	기타 바이오가스	–		TJ/Gg	50.4
기타 비–화석연료	도시 폐기물 (바이오매스 부분)	–		TJ/Gg	11.6

[첨부 4]

[별표 19]

연료별 국가 고유 발열량(에너지법 시행규칙 별표)

(제46조 제2항 관련)

연료명	단 위		총발열량	순발열량
	에너지법 시행규칙상	TJ로 환산 시		
원유	MJ/kg	TJ/Gg	44.9	42.2
휘발유	MJ/L	TJ/1,000㎥	32.6	30.3
등유	MJ/L	TJ/1,000㎥	36.8	34.3
경유	MJ/L	TJ/1,000㎥	37.7	35.3
B-A유	MJ/L	TJ/1,000㎥	38.9	36.4
B-B유	MJ/L	TJ/1,000㎥	40.5	38.0
B-C유	MJ/L	TJ/1,000㎥	41.6	39.2
프로판	MJ/kg	TJ/Gg	50.4	46.3
부탄	MJ/kg	TJ/Gg	49.6	45.6
나프타	MJ/L	TJ/1,000㎥	32.3	30.3
용제	MJ/L	TJ/1,000㎥	33.3	31.0
항공유	MJ/L	TJ/1,000㎥	36.5	34.1
아스팔트	MJ/kg	TJ/Gg	41.5	39.2
윤활유	MJ/L	TJ/1,000㎥	39.8	37.0
석유코크	MJ/kg	TJ/Gg	33.5	31.6
부생연료1호[1]	MJ/L	TJ/1,000㎥	36.9	34.3
부생연료2호[2]	MJ/L	TJ/1,000㎥	40.0	37.9
천연가스(LNG)	MJ/kg	TJ/Gg	54.6	49.3
도시가스(LNG)	MJ/Nm³	TJ/1,000,000Nm³	43.6	39.4
도시가스(LPG)	MJ/Nm³	TJ/1,000,000Nm³	62.8	57.7
국내무연탄	MJ/kg	TJ/Gg	18.9	18.6
수입무연탄	MJ/kg	TJ/Gg	24.7	24.4
유연탄(연료용)	MJ/kg	TJ/Gg	25.8	24.7
유연탄(원료용)	MJ/kg	TJ/Gg	29.3	28.2
아역청탄	MJ/kg	TJ/Gg	22.7	21.4
코크스	MJ/kg	TJ/Gg	29.1	28.9
전력(발전기준)	MJ/kWh	TJ/GWh	8.8	8.8
전력(소비기준)	MJ/kWh	TJ/GWh	9.6	9.6

비고) 1. '총발열량'이라 함은 연료의 연소과정에서 발생하는 수증기의 잠열을 포함한 발열량을 말한다.

2. 온실가스배출량 산정 시 순발열량을 사용하며, 에너지사용량을 집계할 경우 총발열량을 사용한다.

3. 1cal = 4.1868J

4. MJ = 10⁶J로 한다.

5. Nm³은 0℃, 1기압 상태의 체적을 말한다.

[참고]

1) 부생연료 1호

등유성상에 해당하는 제품으로 열효율은 보일러등유와 유사하다. 황분 0.1wt% 이하의 제품으로 연소설비 사용 시 경질유와 마찬가지로 집진시설 없이 사용 가능하며, 저온연소성이 보일러등유와 유사하므로 계절에 관계없이 사용 가능하다. 석유화학제품 생산의 전처리과정에서 나오는 제품으로 물성이 다양하며, 목욕탕, 숙박업소 등에서 보일러등유, 경유 등 연료를 사용하는 상업용 보일러에 대체연료로 사용된다.

2) 부생연료 2호

등유·중유 성상에 해당하는 제품으로 열효율은 보일러등유와 중유의 중간 정도이다. 방향족 성분의 다량 함유로 일부 제품은 냄새가 심하며 연소성이 척도인 10% 잔류탄소분이 매우 높으므로 그을음 발생으로 집진시설을 설치해야 한다. 석유화학제품을 생산하는 전처리과정에서 나오는 제품으로 생산업체에 따라 물성이 다양하며, 보일러등유, 경유, 중유 등 액체연료를 사용하는 열원 공급시설(산업용보일러 등)의 연료계통 부품을 교체하여 대체연료로 사용된다.

※ 자료출처: 국제표준규격에 따른 석유류 발열량 분석연구, 에너지관리공단

도로 이동연소 온실가스 배출량·에너지소비량 산정

[지침] 온실가스·에너지 목표관리 운영 등에 관한 지침
환경부 고시 제2012-103호, 2012년 06월 21일 개정본(R.1)
(최초: 환경부 고시 제2011-29호, 2011년 3월 16일 제정(R.0)
[지침의 근거] 「저탄소 녹색성장 기본법」 제42조 및 같은 법 시행령 제26조

제1절 도로(IPCC 카테고리: 1A3b)

1. 배출활동 개요

도로차량의 연료사용으로부터 발생하는 모든 연소배출을 포함한다. 자동차는 내연기관에서의 화석연료 연소에 의해 CO_2, CH_4, N_2O 등 온실가스가 배출된다.

건설기계, 농기계 등 비도로 차량에 의한 온실가스 배출 또한 별도의 구분 없이 이 장에서 정하는 방법에 의해 배출량을 산정한다.

2. 보고대상 배출시설

도로 부문의 보고대상 배출시설은 아래와 같으며, 세부내용은 별표 7의 배출활동별 배출시설 개요를 참조한다.

① 승용자동차

② 승합자동차

③ 화물자동차

④ 특수자동차

⑤ 이륜자동차

⑥ 비도로 및 기타 자동차

3. 보고대상 온실가스

구분	CO_2	CH_4	N_2O
산정방법론	Tier 1, 2	Tier 1, 2, 3	Tier 1, 2, 3

4. 배출량 산정방법론

① *Tier 1*

Tier 1 산정방법은 연료 종류별 사용량을 활동자료로 하고, 기본 배출계수를 적용하여 배출량을 산정하는 방법이다.

$$E_{i,j} = \sum \left(Q_i \times EC_i \times EF_{i,j} \times F_{eq,j} \times 10^{-9} \right)$$

$E_{i,j}$: 연료 종류(i)의 사용에 따른 온실가스(j)의 배출량(CO_2−e ton)

Q_i : 연료 종류(i)의 연료소비량(L)

EC_i : 연료 종류(i)의 순발열량(MJ/ L − 연료)

$EF_{i,j}$: 연료 종류(i)에 대한 온실가스(j)의 배출계수(kg/TJ)

$F_{eq,j}$: 온실가스(j)의 CO_2 등가계수

(CO_2＝1, CH_4＝21, N_2O＝310)

I : 연료 종류

② *Tier 2*

Tier 2 산정방법은 연료 종류별, 차종별, 세어기술빌 언료사용량을 활동자료로 하고, 국가 고유 계수를 적용하여 배출량을 산정하는 방법이다.

$$E_{i,j} = \sum (Q_{ikl} \times EC_i \times EF_{ikl} \times F_{eq,j} \times 10^{-9})$$

$E_{i,j}$: 연료 종류(i)의 사용에 따른 온실가스(j)의 배출량(CO_2-e ton)

$Q_{i,k,l}$: 연료 종류(i), 차량 종류(k), 제어기술 종류(l)의 연료소비량(L)

EC_i : 연료 종류(i)의 순발열량(MJ/L - 연료)

$EF_{i,k,l}$: 연료 종류(i), 차종(k), 제어기술(l)의 배출계수(kg/TJ)

$F_{eq,j}$: 온실가스(j)의 CO_2 등가계수

($CO_2=1$, $CH_4=21$, $N_2O=310$)

I : 연료 종류

k : 차량 종류

l : 제어기술 종류

③ *Tier 3*

Tier 3 산정방법은 차량의 주행거리를 활동자료로 하고, 차종별, 연료별, 배출제어 기술별 고유 배출계수를 개발·적용하여 산정하는 방법이다. 다만 이 산정법은 CH_4, N_2O에 대해서 유효하다.

$$E_{CH4/N2O} = \sum_{i,j,k,l,m} (Distance_{i,k,l,m} \times EF_{i,j,k,l,m} \times F_{eq,j} \times 10^{-6})$$

$E_{CH4/N2O}$: CH_4 또는 N_2O 배출량(CO_2-e ton)

$Distance_{i,j,k,l,m}$: 주행거리(km)

$EF_{i,j,k,l,m}$: 배출계수(g/km)

$F_{eq,j}$: 온실가스(j)의 CO_2 등가계수

($CO_2=1$, $CH_4=21$, $N_2O=310$)

I : 연료 종류(예, 휘발유, 경유, LPG 등)

j : 온실가스 종류(CH_4, N_2O)

k : 차량 종류

l : 배출제어기술(또는 차량 제작 연도)

m : 운전조건(이동 시 평균 차속)

5. 매개변수별 관리기준

① 활동자료

Tier 1

도로 또는 비도로 차량 운행을 위해 사용된 연료 종류별 사용량을 활동자료로 하고 사업자 혹은 연료공급자에 의해 측정된 측정불확도 ±7.5% 이내의 연료사용량을 활용한다.

Tier 2

도로 또는 비도로 차량 운행을 위해 사용된 연료 종류별 사용량을 활동자료로 하고 사업자 혹은 연료공급자에 의해 측정된 측정불확도 ±5.0% 이내의 연료사용량을 활용한다.

Tier 3

차량의 종류, 사용 연료, 배출제어기술 등에 따른 각각의 운행거리(주행거리)를 활동자료로 하고 측정불확도 ±2.5% 이내의 활동자료를 활용한다.

② 배출계수

Tier 1

아래 <표 4-4-1>에 제시된 연료별, 온실가스별 기본 배출계수를 사용한다.

〈표 4-4-1〉 연료별, 온실가스별 기본 배출계수

연료 종류	기본 배출계수(kg/TJ)		
	CO_2	CH_4	N_2O
휘발유	69,300	25	8.0
경유	74,100	3.9	3.9
LPG	63,100	62	0.2
등유	71,900	–	–
윤활유	73,300	–	–
CNG	56,100	92	3
LNG	56,100	92	3

* 출처: 2006 IPCC 국가 인벤토리 작성을 위한 가이드라인

Tier 2

제46조 제2항에 따른 연료별, 온실가스별 국가 고유 배출계수를 사용한다.

Tier 3

아래 <표 4-4-2> 및 <표 4-4-3>에 제시된 국내 차종별 CH_4, N_2O의 배출계수를 사용한다.

<표 4-4-2> 자동차의 CH_4 배출계수 산출식

차종		연료	연식구분	배출계수 산출식
승용		휘발유	2000년 이전	$y = 0.3561x^{-0.7619}$
			2000~2002.6.	$y = 0.2625x^{-0.817}$
			2002.7.~2005	$y = 0.0859x^{-0.7655}$
			2006~2008	$y = 0.0351x^{-0.7754}$
		LPG	2002.6. 이전	$y = 0.2324x^{-0.704}$
			2002.7.~2005	$y = 0.1282x^{-0.7798}$
			2006~2008	$y = 0.0913x^{-0.956}$
		경유	2006~2008	$y = 0.052x^{-0.8767}$
택시		LPG	2002.6. 이전	$y = 0.6813x^{-0.8049}$
			2002.7.~2005	$y = 0.3267x^{-0.7956}$
승합	경형	LPG	2006~2008	$y = 0.0305x^{-0.5298}$
	소형	경유	2000~2002.6.	$y = 0.0650x^{-0.8969}$
			2002.7.~2005	$y = 0.1004x^{-1.0693}$
			2006~2008	$y = 0.0248x^{-0.6378}$
		LPG	2000~2002.6.	$y = 0.6372x^{-0.8366}$
			2002.7.~2005	$y = 0.1794x^{-0.9135}$
	중형	경유	2002.7.~2005	$y = 14.669x^{-1.9562}$
	전세버스	경유	2000년 이전	$y = 0.173x^{-0.734}$
			2000~2002.6.	$y = 2.9097x^{-1.3937}$
			2002.7.~2005	$y = 1.34x^{-1.748}$
	시내버스	경유	2002.7. 이전	$y = 0.173x^{-0.734}$
			2002.7.~2005	$y = 0.1744x^{-1.0596}$
		CNG	~2005년	$y = 46.139x^{-0.6851}$
			2006~2008	$y = 117.64x^{-1.0596}$
화물	소형	경유	2000~2002.6.	$y = 0.0185x^{-0.3837}$
			2002.7.~2005	$y = 0.0328x^{-0.5697}$
	중형	경유	−	$y = 0.4064x^{-0.6487}$
	대형	경유	−	$y = 0.402x^{-0.6197}$

* (주 1): 배출계수 산출식의 Y＝배출량(g/km), X＝차속(km/hr)
* (주 2): 배출계수가 제시되지 않은 차종에 대해서는 차종 및 연식 등을 고려하여 유사 항목의 값을 활용한다.
* 출처: 국립환경과학원

〈표 4-4-3〉 자동차의 N_2O 배출계수 산출식

차종			연료	연식구분	배출계수 산출식
승용			휘발유	2000년 이전	$y=0.6459x^{-0.741}$
				2000~2002.6.	$y=0.9191x^{-0.9485}$
				2002.7.~2005	$y=0.1262x^{-0.8382}$
				2006~2008	$y=0.0307x^{-0.8718}$
			LPG	2002.6. 이전	$y=2.0024x^{-1.2053}$
				2002.7.~2005	$y=0.191x^{-0.9666}$
				2006~2008	$y=0.1162x^{-1.1582}$
			경유	2006~2008	$y=0.1479x^{-0.9224}$
택시			LPG	2002.6. 이전	$y=0.4397x^{-0.7735}$
				2002.7.~2005	$y=0.6240x^{-1.0010}$
승합	경형		LPG	2006~2008	$y=0.12x^{-1.1688}$
	소형		경유	2000~2002.6.	$y=0.0991x^{-0.672}$
				2002.7.~2005	$y=0.1088x^{-0.8582}$
				2006~2008	$y=0.2225x^{-1.0293}$
			LPG	2000~2002.6.	$y=0.4366x^{-0.9723}$
				2002.7.~2005	$y=0.2808x^{-1.2565}$
	중형		경유	2002.7.~2005	$y=0.2742x^{-0.5359}$
	전세버스		경유	2000~2002.6.	$y=2.08x^{-0.8055}$
				2002.7.~2005	$y=1.2359x^{-0.785}$
	시내버스		경유	2002.7.~2005	$y=0.5268x^{-0.4932}$
			CNG	~2005년	$y=0.5438x^{-0.556}$
				2006~2008	$y=0.1248x^{-0.5754}$
화물	소형		경유	2002.7.~2005	$y=0.0984x^{-0.7969}$
	중형		경유	—	$y=0.0522x^{-0.5206}$
	대형		경유	—	$y=2.0311x^{-0.8501}$

* (주 1): 배출계수 산출식의 Y＝배출량(g/km), X＝차속(km/hr)
* 출처: 국립환경과학원

[첨부 1]

[별표 13의 내용 일부]

1. 배출량 산정 등급 설정

1) 시설별 최소등급 기준의 적용[지침 별표 13]

가. 산정등급(Tier) 분류체계

① Tier 1: 활동자료, IPCC 기본 배출계수(기본 산화계수, 발열량 등 포함)를 활용하여 배출량을 산정하는 기본방법론

② Tier 2: Tier 1보다 더 높은 정확도를 갖는 활동자료, 국가 고유 배출계수 및 발열량 등 일정 부분 시험·분석을 통하여 개발한 매개변수 값을 활용하는 배출량 산정방법론

③ Tier 3: Tier 2보다 더 높은 정확도를 갖는 활동자료, 사업장·배출시설 및 감축기술 단위의 배출계수 등 상당 부분 시험·분석을 통하여 개발한 매개변수 값을 활용하는 배출량 산정방법론

④ Tier 4: 굴뚝자동측정기기 등 배출가스 연속측정방법을 활용한 배출량 산정방법론

나. 배출시설의 배출량 규모에 따른 산정등급(Tier) 분류 기준

① A그룹: 연간 5만 톤 미만의 배출시설－해당됨.

② B그룹: 연간 5만 톤 이상, 연간 50만 톤 미만의 배출시설－해당 없음.

③ C그룹: 연간 50만 톤 이상의 배출시설－해당 없음.

다. 연소시설에서 에너지이용에 따른 온실가스 배출

배출활동	산정 방법론			활동자료						배출계수			산화계수		
				연료사용량			순발열량								
시설규모	A	B	C	A	B	C	A	B	C	A	B	C	A	B	C
2. 이동연소[*]															
① 항공	1	1	2	1	1	2	2	2	2	1	1	2	－	－	－
② 도로	1	1	2	1	1	2	2	2	2	1	1	2	－	－	－
③ 철도	1	1	1	1	1	1	2	2	2	1	1	1	－	－	－
④ 선박	1	1	1	1	1	1	2	2	2	1	1	1	－	－	－

[첨부 2]

[별표 19]

연료별 국가 고유 발열량(에너지법 시행규칙 별표)
(제46조 제2항 관련)

연료명	단위		총발열량	순발열량
	에너지법 시행규칙 상	TJ로 환산 시		
원유	MJ/kg	TJ/Gg	44.9	42.2
휘발유	MJ/L	TJ/1,000㎥	32.6	30.3
등유	MJ/L	TJ/1,000㎥	36.8	34.3
경유	MJ/L	TJ/1,000㎥	37.7	35.3
B−A유	MJ/L	TJ/1,000㎥	38.9	36.4
B−B유	MJ/L	TJ/1,000㎥	40.5	38.0
B−C유	MJ/L	TJ/1,000㎥	41.6	39.2
프로판	MJ/kg	TJ/Gg	50.4	46.3
부탄	MJ/kg	TJ/Gg	49.6	45.6
나프타	MJ/L	TJ/1,000㎥	32.3	30.3
용제	MJ/L	TJ/1,000㎥	33.3	31.0
항공유	MJ/L	TJ/1,000㎥	36.5	34.1
아스팔트	MJ/kg	TJ/Gg	41.5	39.2
윤활유	MJ/L	TJ/1,000㎥	39.8	37.0
석유코크	MJ/kg	TJ/Gg	33.5	31.6
부생연료1호[1]	MJ/L	TJ/1,000㎥	36.9	34.3
부생연료2호[2]	MJ/L	TJ/1,000㎥	40.0	37.9
천연가스(LNG)	MJ/kg	TJ/Gg	54.6	49.3
도시가스(LNG)	MJ/Nm³	TJ/1,000,000Nm³	43.6	39.4
도시가스(LPG)	MJ/Nm³	TJ/1,000,000Nm³	62.8	57.7
국내무연탄	MJ/kg	TJ/Gg	18.9	18.6
수입무연탄	MJ/kg	TJ/Gg	24.7	24.4
유연탄(연료용)	MJ/kg	TJ/Gg	25.8	24.7
유연탄(원료용)	MJ/kg	TJ/Gg	29.3	28.2
아역청탄	MJ/kg	TJ/Gg	22.7	21.4
코크스	MJ/kg	TJ/Gg	29.1	28.9
전력(발전기준)	MJ/kWh	TJ/GWh	8.8	8.8
전력(소비기준)	MJ/kWh	TJ/GWh	9.6	9.6

비고) 1. '총발열량'이라 함은 연료의 연소과정에서 발생하는 수증기의 잠열을 포함한 발열량을 말한다.
    2. 온실가스배출량 산정 시 순발열량을 사용하며, 에너지사용량을 집계할 경우 총발열량을 사용한다.
    3. 1cal = 4.1868J
    4. MJ = 10^6J로 한다.
    5. Nm³은 0℃, 1기압 상태의 체적을 말한다.

[참고]

1) 부생연료 1호

등유성상에 해당하는 제품으로 열효율은 보일러등유와 유사하다. 황분 0.1wt% 이하의 제품으로 연소설비 사용 시 경질유와 마찬가지로 집진시설 없이 사용 가능하며, 저온연소성이 보일러등유와 유사하므로 계절에 관계없이 사용 가능하다. 석유화학제품 생산의 전처리과정에서 나오는 제품으로 물성이 다양하며, 목욕탕, 숙박업소 등에서 보일러등유, 경유 등이 연료를 사용하는 상업용 보일러에 대체연료로 사용된다.

2) 부생연료 2호

등유·중유 성상에 해당하는 제품으로 열효율은 보일러등유와 중유의 중간 정도이다. 방향족 성분의 다량 함유로 일부 제품은 냄새가 심하며 연소성이 척도인 10% 잔류탄소분이 매우 높으므로 그을음 발생으로 집진시설을 설치해야 한다. 석유화학제품을 생산하는 전처리과정에서 나오는 제품으로 생산업체에 따라 물성이 다양하며, 보일러등유, 경유, 중유 등 액체연료를 사용하는 열원 공급시설(산업용보일러 등)의 연료계통 부품을 교체하여 대체연료로 사용된다.

※ 자료출처: 국제표준규격에 따른 석유류 발열량 분석연구, 에너지관리공단

외부 전기, 열사용 온실가스 배출량·에너지소비량 산정

[지침] 온실가스·에너지 목표관리 운영 등에 관한 지침
환경부 고시 제2012-103호, 2012년 06월 21일 개정본(R.1)
최초: 환경부 고시 제2011-29호, 2011년 3월 16일 제정(R.0)
[지침의 근거] 「저탄소 녹색성장 기본법」 제42조 및 같은 법 시행령 제26조

제1절 외부에서 공급된 전기연료의 연소(IPCC 분류체계: -)

1. 배출활동 개요

관리업체가 소유 및 통제하는 설비와 사업활동에 의한 전력사용으로 인해 발생하는 간접적 온실가스 배출은 연료연소, 원료사용 등으로 인한 직접적 온실가스 배출과 함께 관리업체의 온실가스배출량에 포함되어야 한다. 대부분의 관리업체에 있어서 구입전력은 큰 비중을 차지하는 온실가스 배출원 중 하나이며, 동시에 감축목표 달성을 위한 기회요소이기도 하다. 또한 직접적 온실가스 배출뿐만 아니라, 간접적 온실가스 배출을 산정하는 것은 이러한 정보가 향후 온실가스와 관련된 다양한 프로그램에 적용될 수 있기 때문이다. 단, 관리업체의 조직경계 내에 발전설비가 위치하여 생산된 전력을 자체적으로 사용할 경우에는 간접적 온실가스배출량 산정에서 제외하도록 한다. 이는 발전설비에서 전력 생산으로 인해 배출된 직접적 온실가스가 해당 관리업체의 배출량으로 이미 산정되었기 때문이며, 자체 생산한 전력의 자체 사용에 따른 간접적 온실가스배출량을 포함할 경

우 직접적 온실가스배출량과 함께 중복산정을 초래하기 때문이다.

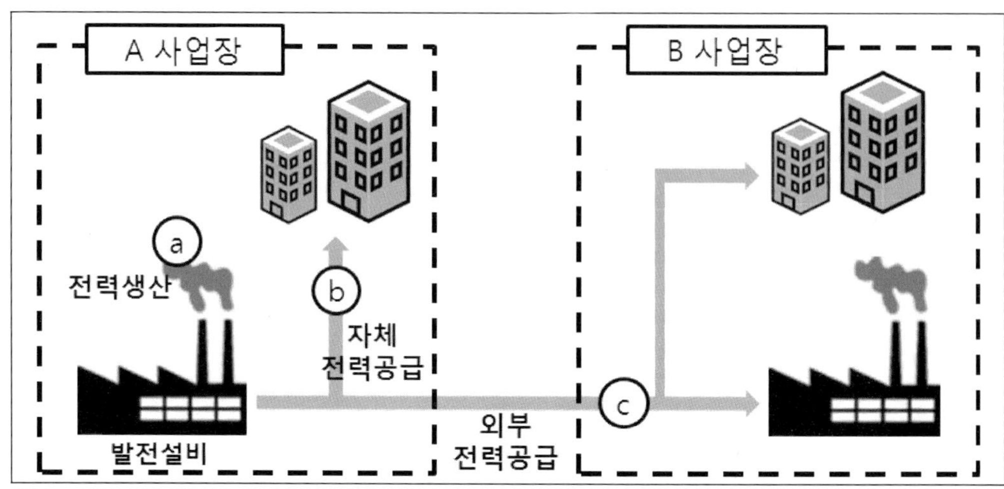

ⓐ: A 사업장 내에 위치한 발전설비에서의 전력생산에 따른 직접 온실가스배출량(A 사업장의 직접적 온실가스배출량으로서 보고)
ⓑ: A 사업장에서 생산한 전력을 A 사업장 내에서 자체적으로 공급한 경우(전력사용에 따른 간접적 온실가스배출량 산정에서 제외)
ⓒ: A 사업장에서 생산한 전력을 B 사업장에 공급한 경우(B 사업장의 간접적 온실가스배출량으로서 보고)

〈그림 4-5-1〉 전력 사용에 따른 간접 온실가스 배출경로

2. 보고대상 배출시설

외부에서 공급된 전기사용에 따른 간접배출량의 산정·보고 범위는 배출시설 단위가 아닌 사업장 단위로 정한다. 다만, 제품생산 용도가 아닌 업무용 건물, 폐기물처리시설, 전력 다소비 시설인 전기아크로에 대해서는 전기사용량과 이에 따른 간접배출량을 구분하여 산정·보고하여야 한다. 기타 전력량계(법정계량기 및 내부관리용 계량기를 포함한다)가 부착되어 있는 배출시설의 경우 배출시설별로 전기사용량 등을 구분하여 보고할 수 있으며 이 경우 각 배출시설별 전력사용량의 합계는 사업장 단위 총사용량과 일치하여야 한다.

3. 보고대상 온실가스

구분	CO_2	CH_4	N_2O
산정방법론	Tier 1	Tier 1	Tier 1

4. 배출량 산정방법론

① *Tier 1*

$$CO_2eq\ Emissions = \sum_j \left(Q \times EF_j \times F_{eq,j} \right)$$

$CO_2eq\ Emissions$: 전력사용에 따른 온실가스배출량(tCO$_2$eq)

Q : 외부에서 공급받은 전력 사용량(MWh)

EF_j : 전력 간접배출계수(tGHG/MWh)

$F_{eq,j}$: 온실가스(j)의 CO$_2$ 등가계수(CH$_4$=21, N$_2$O=310)

j : 배출 온실가스 종류

5. 매개변수별 관리기준

① 활동자료

Tier 2

전력량계 등 법정계량기로 측정된 사업장별 총량 단위의 전력 사용량을 활용한다.

② 배출계수

Tier 2

전력간접배출계수는 다음 <표 4-5-1>에서 제시된 기준연도에 해당하는 2개 연도('07~'08년) 평균값을 적용한다. 배출계수는 3년간 고정하여 적용하며, 향후 한국전력거래소에서 제공하는 전력간접배출계수를 센터에서 확인·공표하면 그 값을 적용한다(이 경우 과거 제출한 명세서는 제52조에 따라 새로운 전력간접배출계수를 적용하여 해당부문을 재산정한 후 전자적 방식으로 제출한다).

〈표 4-5-1〉 국가 고유 전력배출계수('07~'08년 평균)

구분	CO_2 (tCO₂/MWh)	CH^4 (kgCH⁴/MWh)	N^2O (kgN²O/MWh)
2개년 평균('07~'08)	0.4653	0.0054	0.0027

제2절 외부에서 공급된 열(스팀)의 연소(IPCC 분류체계: -)

1. 배출활동 개요

관리업체가 소유 및 통제하는 설비와 사업활동에 의한 열(스팀)사용으로 인해 발생하는 간접적 온실가스 배출은 연료연소, 원료사용 등으로 인한 직접적 온실가스 배출과 함께 관리업체의 온실가스배출량에 포함되어야 한다. 열(스팀)은 열(스팀) 생산을 목적으로 하는 시설을 통하여 공급될 수도 있으나, 열병합 발전설비 또는 폐기물 소각시설 등에서의 열(스팀)회수를 통하여 공급될 수도 있다. 열병합 발전설비를 통하여 열(스팀)을 공급받을 경우에는 '별표 24'에 따라 전력간접배출과 구분하여 열(스팀) 간접배출계수를 개발하여 사용해야 하며, 폐기물 소각시설에서의 열회수를 통하여 열(스팀)을 공급받을 경우에는 '별표 25'에 따라 열(스팀) 간접배출계수를 개발하여 사용해야 한다. 다만 열(스팀)을 생산하여 외부로 공급하는 업체가 자체적으로 열(스팀) 간접배출계수를 제공할 수 없는 경우에는 센터가 검증·공표하는 국가 고유의 열(스팀) 간접배출계수 등을 활용할 수 있다.

2. 보고대상 배출시설

외부에서 공급된 열(스팀)사용에 대한 간접배출량의 산정·보고범위는 관리업체의 배출시설 단위로 정한다. 보고대상 배출시설은 이 지침 별표 14에서 제시하는 '1. 고정연소(고체연료)'부터 '28. 폐기물의 소각'분야의 각 배출시설 중 외부에서 공급받아 열(스팀)을 사용하는 배출시설로 한다.

3. 보고대상 온실가스

구분	CO₂	CH₄	N₂O
산정방법론	Tier 1	Tier 1	Tier 1

4. 배출량 산정방법론

① *Tier 1*

$$CO_2eq\ Emissions = \sum_{j} (Q \times EF_j \times F_{eq,j})$$

$CO_2eq\ Emissions$: 열(스팀)사용에 따른 온실가스배출량(tCO₂eq)

Q : 외부에서 공급받은 열(스팀)사용량(GJ)

EF_j : 열(스팀) 간접배출계수(tGHG/GJ)

$F_{eq,j}$: 온실가스(j)의 CO₂ 등가계수(CH₄=21, N₂O=310)

j : 배출 온실가스

5. 매개변수별 관리기준

① 활동자료

Tier 2

측정불확도 ±5.0% 이내의 배출시설별로 사용된 열(스팀) 공급량 또는 사용량 자료를
활용한다.

② 배출계수

Tier 3

열(스팀) 공급자가 개발하여 제공한 열(스팀) 간접배출계수를 사용한다.

열(스팀) 공급자가 간접배출계수 또는 이와 관련된 자료를 관리업체에 제공할 수 없는
경우에는 제46조 제2항에 따라 센터가 고시하는 간접배출계수를 사용할 수 있다.

제3절 열병합 발전에서 스팀의 외부공급 시 간접배출계수 개발방법

[별표 24]

열병합 발전에서 스팀의 외부공급 시 간접배출계수 개발방법

(제50조 제1항 관련)

1. 열(스팀)생산에 따른 온실가스배출량 산출

$$E_H = \left\{ \frac{H}{H + P \times R_{eff}} \right\} \times E_T, \quad R_{eff} = \frac{e_H}{e_P}$$

E_H: 열생산에 따른 온실가스배출량(tCO_2-eq/y)

E_T: 열병합 발전 설비(CHP)의 총 온실가스배출량(tCO_2-eq/y)

H: 열생산량(GJ/y)

P: 전기생산량(GJ/y)

R_{eff}: 열생산 효율과 전력생산 효율의 비율(Ratio)

e_H: 열생산 효율(자체 데이터를 활용, 자료가 없는 경우 기본 값 0.8)

e_P: 전기생산효율(자체 데이터를 활용, 자료가 없는 경우 기본 값 0.35)

2. 열(스팀) 생산에 따른 온실가스 배출계수 산출

$$EF_H = \frac{GHG_{emission}}{H}$$

EF_H : 열(스팀)생산에 따른 온실가스 간접배출계수(tCO_2-eq/GJ)

$GHG_{Emission}$: 열(스팀)생산에 따른 해당 배출시설의 온실가스배출량(tCO_2-eq/yr)

H : 열생산량(GJ/yr)

제4절 폐기물 소각에서 열회수를 통한 외부열 공급 시 간접배출계수 개발방법

[별표 25]

폐기물 소각에서 열회수를 통한 외부열 공급 시 간접배출계수 개발방법
(제51조 제1항 관련)

$$EF_H = \frac{CO_{2Emission} + CH_{4Emission} \times 21 + N_2O_{Emission} \times 310}{H}$$

EF_H : 열(스팀) 간접배출계수(tCO$_2$-eq/GJ)

$CO_{2Emission}$: '별표 15-폐기물 소각 및 처리 부문' 산정방법에 따라 산정된 이산화탄소 배출량(tCO$_2$/yr)

$CH_{4Emission}$: '별표 15-폐기물 소각 및 처리 부문'에 따라 산정된 메탄 배출량(tCH$_4$/yr)

$N_2O_{Emission}$: '별표 15-폐기물 소각 및 처리 부문'에 따라 산정된 아산화질소 배출량 (tN$_2$O/yr)

H : 열회수량(GJ/yr)

[첨부 1]
[별표 13의 내용 일부]

1. 배출량 산정 등급 설정
1) 시설별 최소등급 기준의 적용
가. 산정등급(Tier) 분류체계
① Tier 1: 활동자료, IPCC 기본 배출계수(기본 산화계수, 발열량 등 포함)를 활용하여 배출량을 산정하는 기본방법론
② Tier 2: Tier 1보다 더 높은 정확도를 갖는 활동자료, 국가 고유 배출계수 및 발열량 등 일정 부분 시험·분석을 통하여 개발한 매개변수 값을 활용하는 배출량 산정방법론
③ Tier 3: Tier 2보다 더 높은 정확도를 갖는 활동사료, 사업장·배출시설 및 감축기술 단위의 배출계수 등 상당 부분 시험·분석을 통하여 개발한 매개변수 값을 활용하

는 배출량 산정방법론

④ Tier 4: 굴뚝자동측정기기 등 배출가스 연속측정방법을 활용한 배출량 산정방법론

나. 배출시설의 배출량 규모에 따른 산정등급(Tier) 분류 기준

① A그룹: 연간 5만 톤 미만의 배출시설 - 해당됨.

② B그룹: 연간 5만 톤 이상, 연간 50만 톤 미만의 배출시설 - 해당 없음.

③ C그룹: 연간 50만 톤 이상의 배출시설 - 해당 없음.

다. 외부 전기 및 열(스팀) 사용에 따른 온실가스 간접배출 - 해당 공정 파악

배출활동	산정방법론			활동자료						간접 배출계수		
				외부에너지 사용량			순발열량					
시설규모	A	B	C	A	B	C	A	B	C	A	B	C
11. 외부 전기사용	1	1	1	2	2	2	–	–	–	2	2	2
12. 외부열·증기사용	1	1	1	2	2	2	–	–	–	3	3	3

이행계획 수립 및 명세서 보고

[지침] 온실가스·에너지 목표관리 운영 등에 관한 지침

환경부 고시 제2012-103호, 2012년 06월 21일 개정본(R.1)

(최초: 환경부 고시 제2011-29호, 2011년 3월 16일 제정(R.0)

[지침의 근거]「저탄소 녹색성장 기본법」제42조 및 같은 법 시행령 제26조

온실가스배출량 등 명세서 양식

(제52조 제1항 관련)

온실가스배출량 및 에너지사용량 명세서

「저탄소 녹색성장 기본법」 제44조 제1항 및 같은 법 시행령 제34조에 따라 당사(사업장)의 온실가스배출량 및 에너지사용량 등을 아래와 같이 보고합니다.

년 월 일

보고인 (서명 또는 인)

농수산식품부 장관
지식경제부 장관   귀하
환경부장관
국토해양부 장관

1 | **관리업체 총괄 정보**

1. 업체(법인)에 대한 일반정보

(1)	법 인 명		(2)	대표자		(3)	대상 연도	
(4)	법인등록번호	−		(5)	지정업종 (대표업종)			
(6)	법인 소재지			(7)	법인 전화번호			
(8)	법인담당부서		(9)	법인 담당자		(10)	직 급	
(11)	담 당 자 전화번호		(12)	담당자 휴대폰		(13)	담당자 이메일	
(14)	주요 생산제품 또는 처리물질		(15)	연간 생산량 또는 처리량		(16)	상 시 종업원 수	
(17)	당해 연도 매 출 액 (백만 원)		(18)	당해 연도 에너지비용 (백만 원)		(19)	자본금 (백만 원)	
(20)	중소기업 여부							

2. 사업장 목록

(1) 사업장 일련번호	(2) 사업장명	(3) 사업자등록번호	(4) 사업장 대표자	(5) 사업장 업종	(6) 사업장 소재지	(7) 소량 배출사업장 여부
사업장 01	사업장명					
사업장 02						

※ 사업장 기준으로 관리업체로 지정된 경우, 1－2를 생략할 수 있다.
※ 제11조 및 별표 4호에 의한 소량 배출사업장에 대해서는 1. 관리업체 총괄정보～3. 사업장별 배출시설 현황만을 기재할 수 있다.

1) 관리업체에 대한 일반정보 작성방법

(1)	관리업체 법인명	: 관리업체 본사 법인명을 기재 정식명칭 기재
(2)	대표자	: 관리업체 법인의 대표자명을 기재
(3)	대상연도	: 보고대상연도 기재
(4)	법인등록번호	: 당해 법인의 사업자등록번호를 기재
(5)	지정업종(대표업종)	: 표준산업분류에 의한 당해 법인의 지정업종 기재
(6)	법인 소재지	: 법인의 본사 소재지를 기재. 본사가 별도로 없을 시, 업체 명세서를 제출하는 대표사업장의 주소를 기재
(7)	법인 전화번호	: 법인의 본사 대표전화번호를 기재
(8)	법인 담당부서	: 법인의 총 온실가스배출량 및 에너지사용량을 관리하는 부서명 기재
(9)	법인 담당자	: 법인의 총 온실가스배출량 및 에너지사용량을 관리하는 담당자 기재
(10)	법인 담당자 직급	: 법인의 총 온실가스배출량 및 에너지사용량을 관리하는 담당자의 직급 기재
(11)	법인 담당자 전화번호	: 법인의 총 온실가스배출량 및 에너지사용량을 관리하는 담당자의 연락 가능한 사무실 전화번호 기재

(12)	법인 담당자 휴대전화	: 법인의 총 온실가스배출량 및 에너지사용량을 관리하는 담당자의 연락 가능한 휴대전화 번호 기재
(13)	법인 담당자 이메일	: 법인의 총 온실가스배출량 및 에너지사용량을 관리하는 담당자의 연락 가능한 이메일 주소 기재
(14)	주요생산제품 또는 처리물질	: 사업장 업종분류에 따른 주요 생산제품을 기재. 단, 폐기물 부문은 표준산업분류의 세세분류 항목을 기재
(15)	연간 생산량	: 주 생산제품의 연간 생산량을 기재 단, 폐기물 부문은 처리량을 기재
(16)	상시 종업원 수	: 사업장 내 상시종업원 수 기재
(17)	당해 연도 매출액	: 해당 법인의 배출량 산정 조직경계에 해당하는 사업장을 모두 합산한 명세서 보고 당해 연도 매출액(개별재무제표를 따른다.) 기재
(18)	당해 연도 에너지비용	: 해당 법인의 배출량 산정 조직경계에 해당하는 사업장을 모두 합산한 명세서 보고 당해 연도의 에너지비(원료구입비는 제외)를 기재
(19)	자본금	: 사업장의 당해 연도 자본금 기재
(20)	중소기업 여부	: 「중소기업기본법」 제2조에 의한 중소기업이면 Y, 중소기업이 아니면 N을 기재

2) 사업장 목록 일반정보 작성방법

(1)	사업장일련번호	: 사업장별 일련번호 기재
(2)	사업장명	: 법인 내 사업장명 기재
(3)	사업자등록번호	: 세무서에서 신고된 당해 사업장의 사업자등록번호를 기재
(4)	사업장대표자	: 해당 사업장의 대표자명을 기재
(5)	업종	: 표준산업분류에 의한 업종
(6)	소재지	: 사업장소재지를 기재하되 반드시 번지 이하까지 기입
(7)	소량 배출사업장여부	: 제11조 및 별표 4호에 의한 소량 배출 사업장 여부 기재

3. 업체(법인)의 온실가스배출량 및 에너지사용량 총괄

(1) 사업장 일련번호	(2) 사업장명	(3) 연간 온실가스배출량 (tCO₂e)			(4) 연간 에너지사용량 (TJ)				(6) 소량 배출 사업장 여부
		직접배출 (Scope1)	간접배출 (Scope2)	총 량	연료 사용량	전기 사용량	스팀 사용량	총 량	
사업장 01	사업장명								
사업장 02									
사업장 03									
(5)	관리업체 합계								

1) 온실가스배출량 및 에너지사용량 작성방법

(1)	사업장일련번호	: 1-2. 양식에서 기재한 사업장별 일련번호 기재
(2)	사업장명	: 법인 내 사업장명 기재
(3)	연간 온실가스배출량	: 사업장별 온실가스배출량을 기재
(4)	연간 에너지사용량	: 사업장별 에너지사용량을 기재
(5)	관리업체 합계	: 사업장별 온실가스배출량 또는 에너지사용량을 모두 합하여 기재
(6)	소량 배출사업장 여부	: 제11조 및 별표 4호에 의한 소량 배출 사업장 여부 기재

2 | 사업장 일반정보

1. 사업장에 대한 일반정보

(1)	사업장명		(2)	대표자		(3)	사업장 일련번호	
(4)	사업자등록번호		(5)	업종		(6)	업 종	
(6)	사업장 소재지		(7)	사업장 전화번호				
(8)	사업장담당부서		(9)	사업장 담당자		(10)	직 급	
(11)	담 당 자 전화번호		(12)	담당자 휴대폰		(13)	담당자 이메일	
(14)	주요 생산제품 또는 처리물질		(15)	연간생산량 또는 처리량		(16)	상 시 종업원 수	
(17)	당해 연도매출액 (백만 원)		(18)	당해 연도 에너지비용 (백만 원)		(19)	자본금 (백만 원)	

※ 관리업체 내 사업장 수만큼 이후 양식을 작성
※ 제11조 및 별표 4호에 의한 소량 배출사업장에 대해서는 (14)~(19)까지를 생략하고 기재할 수 있다.

1) 사업장에 대한 일반정보 작성방법

(1)	사업장명	: 해당 사업장의 정식명칭을 기재. 예: (주)한국기업, Philips LCD(주) 안산공장 등
(2)	대표자	: 해당 사업장의 대표자명을 기재
(3)	사업장일련번호	: 1-1번 양식의 사업장별 일련번호 기재
(4)	사업자등록번호	: 세무서에서 신고된 당해 사업장의 사업자등록번호를 기재
(5)	업종	: 표준산업분류에 의한 업종
(6)	소재지	: 사업장소재지 기재하되 반드시 번지 이하까지 기입
(7)	전화번호	: 사업장 전화번호 지역번호와 함께 기재
(8)	사업장 담당부서	: 사업장의 온실가스배출량 및 에너지사용량을 관리하는 부서명 기재
(9)	사업장 담당자	: 사업장의 온실가스배출량 및 에너지사용량을 관리하는 부서명 기재
(10)	사업장 담당자 직급	: 사업장의 온실가스배출량 및 에너지사용량을 관리하는 담당자의 직급 기재
(11)	사업장 담당자 전화번호	: 사업장의 온실가스배출량 및 에너지사용량을 관리하는 담당자의 연락 가능한 사무실 전화번호 기재

(12)	사업장 담당자 휴대전화	: 사업장의 온실가스배출량 및 에너지사용량을 관리하는 담당자의 연락 가능한 휴대전화번호 기재
(13)	사업장 담당자 이메일	: 사업장의 온실가스배출량 및 에너지사용량을 관리하는 담당자의 연락 가능한 이메일 주소 기재
(14)	주요생산제품 또는 처리물질	: 사업장 업종분류에 따른 주요 생산제품을 기재. 단, 폐기물 부문은 표준산업분류의 세세분류 항목을 기재
(15)	연간 생산량 또는 처리량	: 주 생산제품의 연간 생산량을 기재. 단, 폐기물 부문은 처리량을 기재
(16)	상시 종업원 수	: 사업장 내 상시종업원 수 기재
(17)	당해 연도 매출액	: 당해 사업장의 당해 연도 매출액(개별재무제표를 따른다) 기재
(18)	당해 연도 에너지비	: 당해 사업장의 에너지비(원료구입비는 제외)를 기재
(19)	자본금	: 사업장의 당해 연도 자본금 기재

2. 사업장 조직경계 입력

(1)	조직경계 관련 서류 구분	

2) 사업장 조직경계 입력 작성방법

| (1) | 조직경계 관련 서류 구분 | 사업장 조직경계를 확인·증빙할 수 있도록 사업장의 약도, 사진, 시설배치도, 공정도의 4가지로 분류하여 제시

※ 소량 배출사업장들의 배출활동 구성이 동일한 경우(소형건물 형태 대리점, 통신기지국, 주유소 등) 1개에 대해서만 기재 가능 |

서식 3-1[횡서식]

3 사업장별 배출시설 현황

3-1. 배출시설정보 등

	일련번호	사업장명	사업자 등록번호
(1)			

(2)	(3)		(4)	(5)	(6)	(7)	(8)			(9)	(10)								
	배출시설						방지시설(선택)				투입량 및 생산량 정보								
배출시설 일련번호	코드 [참고2]	배출시설명	시설용량 (단위)	세부시설 용량 (단위)	일일평균 가동시간 (hr/day)	연간가동 일수 (day/yr)	대상 가스	방지시설 이름	처리 효율 (%)	배출구 (굴뚝) 번호	투입 연료 및 원료			생산 제품			기타		
											명칭	값	단위 [참고5]	명칭	값	단위 [참고5]	명칭	값	단위 [참고5]
01																			

※ 제41조에 의한 소규모배출시설의 현황은 서식 3-2에 작성하여 첨부

※ 제11조 및 별표 제4호에 의한 소량배출사업장은 서식 3-1을 작성하지 아니하고, 서식 3-3에 해당 소량배출사업장 전체를 포함하여 작성할 수 있다.

3-1. 배출시설정보 및 사용량 정보 작성방법

(1)	사업장 정보	1-2. 사업장 목록에서의 사업장별 일련번호와 이어 따른 사업장명, 사업자등록번호를 기재
(2)	배출시설일련번호	배출시설 일련번호 기재
(3)	배출시설	[참고2]의 배출시설 해당코드 및 명칭 기재
(4)	시설용량	연료 최대 투입량, 발전용량 등 배출시설 설치 허가증 등을 참고하여 시설용량을 기재. 단, 매립은 총 매립용량을 기재 (단위포함)
(5)	세부시설용량	연료명(코크스, 무연탄 등) 등 배출시설 설치 허가증 상에 기재된 추가적인 시설용량정보를 기재 (선택사항)
(6)	일일 평균 가동시간	배출시설의 실제 일 평균 가동시간을 기재
(7)	연간 가동일수	배출시설의 실제 연간 가동 일수를 기재
(8)	방지시설	해당 신증설 시설에 방지시설을 설치할 경우 처리하는 온실가스의 종류(CO2, CH4, N2O, [참고3]의 불소계 온실가스 명을 기재). 세부 방지시설 이름과 처리효율(%)을 기재
(9)	배출구(굴뚝)번호	Tier4(연속측정법)을 이용하여 배출량을 산정하는 경우 배출시설과 연결된 배출구(굴뚝)번호를 기재
(10)	투입량 및 생산량 정보	해당 배출시설의 주요 투입원료 및 연료, 주요생산제품, 기타(폐기물 처리량, 연면적, 주행거리 등)를 기재. 단위는 [참고5]를 참조

서식 3-2[횡서식]

3-2. 소규모배출시설 정보

	일련번호	사업장명	사업자 등록번호
(1)			

(2)	(3)	(4)
소규모배출시설 일련번호	배출시설	대수(Unit 수)
01	(ex) 비상용 발전기	
02		
03		

※ 제41조에 의한 소규모배출시설에 해당하는 시설의 목록 작성

3-2. 소규모배출시설 정보 작성방법

(1)	사업장 정보	1-2. 사업장 목록에서의 사업장별 일련번호와 이어 따른 사업장명, 사업자등록번호를 기재
(2)	소규모배출시설 일련번호	소규모배출시설 종류별 일련번호 기재
(3)	배출시설	소규모배출시설로써 보고된 시설 종류 기재
(4)	대수(Unit수)	소규모배출시설 종류별 대수 또는 Unit수 기재

서식 3-3[횡서식]

3-3. 소량배출사업장 배출활동 정보 등

(1)		(2)								
사업장 일련번호	소량배출사업장명	투입량 및 생산량 정보								
		투입 연료 및 원료			생산 제품			기타		
		명칭	값	단위 [참고5]	명칭	값	단위 [참고5]	명칭	값	단위 [참고5]
01										

※ 제11조 및 별표 제4호에 의한 소량배출사업장은 배출시설별로 작성하지 아니하고 사업장 전체를 기준으로 배출활동 정보만 작성

3-3. 소량배출사업장 배출활동 정보 등 작성방법

(1)	사업장 정보	: 1-2. 사업장 목록에서의 사업장별 일련번호와 이에 따른 사업장명을 기재
(2)	투입량 및 생산량 정보	: 해당 배출시설의 주요 투입원료 및 연료, 주요 생산제품, 기타(폐기물 처리량, 연면적, 주행거리 등)을 기재, 단위는 [참고5]을 참조

서식 4-1[횡서식]

4 사업장 배출량 현황(총괄)

4-1. 사업장 온실가스 배출량 총괄 현황

(1)	일련번호	사업장명	사업자 등록번호

(2)		(3)			(4)						(5)		(6)	(8)			(9)
배출활동 [참고1]		배출시설 [참고2]			온실가스 배출량						소계 (tCO_2eq)		합계 (tCO_2eq)	에너지 사용량 (MJ)			합계 (TJ)
배출활동 코드	배출활동명	일련 번호	배출시설 코드	배출시설명	CO_2 (ton)	CH_4 (kg)	N_2O (kg)	HFCs (kg)	PFCs (kg)	SF_6 (kg)	Scope1	Scope2		에너지	전력	스팀	
					(7) 사업장 총 온실가스 배출량 (tCO2eq)									(10) 사업장 총에너지 사용량 (TJ)			

4-1. 배출시설정보 및 사용량 정보 작성방법

(1)	사업장 정보	: 1-2. 사업장 목록에서의 사업장별 일련번호와 이에 따른 사업장명, 사업자등록번호를 기재
(2)	배출활동	: [참고1]의 배출활동 및 해당 코드 기재
(3)	배출시설	: 5번 양식의 배출시설 일련번호, [참고2]의 배출시설코드 및 배출시설명 기재
(4)	온실가스 배출량	: 해당 배출시설의 배출활동별 온실가스 배출량 기재
(5)	소계(tCO_2eq)	: 배출시설의 배출활동별 온실가스 배출량을 직접배출량(Scope1)과 간접배출량(Scope2)로 구분하여 합한 값을 기재 (CO_2 이외의 온실가스의 경우 [참고3]의 지구온난화지수(GWP)를 곱하여 tCO_2-eq 단위로 기재)
(6)	합계(tCO_2eq)	: 배출시설의 배출활동별 온실가스 배출량 합계 기재 (CO_2 이외의 온실가스의 경우 [참고3]의 지구온난화지수(GWP)를 곱하여 tCO_2-eq 단위로 기재)
(7)	사업장 총 온실가스 배출량(tCO_2eq)	: 사업장의 총 온실가스 배출량 기재 (CO_2 이외의 온실가스의 경우 [참고3]의 지구온난화지수(GWP)를 곱하여 tCO_2-eq 단위로 기재)
(8)	에너지사용량	: 배출시설의 배출활동별 에너지 사용량 기재
(9)	합계(TJ)	: 배출시설의 배출활동별 에너지 사용량 합계 기재
(10)	사업장 총 에너지 사용량	: 사업장의 총 에너지 사용량 기재

4-2. 바이오매스 사용 등에 따른 배출량 (해당할 경우만 작성)

(2) 배출활동 [참고1]		(3) 배출시설 [참고2]			(4) 바이오매스 사용에 따른 배출량(Scope 1)					(9) 공정폐열	(10) 외부에서 공급받은 폐기물소각열(Scope2)		
(1) 사업장 정보 — 일련번호 / 사업장명 / 사업자 등록번호						(5)	(6)	(7)	(8)				
코드	배출활동명	일련번호	코드	배출시설명	코드	바이오매스 종류 [참고4]	바이오매스 에너지 사용량 (TJ)	바이오매스 배출계수 (tCO₂/TJ)	바이오매스 사용에 따른 배출량 (tCO₂)	Tier4 적용시 배출량 (tCO₂)	에너지 사용량 (MJ)	에너지 사용량 (MJ)	배출계수 (tCO₂eq/TJ)	온실가스 배출량 (tCO₂)
								(11) 사업장 합계					

표의 단위 표기: 바이오매스 배출계수 (tCO₂/TJ), 바이오매스 사용에 따른 배출량 (tCO₂), Tier4 적용시 배출량 (tCO₂), 배출계수 (tCO₂eq/TJ), 온실가스 배출량 (tCO₂)

4-2. 바이오매스 사용 등에 따른 배출량 현황 작성방법

(1)	사업장 정보	: 1-2. 사업장 목록에서의 사업장별 일련번호와 이에 따른 사업장명, 사업자등록번호를 기재
(2)	배출활동	: [참고1]의 배출활동이름과 코드를 기재
(3)	배출시설 정보	: 해당 배출시설의 코드[참고2]와 배출시설명, 배출시설 일련번호를 기재 ＊ 배출시설 일련번호는 같은 배출시설이라 하더라도 이를 구분하기 위하여 부여. (1부터 순차적으로 부여)
(4)	바이오매스 종류	: [참고4]의 바이오매스 종류와 해당 코드 기재
(5)	바이오매스 에너지사용량	: 해당 바이오매스의 에너지 사용량을 기재 (지침 별표 18을 참고하거나, 자체 분석값을 활용가능)
(6)	바이오매스 배출계수	: 해당 바이오매스의 배출계수를 기재 (지침 별표 18을 참고하거나, 자체 분석값을 활용가능)
(7)	바이오매스 사용에 따른 배출량	: (5)와(6)을 활용하여 바이오매스 사용에 따른 배출량을 기재 (총 배출량에서 제외할 목적)
(8)	실측(Tier 4) 적용시 배출량	: 실측(Tier 4)을 적용할 경우 해당 배출활동의 온실가스 배출량을 기재 (TMS 설치시설의 경우에 한하여 참고용으로 기입)
(9)	공정폐열 / 에너지사용량	: 공정폐열을 이용할 경우 에너지사용량을 기재
(10)	외부에서 공급받은 폐기물소각열	: 외부로부터 공급받은 폐기물소각열을 사용할 경우 에너지사용량, 관련 열 배출계수, 온실가스 배출량(Scope2)을 기재 (총 배출량에서 제외할 목적)
(11)	사업장 합계	: (7)(9)(10) 항목의 사업장 합계를 기재

4-3. 배출시설 및 배출량 산정방법 변동현황 (해당할 경우에만 작성)

(1) 사업장 정보	일련번호	사업장명	사업자등록번호	(2) 배출시설 정보	일련번호	시설코드	배출시설명

(3) 변경항목		(4) 당초(이행계획 상)	(5) 변경후(명세서 작성시)	(6) 변경 시점	(7) 세부내용(변경 사유 등)
배출시설	시설 용량				
	가동시간				
	투입 원료 및 연료				
	방지시설 설치				
	…				
배출량 산정방법	산정 방법론(Tier)				
	활동자료 수집방법(모니터링 유형)				
	배출계수(발열량 등)				
	…				

4-3. 배출시설 및 배출량 산정방법 변동현황 작성방법

(1)	사업장 정보	: 배출시설의 변동이 발생한 사업장이름, 일련번호, 사업자 등록번호 등을 기재
(2)	배출시설 정보	: 배출시설 등의 변동이 발생한 배출시설이름, 일련번호 등을 기재
(3)	변경항목	: 배출시설 및 배출량산정방법의 변경 사항이 있는 경우 그 변경항목을 기입
(2)	당초	: 이행계획에 작성하여 제출한, 변경전의 내용을 간략하게 서술 (세부적인 항목은 각 이행계획과 명세서에서 확인 가능하므로 간략히 서술)
(3)	변경후	: 명세서 작성시 반영된, 변경후의 주요내용을 간략하게 서술 (세부적인 항목은 각 이행계획과 명세서에서 확인 가능하므로 간략히 서술)
(4)	변경시점	: 변경 사항이 발생 시점 또는 변경 사항을 적용한 시점 기재
(5)	세부내용	: 변경 사유 등 변경과 관련한 세부 내용을 상세히 기술하고 필요시 관련 증빙 서류 첨부

5 배출활동별 배출량 현황(세부)

5-1. 배출활동별 배출량 현황 (고정 연소 분야)

| (1) | 비출활동[참고1] | 코드 | | 비출활동명 | | | | (3) | 비출구
(굴뚝) 변호 | | (4) | 비출구(굴뚝)
자체관리번호 |
| (2) | 비출시설[참고2] | 일련번호 | | 비출시설명 | | | | | | | | |

계산법 (Tier 1 □ Tier 2 □ Tier 3 □)

(5) 연료코드 [참고4]	(6) 혼합연료 경보		(7) 입력항목	(8) 단위	(9) 값	(10) 적용 Tier	(11) 불확도 (%)	(12) 비출량 CO₂ [ton]	CH₄ [kg]	N₂O [kg]	HFCs [kg]	PFCs [kg]	SF₆ [kg]	(13) 소계 CO₂-eq [ton]
	□ 자체분석 □ 시험기관		연료사용량	[t, kl, Nm³]										
			순발열량	[TJ/t, TJ/kl, TJ/Nm³]										
연료명 1	구분	성분(%)	비출계수 CO₂	[tCO₂/TJ]										
			비출계수 CH₄	[tCH₄/TJ]										
			비출계수 N₂O	[tN₂O/TJ]										
			기타											
			산화율	–										
	□ 자체분석 □ 시험기관		연료사용량	[t, kl, Nm³]										
			순발열량	[TJ/t, TJ/kl, TJ/Nm³]										
연료명 2	구분	성분(%)	비출계수 CO₂	[tCO₂/TJ]										
			비출계수 CH₄	[tCH₄/TJ]										
			비출계수 N₂O	[tN₂O/TJ]										
			기타											
			산화율	–										
(14) 합계 (CO₂-eq ton)														

5-1. 배출활동별 배출량 현황 (고정 연소 분야, Tier 4)

| (1) | 비출활동[참고1] | 코드 | | 비출활동명 | | | (3) | 비출구
(굴뚝)
변호 | | (4) | 비출구(굴뚝)
자체관리번호 |
| (2) | 비출시설[참고2] | 일련번호 | | 비출시설명 | | | | | | | |

연속측정법 (Tier 4 □)

(15) 활동자료		(16) 월별 활동자료/비출량 값											
		1월	2월	3월	4월	5월	6월	7월	8월	9월	10월	11월	12월
활동자료 1 [참고4]	코드												
	활동자료												
단위 [참고5]	단위코드												
	단위												
활동자료 2 [참고4]	코드												
	활동자료												
단위 [참고5]	단위코드												
	단위												
연속측정에 의한 비출량 CO₂[ton] 주1)													
바이오매스(CO₂ ton) 주2)													
CO₂[ton] 주3)													
(17) 합계 (CO₂-eq ton)													

주1) 연속측정에 의한 월간 단위 CO₂ 배출량 값

주2) 사용연료(원료)가 바이오매스를 포함할 경우(RDF 등) 바이오매스에 기인한 CO₂ 배출량 [바이오매스는 별표23 참조],

주3) 화석연료(원료)에 기인한 CO₂ 배출량 값 [연속측정에 의한 배출량CO₂[ton]−바이오매스(CO₂ ton)]

5-1. 배출활동별 배출량 현황표 (고정 연소 분야, Tier 4) 작성 방법

(1)	배출활동	: [참고1]의 배출활동명 및 해당 코드 기재
(2)	배출시설	: 3-1. 양식의 배출시설 일련번호. [참고2]의 배출시설코드 및 배출시설명 기재
(3)	배출구(굴뚝) 번호	: Tier 4를 적용하는 경우 배출구(굴뚝)의 번호를 기재 (CleanSys 혹은 수도권대기환경기선에 관한 특별법 상 배출구(굴뚝)번호를 기재)
(4)	배출구(굴뚝) 자체관리번호	: Tier 4를 적용하는 경우 굴뚝(배출구)의 사업장 내 자체 관리번호를 기재
(5)	연료코드 및 연료명	: [참고4]에 해당하는 연료코드와 명칭을 기재
(6)	혼합연료 정보	: 부생가스 등 혼합연료를 사용할 경우 분석형태(자체분석, 시험기관 분석) 및 부생가스의 조성(CH4, C2H6 등)과 성분비율을 기재
(7)	입력항목	: 계산법 선택시 사용되는 활동자료, 순발열량, 배출계수, 산화율 정보를 기재하고, 총 배출량 산정값을 기재
(8),(9)	단위, 사용량	: 각 미기변수(배출계수, 활동도, 산화계수 등)의 단위를 입력하고 사용된 자료값을 기입
(10)	적용 Tier	: 별표14에 제시된 세부 배출활동별 산정방법론에 적용된 Tier 값(1~3)을 기재
(11)	불확도	: 각 미기변수의 측정불확도 결과(교정시험검사의 성적서 등을 활용 가능)를 기재 (활동도의 불확도는 필수, 기타변수는 선택사항)
(12)	배출량	: 계산법에 의해 산정된 온실가스 각 물질별 배출량 기재
(13)	소계	: 계산법에 의해 산정된 온실가스 각 물질별 배출량의 합을 [참고3]의 지구온난화지수(GWP)를 곱하여 tCO2-eq 단위로 기재
(14)	합계	: 계산법에 의해 산정된 온실가스 각 물질별 합계 기재 (CO2 이외의 온실가스의 경우 [참고3]의 지구온난화지수(GWP)를 곱하여 tCO2-eq 단위로 기재)
(15)	활동자료	: 연속측정법을 이용하여 배출량을 산정할 경우의 배출활동을 대표할 수 있는 활동자료(1기 혹은 2기) 및 해당 단위를 별지7호 참고4,5를 참조하여 월별로 기재
(16)	월별배출량	: 연속측정법을 이용하여 배출량을 산정할 경우의 월별배출량을 톤 단위로 기재
(17)	합계	: 연속측정법에 의해 산정된 온실가스의 합계 기재

5-2. 배출활동별 배출량 현황 (이동 연소 분야 - 항공)

(1)		배출활동[참고1]	코드				(2) 배출활동명	
(3)		배출시설[참고2]	일련번호				(4) 배출시설명	

(5)	(6)	(7)	계산법 (Tier 1 ☐ Tier 2 ☐ Tier 3 ☐)												
항공기종류	연료종류 [참고4]	혼합연료 정보	(8) 입력항목	(9) 단위	(10) 값	(11) 적용Tier	(12) 불확도 (%)	(13) 비출량							(14) 소계
								CO2 [ton]	CH4 [kg]	N2O [kg]	HFCs [kg]	PFCs [kg]	SF6 [kg]		CO2-eq [ton]

연료종류[참고4] 하위: 연료명 | 구분 | 성분(%)
혼합연료 정보: ☐ 자체분석 ☐ 시험기관

구분	입력항목	단위
비출계수	CO2	[tCO2/TJ]
	CH4	[tCH4/TJ]
	N2O	[tN2O/TJ]
	CO2 LTO 비출계수	[kg/LTO]
	CH4 LTO 비출계수	[kg/LTO]
	N2O LTO 비출계수	[kg/LTO]
	CO2 순항 비출계수	[kg/t fuel]
	CH4 순항 비출계수	[kg/t fuel]
	N2O 순항 비출계수	[kg/t fuel]
	순발열량	[TJ/t,TJ/㎘,TJ/Nm³]
	산화율	-
	기타	-
활동자료	총 연료사용량	[t, ㎘, Nm³]
	LTO 연료사용량	[t, ㎘, Nm³]
	순항 연료사용량	[t, ㎘, Nm³]
	LTO 회수	회
	항공기 대수	대
	주행거리	km/대
	기타	-
	(15) 합계 (CO2-eq ton)	

5-2. 배출활동별 배출량 현황표 (이동 연소 분야 – 항공) 작성방법

(1)	배출활동코드	[참고1]비출활동 해당 코드 기재
(2)	배출활동명	[참고1]해당 배출활동명 기재
(3)	배출시설 일련번호	3-1. 양식에서 해당 배출시설의 일련번호 기재
(4)	배출시설명	[참고2]의 해당 배출시설명 기재
(5)	항공기 종류	항공기 종류(기종) 기재
(6)	연료코드 및 연료명	[참고4]에 해당하는 연료코드와 명칭을 기재
(7)	혼합연료 정보	부생가스 등 혼합연료를 사용할 경우 분석형태(자체분석, 시험기관 분석) 및 부생가스의 조성(CH4, C2H6 등)과 성분비율을 기재
(8)	입력항목	비출량 산정시 사용되는 활동자료 및 비출계수 정보를 모두 입력
(9)	단위	각 매개변수(비출계수, 활동자료, 산화계수 등)의 단위를 입력
(10)	값	각 매개변수(비출계수, 활동자료, 산화계수 등)의 사용된 자료값을 기입
(11)	적용 Tier	별표14에 제시된 세부 배출활동별 산정방법론에 적용된 Tier 값(1~3)을 기재
(12)	불확도	각 매개변수의 측정불확도 결과(교정시험결과의 성적서 등을 활용 가능)를 기재 (활동도의 불확도는 필수, 기타변수는 선택사항)
(13)	비출량	계산법에 의히 산정된 온실가스 각 물질별 비출량 기재
(14)	소계	계산법에 의히 산정된 온실가스 각 물질별 비출량의 합을 [참고3]의 지구온난화지수(GWP)를 곱하여 tCO₂-eq 단위로 기재
(15)	합계	계산법에 의히 산정된 온실가스 각 물질별 합계 기재 (CO₂ 이외의 온실가스의 경우 [참고3]의 지구온난화지수(GWP)를 곱하여 tCO2-eq 단위로 기재)

5-3. 배출활동별 배출량 현황 (이동 연소 분야 – 도로 및 비도로)

(1)	비출활동[참고1]	코드				(2) 비출활동명	
(3)	비출시설[참고2]	일련번호				(4) 비출시설명	

계산법 (Tier 1 □ Tier 2 □ Tier 3 □)

(5) 차량종류	(6) 연료종류 [참고4]	(7) 혼합연료 정보		(8) 입력항목		(9) 단위	(10) 값	(11) 적용Tier	(12) 불확도 (%)	(13) 비출량 CO₂ [ton]	CH₄ [kg]	N₂O [kg]	HFCs [kg]	PFCs [kg]	SF₆ [kg]	(14) 소계 CO₂-eq [ton]
		□ 자체분석 □ 시험기관		비출계수	CO₂	[tCO₂/TJ] , [kg/m]										
					CH₄	[tCH₄/TJ] , [kg/m]										
					N₂O	[tN₂O/TJ] , [kg/m]										
					순발열량	[TJ/t, TJ/㎘, TJ/Nm³]										
	연료명 1	구분	성분(%)		산화율	–										
					기 타	–										
				활동자료	연료사용량	[t, ㎘, Nm³]										
					차량대수	대										
					주행거리	km/대										
					기 타	–										

(15) 합계(CO₂-eq ton)

서식 5-3[횡서식]

5-3. 배출활동별 배출량 현황표 (이동 연소 분야 - 도로 및 비도로) 작성방법

(1)	비출활동코드	: [참고1]비출활동 해당 코드 기재
(2)	비출활동명	: [참고1]의 비출활동명 기재
(3)	비출시설 일련번호	: 3-1. 양식에서 해당 비출시설의 일련번호 기재
(4)	비출시설명	: [참고2]의 해당 비출시설명 기재
(5)	차량 종류	: 자동차의 종류 기재
(6)	연료코드 및 연료명	: [참고4]에 해당하는 연료코드와 명칭을 기재
(7)	혼합연료 정보	: 부생가스 등 혼합연료를 사용할 경우 분석형태(자체분석, 시험기관 분석) 및 부생가스의 조성(CH4, C2H6 등)과 성분비율을 기재
(8)	입력항목	: 비출량 산정시 사용되는 활동자료 및 비출계수 정보를 모두 입력
(9)	단위	: 각 미기변수(비출계수, 활동자료, 산화계수 등)의 단위를 입력
(10)	값	: 각 미기변수(비출계수, 활동자료, 산화계수 등)의 사용된 자료값을 기입
(11)	적용 Tier	: 별표14에 제시된 세부 비출활동별 산정방법론에 적용된 Tier 값(1~3)을 기재
(12)	불확도	: 각 미기변수의 측정불확도 결과(교정시험검사의 성적서 등을 활용 가능)를 기재 (활동도의 불확도는 필수, 기타변수는 선택사항)
(13)	비출량	: 계산법에 의해 산정된 온실가스 각 물질별 비출량 기재
(14)	소계	: 계산법에 의해 산정된 온실가스 각 물질별 비출량의 합을 [참고3]의 지구온난화지수(GWP)를 곱하여 tCO2-eq 단위로 기재
(15)	합계	: 계산법에 의해 산정된 온실가스 각 물질별 합계 기재 (CO2 이외의 온실가스의 경우 [참고3]의 지구온난화지수(GWP)를 곱하여 tCO2-eq 단위로 기재)

서식 5-4[횡서식]

5-4. 배출활동별 배출량 현황 (이동 연소 분야 - 철도)

(1)		비출활동 [참고1]	코드					(3) 비출활동명							
(2)		비출시설 [참고2]	일련번호					(4) 비출시설명							

계산법 (Tier 1 □ Tier 2 □ Tier 3 □)

(5)	(6)	(7)		(8)	(9)	(10)	(11)	(12)	(13) 비출량						(14) 소계
기관차종류	연료종류 [참고4]	혼합연료 정보		입력항목	단위	값	적용Tier	불확도 (%)	CO2 [ton]	CH4 [kg]	N2O [kg]	HFCs [kg]	PFCs [kg]	SF6 [kg]	CO2-eq [ton]
		□ 자체분석 □ 시험기관	비출계수	CO2	[tCO2/TJ], [kg/kWh]										
				CH4	[tCH4/TJ], [kg/kWh]										
				N2O	[tN2O/TJ], [kg/kWh]										
				산화율	-										
				기 타	-										
	연료명 1	구분	성분(%)	연료사용량	[t, ㎘, Nm³]										
				순발열량	[TJ/t TJ/㎘ TJ/Nm³]										
				연간 운행시간	시간(h)										
				기관차대수	대										
				평균 정격 출력	kW										
				부하율	0~1 사이										
				주행거리	km/대										
				기 타	-										
									(15) 합계(CO2-eq ton)						

5-4. 배출활동별 배출량 현황표 (이동 연소 분야 – 철도) 작성방법

(1)	배출활동코드	: [참고1]배출활동 해당 코드 기재
(2)	배출활동명	: [참고1]의 배출활동명 기재
(3)	배출시설 일련번호	: 3-1. 양식에서 해당 배출시설의 일련번호 기재
(4)	배출시설명	: [참고2]의 해당 배출시설명 기재
(5)	기관차 종류	: 기관차의 종류 기재
(6)	연료코드 및 연료명	: [참고4]에 해당하는 연료코드와 명칭을 기재
(7)	혼합연료 정보	: 부생가스 등 혼합연료를 사용할 경우 분석형태(자체분석, 시험기관 분석) 및 부생가스의 조성(CH_4, C_2H_6 등)과 성분비율을 기재
(8)	입력항목	: 배출량 산정시 사용되는 활동자료 및 배출계수 정보를 모두 입력
(9)	단위	: 각 매개변수(배출계수, 활동자료, 산화계수 등)의 단위를 입력
(10)	값	: 각 매개변수(배출계수, 활동자료, 산화계수 등)의 사용된 자료값을 기입
(11)	적용 Tier	: 별표14에 제시된 세부 배출활동별 산정방법론에 적용된 Tier 값(1~3)을 기재
(12)	불확도	: 각 매개변수의 측정불확도 결과(교정시험검사의 성적서 등을 활용 가능)를 기재 (활동도의 불확도는 필수, 기타변수는 선택사항)
(13)	배출량	: 계산법에 의해 산정된 온실가스 각 물질별 배출량 기재
(14)	소계	: 계산법에 의해 산정된 온실가스 각 물질별 배출량의 합을 [참고3]의 지구온난화지수(GWP)를 곱하여 tCO_2-eq 단위로 기재
(15)	합계	: 계산법에 의해 산정된 온실가스 각 물질별 합계 기재 (CO_2 이외의 온실가스의 경우 [참고3]의 지구온난화지수(GWP)를 곱하여 tCO_2-eq 단위로 기재)

5-5. 배출활동별 배출량 현황 (이동 연소 분야 – 선박)

(1)		배출활동[참고1]	코드				(3) 배출활동명	
(2)		배출시설[참고2]	일련번호				(4) 배출시설명	

(5) 선박종류	(6) 연료종류 [참고4]	(7) 혼합연료 정보		(8) 입력항목	(9) 단위	(10) 값	(11) 적용Tier	(12) 불확도 (%)	(13) 배출량 CO_2 [ton]	CH_4 [kg]	N_2O [kg]	HFCs [kg]	PFCs [kg]	SF_6 [kg]	(14) 소계 CO_2-eq [ton]
		☐ 자체분석 ☐ 시험기관		배출계수 CO_2	[tCO_2/TJ], [kg/kWh]										
				CH_4	[tCH_4/TJ], [kg/kWh]										
				N_2O	[tN_2O/TJ], [kg/kWh]										
	연료명 1	구분	성분(%)	산화율	-										
				기 타	-										
				활동자료 연료사용량	[t, kl, Nm^3]										
				순발열량	[TJ/t, TJ/kl, TJ/Nm^3]										
				연간 운행시간	시간(h)										
				선박대수	대										
				주행거리	km/대										
				기 타	-										
(15) 합계(CO_2-eq ton)															

5-5. 배출활동별 배출량 현황표 (이동 연소 분야 - 선박) 작성방법

(1)	배출활동코드	: [참고1]배출활동 해당 코드 기재
(2)	배출활동명	: [참고1]의 배출활동명 기재
(3)	배출시설 일련번호	: 3-1 양식에서 해당 배출시설의 일련번호 기재
(4)	배출시설명	: [참고2]의 해당 배출시설명 기재
(5)	선박 종류	: 선박의 종류 기재
(6)	연료코드 및 연료명	: [참고4]에 해당하는 연료코드와 명칭을 기재
(7)	혼합연료 정보	: 부생가스 등 혼합연료를 사용할 경우 분석형태(자체분석, 시험기관 분석) 및 부생가스의 조성(CH_4, C_2H_6 등)과 성분비율을 기재
(8)	입력항목	: 배출량 산정시 사용되는 활동자료 및 배출계수 정보를 모두 입력
(9)	단위	: 각 미기변수(배출계수, 활동자료, 산화계수 등)의 단위를 입력
(10)	값	: 각 미기변수(배출계수, 활동자료, 산화계수 등)의 사용된 자료값을 기입
(11)	적용 Tier	: 별표14에 제시된 세부 배출활동별 산정방법론에 적용된 Tier 값(1~3)을 기재
(12)	불확도	: 각 미기변수의 측정불확도 결과(교정시험검사의 성적서 등을 활용 가능)를 기재 (활동도의 불확도는 필수, 기타변수는 선택사항)
(13)	배출량	: 계산법에 의해 산정된 온실가스 각 물질별 배출량 기재
(14)	소계	: 계산법에 의해 산정된 온실가스 각 물질별 배출량의 합을 [참고3]의 지구온난화지수(GWP)를 곱하여 tCO_2-eq 단위로 기재
(15)	합계	: 계산법에 의해 산정된 온실가스 각 물질별 합계 기재 (CO_2 이외의 온실가스의 경우 [참고3]의 지구온난화지수(GWP)를 곱하여 tCO_2-eq 단위로 기재)

5-6. 배출활동별 배출량 현황 (공정 배출 분야)

(1)	배출활동[참고1]	코드					배출활동명									
(2)	배출시설[참고2]	일련번호					배출시설명				(3)	배출구(굴뚝)번호		(4)	배출구(굴뚝)자체관리번호	

계산법 (Tier 1 ☐ Tier 2 ☐ Tier 3 ☐)

(5) 연료명/제품명	(6) 입력항목	(7) 단위	(8) 값	(9) 적용Tier	(10) 불확도 (%)	(11) 배출량						(12) 소계
						CO_2 [ton]	CH_4 [kg]	N_2O [kg]	HFCs [kg]	PFCs [kg]	SF_6 [kg]	CO_2-eq [ton]
	활동자료1	[t, kl, Nm^3]										
	배출계수1	[TJ/t, TJ/kl, TJ/Nm^3]										
	활동자료2	[t, kl, Nm^3]										
	배출계수2	[TJ/t, TJ/kl, TJ/Nm^3]										
	기타인자1											
	활동자료1	[t, kl, Nm^3]										
	배출계수1	[TJ/t, TJ/kl, TJ/Nm^3]										
	활동자료2	[t, kl, Nm^3]										
	배출계수2	[TJ/t, TJ/kl, TJ/Nm^3]										
	기타인자1											
(13) 합계(CO_2-eq ton)												

5-6. 배출활동별 배출량 현황 (공정 배출 분야, Tier 4)

(1)	비출활동[참고1]	코드				배출활동명								
(2)	배출시설[참고2]	일련번호			배출시설명				(3)	비출구(굴뚝) 번호		(4)	비출구(굴뚝) 자체관리번호	
(5)	연속측정법 (Tier 4 □)													

원료명/제품명	(14) 측정항목	(15) 월별 비출량/활동자료											
		1월	2월	3월	4월	5월	6월	7월	8월	9월	10월	11월	12월
	활동자료 (단위)												
	CO_2[ton]												
	활동자료 (단위)												
	CO_2[ton]												
	(16) 합계 (CO_2-eq ton)												

5-6. 배출활동별 배출량 현황표 (공정 배출 분야, Tier 4) 작성방법

번호	항목	내용
(1)	비출활동	: [참고1]의 비출활동명 및 해당 코드 기재
(2)	비출시설	: 3-1. 양식의 비출시설 일련번호, [참고2]의 비출시설코드 및 비출시설명 기재
(3)	비출구(굴뚝) 번호	: Tier 4를 적용하는 경우 비출구(굴뚝)의 번호를 기재 (CleanSys 혹은 수도권대기환경기관에 관한 특별법 상 비출구(굴뚝)번호를 기재)
(4)	비출구(굴뚝) 자체관리번호	: Tier 4를 적용하는 경우 비출구(굴뚝)의 사업장 내 자체 관리번호를 기재
(5)	원료명/제품명	: 해당 공정비출, 폐기물 처리 등의 온실가스 비출량 산정에 필요한 주요 원료명 또는 제품명을 기재
(6)	입력항목	: 계산법 선택 시 사용되는 활동자료, 순발열량, 비출계수, 산화율 정보를 기재하고, 총 비출량 산정값을 기재
(7),(8)	단위, 사용값	: 각 이기변수(비출계수, 활동도, 산화계수 등)의 단위를 입력하고 사용된 자료값을 기입
(9)	적용 Tier	: 별표14에 제시된 세부 비출활동별 산정방법론에 적용된 Tier 값(1~3)을 기재
(10)	불확도	: 각 이기변수의 측정불확도 결과(교정시험검사의 성적서 등을 활용 가능)를 기재 (활동도의 불확도는 필수, 기타변수는 선택사항)
(11)	비출량	: 계산법에 의해 산정된 온실가스 각 물질별 비출량 기재
(12)	소계	: 계산법에 의해 산정된 온실가스 각 물질별 비출량의 합을 [참고3]의 지구온난화지수(GWP)를 곱하여 tCO_2-eq 단위로 기재
(13)	합계	: 계산법에 의해 산정된 온실가스 각 물질별 합계 기재 (CO_2 이외의 온실가스의 경우 [참고3]의 지구온난화지수(GWP)를 곱하여 tCO_2-eq 단위로 기재)
(14)	측정항목	: 연속측정법을 이용하여 비출량을 산정할 경우의 측정 항목 비출활동을 대표할 수 있는 활동자료 및 CO_2 비출량을 월별로 기재
(15)	월별비출량	: 연속측정법을 이용하여 비출량을 산정할 경우의 월별비출량을 톤 단위로 기재
(16)	합계	: 연속측정법에 의해 산정된 온실가스의 합계 기재

5-7. 배출활동별 배출량 현황 (폐기물 분야 - 고형폐기물 매립)

(1)	비출활동[참고1]	코드				비출활동명	
(2)	비출시설[참고2]	일련번호				비출시설명	

(3) 계산법 (Tier 1 □ Tier 2 □ Tier 3 □)

처리대상물질	(4) 입력항목	(5) 입력 값	(6) 적용 Tier	(7) 불확도 (%)
	DOC$_f$ (메탄으로 전환가능한 DOC 비율)			
	MCF (메탄 보정계수)			
	OX (산화율)			
	F (메탄부피비)			

(8) 년도 및 입력항목		적용 Tier	불확도 (%)	(9) 폐기물 성상								(10) 메탄 회수량 [tCH$_4$]	(11) 비출량			(12) 소거
				총 폐기물	종이류	섬유류	음식물류	…					CO$_2$ [ton]	CH$_4$ [kg]	N$_2$O [kg]	CO$_2$-eq [ton]
k (메탄발생속도상수)																
DOC (분해가능한 유기탄소 비율)	D-1															
	D-2															
	D-3															
	D-4															
	D-5															
	D-6															
	…															
매립량 [ton]	D-1															
	D-2															
	D-3															
	D-4															
	D-5															
	D-6															
	…															
(13) 합계 (CO$_2$-eq ton)																

서식 5-7[횡서식]

5-7. 배출활동별 배출량 현황표 (폐기물 분야 - 고형폐기물 매립) 작성방법

(1)	비출활동	: [참고1]의 비출활동명 및 해당 코드 기재
(2)	비출시설	: 3-1. 양식의 비출시설 일련번호, [참고2]의 비출시설코드 및 비출시설명 기재
(3)	처리대상물질	: [참고5]의 처리대상물질로 고형폐기물의 매립된 폐기물에 해당하는 표를 찾아 기재. 단, 상황과 사업장이 혼기되어 있는 폐기물의 경우, 각각의 표에 작성
(4)	입력항목	: DOC(메탄으로 전환가능한 DOC 비율), MCF(메탄 보정계수), OX(산화율), F(메탄부피비) 등
(5)	입력 값	: 각 입력항목에 자료 값을 기입. 단, 매립시설 고유 자료 및 국가자료를 사용하지 않을 경우 「별표14 27.고형폐기물의 매립」의 기본값 기입
(6)	적용 Tier	: 「별표14 27.고형폐기물의 매립」에 제시된 세부 비출활동별 산정방법론에 적용된 Tier 값(1~3)을 기재
(7)	불확도	: 각 매개변수의 측정불확도 결과(교정시험검사의 성적서 등을 활용 가능)를 기재 (활동도의 불확도는 필수, 기타변수는 선택사항)
(8)	년도 및 입력항목	: 매립시설에 반입된 매립량을 매립 시작년도부터 최근까지 기재하고, k(메탄발생속도상수)는 폐기물 성상별로 기재. 또한, DOC(분해가능한 유기탄소 비율)가 년도별로 자료가 다를 경우 해당년도를 기재하나, 자료가 같을 경우에는 최근년도만 기재
(9)	폐기물 성상	: 「전국 폐기물 발생 및 처리현황」 및 「지경폐기물 발생 및 처리현황」의 폐기물에 근거하여 기재
(10)	메탄 회수량	: 매립시설에서 LFG회수 시스템에 부착된 유량계로 측정된 값이나, 플레어링(flaring)된 메탄량(또는 LFG)을 유량계로 계측하였을 경우만 인경 (별도 관련자료 제시 요망)
(11)	비출량	: 계산법에 의히 산정된 온실가스 각 물질별 비출량 기재
(12)	소거	: 계산법에 의히 산정된 온실가스 각 물질별 비출량의 합을 [참고3]의 지구온난화지수(GWP)를 곱하여 tCO$_2$-eq 단위로 기재
(13)	합계	: 계산법에 의히 산정된 온실가스 각 물질별 합계 기재 (CO$_2$ 이외의 온실가스의 경우 [참고3]의 지구온난화지수(GWP)를 곱하여 tCO$_2$-eq 단위로 기재)

서식 5-8[횡서식]

5-8. 배출활동별 배출량 현황 (폐기물 분야 – 고형폐기물 생물학적 처리)

(1) 비출활동[참고1]	코드		비출활동명	
(2) 비출시설[참고2]	일련번호		비출시설명	
(3)	계산법 (Tier 1 ☐　Tier 2 ☐　Tier 3 ☐)			

처리유형	(4) 입력항목	(5) 단위	(6) 값	건·습기준 구분 (건/습)	(7) 적용Tier	(8) 불확도 (%)	(9) 배출량 CO_2 [ton]	CH_4 [kg]	N_2O [kg]	(10) 소계 CO_2-eq [ton]
퇴비화	활동자료 1	[t]								
	배출계수 1-1	[gCH_4/kg]								
	배출계수 1-2	[gN_2O/kg]								
혐기성 소화	활동자료 1	[t]								
	배출계수 1	[gCH_4/kg]								
	(11) 합계(CO_2-eq ton)									

서식 5-8[횡서식]

5-8. 배출활동별 배출량 현황표 (폐기물 분야 – 고형폐기물 생물학적 처리) 작성방법

(1)	비출활동	: [참고1]의 비출활동명 및 해당 코드 기재
(2)	비출시설	: 3-1. 양식의 비출시설 일련번호, [참고2]의 비출시설코드 및 비출시설명 기재
(3)	처리유형	: 퇴비화 및 혐기성소화 외에 다른 처리 유형이 있을 경우 변경 가능. (예. 폐기물건처리시설(MBT) 등)
(4)	입력항목	: 계산법 선택 시 사용되는 활동자료, 비출계수, 메탄 회수량 정보를 기재. 단, 시설에서 처리하는 성상과 미리 기재된 성상이 다를 경우 변경 가능
(5),(6)	단위, 입력 값	: 활동자료의 경우 건기준 또는 습기준을 구분하여 기재하고, 비출계수는 활동자료 기준에 따라 해당되는 비출계수를 적용 (지침 별표14의 28. 고형폐기물의 생물학적 처리 참조).
(7)	적용 Tier	: 「별표14 28.고형폐기물의 생물학적 처리」에 제시된 세부 비출활동별 산정방법론에 적용된 Tier 값(1~3)을 기재
(8)	불확도	: 각 미기변수의 측정불확도 결과(교정시험검사의 성적서 등을 활용 가능)를 기재 (활동도의 불확도는 필수, 기타변수는 선택사항)
(9)	비출량	: 계산법에 의해 산정된 온실가스 각 물질별 비출량 기재
(10)	소계	: 계산법에 의해 산정된 온실가스 각 물질별 비출량의 합을 [참고3]의 지구온난화지수(GWP)를 곱하여 tCO_2-eq 단위로 기재
(11)	합계	: 계산법에 의해 산정된 온실가스 각 물질별 합계 기재 (CO_2 이외의 온실가스의 경우 [참고3]의 지구온난화지수(GWP)를 곱하여 tCO_2-eq 단위로 기재)

서식 5-9[횡서식]

5-9. 배출활동별 배출량 현황 (폐기물 분야 - 하·폐수 처리)

(1)	배출활동[참고1]	코드				비출활동명					
(2)	배출시설[참고2]	일련번호				비출시설명					

계산법 (Tier 1 □ Tier 2 □ Tier 3 □)

처리유형	(4) 입력항목	(5) 단위	(6) 값	(7) 적용 Tier	(8) 불확도 (%)	(9) 비출량 CO₂ [ton]	CH₄ [kg]	N₂O [kg]	(10) 소계 CO₂-eq [ton]
하수처리	BOD$_{in}$ (유입 하수의 BOD 농도)	mgBOD/L							
	BOD$_{out}$ (유출 하수의 BOD 농도)	mgBOD/L							
	Q$_w$ (유입하수량)	m³							
	비출계수(CH₄)	kgCH₄/kgBOD							
	메탄 회수량	kgCH₄							
	N$_{in}$ (유입 하수의 질소농도)	mgN/L							
	N$_{out}$ (유출 하수의 질소농도)	mgN/L							
	비출계수(N₂O)	kgN₂O-N/kgN							
폐수 처리^^^	COD$_{in}$ (유입 폐수의 COD 농도)	mgCOD/L							
	COD$_{out}$ (유출 폐수의 COD 농도)	mgCOD/L							
	Q$_w$ (유입폐수량)	m³							
	비출계수(CH₄)	tCH₄/tCOD							
	메탄 회수량	kgCH₄							
(11) 합계 (CO₂-eq ton)									

서식 5-9[횡서식]

5-9. 배출활동별 배출량 현황 (폐기물 분야 - 하·폐수 처리) 작성방법

(1)	비출활동	[참고1]의 비출활동명 및 해당 코드 기재
(2)	비출시설	3-1. 양식의 비출시설 일련번호, [참고2]의 비출시설코드 및 비출시설명 기재
(3)	처리유형	하수처리 및 폐수처리 외에 다른 처리 유형이 있을 경우 변경 가능. (예. 분뇨처리, 축산폐수처리 등)
(4)	입력항목	계산법 선택시 사용되는 활동자료, 비출계수, 메탄 회수량 정보를 기재.
(5).(6)	단위, 입력 값	각 미기변수(활동자료, 비출계수, 메탄회수량 등)의 단위가 시설자료와 다를 경우 변경 가능하고, 각 입력항목에 자료 값을 기입.
(7)	적용 Tier	「별표14 29.하·폐수 처리 및 비출」에 제시된 세부 비출활동별 산정방법론에 적용된 Tier 값(1~3)을 기재
(8)	불확도	각 미기변수의 측정불확도 결과(교정시험기사의 성적서 등을 활용 가능)를 기재 (활동도의 불확도는 필수, 기타변수는 선택사항)
(9)	비출량	계산법에 의히 산정된 온실가스 각 물질별 비출량 기재
(10)	소계	계산법에 의히 산정된 온실가스 각 물질별 비출량의 합을 [참고3]의 지구온난화지수(GWP)를 곱하여 tCO₂-eq 단위로 기재
(11)	합계	계산법에 의히 산정된 온실가스 각 물질별 합계 기재 (CO₂ 이외의 온실가스의 경우 [참고3]의 지구온난화지수(GWP)를 곱하여 tCO₂-eq 단위로 기재)

서식 5-10[횡서식]

5-10. 배출활동별 배출량 현황 (폐기물 분야 - 폐기물의 소각)

(1)	비출활동[참고1]	코드				비출활동명						
(2)	비출시설[참고2]	일련번호				비출시설명		(3) 비출구(굴뚝) 번호			(4) 비출구(굴뚝) 자체관리번호	

계산법 (Tier 1 □ Tier 2 □ Tier 3 □)

처리대상물질	(6) 입력항목	(7) 단위	(8) 값	(9) 중량중 비중 (%)	(9) 적용Tier	(10) 불확도 (%)	(11) 비출량 CO₂ [ton]	CH₄ [kg]	N₂O [kg]	(12) 소계 CO₂-eq [ton]
	활동자료1	[t]								
	비출계수1	[tCO₂/t]								
	활동자료2	[t]								
	비출계수2	[tCO₂/t]								
	활동자료3	[t]								
	비출계수3	[tCO₂/t]								
		[t]								
		[tCO₂/t]								
		[t]								
		[tCO₂/t]								
		[t]								
		[kgCH₄/t]								
		[gN₂O/t]								
(13) 합계 (CO₂-eq ton)										

주) 성상별(종이류, 섬유류, 고무피혁류, 플라스틱류, 기타가연성 등) CO₂ 배출계수(tCO₂/t) = 성상별 건조물질함량(dm) × 성상별 탄소함량(CF) × 성상별 화석탄소함량(FCF) × 성상별 산화계수(OX) × 44/12

서식 5-10[횡서식]

5-10. 배출활동별 배출량 현황 (폐기물 분야 – 폐기물의 소각, Tier 4)

(1)	비출활동[참고1]	코드				배출활동명			(3)	비출구(굴뚝)번호		(4)	비출구(굴뚝)자체관리번호	
(2)	비출시설[참고2]	일련번호				비출시설명								

연속측정법 (Tier 4 □)

(14) 활동자료			(15) 월별 활동자료/비출량											
			1월	2월	3월	4월	5월	6월	7월	8월	9월	10월	11월	12월
활동자료 [참고4]	코드													
	활동 자료명													
단위코드 [참고5]	코드													
	단위명													
연속측정에 의한 비출량 CO_2[ton] 주1)														
바이오매스(CO_2 ton) 주2)														
CO_2[ton] 주3)														
(16) 합계 (CO_2-eq ton)														

주1) 바이오매스를 포함한 연속측정에 의한 CO_2 배출량 값

주2) 바이오매스 폐기물(음식물, 목재 등)의 소각으로 인한 CO_2 배출량 위 (6) 및 [별표23 참조]

주3) 바이오매스 폐기물(음식물, 목재 등)의 소각으로 인한 CO_2 배출을 제외한 나머지 연속측정에 의한 CO_2 배출량 값
[연속측정에 의한 배출량CO_2[ton]-바이오매스(CO_2 ton)]

서식 5-10[횡서식]

5-10. 배출활동별 배출량 현황표 (폐기물 분야_ 폐기물의 소각) 작성방법

(1)	비출활동	: [참고1]의 비출활동명 및 해당 코드 기재
(2)	비출시설	: 3-1. 양식의 비출시설 일련번호. [참고2]의 비출시설코드 및 비출시설명 기재
(3)	비출구(굴뚝) 번호	: Tier 4의 경우 비출구(굴뚝)의 번호를 기재 (CleanSys 혹은 수도권대기환경개선에 관한 특별법 상 비출구(굴뚝)번호를 기재)
(4)	비출구(굴뚝) 자체관리번호	: 비출구(굴뚝)의 사업장 내 자체 관리번호를 기재
(5)	처리대상물질	: [참고4]의 처리대상물질로 소각된 폐기물에 해당하는 표를 찾아 기재. 단, 생활과 사업장이 혼재되어 있는 폐기물의 경우, 각각의 표에 작성.
(6)	입력항목	: 계산법 선택시 사용되는 활동자료, 비출계수 등을 기재. 단, 시설에서 소각하는 폐기물 성상과 미리 기재된 성상이 다를 경우 변경 가능하고, 변경된 비출계수를 제시하여야 함.
(7),(8)	단위, 사용값, 총량 중 비중	: 각 미기변수(비출계수, 활동자료 등)의 단위를 입력하고 사용된 자료값을 기입. 또한, 활동자료의 경우 폐기물 총량 중 성상별 비중을 기재
(9)	적용 Tier	: 「별표14 30. 폐기물의 소각」 에 제시된 세부 비출활동별 산정방법론에 적용된 Tier 값(1~3)을 기재
(10)	불확도	: 각 미기변수의 측정불확도 결과(교정시험검사의 성적서 등을 활용 가능)를 기재 (활동도의 불확도는 필수, 기타변수는 선택사항)
(11)	비출량	: 계산법에 의해 산정된 온실가스 각 물질별 비출량 기재
(12)	소계	: 계산법에 의해 산정된 온실가스 각 물질별 비출량의 합을 [참고3]의 지구온난화지수(GWP)를 곱하여 tCO_2-eq 단위로 기재
(13)	합계	: 계산법에 의해 산정된 온실가스 각 물질별 합계 기재 (CO_2 이외의 온실가스의 경우 [참고3]의 지구온난화지수(GWP)를 곱하여 tCO_2-eq 단위로 기재)
(14)	활동자료	: 연속측정법을 이용하여 비출량을 산정할 경우의 비출활동을 대표할 수 있는 활동자료 및 해당 단위를 별지7호 참고1,2를 참조하여 기재
(15)	월별 활동자료/비출량	: 연속측정법을 이용하여 비출량을 산정할 경우의 월별 활동자료 및 위 주1), 주2), 주3)을 고려한 비출량을 톤 단위로 기재
(16)	합계	: 연속측정법에 의해 산정된 온실가스 합계 기재

5-11. 배출활동별 배출량 현황 (간접배출 - 외부 전기 사용)

(1)	배출활동[참고1]	코드				배출활동명						

계산법 (Tier 1 □ Tier 2 □ Tier 3 □)

(2) 배출시설[참고2]		(3) 전기사용량 (kWh)	(4) 적용Tier	(5) 불확도 (%)	(6) 배출계수			(7) 배출량			(8) 소계
일련번호	배출시설명				CO_2 (tCO_2/MWh)	CH_4 ($kgCH_4$/MWh)	N_2O (kgN_2O/MWh)	CO_2 [ton]	CH_4 [kg]	N_2O [kg]	CO_2-eq [ton]

(9) 전기사용량 합계(kWh)	(10) 배출량 합계(CO_2-eq ton)

※ 전기사용량은 법정계량기가 부착된 최소 단위까지 작성

5-11. 배출활동별 배출량 현황표 (간접배출 - 외부 전기 사용) 작성방법

(1)	배출활동	[참고1]의 배출활동명 및 해당 코드 기재
(2)	배출시설	3-1. 양식의 배출시설 일련번호, [참고2]의 배출시설코드 및 배출시설명 기재. 단 계량기 부착 단위가 5번 양식의 배출시설 일련번호 및 [참고2]의 배출시설명과 일치하지 않을 경우 계량기가 부착 된 시설, 공정 및 건물 등을 기재
(3)	전기사용량	계량기가 설치된 각 시설의 연간 전기사용량 기재
(4)	적용 Tier	「별표14 31.외부에서 공급된 전력 사용」에 제시된 세부 배출활동별 산정방법론에 적용된 Tier 값(1~3)을 기재
(5)	불확도	각 미기변수의 측정불확도 결과(교정시험검사의 성격서 등을 활용 가능)를 기재 (활동도의 불확도는 필수, 기타변수는 선택사항)
(6)	배출계수	계산에 사용된 각 물질별 배출계수 값을 기재
(7)	배출량	계산법에 의해 산정된 온실가스 각 물질별 값을 합계 기재
(8)	소계	계산법에 의해 산정된 온실가스 각 물질별 배출량의 합을 [참고3]의 지구온난화지수(GWP)를 곱하여 tCO_2-eq 단위로 기재
(9)	전기사용량 합계	배출시설별 전기사용량을 합한 사업장 총 전기사용량 기재
(10)	배출량 합계	계산법에 의해 산정된 온실가스 각 물질별 합계 기재 (CO_2 이외의 온실가스의 경우 [참고3]의 지구온난화지수(GWP)를 곱하여 tCO_2-eq 단위로 기재)

5-12. 배출활동별 배출량 현황 (간접배출 - 외부 열 사용)

(1)	배출활동[참고1]	코드				배출활동명						

계산법 (Tier 1 □ Tier 2 □ Tier 3 □)

(2) 배출시설[참고2]		(3) 열사용량 (GJ)	(4) 적용Tier	(5) 불확도 (%)	(6) 배출계수			(7) 배출량			소계
일련번호	배출시설명				CO_2 (tCO_2/GJ)	CH_4 ($kgCH_4$/GJ)	N_2O (kgN_2O/GJ)	CO_2 [ton]	CH_4 [kg]	N_2O [kg]	CO_2-eq [ton]

(9) 열사용량 합계(GJ)	(9) 배출량 합계(CO_2-eq ton)

5-12. 배출활동별 배출량 현황표 (간접배출 - 외부 열사용) 작성방법

(1)	배출활동	[참고1]의 배출활동명 및 해당 코드 기재
(2)	배출시설	3-1. 양식의 배출시설 일련번호, [참고2]의 배출시설코드 및 배출시설명 기재. 단 계량기 부착 단위가 5번 양식의 배출시설 일련번호 및 [참고2]의 배출시설명과 일치하지 않을 경우 계량기가 부착 된 시설, 공정 및 건물 등을 기재
(3)	열사용량	계량기가 설치된 각 시설의 연간 열사용량 기재
(4)	적용 Tier	「별표14 31.외부에서 공급된 전력 사용」에 제시된 세부 배출활동별 산정방법론에 적용된 Tier 값(1~3)을 기재
(5)	불확도	각 미기변수의 측정불확도 결과(교정시험검사의 성격서 등을 활용 가능)를 기재 (활동도의 불확도는 필수, 기타변수는 선택사항)
(6)	배출계수	계산에 사용된 각 물질별 배출계수 값을 기재
(7)	배출량	계산법에 의해 산정된 온실가스 각 물질별 값을 합계 기재
(8)	소계	계산법에 의해 산정된 온실가스 각 물질별 배출량의 합을 [참고3]의 지구온난화지수(GWP)를 곱하여 tCO_2-eq 단위로 기재
(9)	열사용량 합계	배출시설별 열사용량을 합한 사업장 총 열사용량 기재
(10)	배출량 합계	계산법에 의해 산정된 온실가스 각 물질별 합계 기재 (CO_2 이외의 온실가스의 경우 [참고3]의 지구온난화지수(GWP)를 곱하여 tCO_2-eq 단위로 기재)

6 | 생산품 및 공정별 원단위

(1)	(2)	(3)	(4)	(5)	(6) 연간생산량		(7) 원단위	
공정/생산품명	배출활동	사용연료	에너지사용량 (TJ)	온실가스배출량 ($tCO_2\text{-}eq$)	생산량	단위	에너지원단위 (TJ/생산단위)	온실가스원단위 ($tCO_2\text{-}eq$/생산단위)

6. 생산품 및 공정별 원단위 작성방법

(1)	공정/생산품명	: 원단위를 산출한 공정 및 생산품명 또는 원지료명을 기재 (단일 배출시설에서 다양한 종류의 제품을 생산할 경우 원지료 투입량을 입력)
(2)	배출활동	: [참고1]에 해당하는 코드와 활동명을 기재(특정 배출활동을 기준으로 배출시설별, 연료별 배출량 등을 기입)
(3)	사용연료	: (2)에서 연료연소가 기재된 경우 해당 연료 기재
(4)	에너지사용량	: (3)에 기재한 연료의 연간 사용량을 TJ 단위로 기재
(5)	온실가스배출량	: 각 배출활동별 온실가스배출량 기재
(6)	연간생산량	: 해당 제품 생산량(또는 원지료 투입량) 및 해당공정에 의한 생산품의 생산량(또는 원지료 투입량)과 단위 기재
(7)	원단위	: (4)및 (5)를 (6)으로 나눈 원단위 기재

* 비고, (1)과 (6)에서 원재료 투입량을 기입할 수 있는 경우로는, 단일 배출시설에서 다양한 제품을 생산하고 일부제품은 중간재로서 다른 제품의 원료로 사용되어 등 복잡한 생산구조를 갖고, 제품의 계량이 현실적으로 어려운(비용부담을 포함한다) 경우에 해당하는 업종 및 배출시설로 한정한다.

7 | 에너지판매실적

(1)	(2)	(3)	(4)
판매에너지 종류	대상사업자명	연간판매량 (단위)	배출계수 또는 관련 정보
전력			
열/증기			

7. 에너지판매실적 작성방법

(1)	판매에너지 종류	: 전력, 열/증기 중 당해 사업장에서 생산, 조직경계 외부로 판매하는 에너지원 기재
(2)	대상사업자명	: 당해 사업장에서 생산한 에너지를 공급받는 사업자명 기재
(3)	연간판매량	: 연간 판매 총량 기재
(4)	배출계수 또는 관련 정보	열(스팀) 제공자는 지침 제52조제1항 및 별표 25에 따라 기발된 비출계수 또는 관련 자료를 사용자에 제공

8 │ 온실가스 감축, 흡수, 제거 실적

번호	(1) 유형 분류 [감축, 흡수, 제거]	(2) 실적 명칭	(3) 세부 내용	(4) 온실가스 저감량 [tCO₂-eq]	(5) 에너지 저감량 [TJ]
1					
2					
3					
4					
…					
합 계					

8. 온실가스 감축, 흡수, 제거 실적 작성방법

(1)	유형 분류	: 감축, 흡수, 제거 실적 중 해당 사항을 선택하여 기재
(2)	실적명칭	: 감축, 흡수, 제거 실적의 명칭을 별지7 [참고6], 별지8 [참고2]를 참조하여 기재
(3)	세부내용	: 감축, 흡수, 제거 실적의 세부 내용을 별지7 [참고6], 별지8 [참고2]를 참조하여 기재
(4)	온실가스 저감량	: 감축, 흡수, 제거를 통한 온실가스 저감량 기재
(5)	에너지 저감량	: 감축, 흡수, 제거를 통한 에너지 저감량 기재

9 │ 온실가스 사용 실적 [오존파괴물질(ODS)의 대체물질 포함]

9-1. 온실가스 사용 실적

번호	(1) 온실가스 종류	(2) 사용 목적	사용량		회수량	
			(3) 제품당 주입량 또는 재충전량 (kg/제품)	(4) 총 사용량 (kg/yr)	(5) 제품당 회수량 (kg/yr)	(6) 총 회수량 (kg/yr)
1	CO₂					
2	N₂O					
3	SF₆					
4	PFCs					
…	…					

※ 제품 생산단계 또는 사용 단계에서의 온실가스 사용량, 재충전량 및 회수량을 기재한다(단, 전기설비를 제외한 제품 사용단계에서의 탈루에 의한 배출량은 보고하지 않는다)

 이 항목에서 보고되는 온실가스 사용량은 사업장의 배출 총량에 합산하지 않는다.

9-1. 온실가스 사용 실적 작성방법

(1)	온실가스 종류	: 사용되는 온실가스의 종류를 기재(오존대체물질은 발포제, 에어로졸 및 비에어로졸 용매, 냉장고와 에어컨의 냉매, 화재 방지용 설비 충전제 등으로 사용되는 불소계 온실가스)
(2)	사용 목적	: (1)에 언급된 목적을 기재
(3)	제품당 주입량 또는 재충전량	: 제품 생산시 단위 제품당 주입량 또는 사용시 재충전량 등 사용량 기재
(4)	총 사용량	: 제품 생산시 또는 재충전시 사용되는 연간 총 사용량 기재
(5)	제품당 회수량	: 단위 제품당 회수량 기재
(6)	총 회수량	: 총 회수량 기재

서식 9-2[횡서식]

9-2. 전기 설비 사용에 따른 SF₆ 및 PFCs 배출량

(1) 비출활동[참고1]	코드					비출활동명			

(2) 비출시설[참고2]	일련번호	비출시설명

(3) 세부 시설 종류	(4) 입력항목	(5) 단위	(6) 값	(7) 적용 Tier	(8) 불확도 (%)	(9) 비출량 PFCs [kg]	(9) 비출량 SF₆ [kg]	(10) 소계 CO₂-eq [ton]
	활동자료1	kg						
	비출계수1							
	활동자료2	kg						
	비출계수2							
	기타인자1							
(11) 합계(CO₂-eq ton)								

계산법 (Tier 1 □ Tier 2 □ Tier 3 □)

※ 전기설비 사용에 따른 SF₆와 PFCs 배출량을 별표14에 따라 산정하여 기재하고 총 배출량에 합산한다.

9-2. 전기 설비 사용에 따른 SF₆ 및 PFCs 배출량 작성방법

(1)	비출활동	: [참고1]의 비출활동명 및 해당 코드 기재
(2)	비출시설	: 3-1. 양식의 비출시설 일련번호, [참고2]의 비출시설코드 및 비출시설명 기재
(3)	세부 시설 종류	: 절연 개폐기, 변압기 등 세부 설비 유형 기재
(4)	입력항목	: 계산법 선택시 사용되는 활동자료, 순발열량, 비출계수, 산화율 정보를 기재하고, 총 비출량 산정값을 기재
(5)	단위	: 각 매개변수(비출계수, 활동도, 산화계수 등)의 단위를 기입
(6)	값	: 각 매개변수(비출계수, 활동도, 산화계수 등)의 사용된 자료값을 기입
(7)	적용 Tier	: 별표14에 제시된 세부 비출활동별 산정방법론에 적용된 Tier 값(1~3)을 기재
(8)	불확도	: 각 매개변수의 측정불확도 결과(교정시험결과의 성적서 등을 활용 가능)를 기재 (활동도의 불확도는 필수, 기타변수는 선택사항)
(9)	비출량	: 계산법에 의해 산정된 온실가스 각 물질별 비출량 기재
(10)	소계	: 계산법에 의해 산정된 온실가스 각 물질별 비출량의 합을 [참고3]의 지구온난화지수(GWP)를 곱하여 tCO₂-eq 단위로 기재
(11)	합계	: 계산법에 의해 산정된 온실가스 각 물질별 합계 기재 (CO₂ 이외의 온실가스의 경우 [참고8]의 지구온난화지수(GWP)를 곱하여 tCO₂-eq 단위로 기재)

서식 10[횡서식]

10 사업장 고유 비출계수(Tier 3) 개발 실적

(1) 비출활동[참고1]	코드					비출활동명							

(2) 비출시설[참고2]	일련번호	비출시설명

번호	(3) 계수의 종류 연료/원료	(3) 계수의 종류 계수	(4) 분석 항목	(5) 시험분석 방법	(6) 분석 장비	(7) 시험분석 횟수 (시료채취 횟수)	(8) 분석 값	(9) 단위	(10) 계수 산정식	(11) 계수 값	(12) 계수단위	(13) 불확도 (%)
1	석탄	CO₂ 비출계수	탄소함량									
			가황량									
			수분함량									
2												
3												

※ 사업장 고유 계수 개발을 위한 시험분석결과 및 관련 자료를 첨부하여야 함

10. 사업장 고유 배출계수(Tier 3) 개발실적 작성방법

(1)	비출활동	: [참고1]의 비출활동명 및 해당 코드 기재
(2)	비출시설	: 3-1. 양식의 비출시설 일련번호, [참고2]의 비출시설코드 및 비출시설명 기재
(3)	계수 종류	: Tier3 계산법 적용을 위해 개발된 계수의 종류(명칭) 기재
(4)	분석 항목	: 계수 개발을 위해 분석이 필요한 항목 기재
(5)	시험분석방법	: 지침 별표21를 참고하여 계수 항목별 시험 방법을 기재
(6)	분석 장비	: 시험분석에 사용된 장비명을 기재
(7)	시험분석 횟수	: 지침 별표20을 참고하여 계수 항목별 시료채취 및 분석 횟수를 기재
(8)	분석 값	: 분석 항목의 분석 값 기재
(9)	단위	: 분석 항목별 단위 기재
(10)	계수 산정식	: 계수 항목별 산정식을 기재
(11)	계수 값	: 개발 계수의 값 기재 (이행계획 작성연도의 개발실적을 기재)
(12)	계수 단위	: 개발된 계수 값(11)에 대한 단위 기재
(13)	불확도	: 지침 별표 16을 참고하여 개발된 계수의 불확도를 산정 기재

11 굴뚝연속자동측정기에 의한 월간 온실가스 배출량 정보 현황

(1)	배출활동[참고1]	코드				배출활동명						
(2)	배출시설[참고2]	일련번호			배출시설명		(3)	비출구(굴뚝) 번호		(4)	비출구(굴뚝) 자체관리번호	

일시 (5)		CO_2 평균농도(%)			유량값(Sm^2/30분 격산)			배출량 (kg)(9)	비고 (10)	연료코드 [참고4](11)	월 사용량 합계 (12)
		측경값(6)	대체코드(7)	대체값(8)	측경값(6)	대체코드(7)	대체값(8)				
yyyy mm01	00:00										
	00:30									연료명 1	[t, ㎘, Nm^3]
	01:00										
	01:00										
										연료명 2	[t, ㎘, Nm^3]
yyyy mm31	23:30										
월 배출량(kg) (13)											

---

11. 굴뚝연속자동측정기에 의한 월간 온실가스 배출량 정보 현황 작성방법

(1)	비출활동	: [참고1]의 비출활동명 및 해당 코드 기재
(2)	비출시설	: 3-1. 양식의 비출시설 일련번호, [참고2]의 비출시설코드 및 비출시설명 기재
(3)	비출구(굴뚝) 번호	: Tier 4를 적용하는 경우 비출구(굴뚝)의 번호를 기재 (CleanSys 혹은 수도권대기환경개선에 관한 특별법 상 비출구(굴뚝)번호를 기재)
(4)	비출구(굴뚝) 자체관리번호	: Tier 4를 적용하는 경우 비출구(굴뚝)의 사업장 내 자체 관리번호를 기재
(5)	일시	: 연속자동측정기에 의해 측정된 30분 데이터의 측정일시
(6)	측정값	: 연속자동측정기에 의해 측정된 30분 데이터
(7)	대체코드	: 지침에 수록된 대체자료 생성기준에 의한 결측자료의 종류 (1 ~ 8)
(8)	대체값	: 지침에 수록된 대체자료 생성기준에 의한 대체값
(9)	비출량	: 지침에 수록된 비출량 산정공식에 의한 해당 시각의 비출량(단위 : kg)
(10)	비고	: 지침에 수록된 무효자료 선별기준에 근거가 되는 첨부자료의 파일명
(11)	연료코드 및 연료명	: [참고4]에 해당하는 연료코드와 명칭을 기재
(12)	월 사용량 합계	: 비출시설이 고정연소시설일 경우 사용 월 연료량을 기재
(13)	합계	: 연속측정법에 의해 산정된 온실가스의 합계 기재

※ 연속측정에 의한 실시간 측정자료 및 관련자료는 자료량이 방대하여 위 형식에 따라 마이크로소프트 엑셀 파일로 제출

※ (비고)의 근거가 되는 자료는 파일로 첨부

12 명세서 작성관련 기타 참고 사항

(1)	일련번호	사업장명	사업자 등록번호

번호	(2) 해당 명세서 서식명	(3) 항 목	(4) 세부 내용
1	(예시) 9. 비출활동별 배출량 현황 (고정연소 분야)	(예시) 바이오매스 사용에 따른 에너지 사용량 산정을 위한 총 발열량관련	(조치 예시1) 바이오매스별 총 발열량이 제시되지 않았으므로 순발열량을 이용하여 에너지 사용량을 산정하였음 ex) 목탄 : 20.5 TJ/Gg (조치 예시2) 바이오매스별 총 발열량이 제시되지 않았으므로 바이오매스의 수분함량, 수소함량, 산소함량을 분석하여 아래의 식을 이용하여 총발열량으로 환산하였음 순발열량 = 총발열량 − 0.212H − 0.0245M − 0.008Y M : 수분 비율, H : 수소 비율, Y : 산소 비율
2			
3			

12. 명세서 작성관련 기타 참고사항 작성 요령

(1)	사업장명, 일련번호	: 1-2. 양식의 사업장이름, 사업자 등록번호, 사업장일련번호를 기재
(2)	해당 명세서 서식명	: 기타 내용의 해당 명세서 서식번호와 명칭을 기재
(3)	항 목	: 명세서 작성시 기타 사항 참고 사항 항목 기재
(4)	세부 내용	: 명세서 작성시 기타 사항에 대한 조치결과를 구체적으로 기재

[참고]

명세서 작성 참고자료

[참고 1] 배출활동 코드

코드	배출활동명	코드	배출활동명	코드	배출활동명
1001	고체연료연소	4001	시멘트 생산	5001	고형폐기물의 매립
1002	기체연료연소	4002	석회 생산	5002	고형폐기물의 생물학적 처리
1003	액체연료연소	4003	탄산염의 기타 공정사용	5003	하수처리 및 배출
		4011	석유정제활동(수소제조)	5004	폐수처리 및 배출
2001	이동연소(항공)	4012	석유정제활동(촉매재생)	5005	폐기물의 소각
2002	이동연소(도로)	4013	석유정제활동(코크스제조)		
2003	이동연소(철도)	4014	암모니아 생산	6001	간접배출(외부전기사용)
2004	이동연소(선박)	4015	질산 생산	6002	간접배출(외부열사용)
3001	석탄의 채굴 및 처리	4016	아디프산 생산		
3002	원유 및 천연가스 시스템	4017	카바이드 생산	7001	기타
		4018	소다회 생산		
		4019	석유화학제품생산		
		4020	불소화합물생산(HCFC−22 생산)		
		4021	철강생산		
		4022	합금철 생산		
		4023	아연생산		
		4024	납생산		
		4025	전자산업(반도체)		
		4026	전자산업(디스플레이)		
		4027	전자산업(광전지)		
		4029	오존층파괴물질의 대체물질 사용		
		4030	오존층파괴물질의 대체물질 사용(전기설비)		
		4031	이산화티탄 생산		
		4053	전자산업(디스플레이)		
		4061	전자산업(광전지)		
		4062	오존층파괴물질의 대체물질 사용		
		4063	오존층파괴물질의 대체물질 사용(전기설비)		

[참고 2] 배출시설 코드

코드	배출시설명	코드	배출시설명	코드	배출시설명
0000	사업장 전체	0030	사료화·퇴비화·소멸화·부숙토생산 시설	0060	전기로(전기아크로)
0001	개질공정	0031	소각보일러	0061	전로
0002	건축물	0032	소결로	0062	전해로
0003	고속차량(철도)	0033	소성시설(kiln)	0063	절연제 사용 시설
0004	공공하수처리시설	0034	소화약제 사용 시설	0064	증착시설

코드	시설명	코드	시설명	코드	시설명
0005	공정 연소시설	0035	수상항해 선박(국내 운항)	0065	질산 제조 시설
0006	관리형매립시설	0036	수소제조 공정	0066	차단형 매립시설
0007	기타	0037	승용자동차	0067	천연 소다회 생산 공정
0008	기타로	0038	승합자동차	0068	촉매재생공정
0009	기타 불소화합물 생산 공정	0039	식각시설	0069	축산폐수공공처리시설
0010	기타 선박	0040	아디프산 생산 시설	0070	카본블랙 생산 시설
0011	기타 자동차(비도로)	0041	아연제련공정	0071	칼슘카바이드 제조 시설
0012	기타 항공기	0042	아크릴로니트릴 생산 공정	0072	코크스 제조 공정
0013	기타 하·폐수 처리시설	0043	암모니아 소다회 제조시설	0073	코크스로
0014	냉동 및 냉방용 냉매 사용 시설	0044	약품회수시설	0074	특수자동차
0015	대기오염물질 방지시설	0045	어선	0075	특수차량
0016	디젤기관차	0046	에어오졸 용매사용 시설	0076	특정폐기물 소각시설
0017	디젤동차	0047	에틸렌 옥사이드 생산 공정	0077	평로
0018	메탄올 생산 공정	0048	열병합 발전시설	0078	폐가스소각시설
0019	메탄화 공정	0049	염화비닐 모노머 생산 공정	0079	폐수소각시설
0020	민간항공기(국내 운항)	0050	온실가스 기타 사용 시설	0080	폐수종말처리시설
0021	발전용 내연기관	0051	용선로 또는 제선로	0081	호기성·혐기성 분해시설
0022	발포제 사용 시설	0052	용융·용해시설	0082	화력 발전시설
0023	배소로	0053	이륜자동차	0083	화물자동차
0024	배연탈황시설	0054	일관제철 공정	0084	CO_2 제거 및 회수공정
0025	변성공정	0055	일반 보일러시설	0085	HCFC-22 생산 공정
0026	분뇨처리시설	0056	일반폐기물 소각시설	0086	철도수송시설
0027	비닐 클로라이드 모노머 생산 공정	0057	적출물 소각시설	0091	소규모배출시설
0028	비도로 및 기타 자동차	0058	전기기관차	0098	사업장단위전력사용시설
0029	비에어로졸 용매사용 시설	0059	전기동차	0099	소량 배출사업장

[참고 3] 온실가스(지구온난화 지수)

코드	온실가스 명	화학식	GWP	코드	온실가스 명	화학식	GWP
01	이산화탄소	CO_2	1	13	HFC-143a	$C_2H_3F_3$	3,800
02	메탄	CH_4	21	14	HFC-227ea	C_3HF_7	2,900
03	아산화질소	N_2O	310	15	HFC-236fa	$C_3H_2F_6$	6,300
04	HFC-23	CHF_3	11,700	16	HFC-245ca	$C_3H_3F_5$	560
05	HFC-32	CH_2F_2	650	17	PFC-14	CF_4	6,500
06	HFC-41	CH_3F	150	18	PFC-116	C_2F_6	9,200
07	HCF-43-10mee	$C_5H_2F_{10}$	1,300	19	PFC-218	C_3F_8	7,000
08	HFC-125	C_2HF_5	2,800	20	PFC-318	$c-C_4F_8$	8,700
09	HFC-134	$C_2H_2F_4$	1,000	21	PFC-31-10	C_4F_{10}	7,000
10	HFC-134a	CH_2FCF_3	1,300	22	PFC-41-12	C_5F_{12}	7,500
11	HFC-152a	$C_2H_4F_2$	140	23	PFC-51-14	C_6F_{14}	7,400
12	HFC-143	$C_2H_3F_3$	300	24	육불화황	SF_6	23,900

* GWP(Global Warming Potential): 지구온난화 지수, * 출처: IPCC 2차 평가보고서

[참고 4] 활동자료 코드

코드	활동자료명	코드	활동자료명	코드	활동자료명
01	생활폐기물	36	부탄	71	수피
02	일반사업장폐기물	37	기타석유제품(기타)	72	유기성폐기물 형태
03	지정폐기물	38	기타액체연료	73	폐목재
04	고형 폐기물 연료(RDF 등)	39	국내무연탄	74	펄프 및 제지
07	석유코크(고체)	40	수입무연탄	75	동/식물성 기름
08	폐기물 소각열	41	원료용 유연탄	76	음식물쓰레기
09	공정폐열	42	연료용 유연탄	77	축산분뇨
10	처리대상물질(유형)	43	하위 역청탄(아역청탄)	78	하수슬러지 등
11	원유	44	갈탄	79	해조류, 조류
12	오리멀전	45	코크스	80	수생식물 등
13	천연가스액	46	기타 고체연료	81	바이오에너지
14	휘발유	47	LNG(차량)	82	생물유기체 변환형태
15	항공용 가솔린	48	CNG(차량)	83	바이오가스
16	제트용 가솔린(JP-8)	49	LPG(차량)	84	바이오에탄올
17	제트용 등유(JET A-1)	51	천연가스(LNG)	85	바이오액화유 및 합성가스
18	실내 등유	52	코크스가스	86	매립지가스(LFG)
19	혈암유	53	고로가스	87	바이오디젤
20	가스/디젤 오일(경유)	54	전로가스	88	땔감
21	보일러등유	55	도시가스(LNG)	89	우드칩
22	액화석유가스(LPG)	56	도시가스(LPG)	90	목탄
23	에탄	57	부생연료 1호	91	폐기물에너지 중 바이오매스 부문
24	나프타(납사)	58	부생연료 2호	92	RDF
25	역청(아스팔트)	59	기타 기체연료	93	RPF
26	윤활유	61	전기	94	폐기물 유화/가스화 등
27	석유 코크스(석유코크)	62	스팀	95	폐기물 유화/가스화 등(화석연료)
28	정유공장 원료(정제연료)	63	기타연료	96	RPF(화석연료)
29	정유가스(정제가스)	64	바이오매스	97	RDF(화석연료)
30	접착제(파라핀왁스)	65	농업작물(유채, 옥수수 등) 형태	98	제품
31	백유(용제)	66	농임산부산물 형태	99	원료
32	B-A유	67	간벌목		
33	B-B유	68	볏짚		
34	B-C유	69	왕겨		
35	프로판	70	건초		

[참고 5] 단위코드

코드	단위	코드	단위	코드	단위	코드	단위
02	kl	27	$tCO_2/1,000\,\text{m}^3$	59	℃	84	tCO_2/GJ
03	kW	29	kg/TJ	60	gCH_4/kg	85	tCO_2/MWh
04	$ton-C/1,000\,\text{m}^3$	30	원(\)	61	gN_2O/kg	86	tCO_2/t
05	천m^3	31	달러($)	62	gN_2O/t	87	tCO_2/TJ
06	TJ/t−NH3	32	명	63	kg/kWh	88	TJ/kl
07	ton−C/TJ	33	ton・km	64	kg/LTO	89	$TJ/N\text{m}^3$
08	kgN_2O/t	40	MJ	65	kg/m	90	TJ/t
09	ton−C/t	41	TJ/GWh	66	kg/tfuel	91	tN_2O/TJ
10	ton	42	TJ/1,000,000m3	67	$kgCH_4$	92	대
11	kg/unit	43	천ton	68	$kgCH_4/GJ$	93	Mwh
12	kg/m^3	44	ft^2	69	$kgCH_4/kgBOD$	94	L
13	kg/L	45	TJ/Gg	70	$kgCH_4/MWh$	95	m^3
14	$1,000\,\text{m}^3$	46	MJ/kg	71	$kgCH_4/t$	96	kg
15	ton−C/GJ	47	MJ/L	72	kgN_2O/GJ	97	시간(h)
16	km	48	$MJ/N\text{m}^3$	73	kgN_2O/MWh	98	회
17	$ton-c/\text{m}^3$	49	MJ/kWh	74	kgN_2O-N/kgN	99	GJ
18	kg/kg−mole	50	kgGHG/TJ	75	km/대		
19	천개	51	KVA	76	m^2		
20	kg/hour	52	Gkcal	77	mgBOD/L		
21	m^3	53	Gkcal/h	78	mgCOD/L		
22	$k\text{m}^2$	54	ton/h	79	mgN/L		
23	g/kWh	55	m^3/h	80	$TJ/1,000\,\text{m}^3$		
24	kWh	56	kcal/h	81	ppm		
25	kg−C/GJ	57	%	82	$tCH_4/tCOD$		
26	kg/kg	58	0∼1 사이	83	tCH_4/TJ		

[별지 제7호 서식]

온실가스 감축 및 에너지 절약 등의 목표 이행계획서

(제37조 제3항 관련)

온실가스 감축목표 등의 이행계획서

「저탄소 녹색성장 기본법 시행령」 제30조 제3항에 따라 당사(사업장)의 온실가스 감축목표 등의 이행계획을 아래와 같이 보고합니다.

년 월 일

보고인 　(서명 또는 인)

농수산식품부 장관
지식경제부 장관
환경부장관　　　　　　　　　　귀하
국토해양부 장관

1 | 관리업체 총괄 정보

1-1. 업체(법인)에 대한 일반정보

(1)	법 인 명			(2)	대표자		(3)	대상연도	
(4)	법인등록번호		−	(5)	지정업종 (대표업종)				
(6)	법인 소재지			(7)	법인 전화번호				
(8)	법인담당부서	(9)	법인 담당자		(10)	직 급			
(11)	담 당 자 전화번호	(12)	담당자 휴대폰		(13)	담당자 이메일			
(14)	주요 생산제품 또는 처리물질	(15)	연간 생산량 또는 처리량		(16)	상 시 종업원 수			
(17)	당해 연도 매 출 액 (백만 원)	(18)	당해 연도 에너지비용 (백만 원)		(19)	자본금 (백만 원)			
(20)	중소기업 여부								

1-2. 사업장 목록

(1)	(2)	(3)	(4)	(5)	(6)	(7)
사업장 일련번호	사업장명	사업자등록번호	사업장 대표자	사업장 업종	사업장 소재지	소량 배출사업장 여부
사업장 01	사업장명					
사업장 02						

※ 사업장 기준으로 관리업체로 지정된 경우, 1−2를 생략할 수 있다.

1-1. 관리업체에 대한 일반정보 작성방법

(1)	관리업체 법인명	: 관리업체 본사 법인명을 기재 정식명칭 기재
(2)	대표자	: 관리업체 법인의 대표자명을 기재
(3)	대상연도	: 보고대상연도 기재
(4)	법인등록번호	: 당해 법인의 사업자등록번호를 기재
(5)	지정업종(대표업종)	: 표준산업분류에 의한 당해 법인의 지정업종 기재
(6)	법인 소재지	: 법인의 본사 소재지를 기재. 본사가 별도로 없을 시, 업체 명세서를 제출하는 대표 사업장의 주소를 기재
(7)	법인 전화번호	: 법인의 본사 대표전화번호를 기재
(8)	법인 담당부서	: 법인의 총 온실가스배출량 및 에너지사용량을 관리하는 부서명 기재
(9)	법인 담당자	: 법인의 총 온실가스배출량 및 에너지사용량을 관리하는 담당자 기재
(10)	법인 담당자 직급	: 법인의 총 온실가스배출량 및 에너지사용량을 관리하는 담당자의 직급 기재
(11)	법인 담당자 전화번호	: 법인의 총 온실가스배출량 및 에너지사용량을 관리하는 담당자의 연락 가능한 사 무실 전화번호 기재
(12)	법인 담당자 휴대전화	: 법인의 총 온실가스배출량 및 에너지사용량을 관리하는 담당자의 연락 가능한 휴 대전화번호 기재

(13)	법인 담당자 이메일	: 법인의 총 온실가스배출량 및 에너지사용량을 관리하는 담당자의 연락 가능한 이메일 주소 기재
(14)	주요생산제품 또는 처리물질	: 사업장 업종분류에 따른 주요 생산제품을 기재. 단, 폐기물 부문은 표준산업분류의 세세분류 항목을 기재
(15)	연간 생산량	: 주 생산제품의 연간 생산량을 기재. 단, 폐기물 부문은 처리량을 기재
(16)	상시 종업원 수	: 사업장 내 상시종업원 수 기재
(17)	당해 연도 매출액	: 해당 법인의 배출량 산정 조직경계에 해당하는 사업장을 모두 합산한 명세서 보고 당해 연도 매출액(개별재무제표를 따른다) 기재
(18)	당해 연도 에너지비용	: 해당 법인의 배출량 산정 조직경계에 해당하는 사업장을 모두 합산한 명세서 보고 당해 연도의 에너지비(원료구입비는 제외)를 기재
(19)	자본금	: 사업장의 당해 연도 자본금 기재
(20)	중소기업 여부	: "중소기업기본법" 제2조에 의한 중소기업이면 Y, 중소기업이 아니면 N을 기재

1-2. 사업장 목록 일반정보 작성방법

(1)	사업장일련번호	: 사업장별 일련번호 기재
(2)	사업장명	: 법인 내 사업장명 기재
(3)	사업자등록번호	: 세무서에서 신고된 당해 사업장의 사업자등록번호를 기재
(4)	사업장대표자	: 해당 사업장의 대표자명을 기재
(5)	업종	: 표준산업분류에 의한 업종
(6)	소재지	: 사업장소재지를 기재하되 반드시 번지 이하까지 기입
(7)	소량 배출사업장 여부	: 제11조 및 별표 4호에 의한 소량 배출 사업장 여부 기재(해당 사업장에 대해서는 1~3번 항목만을 기재할 수 있다)

서식 2-1[횡서식]

2 사업장별 온실가스 배출량 등 현황

2-1. 사업장별 온실가스 배출량 등 현황

(1)	(2)	(3)	(4) 기준연도별 온실가스 배출량(tCO₂eq) 및 에너지사용량(TJ)													(5)				(13)신·증설을 반영한 기준배출량 (tCO₂-eq)	(14)신·증설을 반영한 기준에너지 소비량(TJ)
			관련업계 최초지정연도-3 (년)				관련업계 최초지정연도-2 (년)				관련업계 최초지정연도-1 (년)				기준연도 배출량(tCO₂eq)						
일련번호	사업장명	소량배출 사업장 여부	온실가스 배출량			에너지 사용량 (TJ)	온실가스 배출량			에너지 사용량 (TJ)	온실가스 배출량			에너지 사용량 (TJ)	온실가스 배출량			에너지 사용량 (TJ)		
			직접 배출	간접 배출	합계		직접 배출	간접 배출	합계		직접 배출	간접 배출	합계		직접 배출	간접 배출	합계			
	관련업계 합계 (사업장 배출량 합계)																			
01																				
02																				
03																				

(6)	관련업계의 온실가스 감축목표 등		관련업계의 기타목표 [제33조에 해당될 경우에만 기재]			
	(7)	(8)	(9)	(10)	(11)	(12)
목표 이행연도	온실가스 배출허용량 (tCO2eq)	에너지 소비허용량 (TJ)	[기타목표명 1] (단위)	[기타목표명 2] (단위)	환산 온실가스 배출허용량(tCO₂-eq)	환산 에너지 소비허용량(TJ)
2012	1,000,000 tCO2					

서식 2-1[횡서식]

2-1. 사업장별 온실가스 배출량 현황 등 작성방법

번호	항목	설명
(1).(2)	일련번호, 사업장명	: "1-2. 사업장 목록"에서의 사업장별 일련번호와 이에 따른 사업장명을 기재
(3)	소량배출 사업장 여부	: 제11조 및 별표4호에 의한 소량배출 사업장 여부 기재(해당 사업장에 대해서는 1~3번 항목만을 기재할 수 있다) : 소량배출사업장에 해당하는 경우 "√"으로 표기
(4).(5)	기준연도 온실가스 배출량 및 에너지 소비량	: 관리업체의 기준연도 배출량 및 에너지 사용량을 사업장별로 구분하여 기재 (관장기관 협의·조정 결과)
(6)	목표 이행연도	: 제28조에 따른 목표 이행연도를 기재
(7)	온실가스 배출허용량(tCO2)	: 제30조(또는 제31조)에 따라 설정된 관리업체의 감축목표에 따른 배출허용량을 기재
(8)	에너지 소비허용량(TJ)	: 제34조(또는 제31조)에 따라 설정된 관리업체의 에너지절약목표에 따른 에너지소비허용량을 기재
(9).(10)	관리업체의 기타 목표명	: 제33조(목표설정 및 관리 특례)에 따라 설정된 관리업체의 기타 목표명 기재
(11).(12)	환산 온실가스 배출허용량 및 에너지 소비허용량	: 기타 목표를 온실가스 배출허용량(tCO$_2$eq) 및 에너지 소비허용량(TJ)으로 환산한 값 기재
(13).(14)	기준배출량, 기준에너지 소비량	: 신·증설을 반영하여 관장기관이 협상에 따라 설정한 기준배출량 항목을 기재

서식 2-2[횡서식]

2-2. 일부 시설의 기타 목표 [제33조(목표설정 및 관리 특례)에 해당될 경우에만 기재]

(1) 시설정보			(2) 해당 배출활동		(3) 해당 배출시설		기타 목표					
							(4)	(5)	(6)	(7)	(8)	(9)
사업장	시설명	일련번호	코드 [참고1]	배출활동명	코드 [참고2]	배출시설명	목표명	기준연도 값	이행연도 값	단위	환산 온실가스 배출허용량(tCO$_2$eq)	환산 에너지 소비허용량(TJ)

2-2. 일부 시설의 기타목표 작성방법

번호	항목	설명
(1)	시설정보	: "1-2. 사업장 목록"에서의 사업장별 일련번호 및 사업장명과 시설명을 기재
(2), (3)	배출활동명, 배출시설명	: 기타목표 설정대상 배출활동명 및 배출시설명 기재(참고1, 참고2의 코드값 기재)
(4)	목표명	: 제33조(목표설정 및 관리 특례)에 따른 기타 목표로서 설정된 목표명을 기재
(5), (6)	기준연도 값, 이행연도 값	: (2)와 관련하여 기타 목표유형에 해당하는 기준연도 실적(단위포함) 및 이행연도의 목표값(단위포함)을 기재
(7)	단위	: 기타 목표의 단위 기재
(8)	환산 온실가스 배출허용량(tCO$_2$eq)	: 기타 목표를 온실가스 배출허용량(tCO$_2$eq)으로 환산한 값 기재
(9)	환산 에너지 소비허용량(TJ)	: 기타 목표를 에너지 소비허용량(TJ)으로 환산한 값 기재

3 | **사업장 일반정보**

3-1. 사업장에 대한 일반정보

(1)	사업장명		(2)	대표자		(3)	사업장 일련번호	
(4)	사업자등록번호	⊔⊔⊔-⊔⊔-⊔⊔⊔⊔⊔	(5)	업 종				
(6)	사업장 소재지		(7)	사업장 전화번호				
(8)	사업장담당부서		(9)	사업장 담당자		(10)	직 급	
(11)	담 당 자 전화번호		(12)	담당자 휴대폰		(13)	담당자 이메일	
(14)	주요 생산제품 또는 처리물질		(15)	연간생산량 또는처리량		(16)	상 시 종업원 수	
(17)	당해년도매출액		(18)	당해 연도 에너지비용		(19)	자본금	

※ 관리업체 내 사업장 수만큼 이후 양식을 작성

3-1. 사업장에 대한 일반정보 작성방법

(1)	사업장명	: 해당 사업장의 정식명칭을 기재. 예: (주)한국기업, Philips LCD(주) 안산공장 등
(2)	대표자	: 해당 사업장의 대표자명을 기재
(3)	사업장일련번호	: 1-2번 양식의 사업장별 일련번호 기재
(4)	사업자등록번호	: 세무서에서 신고된 당해 사업장의 사업자등록번호를 기재
(5)	업종	: 표준산업분류에 의한 업종
(6)	소재지	: 사업장소재지 기재하되 반드시 번지 이하까지 기입
(7)	전화번호	: 사업장 전화번호 지역번호와 함께 기재
(8)	사업장 담당부서	: 사업장의 온실가스배출량 및 에너지사용량을 관리하는 부서명 기재
(9)	사업장 담당자	: 사업장의 온실가스배출량 및 에너지사용량을 관리하는 부서명 기재
(10)	사업장 담당자 직급	: 사업장의 온실가스배출량 및 에너지사용량을 관리하는 담당자의 직급 기재
(11)	사업장 담당자 전화번호	: 사업장의 온실가스배출량 및 에너지사용량을 관리하는 담당자의 연락 가능한 사무실 전화번호 기재
(12)	사업장 담당자 휴대전화	: 사업장의 온실가스배출량 및 에너지사용량을 관리하는 담당자의 연락 가능한 휴대전화번호 기재
(13)	사업장 담당자 이메일	: 사업장의 온실가스배출량 및 에너지사용량을 관리하는 담당자의 연락 가능한 이메일 주소 기재
(14)	주요 생산제품 또는 처리물질	: 사업장 업종분류에 따른 주요 생산제품을 기재. 단, 폐기물 부문은 표준산업분류의 세세분류 항목을 기재
(15)	연간 생산량 또는 처리량	: 주 생산제품의 연간 생산량을 기재. 단, 폐기물 부문은 처리량을 기재
(16)	상시 종업원 수	: 사업장 내 상시종업원 수 기재
(17)	당해 연도 매출액	: 당해 사업장의 당해 연도 매출액(개별재무제표를 따른다.) 기재
(18)	당해 연도 에너지비용	: 당해 사업장의 에너지비(원료구입비는 제외)를 기재
(19)	자본금	: 사업장의 당해 연도 자본금 기재

(1)	조직경계 관련 서류 구분	

3-2. 사업장 조직경계 입력 작성방법

(1)	조직경계 관련 서류 구분	: 사업장 조직경계를 확인·증빙할 수 있도록 사업장의 약도, 사진, 시설배치도, 공정도의 4가지로 분류하여 제시

4 | 배출시설별 활동자료의 측정지점 등

(1) 사업장정보			(2) 배출시설정보		
일련번호	사업장명	사업자등록번호	코드	배출시설명	일련번호

(3) 배출시설의 공정도 *(별도 공정배출이 없는 경우 연료 측정지점 도면 기재)*

원료1(R1) → M1 → 반응시설1
원료2(R2), 연료1(F1) → M2, M3 → 반응시설1
반응시설1 → M4 → 제품1(P1) (미반응분 타공정 이송)
반응시설1 → 회수시설1 → 정제시설1 → 혼합시설 → 반응시설2
연료2(F2), 연료3(F3) → M5, M6 → 반응시설2
반응시설2 → 회수시설2
정제시설1 → 분리시설 (부산물 타공정 이송)
저장시설 → M7 → 제품2(P2)
배출시설(공정)의 조직경계

| (4) 배출활동 | | 배출시설에 대한 모니터링 포인트 | | | | | |
코드	배출활동명	(5) 일련번호	(6) 세부시설 및 장치 (unit)	(7) 온실가스 배출 지점 및 설명	(8) 세부장치별 연료·원료 등 활동자료 흐름	(9) 해당 활동자료의 측정위치	(10) 모니터링 유형
	해당 배출활동 기재	unit 1	반응시설1	굴뚝으로 전량 배출	원료1(R1)	M1	A-1
					원료2(R2)	M2	B
					연료1(F1)	M3	C-1
					제품1(P1)	M4	–
	–	unit 2	정제시설1	–	–	–	–
	–	unit 3	혼합시설	–	–	–	–
	해당 배출활동 기재	unit 4	반응시설2	굴뚝으로 일부 배출, 일부 비산	원료1(R1)	M5	
					연료2(F2)	M6	
					연료3(F3)	M7	
					제품2(P2)	M8	
	–	unit 5	정제시설	–	–	–	–
	–	unit 6	회수시설2	–	–	–	–
	–	unit 7	분리시설	–	–	–	–

---

4. 배출시설별 활동자료의 측정지점 등 작성방법

(1) 사업장 정보 : "1-2. 사업장 목록"에서의 사업장별 일련번호와 이에 따른 사업장명, 사업자등록번호를 기재

(2) 배출시설 정보 : 해당 배출시설의 코드[참고2]와 배출시설명, 배출시설 일련번호를 기재
◦ 배출시설 일련번호는 같은 배출시설이라 하더라도 이를 구분하기 위하여 부여. (1부터 순차적으로 부여)

(3) 공정도 : 해당 배출시설에 대한 공정도(Block Diagram 등 활용)를 기재(각 배출시설별로 작성)
- 배출시설(공정)의 경계(boundary), 원료 및 연료, 제품의 흐름, 세부시설의 명칭, 활동자료에 대한 측정지점(모니터링 포인트)의 위치와 기호 등을 표시하여야 한다 / (6)~(9)에 해당하는 사항을 기호 등으로 표현한다

(4) 배출활동 : 배출활동 코드[참고1]와 배출활동명을 기재

(5) 일련번호 : 세부시설 및 장치(unit)에 대한 일련번호를 부여 (일련번호는 unit 1, unit 2 순으로 기재한다)

(6) 세부시설 및 장치 (unit) : 해당 배출시설(공정)의 경계 내에 있는 세부 장치·기계·설비(unit)에 대한 리스트를 기재

(7) 온실가스 배출지점 : 해당 세부 장치·기계(unit)에서 온실가스가 실제 대기중으로 배출되는 배출구(굴뚝)과 배출형태를 간략하게 서술

(8) 세부시설별 연료·원료 등 활동자료 흐름의 종류 : 각 세부장치(unit)별로 연료·원료·제품 등 활동자료 흐름(activity stream)를 구분하여 그 종류와 기호를 부여
비고1) 천연가스(F1), 경유(F2) 등 실제 투입되는 연료명칭을 세부적으로 기재
비고2) 기호는 연료의 경우 "F"(fuel), 원료의 경우 "R"(Raw material), 제품의 경우 "P"(product)로 구분한다

(9) 해당 활동자료의 측정지점 : 각 세부시설별, 활동자료 흐름(⑪)별 활동자료에 대한 측정지점을 기재한다
비고1) 측정지점(Monitoring Point)의 기호는 "M"으로 구분한다

(10) 모니터링 유형 : 지침 별표15(활동자료의 수집방법론)에 제시된 모니터링 유형을 (9)의 각 측정지점(모니터링 포인트)별로 구분하여 해당 유형의 기호를 기재 : 예시 A-1, A-2, A-3, B, C-1, C-2, C-3, C-4 등

5 활동자료의 모니터링(측정) 방법

5-1. 활동자료의 모니터링 방법 개요

(1) 사업장 정보	일련번호	사업장명	사업자등록번호	(2) 배출시설 정보	일련번호	시설코드	배출시설명	시설규모
								C

(3) 활동자료 흐름 종류	(4) 측정지점 기호	(5) 모니터링 유형	(6) 측정거기 이름	(7) 측정거기 고유번호	(8) 형식승연 유무	(8) 경도검사 유무	(8) 최근 경도검사일 (경도검사 주기)	(8) 최근 일반시험 등 실시일	(9) 불확도 (+/- %)	(10) 측정값의 표준상태 보정여부 (온도, 압력 등)
천연가스(F1)	M1	A-1			□예 / □아니오	□예 / □아니오				□예 / □아니오
경유(F2)	M2	B			□예 / □아니오	□예 / □아니오				□예 / □아니오
부생가스(F3)	M3	C-1	미설치		□예 / □아니오	□예 / □아니오				□예 / □아니오
					□예 / □아니오	□예 / □아니오				□예 / □아니오
					□예 / □아니오	□예 / □아니오				□예 / □아니오
					□예 / □아니오	□예 / □아니오				□예 / □아니오
					□예 / □아니오	□예 / □아니오				□예 / □아니오
					□예 / □아니오	□예 / □아니오				□예 / □아니오
					□예 / □아니오	□예 / □아니오				□예 / □아니오
					□예 / □아니오	□예 / □아니오				□예 / □아니오

5-1. 활동자료의 모니터링 방법 개요 작성방법

(1) **사업장 정보** : "1-2. 사업장 목록"에서의 사업장별 일련번호와 이에 따른 사업장명, 사업자등록번호를 기재

(2) **배출시설 정보** : "4. 배출시설별 활동자료의 측정지점 등"에 기재한 배출시설 정보와 일련번호를 기재
비고) 시설규모는 지침 별표 13에서 제시한 배출시설별 온실가스 배출량 규모(A,B,C)에 해당되는 등급을 기재한다

(3) **활동자료 흐름 종류** : "4. 배출시설별 활동자료의 측정지점 등"의 (8)에 기재된 각 활동자료 흐름의 종류와 해당기호를 기재

(4) **측정지점 기호** : "4. 배출시설별 활동자료의 측정지점 등"의 (9)에 기재한 측정지점의 기호를 기재한다.

(5) **모니터링 유형** : 지침 별표15(활동자료의 수집방법론)에 제시된 모니터링 유형을 (9)의 각 측정지점(모니터링 포인트)별로 구분하여 해당 유형의
기호를 기재 : 예시 A-1, A-2, A-3, B, C-1, C-2, C-3, C-4 등

(6) **측정기기 이름** : (4)의 측정지점 기호에 따라 해당 활동자료를 측정하는 측정기기 이름을 기재한다. 측정기기가 설치되어 있지 않을 경우 "미설치"라 기재한다
비고) 측정기기의 이름 및 종류는 「계량에 관한 법률 시행령」의 계량기 종류 등을 참조한다)

(7) **측정기기 고유번호** : (5)의 측정기기별로 제품 일련번호, 자체 관리번호 등 고유번호를 기재한다. 측정기기가 설치되어 있지 않을 경우 작성하지 않음

(8) **측정기기 검사** : 측정기기에 대한 형식승인 여부, 경도검사 여부, 최근 경도검사 실시일, 일반시험 실시일 등을 기재. 측정기기가 설치되어 있지 않을 경우 작성하지 않음
비고) 최근 경도검사 실시일에 경도검사 주기를 괄호로 기재   예시) (연 1회) 등

(9) **불확도** : 경도검사 등을 통하여 확인한 측정기기의 불확도를 기재(95% 신뢰수준으로 한다)
비고) 경도검사 등을 실시하지 않았을 경우 불확도를 직접계산(별표 16을 참조)하거나 계산하지 못할 경우에는 "불가"로 기재한다

(10) **표준상태 보정여부** : 측정기기의 표준상태(273.15K, 1기압) 보정여부를 체크
비고) 기체연료 및 액체연료 등은 특히 활동자료의 측정에 있어서 표준상태 보정이 필수적임

5-2. 정도검사 미 실시 측정기기의 실시계획 등 (해당할 경우에만 작성)

(1) 사업장 정보	일련번호	사업장명	사업자등록번호		(2) 배출시설 정보	일련번호	시설코드	배출시설명	시설규모
									C

(3) 활동자료 흐름 종류	(4) 측정지점 기호	(5) 모니터링 유형	(6) 측정기기 이름	(7) 측정기기 고유번호	(8) 측정기기의 신규 설치 계획	소요액(천원)	(9) 기 설치된 측정기기의 정도검사 실시계획	(9) 소요액(천원)
부생가스(F3)		C-1						

5-2. 정도검사 미 실시 측정기기의 실시계획 등 작성방법

(1)	사업장 정보	: "1-2. 사업장 목록"에서의 사업장별 일련번호와 이에 따른 사업장명, 사업자등록번호를 기재
(2)	배출시설 정보	: "4. 배출시설별 활동자료의 측정지점 등"에 기재한 배출시설 정보와 일련번호를 기재 비고) 시설규모는 지침 별표 13에서 제시한 배출시설별 온실가스 배출량 규모(A,B,C)에 해당되는 등급을 기재한다
(3)	활동자료 흐름 종류	: "4. 배출시설별 활동자료의 측정지점 등"의 (8)에 기재된 각 활동자료 흐름의 종류와 해당기호를 기재
(4)	측정지점 기호	: "4. 배출시설별 활동자료의 측정지점 등"의 (9)에 기재한 측정지점의 기호를 기재한다.
(5)	모니터링 유형	: 지침 별표15(활동자료의 수집방법론)에 제시된 모니터링 유형을 (9)의 각 측정지점(모니터링 포인트)별로 구분하여 해당 유형의 기호를 기재 : 예시 A-1, A-2, A-3, B, C-1, C-2, C-3, C-4 등
(6)	측정기기 이름	: (4)의 측정지점 기호에 따라 해당 활동자료를 측정하는 측정기기 이름을 기재한다. 측정기기가 설치되어 있지 않을 경우 "미설치"라 기재한다 비고) 측정기기의 이름 및 종류는 「계량에 관한 법률 시행령」의 계량기 종류 등을 참조한다)
(7)	측정기기 고유번호	: (5)의 측정기기별로 제품 일련번호, 자체 관리번호 등 고유번호를 기재한다. 측정기기가 설치되어 있지 않을 경우 작성하지 않음
(8)	측정기기의 신규 설치계획	: 해당 측정지점에 대한 측정기기가 설치되어 있지 않을 경우 신규설치예정일, 측정기기의 이름·종류과 소요액(천원)을 기재 (복수의 측정기기일 경우 해당 내용을 포함)
(9)	기 설치 측정기기의 정도검사 일정	: 해당 측정지점에 설치된 측정기기의 정도검사 등 실시계획, 소요액(천원)을 기재

서식 6[횡서식]

6 고유 배출계수 등 개발계획 [해당될 경우만 작성]

(1) 사업장정보	일련번호	사업장명		사업자등록번호	(2) 배출시설 정보	일련번호	시설코드	배출시설명	시설규모	(3) 배출활동 정보	코드	배출활동명
									C			

번호	(4) 계수의 종류		(5) 분석 항목	(6) 시험·분석 방법	(7) 시험·분석 장비	(8) 시험분석 주기 및 횟수	(9) 시험·분석 기관 (공인여부)	(10) 분석 값	(11) 단위	(12) 계수 산정식	(13) 계수 값	(14) 계수 단위	(15) 불확도 (+/-%)
	연료/원료	계수이름											
1	유연탄	EF_c	탄소함량										
			기함량										
			수분함량										
			...										
2	...												
3	...												

※ 사업장 고유 계수 개발을 위한 시험분석결과 및 관련 자료를 첨부하여야 함

서식 6[횡서식]

6. 고유 배출계수 등 개발계획 작성방법

(1)	사업장 정보	: "1-2. 사업장 목록"에서의 사업장별 일련번호와 이에 따른 사업장명, 사업자등록번호를 기재
(2)	배출시설 정보	: "4. 배출시설별 활동자료의 측정지점 등"에 기재한 배출시설 정보와 일련번호를 기재 비고) 시설규모는 지침 별표 13에서 제시한 배출시설별 온실가스 배출량 규모(A,B,C)에 해당되는 등급을 기재한다
(3)	배출활동 정보	: 해당 배출시설의 배출활동 이름과 코드[참고1]를 기재
(4)	계수 종류	: Tier3 계산법 적용을 위해 개발된 계수의 종류(명칭) 기재, 계수의 이름은 별표14의 각 산정방법론에 제시되는 배출계수 등을 기재 (배출계수 뿐만 아니라, 연료나 원료 등의 발열량, 탄소함량 분석항목도 포함하여 기재)
(5)	분석 항목	: 계수 개발을 위해 분석이 필요한 항목 기재
(6)	시험 방법	: 지침 별표21를 참고하여 계수 항목별 시험·분석 방법을 기재
(7)	분석장비	: 성분분석에 활용된 샘플링 및 분석기기(장비)에 대한 세부 이름 기재
(8)	시험분석 횟수	: 지침 별표20을 참고하여 계수 항목별 시료채취 및 분석 주기 및 횟수를 기재
(9)	시험·분석기관	: 성분분석을 실시한 시험기관의 이름을 기재 (괄호안에는 KS, ISO 17025 등 공인 여부 및 해당되는 표준명칭을 기재)
(10)	분석 값	: 성분분석 값 기재 (이행계획 작성연도의 개발실적을 기재)
(11)	단위	: 계수 항목별 분석값(10)에 대한 단위 기재
(12)	계수 산정식	: 계수 항목별 산정식을 기재 (탄소 성분 분석 등 단일 항목을 분석할 경우 이를 생략한다)
(13)	계수 값	: 개발 계수의 값 기재 (이행계획 작성연도의 개발실적을 기재)
(14)	계수 단위	: 개발된 계수 값(13)에 대한 단위 기재
(15)	불확도	: 지침 별표 16을 참고하여 개발된 계수의 불확도를 산정 기재

서식 7[횡서식]

7 배출활동별 산정등급 적용계획

7-1. 산정등급 적용 계획 총괄

(1) 사업장정보	일련번호	사업장명	사업자등록번호	(2) 배출시설 정보	일련번호	시설코드	배출시설명	시설규모
								C

(3) 배출활동 정보		(4) 활동자료 흐름 정보	해당 배출활동에 적용예정인 산정등급(Tier) 현황		(9) 예상 배출량 (tCO2eq)	(10) 배출시설 총 배출량 중 차지비중(%)	(11) 최상위 Tier 적용여부
코드	배출활동명		구 분	적용예정 산정등급			
	기체연료연소	천연가스(F1)	(5) 활동자료 불확도	2	105.000	77.8%	□ 여 / □ 아니오
			(6) 순발열량				
			(7) 산화계수				
			(8) 배출계수				
	액체연료연소	B-C유(F2)	3	3	30.000	22.2%	□ 여 / □ 아니오

서식 7-1[횡서식]

7-1. 산정등급 적용 계획 총괄 작성방법

(1)	사업장 정보	: "1-2. 사업장 목록"에서의 사업장별 일련번호와 이에 따른 사업장명, 사업자등록번호를 기재
(2)	배출시설 정보	: "4. 배출시설별 활동자료의 측정지점 등"에 기재한 배출시설 정보와 일련번호를 기재 비고) 시설규모는 지침 별표 13에서 제시한 배출시설별 온실가스 배출량 규모(A,B,C)에 해당되는 등급을 기재한다
(3)	배출활동 정보	: "4. 배출시설별 활동자료의 측정지점 등" (4)에 기재한 배출시설별, 활동자료 흐름별 배출활동 이름과 코드[참고1]을 기재
(4)	활동자료 흐름 정보	: "4. 배출시설별 활동자료의 측정지점 등" (8)에 기재한 배출시설에 대한 세부 장치·기계(unit) 별 활동자료 흐름을 기재
(5)	활동자료	: 해당 연료 또는 원료 등에 대하여 적용 예정인 불확도 관리기준에 따른 산정등급(Tier)을 기재 [별표 13. 별표 14 참조]
(6)	순발열량	: 해당 연료 또는 원료 등에 대하여 적용 예정인 발열량의 산정등급(Tier)을 기재 [별표 13. 별표 14 참조]
(7)	산화계수	: 해당 연료 또는 원료 등에 대하여 적용 예정인 산화계수의 산정등급(Tier)을 기재 [별표 13. 별표 14 참조]
(8)	배출계수	: 해당 연료 또는 원료 등에 대하여 적용 예정인 배출계수의 산정등급(Tier)을 기재 [별표 13. 별표 14 참조] - 배출량 산정방법론에 따라 배출계수가 복수인 경우 "배출계수2~배출계수 N"까지 기재한다 (원료 등 탄소함량 분석항목도 포함)
(9)	예상배출량	: 해당 활동자료에 대한 예상 배출량을 기재한다 - 배출량을 예상할 수 없을 경우 최근연도 과거 배출량을 기재한다. (최근 과거 배출량을 기재할 경우 배출량 뒤에 괄호로 연도를 표시한다) (예시) 105.000 (2010)
(10)	비중(%)	: 해당 활동자료에 기인한 예상 배출량이 배출시설 총 배출량에서 차지하는 비중(%)을 기재한다 - 배출량을 예상할 수 없을 경우 최근연도 과거 배출량을 기재한다. (최근 과거 배출량을 기재할 경우 배출량 뒤에 괄호로 연도를 표시한다)
(11)	최상위 Tier 적용여부	: 별표14의 각 산정방법론에서 제시하는 최상위 산정등급(Tier) 적용여부를 체크한다.

7-2. 최소 산정등급 미 충족 사유 등 (해당할 경우에만 작성)

(1) 사업장정보	일련번호	사업장명		사업자등록번호	(2) 배출시설 정보	일련번호	시설코드	배출시설명	시설규모
									C

(3) 배출활동 정보		(4)	(12)	(13)	(14)	(15)	(16)
코드	배출활동명	활동자료 흐름 정보	매개변수	적용예정인 Tier	최소 산정등급	최소 산정등급(Tier) 미 충족사유	최소산정 등급 이상 적용사유 (가능한 경우에만 작성)
	기체연료연소	천연가스(F1)	활동자료	2	3		
	액체연료연소	B-C유(F2)	배출계수	1	2		

7-2. 최소 산정등급 미 충족 사유 등 작성방법

(1)	사업장 정보	: "1-2. 사업장 목록"에서의 사업장별 일련번호와 이에 따른 사업장명, 사업자등록번호를 기재
(2)	배출시설 정보	: "4. 배출시설별 활동자료의 측정지점 등"에 기재한 배출시설 정보와 일련번호를 기재 비고) 시설규모는 지침 별표 13에서 제시한 배출시설별 온실가스 배출량 규모(A,B,C)에 해당되는 등급을 기재한다
(3)	배출활동 정보	: "4. 배출시설별 활동자료의 측정지점 등" (4)에 기재한 배출시설별, 활동자료 흐름별 배출활동 이름과 코드[참고1]을 기재
(4)	활동자료 흐름 정보	: "4. 배출시설별 활동자료의 측정지점 등" (8)에 기재한 배출시설에 대한 세부 장치·기기(unit) 별 활동자료 흐름을 기재
(12)	매개변수	: 활동자료, 배출계수 등 매개변수명을 기재 (5)~(8)에서의 각 매개변수(활동자료 불확도, 산화계수, 순발열량, 배출계수 등)의 항목 리스트를 자동적으로 표시
(13)	적용예정인 Tier	: "7-1. 산정등급 적용계획 총괄" (5)~(8)에서 각 활동자료 흐름별 매개변수별로 기재한 적용 예정인 산정등급(Tier) 현황
(14)	최소산정등급	: 지침 별표 13~별표14에 따른 배출활동별 각 매개변수의 최소산정등급(Tier) 적용 기준
(15)	최소 산정등급 미 적용 사유	: (13)과 (14)를 비교하여 지침의 최소산정등급 적용 기준을 충족하지 못하는 이유를 서술(산정등급 적용기준 미달시에만 작성한다) ※ 세부 내용(예시) ① 지침 부칙 제5조 제1항의 중소기업에 대한 불확도 관리기준 적용 특례에 해당된다면 이를 서술 ② 해당 활동자료의 측정기기의 미설치, 주기적 정도검사 미실시 등의 사유를 서술 (이를 보완하기 위한 일정, 방법 등 서술) ③ 산정등급 적용에 관하여, 비 합리적인 비용의 증가, 기술적으로 불가능 한 점 등이 있을 경우 이를 서술
(16)	최소 산정등급 이상 적용사유	: (13)과 (14)를 비교하여, 지침의 최소산정등급 이상을 적용하는 이유를 서술 (가능한 경우에만 작성)

8 품질관리/품질보증(QA/QC) 활동

8-1. 해당 조직의 경영시스템 인증현황

(1) 일련번호	(2) 사업장 명	(3) 소량 배출 사업장 여부	(4) 품질경영시스템 (Quality Management System) 인증 여부	인증받은 규격의 이름 (ISO 9001 등)	(5) 환경경영시스템 (Environment Management System)인증 여부	인증받은 규격의 이름 (EMAS, ISO 14001 등)	(6) ___ 경영시스템 인증여부	인증받은 규격의 이름
01		Yes/No	□예 / □아니오		□예 / □아니오		□예 / □아니오	
02			□예 / □아니오		□예 / □아니오		□예 / □아니오	
03								
...								

8-1. 해당 조직의 경영시스템 인증 여부 작성방법

(1),(2) 일련번호, 사업장명	: "1-2. 사업장 목록"에서의 사업장별 일련번호와 이에 따른 사업장명을 기재
(3) 소량배출 사업장 여부	: 제11조 및 별표4호에 의한 소량배출 사업장 여부 기재(해당 사업장에 대해서는 1~3번 항목만을 기재할 수 있다) : 소량배출사업장에 해당하는 경우 "√"으로 표기
(4) 품질경영시스템 인증여부	: 해당 조직(사업장 또는 관리업체 전체)의 품질경영시스템 인증여부를 표시 (가능하다면 인증받은 규격 이름을 기재, ISO9001 등)
(5) 환경경영시스템 인증여부	: 해당 조직(사업장 또는 관리업체 전체)의 환경경영시스템 인증여부를 표시 (가능하다면 인증받은 규격 이름을 기재, ISO14001 등)
(6) 기타경영시스템 인증여부	: 해당 조직(사업장 또는 관리업체 전체)의 기타경영시스템 인증여부를 표시 (가능하다면 인증받은 규격 이름을 기재)

8-2. 해당 조직의 배출량 산정·보고 등 담당자 현황

(1) 일련번호	(2) 사업장 명	(3) 소량 배출 사업장 여부	(4) 소속 부서	(5) 담당자 (직책)	(6) 담당자별 역할	(7) 문서화된 근거 자료
	관리업체 총괄(법인)		총괄책임			
01		Yes/No	총괄			
02			총괄			
...			총괄			

8-2. 해당 조직의 배출량 산정·보고 등 담당자 현황 작성방법

(1).(2) 일련번호, 사업장명	: "1-2. 사업장 목록"에서의 사업장별 일련번호와 이에 따른 사업장명을 기재
(3) 소량배출 사업장 여부	: 제11조 및 별표4호에 의한 소량배출 사업장 여부 기재(해당 사업장에 대해서는 1~3번 항목만을 기재할 수 있다) : 소량배출사업장에 해당하는 경우 "√"으로 표기
(4).(5) 소속부서, 담당자	: 배출량 산정·보고 담당자 이름(직책)과 소속부서를 기재 (관리업체는 총괄 책임자, 사업장 수준에서는 각 사업장 담당자를 기재)
(6) 담당자별 역할	: 배출량 산정·보고 담당자별 세부 역할을 자유롭게 서술 ※ 세부역할은 지침의 별표26의 품질관리/품질보증(QC/QA) 업무의 세부 항목을 참고하여 기재할 수 있다. (가능할 경우 별표 26 각 항목에 대한 하위레벨의 세부 항목을 자유롭게 서술) ① 기초자료의 수집 및 정리 담당자 ② 배출량 산정과정의 적결성 확인 담당자 ③ 배출량 산정결과의 적결성 확인 담당자 ④ 배출량 보고의 적결성 확인 담당자 ⑤ 내부 감사(internal audit) 담당자 ⑥ 배출량 산정업무를 위탁한 경우 이에 대한 관리·감독 업무 담당자 (정보화시스템 등을 포함한다) ⑦ 품질보증 절차시 발견된 문제점, 리스크 등에 대한 수정 및 보완 업무 담당자 ⑧ 배출량 산정·보고 관련 자료의 기록관리 업무 담당자
(7) 비고(기타 정보)	: 해당 업무와 관련하여 이를 증빙할 수 있는 문서화된 자료명을 기재하고, 이행계획 제출시 이를 전자적 방식으로 제출한다

8-3. 품질관리(QC)/품질보증(QA) 업무 실시 계획

(1) 일련 번호	(2) 사업장 명	(3) 소량 배출 사업장 여부	(4) 품질관리(QC) 활동	(5) 품질보증(QA) 활동
	관리업체 총괄(법인)			
01		Yes/No		
02				
03				
...				

8-3. 품질관리(QC)/품질보증(QA) 업무 실시 계획 작성방법

(1).(2) 일련번호, 사업장명	: "1-2. 사업장 목록"에서의 사업장별 일련번호와 이에 따른 사업장명을 기재
(3) 소량배출 사업장 여부	: 제11조 및 별표4호에 의한 소량배출 사업장 여부 기재(해당 사업장에 대해서는 1~3번 항목만을 기재할 수 있다) : 소량배출사업장에 해당하는 경우 "√"으로 표기
(4) 품질관리 실시 계획	: 지침 별표 26에 해당하는 품질관리(QC) 업무 실시 계획을 간략하게 기재 (해당 월/분기 등)
(5) 품질보증 실시 계획	: 지침 별표 26에 해당하는 품질보증(QA) 업무 실시 계획을 간략하게 기재 (해당 월/분기 등)

9 | 사업장별 연차별 목표

9-1. 사업장별 연차별 목표

(1)	(2)	(3)		(4) 온실가스 감축목표(tCO₂eq)					(5) 에너지절약목표(TJ)					(6) 신·증설을 반영한 기준비출량 (tCO₂eq)	(7) 신·증설을 반영한 기준에너지 소비량(TJ)
일련번호	사업장명	기준연도		1차년도	2차년도	3차년도	4차년도	5차년도	1차년도	2차년도	3차년도	4차년도	5차년도		
		온실가스 (tCO₂eq)	에너지 (TJ)												
관리업체(대표법인) 감축 및 절약 목표															
01															
02															
03															
:															

9-1. 사업장별 연차별 목표 작성방법

(1),(2)	일련번호 및 사업장명	: "1-2. 사업장 목록"에서의 사업장별 일련번호와 이에 따른 사업장명을 기재
(3)	기준연도 비출량 등	: "2-1. 사업장별 온실가스 비출량 등 현황" (5)의 기준연도 온실가스 비출량 및 에너지소비량을 기재
(4),(5)	온실가스 감축목표량 및 에너지 절약목표량	: 관리업체의 연차별 온실가스감축목표(지침 제30조 제31조 규정에 따른 비출허용량을 기재) 및 에너지절약목표(지침 제34조 규정에 따른 에너지소비허용량을 기재)를 사업장별로 구분하여 기재 ※ 2차연도 이후의 목표는 관리업체의 자체 예상 값을 기재
(6),(7)	기준비출량, 기준에너지 소비량	: 신·증설을 반영하여 관장기관이 협상에 따라 설정한 기준비출량 항목을 기재

9-2. 사업장별 연차별 기타목표 (제33조에 해당될 경우에만 기재)

(1)	(2)	(3) 기준연도 기타목표				(4) 기타 목표1 (단위)					(5) 기타 목표2 (단위)				
일련번호	사업장명	[기타목표명 1] (단위)	[기타목표명 2] (단위)	환산 온실가스 배출량(tCO₂eq)	환산 에너지 소비량(TJ)	1차년도	2차년도	3차년도	4차년도	5차년도	1차년도	2차년도	3차년도	4차년도	5차년도
관리업체(대표법인) 감축 및 절약 목표															
01															
02															
03															
:															

9-2. 사업장별 연차별 기타목표 작성방법

(1),(2)	일련번호 및 사업장명	: "1-2. 사업장 목록"에서의 사업장별 일련번호와 이에 따른 사업장명을 기재
(3)	기준연도 기타목표	: 제33조(목표설정 및 관리 특례)에 따라 설정된 관리업체의 기타 목표명, 기타 목표를 온실가스 비출량(tCO2eq) 및 에너지 소비량(TJ)으로 환산한 값 기재
(4),(5)	기타 목표1, 2	: 제33조 제1항(다른 방식의 목표 설정) 및 제3항(폐기물 에너지 회수효율 목표)에 따라 기타 목표를 설정할 경우 해당하는 목표의 유형(단위) 및 목표값을 기재 ※ (참고) 에너지회수효율(%) = (에너지회수총량 / 투입에너지총량), 에너지이용효율(%) = 각종 제품생산 및 서비스제공 활동 단위 당 에너지사용량(제품원단위, 건물연적원단위, 매출원단위 등)

9-3. 일부 시설의 연차별 기타목표 (제33조에 해당될 경우에만 기재)

| (1) 시설정보 | | | (2) 해당 배출활동 | | (3) 해당 배출시설 | | (4) 기준연도 기타목표 | | | | (5) 기타 목표1 (단위) | | | | | (6) 기타 목표2 (단위) | | | | |
사업장	시설명	일련번호	코드[참고1]	배출활동명	코드[참고2]	배출시설명	[기타목표명1](단위)	[기타목표명2](단위)	환산 온실가스 배출량(tCO2eq)	기타목표 환산 에너지 소비량(TJ)	1차년도	2차년도	3차년도	4차년도	5차년도	1차년도	2차년도	3차년도	4차년도	5차년도

9-3. 일부 시설의 연차별 기타목표 작성방법

(1)	시설정보	: "1-2. 사업장 목록"에서의 사업장별 일련번호 및 사업장명과 시설명을 기재
(2), (3)	해당 배출활동, 배출시설	: 기타 목표를 설정한 특정 배출활동명 및 배출시설명 기재(참고1, 참고2의 코드명 기재)
(4)	기준연도 기타목표	: 제33조(목표설정 및 관리 독려)에 따라 설정된 관리업체의 기타 목표명, 기타 목표 온실가스(tCO2eq) 및 에너지(TJ)로 환산한 소비허용량 기재
(5), (6)	기타 목표1, 2	: 제33조 제1항(다른 방식의 목표설정) 및 제3항(폐기물 에너지회수효율 목표)에 따라 기타 목표를 설정할 경우 해당하는 목표의 유형(단위) 및 목표값을 기재 ※ (참고) 에너지회수효율(%) = (에너지회수총량 / 투입에너지총량), 에너지이용효율(%) = 각종 제품생산 및 서비스제공 활동단위 당 에너지사용량(제품원단위, 건물연적원단위, 매출원단위 등)

10 기존 배출시설의 가동률 등의 운영계획 등

(1) 사업장정보	일련번호	사업장명	사업자등록번호	(2) 업종 정보	표준산업 분류코드	해당 사업장의 부문 또는 업종	해당 부문·업종 감축계수(CF)

(3) 배출시설 코드	배출시설명	배출시설 규모	(4) 성장률 지표 (업종별 해당 지표만 선택)	기준연도(평균) 현황	(목표 이행연도-1)	증감 (%)	(목표 이행연도)	증감 (%)	(목표이행연도+1)	증감 (%)
		C	① 가동률							
			② 제품생산량							
			③ 기타 지표(직접 입력)							
			① 가동률							
			② 제품생산량							
			③ 기타 지표(직접입력)							

10. 배출시설별 가동률 등의 운영 계획 등 작성방법

(1)	사업장명 및 일련번호	: "1-2. 사업장 목록"에서의 사업장별 일련번호와 이에 따른 사업장명을 기재
(2)	업종정보	: 지침 제30조 규정에 따른 목표설정시 분류된 부문 또는 업종이름, 표준산업분류코드 및 해당 부문·업종의 감축계수를 기재 - 지침 제31조 규정을 적용받은 배출시설 또는 업종에 해당할 경우 인정계수(Ratio)를 기재
(3)	배출시설명 등	: 해당 배출시설이름과 배출시설코드[참고2], 지침 별표 13에 따라 분류된 배출시설 규모 (A,B,C)를 기재
(4)	성장률 지표	: 지침 제30조(또는 제31조) 규정에 따라 목표협의·설정시 분류된 해당 업종단위의 성장률 지표 (예상값) 등을 기재 (세부 근거 자료 등이 있을 경우 관련자료 첨부가능) ※ 용어 설명 및 단위 등 ① 가동률(%) : 해당 배출시설(공정) 수준에서 연간 작업가능시간 대비 당해 연도 실제 작업시간 또는 연간 생산가능량(capacity) 대비 당해 연도 실제 생산량을 의미한다. ② 제품생산량(천t) : 해당 배출시설의 연간 제품생산량 ③ 기타 지표 : 목표설정시 관장기관과 협의·설정한 기타 지표와 단위 등을 직접 입력
(5)	기준연도 및 목표이행연도 등	: 해당 업종단위의 성장률 지표(4)를 기준연도 평균(과거실적)과 목표이행년도-1, 목표이행연도, 목표이행연도+1에 해당하는 예상값을 기재 (세부 근거 등이 있을 경우 관련자료를 첨부가능) - "증감(%)"란에는 기준연도 대비 해당 연도의 증감율(%)을 기재

11 배출시설의 신설 및 증설 계획

11-1. 배출시설의 신설 및 증설계획

(1) 사업장 정보	일련번호	사업장명	사업자등록번호	(2) 업종 정보	표준산업 분류코드	해당 사업장의 부문 또는 업종	해당 부문·업종 감축계수(CF)

(3)			(4)	(5)	(6)	(7)	(8)	(9)			(10)									(11)
배출시설 코드	신·증설 예정인 배출시설명	배출시설 규모	가동개시 예정일	배출시 설 용량 (단위 기재)	세부 시설용량 (단위 기재)	일일 가동시간 (hr/day)	목표이행 연도 가동일수 (days)	방지시설 (선택)			투입량 및 생산량 정보									배출구 (굴뚝) 번호
								대상 가스	시설 이름	처리 효율 (%)	투입 연료 및 원료			생산 제품			기타			
											명칭	이행연 도 예상값	단위 [참고5]	명칭	이행연 도 예상값	단위 [참고5]	명칭	이행연 도 예상값	단위 [참고5]	

11-1. 배출시설의 신설 및 증설 계획 등 작성방법

(1)	사업장명 및 일련번호	: "1-2. 사업장 목록"에서의 사업장별 일련번호와 이에 따른 사업장명을 기재
(2)	업종정보	: 지침 제30조 규정에 따른 목표설정시 분류된 부문 또는 업종이름, 표준산업분류코드 및 해당 부문·업종의 감축계수를 기재 - 지침 제31조 규정을 적용받은 배출시설 또는 업종에 해당할 경우 인정계수(Ratio)를 기재
(3)	배출시설명 등	: 해당 배출시설이름과 배출시설코드[참고2], 지침 별표 13에 따라 분류된 배출시설 규모 (A,B,C)를 기재
(4)	가동개시 예정일	: 해당 신·증설 시설의 가동개시 예정일을 기재 (배출시설 설치허가 등을 참조)
(5)	배출시설의 용량	: 연료의 최대 투입량, 발전용량, 제품생산용량 등 배출시설 설치 허가증 등 설계된 시설용량을 기재. 단 미립은 미립용량을 기재 (단위 포함)
(6)	세부 시설용량	: 연료명(코크스, 무연탄 등) 배출시설 설치 허가증 등에 기재된 추가적인 시설용량정보를 기재 (선택사항)
(7)	일일 가동시간	: 신·증설 예정인 배출시설의 설계상 일일 가동시간을 기재
(8)	목표이행연도 가동일수	: 해당 신·증설 시설의 목표이행연도에 연말까지 운영예정인 연간 가동일수를 기재
(9)	방지시설 정보(선택)	: 해당 신·증설 시설에 방지시설을 설치할 경우 처리하는 온실가스의 공류(CO2, CH4, N2O, [참고3]의 불소계 온실가스 명을 기재), 세부방지시설 이름과 처리효율(%)을 기재
(10)	투입량 및 생산량 정보	: 해당 신·증설 시설의 투입원료 및 연료, 생산제품, 기타(폐기물 처리예상량, 연면적, 주행거리 등) 등의 이행연도 예상값을 기재. 단위는 [참고5]를 참조
(11)	배출구(굴뚝) 정보	: Tier 4(연속측정방법)을 이용하여 배출량을 산정하는 경우 신증설 배출시설과 연결된 배출구(굴뚝) 번호를 기재

11-2. 배출시설의 폐쇄 계획

(1)		(2)	(3)	(4)	(5)	(6)	(7)			(8)									(9)
배출시설코드	폐쇄 배출시설명	배출시설 규모	폐쇄 예정일	배출시설 용량 (단위 기재)	세부 시설용량 (단위 기재)	일일 가동시간 (hr/day)	목표이행 연도 가동일수 (days)	방지시설 (선택)			투입량 및 생산량 정보								배출구 (굴뚝) 번호
								대상 가스	시설 이름	처리 효율 (%)	투입 연료 및 원료			생산 제품			기타		
											명칭	이행년도 예상값	단위 [참고5]	명칭	이행년도 예상값	단위 [참고5]	명칭	이행년도 예상값	단위 [참고5]	

11-2. 배출시설의 폐쇄 계획 작성방법

(1)	폐쇄 배출시설명 등	: 해당 배출시설이름과 배출시설코드[참고2], 지침 별표 13에 따라 분류된 배출시설 규모 (A,B,C)를 기재
(2)	폐쇄 예정일	: 해당 시설의 폐쇄 예정일을 기재
(3)	배출시설의 용량	: 연료의 최대 투입량, 발전용량, 제품생산용량 등 배출시설 설치 허가증 등 설계된 시설용량을 기재. 단 미정은 미정용량을 기재 (단위 포함)
(4)	세부 시설용량	: 연료명(코크스, 무연탄 등) 배출시설 설치 허가증 등에 기재된 추가적인 시설용량정보를 기재 (선택사항)
(5)	일일 가동시간	: 신·증설 예정인 배출시설의 설계상 일일 가동시간을 기재
(6)	목표이행연도 가동일수	: 해당 신증설 시설의 목표이행연도에 연말까지 운영예정인 연간 가동일수를 기재
(7)	방지시설 정보(선택)	: 해당 신증설 시설에 방지시설을 설치할 경우 처리하는 온실가스의 종류(CO2, CH4, N2O, [참고3]의 불소계 온실가스 명을 기재), 세부방지시설 이름과 처리효율(%)을 기재
(8)	투입량 및 생산량 정보	: 해당 신증설 시설의 투입원료 및 연료, 생산제품, 기타(폐기물 처리량, 연연적, 주행거리 등) 등의 이행연도 예상값을 기재. 단위는 [참고5]를 참조
(9)	배출구(굴뚝) 번호	: Tier 4(연속측정방법)을 이용하여 배출량을 산정하는 경우 신증설 배출시설과 연결된 배출구(굴뚝) 번호를 기재

12 배출시설별 온실가스 감축목표 등의 이행계획

① 사업장정보	일련번호	사업장명	사업자등록번호	ⓒ 업종 정보	표준산업 분류코드	해당 사업장의 부문 또는 업종	해당 부문·업종 감축계수(CF)

(3)			(4) 기준연도 현황		(5) 목표 이행연도의 감축계획		(6) 목표 이행연도 기대효과(예상)			(7) 목표 이행연도 투자계획		
배출시설 코드	배출시설명	배출시설 규모	온실가스 (tCO₂eq)	에너지소비 (TJ)	코드 [참고7]	세부 감축조치 명	온실가스 감축효과 (tCO₂eq)	에너지 절약효과 (TJ)	에너지 비용절감액 (백만원)	자체 투자 (백만원)	정부 지원 (백만원)	합계 (백만원)
		B										

12. 배출시설별 온실가스 감축목표 등의 이행계획 작성방법

(1)	사업장명 및 일련번호	: "1-2. 사업장 목록"에서의 사업장별 일련번호와 이에 따른 사업장명을 기재
(2)	업종정보	: 지침 제30조 규정에 따른 목표설정시 분류된 부문 또는 업종이름, 표준산업분류코드 및 해당 부문·업종의 감축계수를 기재 - 지침 제31조 규정을 적용받은 배출시설 또는 업종에 해당할 경우 인정계수(Ratio)를 기재
(3)	배출시설명 등	: 해당 배출시설이름과 배출시설코드[참고2], 지침 별표 13에 따라 분류된 배출시설 규모 (A,B,C)를 기재
(4)	기준연도 현황	: "2. 사업장별 온실가스 배출량 등 현황" (5)에서 작성한 기준연도 배출량 등을 기재
(5)	목표 이행연도의 감축계획	: [참고7]의 감축수단 코드를 참고하여, 목표이행연도에 해당 배출시설(공정)에서 실시 계획인 감축조치 이름을 기재. (참고7에 코드가 없는 경우일 경우 직접기재)
(6)	목표 이행연도의 기대효과	: (5)의 해당 감축수단별로 해당 배출시설(공정)에서의 목표이행연도의 예상 감축량 (온실가스 및 에너지)과 에너지비용절감 예상액을 기재 (감축수단별로 기대효과를 예상하기 못할 경우 해당 배출시설 합계로 작성 가능)
(7)	목표 이행연도의 투자계획	: (5)의 해당 감축수단별로 투자금액을 기재 (자체 투자, 정부지원금(융자 포함)을 구분하여 작성)

13 개선명령에 따른 이행계획

(1) 개선명령	(2) 조치계획

13. 개선명령에 따른 이행계획 작성방법

(1)	개선명령	: 이행계획 작성 전년도의 이행실적에 대해 관장기관에서 내린 개선명령 기재 (첨부가능)
(2)	조치계획	: 개선명령에 대한 조치계획 기재(개선계획, 구체적인 일정, 소요 비용 등 포함)

14 이행계획 작성 관련 기타사항

(1)	일련번호	사업장명	사업 자등록번호

번 호	(2) 해당 이행계획 서식명	(3) 항 목	(4) 세부 내용
1			
2			
3			

14. 이행계획 작성 관련 기타사항 작성방법

(1)	사업장명 및 일련번호	: "1-2. 사업장 목록"에서의 사업장별 일련번호와 이에 따른 사업장명, 사업자등록번호를 기재
(2)	해당 이행계획 서식명	: 기타사항이 있는 이행계획 서식의 번호와 서식명을 기재
(3)	항목	: 해당 이행계획 서식의 항목을 기재
(4)	세부 내용	: 해당 이행계획의 기타사항 세부 내용을 기재

이행계획서 작성 참고자료

[참고 1] 배출활동 코드

코드	배출활동명	코드	배출활동명	코드	배출활동명
1001	고체연료연소	4001	시멘트 생산	5001	고형폐기물의 매립
1002	기체연료연소	4002	석회 생산	5002	고형폐기물의 생물학적 처리
1003	액체연료연소	4003	탄산염의 기타 공정사용	5003	하수처리 및 배출
		4011	석유정제활동(수소제조)	5004	폐수처리 및 배출
2001	이동연소(항공)	4012	석유정제활동(촉매재생)	5005	폐기물의 소각
2002	이동연소(도로)	4013	석유정제활동(코크스제조)		
2003	이동연소(철도)	4014	암모니아 생산	6001	간접배출(외부전기사용)
2004	이동연소(선박)	4015	질산 생산	6002	간접배출(외부열사용)
3001	석탄의 채굴 및 처리	4016	아디프산 생산		
3002	원유 및 천연가스 시스템	4017	카바이드 생산	7001	기타
		4018	소다회 생산		
		4019	석유화학제품생산		
		4020	불소화합물생산(HCFC-22 생산)		
		4021	철강생산		
		4022	합금철 생산		
		4023	아연생산		
		4024	납생산		
		4025	전자산업(반도체)		
		4026	전자산업(디스플레이)		
		4027	전자산업(광전지)		
		4029	오존층파괴물질의 대체물질 사용		
		4030	오존층파괴물질의 대체물질 사용(전기설비)		
		4031	이산화티탄 생산		

[참고 2] 배출시설 코드

코드	배출시설명	코드	배출시설명	코드	배출시설명
0000	사업장 전체	0030	사료화·퇴비화·소멸화·부숙토생산 시설	0060	전기로(전기아크로)
0001	개질공정	0031	소각보일러	0061	전로
0002	건축물	0032	소결로	0062	전해로
0003	고속차량(철도)	0033	소성시설(kiln)	0063	절연제 사용 시설
0004	공공하수처리시설	0034	소화약제 사용 시설	0064	증착시설
0005	공정 연소시설	0035	수상항해 선박(국내 운항)	0065	질산 제조 시설
0006	관리형매립시설	0036	수소제조 공정	0066	차단형 매립시설
0007	기타	0037	승용자동차	0067	천연 소다회 생산 공정
0008	기타로	0038	승합자동차	0068	촉매재생공정

코드	시설명	코드	시설명	코드	시설명
0009	기타 불소화합물 생산 공정	0039	식각시설	0069	축산폐수공공처리시설
0010	기타 선박	0040	아디프산 생산 시설	0070	카본블랙 생산 시설
0011	기타 자동차(비도로)	0041	아연제련공정	0071	칼슘카바이드 제조 시설
0012	기타 항공기	0042	아크릴로니트릴 생산 공정	0072	코크스 제조 공정
0013	기타 하·폐수 처리시설	0043	암모니아 소다회 제조시설	0073	코크스로
0014	냉동 및 냉방용 냉매 사용 시설	0044	약품회수시설	0074	특수자동차
0015	대기오염물질 방지시설	0045	어선	0075	특수차량
0016	디젤기관차	0046	에어오졸 용매사용 시설	0076	특정폐기물 소각시설
0017	디젤동차	0047	에틸렌 옥사이드 생산 공정	0077	평로
0018	메탄올 생산 공정	0048	열병합 발전시설	0078	폐가스소각시설
0019	메탄화 공정	0049	염화비닐 모노머 생산 공정	0079	폐수소각시설
0020	민간항공기(국내 운항)	0050	온실가스 기타 사용 시설	0080	폐수종말처리시설
0021	발전용 내연기관	0051	용선로 또는 제선로	0081	호기성·혐기성 분해시설
0022	발포제 사용 시설	0052	용융·용해시설	0082	화력 발전시설
0023	배소로	0053	이륜자동차	0083	화물자동차
0024	배연탈황시설	0054	일관제철 공정	0084	CO_2 제거 및 회수공정
0025	변성공정	0055	일반 보일러시설	0085	HCFC-22 생산 공정
0026	분뇨처리시설	0056	일반폐기물 소각시설	0086	철도수송시설
0027	비닐 클로라이드 모노머 생산 공정	0057	적출물 소각시설	0091	소규모배출시설
0028	비도로 및 기타 자동차	0058	전기기관차	0098	사업장단위전력사용시설
0029	비에어로졸 용매사용 시설	0059	전기동차	0099	소량 배출사업장

[참고 3] 온실가스(지구온난화 지수)

코드	온실가스 명	화학식	GWP	코드	온실가스 명	화학식	GWP
01	이산화탄소	CO_2	1	13	HFC-143a	$C_2H_3F_3$	3,800
02	메탄	CH_4	21	14	HFC-227ea	C_3HF_7	2,900
03	아산화질소	N_2O	310	15	HFC-236fa	$C_3H_2F_6$	6,300
04	HFC-23	CHF_3	11,700	16	HFC-245ca	$C_3H_3F_5$	560
05	HFC-32	CH_2F_2	650	17	PFC-14	CF_4	6,500
06	HFC-41	CH_3F	150	18	PFC-116	C_2F_6	9,200
07	HCF-43-10mee	$C_5H_2F_{10}$	1,300	19	PFC-218	C_3F_8	7,000
08	HFC-125	C_2HF_5	2,800	20	PFC-318	$c-C_4F_8$	8,700
09	HFC-134	$C_2H_2F_4$	1,000	21	PFC-31-10	C_4F_{10}	7,000
10	HFC-134a	CH_2FCF_3	1,300	22	PFC-41-12	C_5F_{12}	7,500
11	HFC-152a	$C_2H_4F_2$	140	23	PFC-51-14	C_6F_{14}	7,400
12	HFC-143	$C_2H_3F_3$	300	24	육불화황	SF6	23,900

* GWP(Global Warming Potential): 지구온난화 지수. * 출처: IPCC 2차 평가보고서

코드	활동자료명	코드	활동자료명	코드	활동자료명
01	생활폐기물	36	부탄	71	수피
02	일반사업장폐기물	37	기타석유제품(기타)	72	유기성폐기물 형태
03	지정폐기물	38	기타액체연료	73	폐목재
04	고형 폐기물 연료(RDF 등)	39	국내무연탄	74	펄프 및 제지
07	석유코크(고체)	40	수입무연탄	75	동/식물성 기름
08	폐기물 소각열	41	원료용 유연탄	76	음식물쓰레기
09	공정폐열	42	연료용 유연탄	77	축산분뇨
10	처리대상물질(유형)	43	하위 역청탄(아역청탄)	78	하수슬러지 등
11	원유	44	갈탄	79	해조류, 조류
12	오리멀전	45	코크스	80	수생식물 등
13	천연가스액	46	기타 고체연료	81	바이오에너지
14	휘발유	47	LNG(차량)	82	생물유기체 변환형태
15	항공용 가솔린	48	CNG(차량)	83	바이오가스
16	제트용 가솔린(JP-8)	49	LPG(차량)	84	바이오에탄올
17	제트용 등유(JET A-1)	51	천연가스(LNG)	85	바이오액화유 및 합성가스
18	실내 등유	52	코크스가스	86	매립지가스(LFG)
19	혈암유	53	고로가스	87	바이오디젤
20	가스/디젤 오일(경유)	54	전로가스	88	땔감
21	보일러등유	55	도시가스(LNG)	89	우드칩
22	액화석유가스(LPG)	56	도시가스(LPG)	90	목탄
23	에탄	57	부생연료 1호	91	폐기물에너지 중 바이오매스 부문
24	나프타(납사)	58	부생연료 2호	92	RDF
25	역청(아스팔트)	59	기타 기체연료	93	RPF
26	윤활유	61	전기	94	폐기물 유화/가스화 등
27	석유 코크스(석유코크)	62	스팀	95	폐기물 유화/가스화 등(화석연료)
28	정유공장 원료(정제연료)	63	기타연료	96	RPF(화석연료)
29	정유가스(정제가스)	64	바이오매스	97	RDF(화석연료)
30	접착제(파라핀왁스)	65	농업작물(유채, 옥수수 등) 형태	98	제품
31	백유(용제)	66	농임산부산물 형태	99	원료
32	B-A유	67	간벌목		
33	B-B유	68	볏짚		
34	B-C유	69	왕겨		
35	프로판	70	건초		

코드	단위	코드	단위	코드	단위	코드	단위
02	kl	27	$tCO_2/1,000\,m^3$	59	℃	84	tCO_2/GJ
03	kW	29	kg/TJ	60	gCH_4/kg	85	tCO_2/MWh
04	$ton-C/1,000\,m^3$	30	원(\\)	61	gN_2O/kg	86	tCO_2/t
05	천m^3	31	달러($)	62	gN_2O/t	87	tCO_2/TJ
06	$TJ/t-NH_3$	32	명	63	kg/kWh	88	TJ/kl
07	$ton-C/TJ$	33	ton·km	64	kg/LTO	89	TJ/Nm^3
08	kgN_2O/t	40	MJ	65	kg/m	90	TJ/t
09	$ton-C/t$	41	TJ/GWh	66	kg/tfuel	91	tN_2O/TJ
10	ton	42	TJ/1,000,000m3	67	$kgCH_4$	92	대
11	kg/unit	43	천ton	68	$kgCH_4/GJ$	93	Mwh
12	kg/m^3	44	ft^2	69	$kgCH_4/kgBOD$	94	L
13	kg/L	45	TJ/Gg	70	$kgCH_4/MWh$	95	m^3
14	$1,000\,m^3$	46	MJ/kg	71	$kgCH_4/t$	96	kg
15	$ton-C/GJ$	47	MJ/L	72	kgN_2O/GJ	97	시간(h)
16	km	48	MJ/Nm^3	73	kgN_2O/MWh	98	회
17	$ton-c/m^3$	49	MJ/kWh	74	kgN_2O-N/kgN	99	GJ
18	$kg/kg-mole$	50	kgGHG/TJ	75	km/대		
19	천개	51	KVA	76	m^2		
20	kg/hour	52	Gkcal	77	mgBOD/L		
21	m^3	53	Gkcal/h	78	mgCOD/L		
22	km^2	54	ton/h	79	mgN/L		
23	g/kWh	55	m^3/h	80	$TJ/1,000\,m^3$		
24	kWh	56	kcal/h	81	ppm		
25	$kg-C/GJ$	57	%	82	$tCH_4/tCOD$		
26	kg/kg	58	0~1 사이	83	tCH_4/TJ		

[참고 6] 저감수단 코드

구분	대분류	중분류	세부 개선내용	코드
연소설비	로, 오븐 및 직화연소	운전방법개선	Steam설비 운전 시 압력 제어 실시	1111
			설비 통폐합을 통한 부하율 개선	1112
			최적연소를 위한 연소공기량 조정	1113
			로의 2차 연소공기 제한 및 제어	1114
			배기가스 중 가연성가스 감소(불완전연소방지)	1115
			계측설비 보강을 통한 연소제어 능력 개선	1116
			설비의 공운전 방지(예열시간 조정 등)	1117
			운전대수 조정을 통한 고부하율 운전	1118
			연소 및 가열대 패턴 최적화	1119
		설비개선	단열재를 사용한 가열/냉각 용이	1121
			장입구 최소화 또는 자동 덧문 설치	1122
			연도 자동댐퍼 설치	1123
			직화설비를 스팀가열방식으로 교체	1124
			순산소연소 버너로 전환	1125
			Recuperator 내장형, 축열식 버너 설치	1126
			노후설비 대체를 통한 효율 제고	1127
			폐열을 이용한 연소용 공기예열/온수생산	1128
		기타	로, 보일러 등에 단열이 미흡한 곳 보완	1191
			로, 오븐의 문을 개선하여 효율적 밀폐	1192
			기타 직화설비 개선	1199
	보일러	운전방법개선	설비 통폐합을 통한 부하율 개선	1211
			고부하 연소 상태로 운전(운전대수 조정 등)	1212
			연소 흡입구에 고온의 공기를 직접 투입	1213
			적정공기비 유지를 위한 배기가스 분석	1214
			배기가스 중 가연성가스 감소(불완전연소방지)	1215
			과도한 블로우다운 감소(관수연속배출설비 설치)	1216
			급수처리 강화로 블로우다운 최소화	1217
			계측설비 보강을 통한 연소제어 능력 개선	1218
			적정 증기압 및 증기건도 유지	1219
		설비개선	노후버너를 효율이 높은 버너로 교체	1221
			난류형성용 Turbulator 설치	1222
			소용량 적정 규모 보일러 설치(고부하 운전비율 증대)	1223
			노후 보일러 교체를 통한 효율 제고	1224
			블로우다운수를 이용하여 보일러 급수 예열	1225
			배기가스 폐열을 이용하여 연소공기 예열	1226
			배기가스 열을 이용하여 보일러 급수 예열	1227
			급기팬 인버터 적용	1228
			노후수관, 연관 교체 및 보완	1229
		기타	보일러 튜브 청결 유지(세관 및 청결제)	1291
			기타 보일러 개선	1299

연소설비	에너지원 전환	전력-화석 연료 간 전환	전력설비를 유류연료사용 설비로 대체	1311
			전력설비를 가스연료사용 설비로 대체	1312
			화석연료사용설비를 전기사용설비로 대체	1313
			가스흡수식 냉방기를 전기 냉방기로 대체	1314
		화석연료 간 연료대체	보다 저렴한 연료 연소	1321
			유류연료를 가스연료로 전환	1322
			유류연료를 고체연료로 전환	1323
			가스연료를 유류연료로 전환	1324
			가스연료를 고체연료로 전환	1325
			유류연료를 목재연료로 전환	1326
			유류연료를 폐기물 연소로 전환	1327
			온실가스 발생이 적은 친환경 연료로 전환	1328
			부생가스/부생연료유 활용	1329
		증기 대체	구입증기를 전기 가열로 대체	1331
			구입증기를 다른 에너지원으로 대체	1332
			직스팀사용을 간접가열방식으로 전환	1333
			진공용 증기 이젝터를 전기구동 진공펌프로 교체	1334
		기타	폐연료 회수이용을 위한 설비 설치	1391
			기타 에너지원 전환	1399
증기시스템	증기시스템	트랩류	증기트랩 설치	2111
			적정크기 트랩 사용	2112
			트랩 수리 및 교체	2113
			미 사용 시에 증기트랩 차단	2114
			배관말단 자동 Air Vent장치 설치로 손실저감	2115
		응축수	응축수 회수량 증대	2121
			응축수라인 단열 및 보수	2122
			급수탱크 단열	2123
			응축수 회수라인에 탈기기를 설치	2124
			대기압 이하에서 복수(Surface Condenser)	2125
			응축기(증기) 작동압력 적정화	2126
			재증발증기 회수 활용 또는 저압증기 생산	2127
			증기응축수로 공정용 온수 공급	2128
			증기압을 이용한 응축수 회수(전력절감)	2129
		증류 등 증기설비	증류탑의 효율적 운전	2131
			증류설비 개체	2132
			초지설비 개선	2133
			염색설비 개선	2134
			농축설비 개선	2135
			가온 탱크류 개선	2136
			MVR 설치로 탑정증기 활용개선	2137
			딥징스팀을 Reboiler 열원으로 활용	2138
			기타 증기사용설비 개선	2139

증기시스템	증기시스템	운전방법 개선	다단 진공 steam 이젝터 운전 최적화	2141
			과도한 추기 지양	2142
			최소 증기 운전 압력 사용	2143
			연료 분무에 증기 대신 압축공기를 사용	2144
			증기 대신 열매체로 대체	2145
			계측설비 보강을 통한 제어 능력 개선	2146
			Tracing 관리 체계화로 손실 저감	2147
			Drive Steam Turbine 도입으로 감압방법 개선	2148
		유지보수	공정 탱크의 증기코일 청소	2151
			불필요한 증기라인 폐쇄	2152
			증기 및 온수라인 단열	2153
			증기 누설 제거	2154
			적정구경 배관교체를 통한 손실 최소화	2155
			밸브, Flange 등 커버형 보온재 설치	2156
		기타	개방형 탱크 Vent 증기 열회수	2191
			기타 증기시스템 개선	2199
열사용 (냉/온)설비	가열 및 열처리	가열설비	최적온도 이용	3111
			안전범위 내 최소환기	3112
			액체히터를 수중 가열방식으로 전환	3113
			온도 제어 차단에 있어 민감도 향상	3114
			계측설비 보강을 통한 제어 능력 개선	3115
			설비 통폐합을 통한 부하율 개선	3116
			노후설비 교체를 통한 효율 제고	3117
		열처리 개선	설계사양 또는 기준에 요구되는 부품만 열처리	3121
			중요치 않은 자재의 열처리 최소화	3122
			열처리 오븐을 보다 효율적인 장치로 대체	3123
		기타	반응기 투입 공기를 순산소로 대체	3191
			기타 가열방식 개선	3199
	열 회 수	배기가스 열회수	배기가스 폐열을 이용하여 연소공기 예열	3211
			배기가스 열을 이용하여 보일러 급수 예열	3212
			고온 배기가스열을 이용하여 Incinerator 폐기물 예열	3213
			폐열보일러 설치로 증기 또는 동력 생산	3214
			고온 배기가스로부터 폐열을 이용하여 증기 발생	3125
			배기가스열을 이용하여 제품이나 원료 예열	3126
			배기가스열을 이용하여 공정수 등 예열	3127
			배기가스로부터 폐열을 회수하여 공조용 공기 가열	3128
			난방 및 오븐 등의 방열기에 배기가스 이용	3219
		특정설비 열회수	변압기 열회수 공정활용	3221
			오븐/킬른 배출가스 열회수 활용	3222
			엔진 배출가스 열회수 활용	3223
			공기압축기 열회수 활용	3224
			압축공기 Dryer 열회수 활용	3225
			냉동 응축기 열회수 활용	3226
			건조기의 열회수 활용	3227

열사용 (냉/온)설비	열 회 수	공정여 열회수	공정 폐열로 보일러 보충수 예열	3231
			폐열로 연소용 공기 예열	3232
			가열 또는 냉각 공정 배출공기 재이용	3233
			공정폐열 및 고온 공정 Stream을 이용하여 Feed 예열	3234
			배증기 열회수 재이용	3235
			열교환기를 통한 고온 폐수열 회수	3236
			고온자재 냉각에 사용한 냉각공기 이용 난방	3237
			Heat Pump 설치를 통한 폐수열 회수	3238
		기타	계측설비 보강을 통한 제어 능력 개선	3291
			열교환기 세관을 통한 효율 향상	3292
			노후설비 교체를 통한 효율 제고	3293
			전열면적 확대를 통한 열전달 효율 증대	3294
			기타 열회수	3299
	보온 및 열차단	보온단열	미보온 설비의 보온	3311
			단열두께 증대	3312
			경제적인 최적 두께로 보온 보완	3313
			공조구역 가열방지를 위한 증기배관 단열	3314
			가열 또는 냉각 설비 단열	3315
		기밀유지	장입구 최소화 또는 탈착식 덧문 설치	3321
			폭발위험 방지 위한 최소공기량만 사용	3322
		기타	기타 열차단 개선	3399
	냉동, 냉각	냉각탑	냉각탑 출구 온도 적정화	3411
			냉수(냉동기) 대신 냉각수(냉각탑)를 이용	3412
			냉각수 수처리 강화 및 비산수 억제	3413
			콘덴서 튜브 청소	3414
			노후설비 개체를 통한 효율 제고	3415
			냉각수 온도제어용 바이패스 밸브 설치	3416
		냉동시스템	냉동 시스템(응축)을 낮은 압력에서 운전	3421
			기존 냉동기를 고효율 모델로 대체	3422
			응축기 냉각수 온도를 최소화	3423
			가능한 범위 내 냉수 최고 온도로 사용	3424
			증발기 성에 형성(Frost Formation) 방지	3425
			다중효용(Multiple-Effect) 증발기 이용	3426
			흡수식 냉온수기 도입	3427
			흡수식 냉온수기 공기비 조정으로 연소개선	3428
			노후설비 교체를 통한 효율 제고	3429
		외부열원활동	동절기 냉각공정에 외기사용 가능 시 냉각수 차단	3431
			외부의 차가운 수원을 이용하여 냉각수 대체	3432
			폐승기(Waste Heat)를 이용하여 흡수식 냉농	3433
			냉 폐수를 이용하여 냉동기 급수 예냉	3434

열사용 (냉/온)설비	냉동, 냉각	기타	과냉각을 막기 위해 추운 기간 동안 다단계 재순환 이용	3491
			계측설비 보강을 통한 제어 능력 개선	3492
			적정구경 배관교체를 통한 손실 최소화	3493
			냉매 수분 및 응축가스 제거로 효율 제고	3494
			기타 보다 효율적인 냉각방법 활용	3499
	건조	건조일반	공조공기(Conditional Air) 대신에 외기를 사용하여 건조	3511
			유동층 건조방식 도입	3512
			건조기의 배기 부분 재순환	3513
			진공압력에서 건조하도록 개선	3514
			건조 전처리 설비로 농축기/탈수기 등 투입원료 수분 최소화	3515
		기타	기타 건조 및 농축방식 개선	3599
전력시스템	수요관리	열에너지 저장	피크시간을 피하여 물을 가열·저장하고 나중에 사용	4111
			피크수요 기간 동안 사용에 대비하여 온수/냉수 저장(수축열)	4112
			피크시간을 피하여 얼음 제조 후 냉각용으로 사용(빙축열)	4113
		공정 Scheduling	피크를 피하기 위한 Demand Control 또는 가동스케줄 조정	4121
			오프피크 사간대에 전력 사용	4122
			1~2교대 대신 3~4교대 근무운영을 도입	4123
			주간근무를 야간근무로 전환	4124
		역률	역률제어기 사용	4131
			진상용 콘덴서 설치를 통한 역률 개선	4132
			공장 역률 최적화 조정	4133
		기타	심야전기 도입을 통한 피크부하 관리	4191
			가스흡수식 냉방기 및 GHP 등 가스냉방을 통한 전력 피크 부하 관리	4192
			기타 전력수요관리 개선	4199
	발전	발전일반	직류설비를 교류설비로 대체	4211
			효율적인 정류기 설치	4212
			고효율 터빈으로 교체	4213
			증기 감압을 이용해 전력 생산	4214
			기존의 댐을 이용해 전력 생산	4215
			부생가스 등을 활용한 자체발전설비 도입	4216
			과도한 추기 지양	4217
		열병합발전	전기모터를 Drive터빈으로 대체하고, 배증기 활용	4221
			폐열로 스팀터빈 발전기 구동하기 위한 증기생산	4222
			화석연료 연소를 이용 스팀터빈 발전기 구동 및 배증기 활용	4223
			폐기물 연소를 이용 스팀터빈 발전기 구동 및 배증기 활용	4224
			화석연료 연소를 이용 스팀엔진 발전기 구동 및 배증기 활용	4225
			가스터빈 배기에 연결된 폐열 보일러에서 복합발전	4226
			Closed Cycle 가스터빈 발전기에 폐열 이용	4227
			증기터빈 복수기 잠열회수 활용	4228
		기타	기타 발전개선	4299

대분류	중분류	소분류	세부내용	코드
전력시스템	수변전	수변전일반	변압기 과용량 축소(초기부하 및 부하증대 고려)	4311
			방열손실 저감을 위한 전선의 부하 경감	4312
			배전손실을 감소시키기 위해 전선 사이즈 증대	4313
			변압기 조정 및 절전기 설치를 통한 공급전압조정	4314
			설비 통폐합을 통한 부하율 개선	4315
			노후 변압기 교체를 통한 효율 제고(몰드, 아몰퍼스)	4316
			다단강압을 직강압으로 대체하여 변압기 손실 최소화	4317
		기타	기타 수변전 개선	4399
모터시스템	모터	운전방법개선	효율적인 벨트와 개선된 메커니즘 등을 사용	5111
			구동방해요소를 제거하기 위해 Soft−Start 설치	5112
			부하율이 낮은 모터에 전압 제어기 설치	5113
		설비개선	과용량 모터와 펌프를 최적용량으로 교체	5121
			Peak 운전효율에 맞는 전기 모터 도입	5122
			고효율의 전동기로 교체	5123
	모터	설비개선	전기모터를 화석연료 또는 증기 구동으로 대체	5124
			인버터를 사용하여 펌프, 블로어, 압축기 부하변화에 대응	5125
			모터 전기 설치	5126
			에너지절약형 유체커플링 도입	5127
		기타	기타 모터설비 개선	5199
	공기압축기	운전방법개선	압축공기 압력을 최소 필요 압력으로 감압	5211
			압축공기가 불필요한 라인은 폐쇄하거나 제거	5212
			압축공기라인이나 밸브의 leak 제거	5213
			압축공기이용 냉각 방식을 물이나 공기 냉각 방식으로 대체	5214
		설비개선	흡입공기를 냉각하거나 흡입구를 서늘한 곳으로 이동	5221
			공기라인에 적정한 Dryer를 설치하여 블로어 다운 제거	5222
			안전관련시스템에는 압축공기 대신 직접작동기기를 설치	5223
			압축기 제어방식 개선	5224
			공통 Header 설치	5225
			최적용량의 압축기 사용	5226
			압축기 공기 필터 사용	5227
			노후설비 교체를 통한 효율 제고	5228
모터시스템		기타	적정구경 배관교체를 통한 손실 최소화	5291
			기타 공기압축기 개선	5299
	모터구동 설비	운전방법개선	기계적 에너지 회수	5311
			필요 최소압력으로 운전	5312
			적정양정에 맞도록 토출량 제어하여 과다양정 지양	5313
		설비개선	노후 설비 Upgrade	5321
			효율적인 대용품 사용 및 대체	5322
			크기와 용량이 최적인 설비 사용	5323
			수력/공기 설비를 전기 설비로 대체	5324
			컨베이어 설비 보완	5325
			모터 절전기 설치	5326

모터시스템	모터구동 설비	설비개선	인버터 설치를 통한 회전수 제어 도입	5327
			간헐 저부하에 역률개선장치 채용	5328
			임펠러 외경가공 또는 교체 및 풀리교체 등으로 적정용량화	5329
		기타	기타 모터구동설비 개선	5399
건물/조명 /공조	조명	조명 관리	최소 안전 수준까지 조도 감소	6111
			인공조명 대신에 자연채광 이용	6112
			조명회로 분리를 통한 구역별 점등	6113
		설비개선	천장이 높을 경우 조명설비 낮추기	6121
			고효율 조명기기 사용	6122
건물/조명 /공조	조명	설비개선	절전형 전자식 안정기로 교체	6123
			보다 효율적인 조명원 이용	6124
			고조도반사갓 설치로 전구수를 감축	6125
		제어 및 소등	구역 조명 스위치 추가	6131
			거의 사용하지 않는 구역의 조명에 타임스위치 설치	6132
			근접 센서 또는 자연광 센서 설치	6133
			관리계획 수립을 통한 불필요개소 소등	6134
		기타	기타 조명개선	6199
건물/조명 /공조	공기조화	운전방법개선	동절기는 온도를 낮추고 하절기는 온도를 올림	6211
			사용공간 및 최소필요 공간만 냉난방	6212
			작업시간 외에는 냉난방 감축	6213
			Warm−Up/Cool−Down 주기에는 외부 공기 댐퍼 차단	6214
			컴퓨터 프로그램을 이용하여 공조 성능 최적화	6215
			공기조화 열교환기에 냉수 대신 냉각수 사용	6216
			고온다습한 오염 공기의 공조시스템 유입을 방지	6217
			계측설비 보강을 통한 제어 능력 개선	6218
		설비개선 −냉난방	국부 난방에는 복사가열기(Radiant Heater) 사용	6221
			기존 공조설비를 고효율 설비로 대체	6222
			적절한 용량으로 설계된 공조설비 사용	6223
			냉난방에 Heat Pump 이용 공조	6224
			보충외기 가열에 직화 설비 설치	6225
			지붕에 물을 증발시켜 공조부하 감소	6226
			전기 가열기를 Heat Pipe로 대체	6227
			냉매 수분 및 응축가스 제거로 효율 제고	6228
		설비개선 −공조	공조 설비에 외기댐퍼 또는 급수예열기 설치	6231
			변풍량유니트에서 Zone별 재열코일 설치	6232
			공기순환흐름을 개선	6233
			배연설비 정화방법 개선	6234
			전열교환기 등을 이용하여 빌딩 배출공기와 보충공기 열교환	6235
			난방부하 감소를 위한 스프링클러 설비 적정화	6236
			공조 시스템 보온재 설치 및 강화	6237

건물/조명 /공조	공기조화	제어개선	타이머 또는 자동온도조절장치 설치	6241
			공조/난방시스템에서 공기조화 제어 분리	6242
			공기냉각 시스템 변경으로 압축기 압력 강하	6243
			난방시스템과 공조시스템 연동으로 동시 운전 방지	6244
			건조용 습도 제어 시스템 설치	6245
			층별 난방분배기 분리 운영	6246
건물/조명 /공조	공기조화	제어개선	냉각수 온도제어용 바이패스 밸브 설치	6247
		환기	방을 사용치 않을 때는 환기 시스템 차단	6251
			환기를 위한 외기 도입 사용 최소화	6252
			가열, 환기, 공조용 공기 재순환	6253
			환기량 감소	6254
			최소 안전수준까지 환기량 감소	6255
			배기팬 제어를 중앙집중관리 또는 수동조작을 스케줄링함.	6256
		기타	천장을 낮춰 공조 공간 축소	6291
			계측설비 보강을 통한 제어 능력 개선	6292
			기타 공기조화 개선	6299
건물/조명 /공조	빌딩외면	태양열 부하	빌딩의 유리창 면적 감축	6311
			창문을 착색시켜 열 흡수 축소	6312
			지붕에 색을 입혀 태양열 부하 축소	6313
		단열 및 기밀유지	출하문 주위에 에어실링	6321
			창이나 문의 틈새 기밀유지	6322
			지붕이나 벽의 개구부를 제어하는 센서 사용	6323
			고속 차단문/에어커튼 문 설치	6324
			유리창, 벽, 천장, 지붕 단열	6325
			건물 외벽 적정 두께 단열 사용	6326
			2~3중창을 사용하여 상대습도 유지 및 열손실 방지	6327
			회전문 설치	6328
		기타	칸막이 설치로 공조 공간 축소	6391
			기타 건물 열차단 개선	6399
대체에너지 사용	대체에너지	태양에너지	보충공기를 가열하기 위하여 태양열 이용	7111
			물을 가열하기 위하여 태양열 이용	7112
			난방을 위하여 태양열 이용	7113
			태양전지를 이용한 전력생산	7114
		풍력	풍력을 이용한 발전기 설치	7121
		수소	폐수소를 활용한 연료전지 설치	7131
		바이오	유기체 발효 메탄가스를 에너지로 활용	7141
		기타	RDF 등 폐기물 이용설비 도입	7191
			기타 대체에너지 활용	7199
공정개선	공정개선	조업공정개선	조업개선	9111
			생산성 향상	9112
			공정개선	9113
			공법개선	9114
			관리방법개선	9115
		기타	기타 주요 생산공정 개선	9199

[참고 7] 시료 채취 및 분석의 최소주기 코드

최소주기	코드	최소주기	코드	최소주기	코드
연속적	01	분기별	04	폐기물연료_5천 톤 입하 시	07
매일	02	반기별	05	폐기물연료_1만 톤 입하 시	08
매월	03	연료입하 시	06	원료_2만 톤 입하 시	09
				원료_5만 톤 입하 시	10

[참고 8] 시료 채취 및 성분분석 · 시험 분류 코드

구분	분석내용	시험방법	코드
고체연료와 관련된 시료채취 및 분석 기준	발열량분석	KS E 3707: 2001－12－31 (석탄류 및 코크스류의 발열량 측정방법)	1101
		기타 국제규격	1199
	탄소함량 분석	KS E 3709: 1999－11－18 (석탄류 및 코크스류의 샘플링, 분석 및 시험방법 통칙)	1201
		KS E ISO 609 (고체 광물 연료－탄소 및 수소함량 결정－고온 연소법)	1202
		KS E ISO 625 (고체 광물 연료－탄소 및 수소함량 결정－리비히법)	1203
		기타 국제규격	1299
	수분함량 분석	KS E 3709: 1999－11－18 (석탄류 및 코크스류의 샘플링, 분석 및 시험방법 통칙)	1301
		KS E ISO 331 (석탄－샘플의 수분함량 측정－직접중량법)	1302
		KS E ISO 5068 (갈탄 및 아탄의 수분함량 측정－간접중량법)	1303
		KS E ISO 579 (코크스－총 수분함량 측정)	1304
		KS E ISO 589 (무연탄－총 수분함량 측정)	1305
		KS E ISO 687 (코크스－샘플의 수분함량 측정)	1306
		기타 국제규격	1399
	연료의 회(Ash) 성분분석	KS E 3716(석탄회 및 코크스회 분석방법)	1401
		KS E 1171(고체광물연료 회분량 정량법)	1402
		KS E ISO 540 (고체광물연료－회분의 가용도 측정－고온튜브법)	1403
		기타 국제규격	1499
	시료채취 방법	KS E 3709: 1999－11－18 (석탄류 및 코크스류의 샘플링, 분석 및 시험방법 통칙)	1501
		기타 국제규격	1599

액체연료와 관련된 시료채취 및 분석 기준	발열량분석	KS M 2057(원유 및 석유제품 발열량 시험방법 및 계산에 의한 추정방법)	2101
		기타 국제규격	2199
	탄소함량 분석	KS M ISO 7941 (상업용 프로판 및 부탄－가스크로마토그래피에 의한 조성분석)	2201
		KS M 2418 (석유제품 및 윤활유의 탄소, 수소 및 질소의 기기분석 시험방법)	2202
		KS M 2077 (액화 석유가스의 탄화수소 성분시험방법－가스크로마토그래피법)	2203
		기타 국제규격	2299
	밀도측정	KS M 2002(석유계 원유 및 액체 석유 제품 밀도 또는 상대밀도 측정밥법－하이드로미터법)	2601
		KS M 3993(액화 석유가스 및 경질 탄화수소－밀도 또는 상대밀도 시험방법－하이드로미터법)	2602
		KS M ISO 8973(액화 석유가스－밀도와 증기압의 계산방법)	2603
		기타 국제규격	2699
	시료채취 방법	KS M 2001(원유 및 석유 제품 시료채취 방법)	2501
		KS M ISO 3171 (석유 액체－파이프라인으로부터의 자동시료 채취)	2502
		KS M ISO 8943 (냉각 경질 탄화수소유－액화천연가스 시료채취－연속법)	2503
		기타 국제규격	2599
기체연료와 관련된 시료채취 및 분석 기준	발열량 및 성분분석	KS I ISO 6974 1부~6부 (천연가스－가스크로마토그래피법 의한 정의된 불확도와 조성의 분석)	3101
		KS I ISO 6976 (천연가스－가스 조성을 이용한 발열량, 밀도, 상대밀도 및 웨버지수의 계산)	3102
		KS I ISO 15971(천연가스－특성치의 측정－발열량 및 웨버지수)	3103
		KS I ISO 6570(천연가스－존재 가능한 액화탄화수소의 함량측정－중량법)	3104
		KS M 2077(액화석유가스의 탄화수소 성분 시험방법)	3105
		KS M 2085 1부(액화석유제품－탄화수소분 시험방법－가스크로마토그래피)	3106
		기타 국제규격	3199
	시료채취 방법	KS I ISO 10715(천연가스－샘플링 지침서)	3501
		KS I ISO 16017 1부 (실내, 대기 및 작업장 공기－흡착 튜브/열탈착/모세관 가스 크로마토그래피에 의한 휘발성 유기화합물의 샘플링과 분석)	3502
		KS I ISO 16200 1부 (작업장 공기－용매 탈착/기체 크로마토그래피에 의한 휘발성 유기화합물의 채취 및 분석)	3503
		KS M ISO 8943(냉각 경질 탄화수소유－액화 천연가스 시료채취－연속법)	3504
		기타 국제규격	3599

기타 원료 관련된 시료채취 방법	시료채취 방법	KS E 3047(규조토 니켈 광석의 샘플링 방법 및 수분결정방법)	4501
		KS E 3605(분괴 혼합물의 샘플링 방법 통칙)	4502
		KS E 3908(비철금속 광석의 샘플링 시료 조 제 및 수분결정방법)	4503
		KS E ISO 12743 (구리, 납, 아연 및 니켈 정광-금속과 수분량의 정량을 위한 샘플링 절차)	4504
		KS E ISO 13909(하드콜 및 코크스-기계식 샘플링)	4505
		KS E ISO 1988(무연탄-샘플링)	4506
		KS E ISO 3082(철광석-샘플링 및 샘플 준비과정)	4507
		KS E ISO 4296 1~2부(망간 광석-샘플링)	4508
		KS E ISO 6140(알루미늄 광석-샘플의 준비)	4509
		KS E ISO 6153(크롬광석-증분샘플링)	4510
		KS E ISO 6154(크롬광석-샘플의 준비)	4511
		KS E ISO 8685(알루미늄 광석-샘플링 과정)	4512
		기타 국제규격	4599

부록

저탄소녹색성장 기본법/시행령

저탄소 녹색성장 기본법
[시행 2010.4.14] [법률 제9931호, 2010.1.13, 제정]
국무총리실(녹색성장정책과)

저탄소 녹색성장 기본법 시행령
[시행 2010.4.14] [대통령령 제22124호, 2010.4.13, 제정]
국무총리실(녹색성장정책과)

제1장 총칙

제1조(목적)

이 법은 경제와 환경의 조화로운 발전을 위하여 저탄소(低炭素) 녹색성장에 필요한 기반을 조성하고 녹색기술과 녹색산업을 새로운 성장동력으로 활용함으로써 국민경제의 발전을 도모하며 저탄소 사회 구현을 통하여 국민의 삶의 질을 높이고 국제사회에서 책임을 다하는 성숙한 선진 일류국가로 도약하는 데 이바지함을 목적으로 한다.

제2조(정의)

이 법에서 사용하는 용어의 뜻은 다음과 같다.

1. **'저탄소'**란 화석연료(化石燃料)에 대한 의존도를 낮추고 청정에너지의 사용 및 보급을 확대하며 녹색기술 연구개발, 탄소흡수원 확충 등을 통하여 온실가스를 적정수준 이하로 줄이는 것을 말한다.
2. **'녹색성장'**이란 에너지와 자원을 절약하고 효율적으로 사용하여 기후변화와 환경훼손을 줄이고 청정에너지와 녹색기술의 연구개발을 통하여 새로운 성장동력을 확보하며 새로운 일자리를 창출해 나가는 등 경제와 환경이 조화를 이루는 성장을 말한다.
3. **'녹색기술'**이란 온실가스 감축기술, 에너지이용 효율화 기술, 청정생산기술, 청정에너지 기술, 자원순환 및 친환경 기술(관련 융합기술을 포함한다) 등 사회·경제 활동의 전 과정에 걸쳐 에너지와 자원을 절약하고 효율적으로 사용하여 온실가스 및 오염물질의 배출을 최소화하는 기술을 말한다.
4. **'녹색산업'**이란 경제·금융·건설·교통물류·농림수산·관광 등 경제활동 전반에 걸쳐 에너지와 자원의 효율을 높이고 환경을 개선할 수 있는 재화(財貨)의 생산 및 서비스의 제공 등을 통하여 저탄소 녹색성장을 이루기 위한 모든 산업을 말한다.
5. **'녹색제품'**이란 에너지·자원의 투입과 온실가스 및 오염물질의 발생을 최소화하는 제품을 말한다.
6. **'녹색생활'**이란 기후변화의 심각성을 인식하고 일상생활에서 에너지를 절약하여 온실가스와

오염물질의 발생을 최소화하는 생활을 말한다.

7. **'녹색경영'**이란 기업이 경영활동에서 자원과 에너지를 절약하고 효율적으로 이용하며 온실가 스 배출 및 환경오염의 발생을 최소화하면서 사회적·윤리적 책임을 다하는 경영을 말한다.

8. **'지속가능발전'**이란 「지속가능발전법」 제2조 제2호에 따른 지속가능발전을 말한다.

9. **'온실가스'**란 이산화탄소(CO_2), 메탄(CH_4), 아산화질소(N_2O), 수소불화탄소(HFCs), 과불 화탄소(PFCs), 육불화황(SF_6) 및 그 밖에 대통령령으로 정하는 것으로 적외선 복사열을 흡 수하거나 재방출하여 온실효과를 유발하는 대기 중의 가스 상태의 물질을 말한다.

[시행령] 제2조(온실가스) 「저탄소 녹색성장 기본법」(이하 '법'이라 한다) 제2조 제9호에 따른 수소불화 탄소(HFCs)와 과불화탄소(PFCs)는 별표 1과 같다.

[별표 1] 수소불화탄소 및 과불화탄소 물질(제2조 관련)

1. 수소불화탄소(HFCs)	HFC-23, HFC-32, HFC-41, HFC-43-10mee, HFC-125, HFC-134, HFC-134a, HFC-143, HFC-143a, HFC-152a, HFC-227ea, HFC-236fa, HFC-245ca
2. 과불화탄소(PFCs)	PFC-14, PFC-116, PFC-218, PFC-31-10, PFC-c318, PFC-41-12, PFC-51-14

---

10. **'온실가스 배출'**이란 사람의 활동에 수반하여 발생하는 온실가스를 대기 중에 배출·방출 또 는 누출시키는 직접배출과 다른 사람으로부터 공급된 전기 또는 열(연료 또는 전기를 열원으 로 하는 것만 해당한다)을 사용함으로써 온실가스가 배출되도록 하는 간접배출을 말한다.

11. **'지구온난화'**란 사람의 활동에 수반하여 발생하는 온실가스가 대기 중에 축적되어 온실가스 농도를 증가시킴으로써 지구 전체적으로 지표 및 대기의 온도가 추가적으로 상승하는 현상을 말한다.

12. **'기후변화'**란 사람의 활동으로 인하여 온실가스의 농도가 변함으로써 상당 기간 관찰되어 온 자연적인 기후변동에 추가적으로 일어나는 기후체계의 변화를 말한다.

13. **'자원순환'**이란 「자원의 절약과 재활용촉진에 관한 법률」 제2조 제1호에 따른 자원순환을 말 한다.

14. **'신·재생에너지'**란 「신에너지 및 재생에너지 개발·이용·보급 촉진법」 제2조 제1호에 따 른 신에너지 및 재생에너지를 말한다.

15. **'에너지 자립도'**란 국내 총소비에너지 양에 대하여 신·재생에너지 등 국내 생산에너지양 및 우리나라가 국외에서 개발(지분 취득을 포함한다)한 에너지양을 합한 양이 차지하는 비율을 말한다.

제3조(저탄소 녹색성장 추진의 기본원칙) 저탄소 녹색성장은 다음 각 호의 기본원칙에 따라 추진 되어야 한다.

1. **정부**는 기후변화·에너지·자원 문제의 해결, 성장동력 확충, 기업의 경쟁력 강화, 국토의 효

율적 활용 및 쾌적한 환경 조성 등을 포함하는 종합적인 국가 발전전략을 추진한다.

2. **정부**는 시장기능을 최대한 활성화하여 민간이 주도하는 저탄소 녹색성장을 추진한다.

3. **정부**는 녹색기술과 녹색산업을 경제성장의 핵심 동력으로 삼고 새로운 일자리를 창출·확대할 수 있는 새로운 경제체제를 구축한다.

4. **정부**는 국가의 자원을 효율적으로 사용하기 위하여 성장잠재력과 경쟁력이 높은 녹색기술 및 녹색산업 분야에 대한 중점 투자 및 지원을 강화한다.

5. **정부**는 사회·경제 활동에서 에너지와 자원 이용의 효율성을 높이고 자원순환을 촉진한다.

6. **정부**는 자연자원과 환경의 가치를 보존하면서 국토와 도시, 건물과 교통, 도로·항만·상하수도 등 기반시설을 저탄소 녹색성장에 적합하게 개편한다.

7. **정부**는 환경오염이나 온실가스 배출로 인한 경제적 비용이 재화 또는 서비스의 시장가격에 합리적으로 반영되도록 조세(租稅)체계와 금융체계를 개편하여 자원을 효율적으로 배분하고 국민의 소비 및 생활 방식이 저탄소 녹색성장에 기여하도록 적극 유도한다. 이 경우 국내산업의 국제경쟁력이 약화되지 않도록 고려하여야 한다.

8. **정부**는 국민 모두가 참여하고 국가기관, 지방자치단체, 기업, 경제단체 및 시민단체가 협력하여 저탄소 녹색성장을 구현하도록 노력한다.

9. **정부**는 저탄소 녹색성장에 관한 새로운 국제적 동향(動向)을 조기에 파악·분석하여 국가정책에 합리적으로 반영하고, 국제사회의 구성원으로서 책임과 역할을 성실히 이행하여 국가의 위상과 품격을 높인다.

제4조(국가의 책무)

① **국가**는 정치·경제·사회·교육·문화 등 국정의 모든 부문에서 저탄소 녹색성장의 기본원칙이 반영될 수 있도록 노력하여야 한다.

② **국가**는 각종 정책을 수립할 때 경제와 환경의 조화로운 발전 및 기후변화에 미치는 영향 등을 종합적으로 고려하여야 한다.

③ **국가**는 지방자치단체의 저탄소 녹색성장 시책을 장려하고 지원하며, 녹색성장의 정착·확산을 위하여 사업자와 국민, 민간단체에 정보의 제공 및 재정 지원 등 필요한 조치를 할 수 있다.

④ **국가**는 에너지와 자원의 위기 및 기후변화 문제에 대한 대응책을 정기적으로 점검하여 성과를 평가하고 국제협상의 동향 및 주요 국가의 정책을 분석하여 적절한 대책을 마련하여야 한다.

⑤ **국가**는 국제적인 기후변화대응 및 에너지·자원 개발협력에 능동적으로 참여하고, 개발도상국가에 대한 기술적·재정적 지원을 할 수 있다.

제5조(지방자치단체의 책무)

① **지방자치단체**는 저탄소 녹색성장 실현을 위한 국가시책에 적극 협력하여야 한다.

② **지방자치단체**는 저탄소 녹색성장대책을 수립·시행할 때 해당 지방자치단체의 지역적 특성과 여건을 고려하여야 한다.

③ **지방자치단체**는 관할구역 내에서의 각종 계획 수립과 사업의 집행과정에서 그 계획과 사업이 저탄소 녹색성장에 미치는 영향을 종합적으로 고려하고, 지역주민에게 저탄소 녹색성장에 대한 교육과 홍보를 강화하여야 한다.

④ **지방자치단체**는 관할구역 내의 사업자, 주민 및 민간단체의 저탄소 녹색성장을 위한 활동을 장려하기 위하여 정보 제공, 재정 지원 등 필요한 조치를 강구하여야 한다.

제6조(사업자의 책무)

① **사업자**는 녹색경영을 선도하여야 하며 기업활동의 전 과정에서 온실가스와 오염물질의 배출을 줄이고 녹색기술 연구개발과 녹색산업에 대한 투자 및 고용을 확대하는 등 환경에 관한 사회적·윤리적 책임을 다하여야 한다.

② **사업자**는 정부와 지방자치단체가 실시하는 저탄소 녹색성장에 관한 정책에 적극 참여하고 협력하여야 한다.

제7조(국민의 책무)

① **국민**은 가정과 학교 및 직장 등에서 녹색생활을 적극 실천하여야 한다.

② **국민**은 기업의 녹색경영에 관심을 기울이고 녹색제품의 소비 및 서비스 이용을 증대함으로써 기업의 녹색경영을 촉진한다.

③ **국민**은 스스로가 인류가 직면한 심각한 기후변화, 에너지·자원 위기의 최종적인 문제해결자임을 인식하여 건강하고 쾌적한 환경을 후손에게 물려주기 위하여 녹색생활 운동에 적극 참여하여야 한다.

제8조(다른 법률과의 관계)

① 저탄소 녹색성장에 관해서는 다른 법률에 우선하여 이 법을 적용한다.

② 저탄소 녹색성장과 관련되는 다른 법률을 제정하거나 개정하는 경우에는 이 법의 목적과 기본원칙에 맞도록 하여야 한다.

③ 국가와 지방자치단체가 다른 법령에 따라 수립하는 행정계획과 정책은 제3조에 따른 저탄소 녹색성장 추진의 기본원칙 및 제9조에 따른 저탄소 녹색성장 국가전략과 조화를 이루도록 하여야 한다.

제2장 저탄소 녹색성장 국가전략

제9조(저탄소 녹색성장 국가전략)

① **정부**는 국가의 저탄소 녹색성장을 위한 정책목표·추진전략·중점추진과제 등을 포함하는 저탄소 녹색성장 국가전략(이하 '녹색성장국가전략'이라 한다)을 수립·시행하여야 한다.

② 녹색성장국가전략에는 다음 각 호의 사항이 포함되어야 한다.

1. 제22조에 따른 녹색경제 체제의 구현에 관한 사항
2. 녹색기술·녹색산업에 관한 사항
3. 기후변화대응 정책, 에너지 정책 및 지속가능발전 정책에 관한 사항
4. 녹색생활, 제51조에 따른 녹색국토, 제53조에 따른 저탄소 교통체계 등에 관한 사항
5. 기후변화 등 저탄소 녹색성장과 관련된 국제협상 및 국제협력에 관한 사항
6. 그 밖에 재원조달, 조세·금융, 인력양성, 교육·홍보 등 저탄소 녹색성장을 위하여 필요하다고 인정되는 사항
③ 정부는 녹색성장국가전략을 수립하거나 변경하려는 경우 제14조에 따른 녹색성장위원회의 심의 및 국무회의의 심의를 거쳐야 한다. 다만, 대통령령으로 정하는 경미한 사항을 변경하는 경우에는 그러하지 아니한다.

[시행령] 제3조(저탄소 녹색성장 국가전략의 변경)
법 제9조 제3항 단서에서 "대통령령으로 정하는 경미한 사항을 변경하는 경우"란 같은 조 제1항에 따른 저탄소 녹색성장 국가전략(이하 '국가전략'이라 한다)의 본질적인 내용에 영향을 미치지 아니하는 사항으로서 정책방향의 범위에서 실천과제와 세부과제의 구성 및 내용, 연차별 추진계획, 주관 기관 또는 관련 기관 등의 사항의 일부를 변경하는 경우를 말한다.

[시행령] 제4조(저탄소 녹색성장 국가전략 5개년 계획 수립)
정부는 국가전략을 효율적·체계적으로 이행하기 위하여 5년마다 저탄소 녹색성장 국가전략 5개년 계획(이하 '5개년 계획'이라 한다)을 수립할 수 있다. 이 경우 법 제14조에 따른 녹색성장위원회(이하 '위원회'라 한다)의 심의 및 국무회의의 심의를 거쳐야 한다.

제10조(중앙행정기관의 추진계획 수립·시행)
① 중앙행정기관의 장은 녹색성장국가전략을 효율적·체계적으로 이행하기 위하여 대통령령으로 정하는 바에 따라 소관 분야의 추진계획(이하 '중앙추진계획'이라 한다)을 수립·시행하여야 한다.

[시행령] 제5조(중앙추진계획의 수립)
① 중앙행정기관의 장은 법 제10조 제1항에 따라 국가전략 또는 5개년 계획이 수립되거나 변경된 날부터 3개월 이내에 국가전략 및 5개년 계획을 이행하기 위하여 다음 각 호의 사항이 포함된 소관 분야의 추진계획(이하 '중앙추진계획'이라 한다)을 5년 단위로 수립하여야 한다.
1. 소관 분야의 녹색성장 추진과 관련된 현황 분석, 국내외 동향, 추진경과 및 추진실적
2. 소관 분야의 녹색성장 비전과 정책방향, 정책과제에 관한 사항
3. 소관 분야의 연차별 추진계획
4. 그 밖에 국가전략 및 5개년 계획을 이행하기 위하여 필요한 사항
② 위원회는 중앙추진계획의 수립을 효율적으로 지원하기 위하여 관련 지침을 정하여 중앙행정기관의 장에게 통보할 수 있다.

② 중앙행정기관의 장은 중앙추진계획을 수립하거나 변경하는 때에는 대통령령으로 정하는 바에 따라 제14조에 따른 녹색성장위원회에 보고하여야 한다. 다만, 대통령령으로 정하는 경미한 사항을 변경하는 경우에는 그러하지 아니하다.

[시행령] 제6조(중앙추진계획의 보고 등)
① 중앙행정기관의 장은 중앙추진계획을 수립하거나 변경하였을 때에는 법 제10조 제2항에 따라 2개월 이내에 위원회에 보고하여야 한다.
② 위원회는 제1항에 따라 중앙추진계획을 보고받았을 때에는 국가전략 및 5개년 계획과의 정합성 등을 심의하여 해당 중앙행정기관의 장에게 의견을 제시할 수 있다.
③ 제2항에 따른 의견을 받은 중앙행정기관의 장은 특별한 사정이 없으면 해당 기관의 중앙추진계획 및 관련 정책 등에 이를 반영하여야 한다.
④ 법 제10조 제2항 단서에서 "대통령령으로 정하는 경미한 사항을 변경하는 경우"란 중앙추진계획의 본질적인 내용에 영향을 미치지 아니하는 사항으로서 정책방향의 범위에서 정책과제 내용의 일부를 변경하는 경우를 말한다.

제11조(지방자치단체의 추진계획 수립·시행)
① 특별시장·광역시장·도지사 또는 특별자치도지사(이하 '시·도지사'라 한다)는 해당 지방자치단체의 저탄소 녹색성장을 촉진하기 위하여 대통령령으로 정하는 바에 따라 녹색성장국가전략과 조화를 이루는 지방녹색성장 추진계획(이하 '지방추진계획'이라 한다)을 수립·시행하여야 한다.
② 시·도지사는 지방추진계획을 수립하거나 변경하는 때에는 제20조에 따른 지방녹색성장위원회의 심의를 거친 후 지방의회에 보고하고 지체 없이 이를 제14조에 따른 녹색성장위원회에 제출하여야 한다. 다만, 대통령령으로 정하는 경미한 사항을 변경하는 경우에는 그러하지 아니하다.

[시행령] 제7조(지방추진계획의 수립 등)
① 특별시장·광역시장·도지사 또는 특별자치도지사(이하 '시·도지사'라 한다)는 법 제11조 제1항에 따라 국가전략 및 5개년 계획이 수립되거나 변경된 날부터 6개월 이내에 다음 각 호의 사항이 포함된 지방녹색성장 추진계획(이하 '지방추진계획'이라 한다)을 5년 단위로 수립하여야 한다.
1. 특별시·광역시·도 또는 특별자치도(이하 '시·도'라 한다)별 녹색성장 추진과 관련된 현황 분석, 추진 경과 및 추진 실적
2. 국가전략, 5개년 계획 및 중앙추진계획과 연계하여 지방자치단체의 특성을 반영한 비전과 전략, 정책방향 및 정책과제에 관한 사항
3. 연차별 추진계획
4. 지방추진계획의 이행을 통한 미래상 및 기대효과
5. 관할 기초자치단체와 연계한 지방녹색성장 추진체계
6. 그 밖에 지방자치단체의 저탄소 녹색성장을 이행하기 위하여 필요한 사항
② **위원회**는 지방추진계획의 수립을 효율적으로 지원하기 위하여 관련 지침을 정하여 관계 시·도지사에게 통보할 수 있다.

③ 제1항 및 제2항에서 규정한 사항 외에 지방추진계획의 수립 방법 및 절차, 추진절차 등에 관하여 필요한 사항은 조례로 정한다.
④ 법 제11조 제2항 단서에서 "대통령령으로 정하는 경미한 사항을 변경하는 경우"란 지방추진계획의 본질적인 내용에 영향을 미치지 아니하는 사항으로서 정책방향의 범위에서 정책과제 내용의 일부를 변경하는 경우를 말한다.

제12조(추진상황 점검 및 평가)
① 국무총리는 대통령령으로 정하는 바에 따라 녹색성장국가전략과 중앙추진계획의 이행사항을 점검·평가하여야 한다. 이 경우 국무총리는 평가의 절차, 기준, 결과 등에 대하여 제14조에 따른 녹색성장위원회와 협의하여야 한다.

[시행령] 제8조(국가전략 등 추진상황의 점검·평가)
① 국무총리는 법 제12조 제1항에 따라 「정부업무평가 기본법」에서 정하는 바에 따라 국가전략, 중앙추진계획의 이행사항을 매년 점검·평가하여야 한다.
② 관계 중앙행정기관의 장은 제1항에 따른 점검·평가 결과를 반영하여 소관 분야의 중앙추진계획을 수립·변경하거나, 관련 정책을 추진하여야 한다.

② 시·도지사는 대통령령으로 정하는 바에 따라 지방추진계획의 이행상황을 점검·평가하여 그 결과를 지방의회에 보고하고 지체 없이 이를 제14조에 따른 녹색성장위원회에 제출하여야 한다.

[시행령] 제9조(지방추진계획 추진상황의 점검·평가)
① 시·도지사는 법 제12조 제2항에 따라 지방추진계획의 이행상황을 매년 점검·평가하여야 한다.
② 시·도지사는 제1항에 따른 점검·평가 결과를 반영하여 시·도의 지방추진계획을 수립·변경하거나, 관련 정책을 추진하여야 한다.
③ 제1항의 평가를 위한 평가의 원칙, 대상 기관, 절차 등에 관하여 필요한 사항은 조례로 정한다.

제13조(정책에 관한 의견제시)
① 제14조에 따른 녹색성장위원회는 제12조에 따른 추진상황 점검·평가 결과 등에 따라 필요하다고 인정되는 경우에는 관계 중앙행정기관의 장 또는 시·도지사에게 의견을 제시할 수 있다.
② 제1항에 따른 의견을 제시받은 관계 중앙행정기관의 장 또는 시·도지사는 해당 기관의 정책 등에 이를 반영하기 위하여 노력하여야 한다.

제3장 녹색성장위원회 등

제14소(녹색성장위원회의 구성 및 운영)
① 국가의 저탄소 녹색성장과 관련된 주요 정책 및 계획과 그 이행에 관한 사항을 심의하기 위하

여 대통령 소속으로 녹색성장위원회(이하 '위원회'라 한다)를 둔다.

② 위원회는 위원장 2명을 포함한 50명 이내의 위원으로 구성한다.

③ 위원회의 위원장은 국무총리와 제4항 제2호의 위원 중에서 대통령이 지명하는 사람이 된다.

④ 위원회의 위원은 다음 각 호의 사람이 된다.

1. 기획재정부장관, 교육과학기술부장관, 지식경제부장관, 환경부장관, 국토해양부장관 등 대통령령으로 정하는 공무원

2. 기후변화, 에너지·자원, 녹색기술·녹색산업, 지속가능발전 분야 등 저탄소 녹색성장에 관한 학식과 경험이 풍부한 사람 중에서 대통령이 위촉하는 사람

⑤ 위원회의 사무를 처리하게 하기 위하여 위원회에 간사위원 1명을 두며, 간사위원의 지명에 관한 사항은 대통령령으로 정한다.

⑥ 위원장은 각자 위원회를 대표하며, 위원회의 업무를 총괄한다.

⑦ 위원장이 부득이한 사유로 직무를 수행할 수 없는 때에는 국무총리인 위원장이 미리 정한 위원이 위원장의 직무를 대행한다.

⑧ 제4항 제2호의 위원의 임기는 1년으로 하되, 연임할 수 있다.

[시행령] 제10조(녹색성장위원회의 구성 및 운영)
① 법 제14조 제4항 제1호에서 "기획재정부장관, 교육과학기술부장관, 지식경제부장관, 환경부장관, 국토해양부장관 등 대통령령으로 정하는 공무원"이란 기획재정부장관, 교육과학기술부장관, 외교통상부장관, 행정안전부장관, 문화체육관광부장관, 농림수산식품부장관, 지식경제부장관, 환경부장관, 여성가족부장관, 국토해양부장관, 방송통신위원회위원장, 금융위원회위원장 및 국무총리실장을 말한다.
② 법 제14조 제5항에 따른 간사위원은 국무총리실장이 된다.
③ 위원장은 필요하다고 인정하는 때에는 중앙행정기관의 장으로 하여금 소관 분야의 안건과 관련하여 위원회에 참석하여 의견을 제시하게 하거나 관계 전문가를 참석하게 하여 의견을 들을 수 있다.

제15조(위원회의 기능) 위원회는 다음 각 호의 사항을 심의한다.

1. 저탄소 녹색성장 정책의 기본방향에 관한 사항

2. 녹색성장국가전략의 수립·변경·시행에 관한 사항

3. 기후변화대응 기본계획, 에너지기본계획 및 지속가능발전 기본계획에 관한 사항

4. 저탄소 녹색성장 추진의 목표관리, 점검, 실태조사 및 평가에 관한 사항

5. 관계 중앙행정기관 및 지방자치단체의 저탄소 녹색성장과 관련된 정책 조정 및 지원에 관한 사항

6. 저탄소 녹색성장과 관련된 법제도에 관한 사항

7. 저탄소 녹색성장을 위한 재원의 배분방향 및 효율적 사용에 관한 사항

8. 저탄소 녹색성장과 관련된 국제협상·국제협력, 교육·홍보, 인력양성 및 기반구축 등에 관한 사항

9. 저탄소 녹색성장과 관련된 기업 등의 고충조사, 처리, 시정권고 또는 의견표명

10. 다른 법률에서 위원회의 심의를 거치도록 한 사항

11. 그 밖에 저탄소 녹색성장과 관련하여 위원장이 필요하다고 인정하는 사항

[시행령] 제11조(녹색기술 관련 재원의 배분방향 등의 심의)
① 위원회는 법 제15조 제7호에 따라 저탄소 녹색성장을 위한 녹색기술 연구개발사업에 대한 재원의 배분방향 및 효율적 사용에 관한 사항을 심의한 때에는「과학기술기본법」제9조에 따른 국가과학기술위원회에 의견을 제시할 수 있다.
② 위원회는 제1항에 따른 위원회의 심의를 지원하기 위하여 관련전문기관을 지정할 수 있다.

제16조(회의)

① 위원장은 위원회의 회의를 소집하고 그 의장이 된다.

② 위원회의 회의는 정기회의와 임시회의로 구분하며, 임시회의는 위원장이 필요하다고 인정하는 경우 또는 위원 5명 이상의 소집요구가 있을 경우에 위원장이 소집한다.

③ 위원회의 회의는 위원 과반수의 출석으로 개의하고, 출석위원 과반수의 찬성으로 의결한다. 다만, 대통령령으로 정하는 경우에는 서면으로 심의·의결할 수 있다.

④ 제1항부터 제3항까지에서 규정한 사항 외에 정기회의의 시기 등 위원회의 운영에 필요한 사항은 대통령령으로 정한다.

[시행령] 제12조(회의)
① 법 제16조 제2항에 따른 위원회의 정기회의는 반기별로 1회 개최하는 것을 원칙으로 한다.
② 위원장은 회의를 소집하려는 때에는 회의 개최 7일 전까지 회의의 일정 및 안건을 각 위원에게 통보하여야 한다. 다만, 긴급한 경우 또는 그 밖의 부득이한 사유가 있는 경우에는 그러하지 아니한다.
③ 법 제16조 제3항 단서에서 ‘대통령령으로 정하는 경우’란 다음 각 호의 어느 하나에 해당하는 경우를 말한다. 이 경우 위원장은 의결서를 작성하고, 다음에 개최되는 위원회에 그 결과를 보고하여야 한다.
1. 긴급한 사유로 회의를 개최할 시간적 여유가 없는 경우
2. 천재지변이나 그 밖의 부득이한 사유로 위원의 출석에 의한 의사정족수를 채우기 어려운 경우 등 위원장이 특별히 필요하다고 인정하는 경우

제17조(분과위원회)

① 위원회의 업무를 효율적으로 수행·지원하고 위원회가 위임하는 업무를 검토·조정 또는 처리하기 위하여 대통령령으로 정하는 바에 따라 위원회에 분과위원회를 둘 수 있다.

② 분과위원회는 위촉위원으로 구성하며, 분과위원회의 위원장은 분과위원회의 위원 중에서 호선(互選)한다.

③ 중앙행정기관의 고위공무원단에 속하는 공무원은 관계 분야의 안건에 대하여 해당 분과위원회에 참석하여 의견을 제시할 수 있다.

④ 제1항부터 제3항까지에서 규정한 사항 외에 분과위원회의 운영에 필요한 사항은 위원회의 의결을 거쳐 위원회의 위원장이 정한다.

[시행령] 제13조(분과위원회의 구성)

① 법 제17조 제1항에 따라 위원회에 두는 분과위원회와 그 소관 사항은 다음 각 호와 같다.

1. 녹색성장·산업 분과위원회: 국가전략, 재정, 법제도, 녹색기술, 녹색성장 관련 일자리 창출 및 인력양성 등의 분야
2. 기후변화·에너지 분과위원회: 법 제40조 및 제41조에 따른 기후변화대응 기본계획 및 에너지기본계획, 법 제45조에 따른 온실가스 종합정보관리체계 구축, 법 제46조에 따른 배출권 거래제 등의 분야
3. 녹색생활·지속가능발전 분과위원회: 법 제50조부터 제54조까지의 규정에 따른 지속가능발전 기본계획, 녹색생활 확산, 녹색국토, 녹색건축물, 저탄소 교통체계 구축, 물 관리 등의 분야

② 위원장은 위원회의 업무를 효율적으로 수행·지원하기 위하여 필요한 경우 제1항에 따른 분과위원회 외에 국제협상·국제협력, 기업 고충처리 분야 등을 소관 업무로 하는 분과위원회를 위원회의 의결을 거쳐 둘 수 있다.

③ 제1항 및 제2항에 따른 분과위원회는 15명 이내의 위촉위원으로 구성한다.

제18조(녹색성장기획단)

① 위원회 및 분과위원회의 운영 및 업무를 효율적으로 지원하기 위하여 위원회에 녹색성장기획단(이하 '기획단'이라 한다)을 둔다.

② 기획단의 구성 및 운영 등에 필요한 사항은 대통령령으로 정한다.

[시행령] 제14조(녹색성장기획단)

법 제18조에 따른 녹색성장기획단(이하 '기획단'이라 한다)은 다음 각 호의 사항을 관장한다.

1. 위원회 및 분과위원회 운영의 지원에 관한 사항
2. 위원회 및 분과위원회의 회의에 부칠 안건의 작성·검토
3. 중앙추진계획 및 지방추진계획의 수립 지원 및 협의·조정에 관한 사항
4. 저탄소 녹색성장과 관련된 조사·연구 및 관련 사업의 지원에 관한 사항
5. 위원회 및 분과위원회의 운영과 관련하여 제36조에 따른 온실가스 종합정보센터(이하 '센터'라 한다)와의 협력에 관한 사항
6. 그 밖에 위원회 및 분과위원회 업무의 운영을 지원하기 위하여 위원장이 지정하는 사항

제19조(공무원 등의 파견 요청)

위원회는 위원회의 운영 또는 기획단의 업무수행을 위하여 필요한 경우에는 중앙행정기관, 지방자치단체 소속의 공무원 및 관련 민간기관·단체 또는 연구소, 기업 임직원 등의 파견 또는 겸임을 요청할 수 있다.

제20조(지방녹색성장위원회의 구성 및 운영)

① 지방자치단체의 저탄소 녹색성장과 관련된 주요 정책 및 계획과 그 이행에 관한 사항을 심의하기 위하여 시·도지사 소속으로 지방녹색성장위원회(이하 '지방녹색성장위원회'라 한다)를 둘 수 있다.

② 지방녹색성장위원회의 구성, 운영 및 기능 등에 필요한 사항은 대통령령으로 정한다.

[시행령] 제15조(지방녹색성장위원회의 구성 및 운영 등)
① 법 제20조에 따른 지방녹색성장위원회는 위원장 2명을 포함한 50명 이내의 위원으로 구성한다.
② 지방녹색성장위원회의 위원장은 「지방자치법 시행령」 제73조 제2항에 따른 행정부시장 또는 행정부
　지사(행정부시장 또는 행정부지사가 2명 이상인 시·도의 경우에는 해당 시·도지사가 지명하는 사람
　으로 한다)와 제3항 제2호의 위원 중에서 시·도지사가 지명하는 사람이 된다.
③ 지방녹색성장위원회의 위원은 다음 각 호의 사람이 된다.
1. 시·도 소속 실장·국장급 공무원 중 시·도지사가 임명하는 사람
2. 기후변화, 에너지·자원, 녹색기술·녹색산업, 지속가능발전 분야 등 저탄소 녹색성장에 관한 학식과
　경험이 풍부한 사람 중에서 시·도지사가 위촉하는 사람
④ 지방녹색성장위원회는 다음 각 호의 사항을 심의한다.
1. 지방자치단체의 저탄소 녹색성장의 기본방향에 관한 사항
2. 지방추진계획의 수립·변경에 관한 사항
3. 지방추진계획을 이행하기 위한 중점 추진과제 및 실행계획
4. 그 밖에 지방자치단체의 저탄소 녹색성장과 관련하여 지방녹색성장위원회 위원장이 필요하다고 인정
　하는 사항
⑤ 제1항부터 제4항까지에서 규정한 사항 외에 지방녹색성장위원회의 구성·운영에 필요한 사항은 지방
　자치단체의 조례로 정한다.

제21조(녹색성장책임관의 지정)
　저탄소 녹색성장의 원활한 추진을 위하여 중앙행정기관의 장 및 시·도지사는 소속 공무원 중에서 녹색성장책임관을 지정할 수 있다.

제4장 저탄소 녹색성장의 추진

제22조(녹색경제·녹색산업 구현을 위한 기본원칙)
① **정부**는 화석연료의 사용을 단계적으로 축소하고 녹색기술과 녹색산업을 육성함으로써 국가경
　쟁력을 강화하고 지속가능발전을 추구하는 경제(이하 '녹색경제'라 한다)를 구현하여야 한다.
② **정부**는 녹색경제 정책을 수립·시행할 때 금융·산업·과학기술·환경·국토·문화 등 다양
　한 부문을 통합적 관점에서 균형 있게 고려하여야 한다.
③ **정부**는 새로운 녹색산업의 창출, 기존 산업의 녹색산업으로의 전환 및 관련 산업과의 연계 등
　을 통하여 에너지·자원 다소비형 산업구조가 저탄소 녹색산업구조로 단계적으로 전환되도록
　노력하여야 한다.
④ **정부**는 저탄소 녹색성장을 추진할 때 지역 간 균형발전을 도모하며 저소득층이 소외되지 않도
　록 지원 및 배려하여야 한다.

제23조(녹색경제·녹색산업의 육성·지원)

① **정부**는 녹색경제를 구현함으로써 국가경제의 건전성과 경쟁력을 강화하고 성장잠재력이 큰 새로운 녹색산업을 발굴·육성하는 등 녹색경제·녹색산업의 육성·지원 시책을 마련하여야 한다.

② 제1항에 따른 녹색경제·녹색산업의 육성·지원 시책에는 다음 각 호의 사항이 포함되어야 한다.

1. 국내외 경제여건 및 전망에 관한 사항

2. 기존 산업의 녹색산업 구조로의 단계적 전환에 관한 사항

3. 녹색산업을 촉진하기 위한 중장기·단계별 목표, 추진전략에 관한 사항

4. 녹색산업의 신성장동력으로의 육성·지원에 관한 사항

5. 전기·정보통신·교통시설 등 기존 국가기반시설의 친환경 구조로의 전환에 관한 사항

6. 녹색경영을 위한 자문서비스 산업의 육성에 관한 사항

7. 녹색산업 인력 양성 및 일자리 창출에 관한 사항

8. 그 밖에 녹색경제·녹색산업의 촉진에 관한 사항

제24조(자원순환의 촉진)

① **정부**는 자원을 절약하고 효율적으로 이용하며 폐기물의 발생을 줄이는 등 자원순환의 촉진과 자원생산성 제고를 위하여 자원순환 산업을 육성·지원하기 위한 다양한 시책을 마련하여야 한다.

② 제1항에 따른 자원순환 산업의 육성·지원 시책에는 다음 각 호의 사항이 포함되어야 한다.

1. 자원순환 촉진 및 자원생산성 제고 목표설정

2. 자원의 수급 및 관리

3. 유해하거나 재제조·재활용이 어려운 물질의 사용억제

4. 폐기물 발생의 억제 및 재제조·재활용 등 재자원화

5. 에너지자원으로 이용되는 목재, 식물, 농산물 등 바이오매스의 수집·활용

6. 자원순환 관련 기술개발 및 산업의 육성

7. 자원생산성 향상을 위한 교육훈련·인력양성 등에 관한 사항

제25조(기업의 녹색경영 촉진)

① **정부**는 기업의 녹색경영을 지원·촉진하여야 한다.

② **정부**는 기업의 녹색경영을 지원·촉진하기 위하여 다음 각 호의 사항을 포함하는 시책을 수립·시행하여야 한다.

1. 친환경 생산체제로의 전환을 위한 기술지원

2. 기업의 에너지·자원 이용 효율화, 온실가스배출량 감축, 산림조성 및 자연환경 보전, 지속가능발전 정보 등 녹색경영 성과의 공개

3. 중소기업의 녹색경영에 대한 지원

4. 그 밖에 저탄소 녹색성장을 위한 기업활동 지원에 관한 사항

제26조(녹색기술의 연구개발 및 사업화 등의 촉진)
① **정부**는 녹색기술의 연구개발 및 사업화 등을 촉진하기 위하여 다음 각 호의 사항을 포함하는 시책을 수립·시행할 수 있다.
1. 녹색기술과 관련된 정보의 수집·분석 및 제공
2. 녹색기술 평가기법의 개발 및 보급
3. 녹색기술 연구개발 및 사업화 등의 촉진을 위한 금융지원
4. 녹색기술 전문인력의 양성 및 국제협력 등
② **정부**는 정보통신·나노·생명공학 기술 등의 융합을 촉진하고 녹색기술의 지식재산권화를 통하여 저탄소 지식기반경제로의 이행을 신속하게 추진하여야 한다.
③ 「과학기술기본법」에 따른 과학기술기본계획에 제1항의 시책이 포함되는 경우에는 미리 위원회의 의견을 들어야 한다.

제27조(정보통신기술의 보급·활용)
① **정부**는 에너지 절약, 에너지이용 효율 향상 및 온실가스 감축을 위하여 정보통신기술 및 서비스를 적극 활용하는 다음 각 호에 대한 시책을 수립·시행하여야 한다.
1. 방송통신 네트워크 등 정보통신 기반 확대
2. 새로운 정보통신 서비스의 개발·보급
3. 정보통신 산업 및 기기 등에 대한 녹색기술 개발 촉진
② **정부**는 저탄소 녹색성장을 위한 생활문화를 조속히 확산시키기 위하여 재택근무·영상회의·원격교육·원격진료 등을 활성화하는 등의 방송통신 시책을 수립·시행하여야 한다.
③ **정부**는 정보통신기술을 활용하여 전력 네트워크를 지능화·고도화함으로써 고품질의 전력서비스를 제공하고 에너지이용 효율을 극대화하며 온실가스를 획기적으로 감축할 수 있도록 하여야 한다.

제28조(금융의 지원 및 활성화)
정부는 저탄소 녹색성장을 촉진하기 위하여 다음 각 호의 사항을 포함하는 금융 시책을 수립·시행하여야 한다.
1. 녹색경제 및 녹색산업의 지원 등을 위한 재원의 조성 및 자금 지원
2. 저탄소 녹색성장을 지원하는 새로운 금융상품의 개발
3. 저탄소 녹색성장을 위한 기반시설 구축사업에 대한 민간투자 활성화
4. 기업의 녹색경영 정보에 대한 공시제도 등의 강화 및 녹색경영 기업에 대한 금융지원 확대
5. 탄소시장(온실가스를 배출할 수 있는 권리 또는 온실가스의 감축·흡수 실적 등을 거래하는 시장을 말한다. 이하 같다)의 개설 및 거래 활성화 등

제29조(녹색산업투자회사의 설립과 지원)

① 녹색기술 및 녹색산업에 자산을 투자하여 그 수익을 투자자에게 배분하는 것을 목적으로 하는 녹색산업투자회사(「자본시장과 금융투자업에 관한 법률」 제9조 제18항의 집합투자기구를 말한다. 이하 같다)를 설립할 수 있다.

② **녹색산업투자회사**가 투자하는 녹색기술 및 녹색산업은 다음 각 호에서 정하는 사업 또는 기업으로 한다.

1. 제2조 제3호에 따른 녹색기술에 대한 연구와 시제품의 제작 및 상용화를 위한 연구개발 또는 기술지원 사업

2. 제2조 제4호에 따른 녹색산업에 해당하는 사업

3. 녹색기술 또는 녹색산업에 대한 투자 또는 영업을 영위하는 기업

③ **정부**는 「공공기관의 운영에 관한 법률」 제4조에 따른 공공기관이 녹색산업투자회사에 출자하려는 경우 이를 위한 자금의 전부 또는 일부를 예산의 범위에서 지원할 수 있다.

④ **금융위원회**는 제3항의 규정에 따라 공공기관이 출자한 녹색산업투자회사(해당 회사의 자산운용회사·자산보관회사 및 일반사무관리회사를 포함한다. 이하 이 조에서 같다)에 해당 회사의 업무 및 재산 등에 관한 자료의 제출이나 보고를 요구할 수 있으며, 관계 중앙행정기관은 금융위원회에 해당 자료의 제출을 요구할 수 있다.

⑤ **관계 중앙행정기관**은 제4항에 의하여 제출된 자료나 보고 내용에 대하여 검사가 필요하다고 인정하는 경우 금융위원회에게 해당 녹색산업투자회사에 대한 업무 및 재산 등에 관한 검사를 요청할 수 있으며, 해당 검사 결과 중대한 문제가 있다고 여겨지는 경우에는 금융위원회는 관계 중앙행정기관과 협의하여 해당 녹색산업투자회사의 등록을 취소할 수 있다.

⑥ 제1항 내지 제5항에 따른 녹색산업투자회사의 설립·운영 및 재정지원과 그 밖에 필요한 세부사항은 대통령령으로 정한다.

[시행령] 제16조(녹색산업투자회사의 설립)

① 법 제29조 제1항에 따른 녹색산업투자회사는 출자총액, 신탁총액 또는 자본금의 100분의 60 이상을 같은 조 제2항에 따른 녹색기술 및 녹색산업에 출자 또는 투자하는 집합투자기구(「자본시장과 금융투자업에 관한 법률」 제9조 제18항의 집합투자기구를 말한다)로 한다.

② 법 제29조 제2항 제1호 및 제2호에 따른 녹색기술 및 녹색산업 관련 기술 및 사업은 각각 제19조 제6항에 따라 고시된 인증대상 녹색기술 또는 녹색사업을 말한다.

③ 법 제29조 제2항 제3호에 따른 녹색기술 또는 녹색산업 관련 기업은 제2항에 따른 녹색기술 또는 녹색사업의 이전, 관련 제품의 제조 등에 의한 매출액이 인증을 신청하는 날이 속하는 해의 전년도를 기준으로 총매출액의 100분의 30 이상인 기업으로 한다.

④ 금융위원회는 법 제29조 제3항에 따라 공공기관이 출자하는 녹색산업투자회사의 등록신청을 받은 경우에는 관계 중앙행정기관의 장에게 그 내용을 통보하고, 등록결정에 관하여 협의를 할 수 있다.

[시행령] 제17조(녹색산업투자회사의 재정 지원 및 운영)
① 관계 중앙행정기관의 장이 법 제29조 제3항에 따라 공공기관에 녹색산업투자회사의 출자를 위한 자금을 지원하는 경우에는 사업의 적절성 등을 고려하여 지원 규모, 지원 방법 및 지원 조건 등 재정 지원에 필요한 사항을 정할 수 있다.
② 관계 중앙행정기관의 장은 법 제29조 제3항에 따라 공공기관이 출자한 녹색산업투자회사가 제16조 제1항부터 제3항까지의 요건을 충족하지 못하거나 정상적인 사업의 지속이 어렵다고 인정되는 경우 해당 공공기관으로 하여금 추가적인 출자를 제한하거나 출자를 회수하는 등 필요한 조치를 하게 할 수 있다.
③ 법 제29조 제3항에 따라 정부의 지원을 받은 공공기관은 출자에 따른 회계를 해당 기관의 회계와 구분하여 별도의 계정을 설치하고 출자에 따른 수입과 지출을 구분하여 회계처리를 하여야 한다.

제30조(조세 제도 운영)

  정부는 에너지·자원의 위기 및 기후변화 문제에 효과적으로 대응하고 저탄소 녹색성장을 촉진하기 위하여 온실가스와 오염물질을 발생시키거나 에너지·자원 이용 효율이 낮은 재화와 서비스를 줄이고 환경친화적인 재화와 서비스를 촉진하는 방향으로 국가의 조세 제도를 운영하여야 한다.

제31조(녹색기술·녹색산업에 대한 지원·특례 등)
① **국가 또는 지방자치단체**는 녹색기술·녹색산업에 대하여 보조금의 지급 등 필요한 지원을 할 수 있다.
② 「신용보증기금법」에 따라 설립된 신용보증기금 및 「기술신용보증기금법」에 따라 설립된 기술신용보증기금은 녹색기술·녹색산업에 우선적으로 신용보증을 하거나 보증조건 등을 우대할 수 있다.
③ **국가나 지방자치단체**는 녹색기술·녹색산업과 관련된 기업을 지원하기 위하여 「조세특례제한법」과 「지방세법」에서 정하는 바에 따라 소득세·법인세·취득세·재산세·등록세 등을 감면할 수 있다.
④ **국가나 지방자치단체**는 녹색기술·녹색산업과 관련된 기업이 「외국인투자 촉진법」 제2조 제1항 제4호에 따른 외국인투자를 유치하는 경우에 이를 최대한 지원하기 위하여 노력하여야 한다.

제32조(녹색기술·녹색산업의 표준화 및 인증 등)
① **정부**는 국내에서 개발되었거나 개발 중인 녹색기술·녹색산업이 「국가표준기본법」 제3조 제2호에 따른 국제표준에 부합되도록 표준화 기반을 구축하고 녹색기술·녹색산업의 국제표준화 활동 등에 필요한 지원을 할 수 있다.
② **정부**는 녹색기술·녹색산업의 발전을 촉진하기 위하여 녹색기술, 녹색사업, 녹색제품 등에 대한 적합성 인증을 하거나 녹색전문기업 확인, 공공기관의 구매의무화 또는 기술지도 등을 할 수 있다.
③ 정부는 다음 각 호의 어느 하나에 해당하는 경우에는 제2항에 따른 적합성 인증 및 녹색전문

기업 확인을 취소하여야 한다.

1. 거짓이나 그 밖의 부정한 방법으로 인증이나 확인을 받은 경우
2. 중대한 결함이 있어 인증이나 확인이 적당하지 아니하다고 인정되는 경우

④ 제1항 내지 제3항에 따른 표준화, 인증 및 취소 등에 관하여 그 밖에 필요한 사항은 대통령령으로 정한다.

[시행령] 제18조(녹색기술·녹색산업의 표준화)

① 교육과학기술부장관, 문화체육관광부장관, 농림수산식품부장관, 지식경제부장관, 환경부장관, 국토해양부장관 및 방송통신위원회위원장은 법 제32조 제1항에 따라 소관 분야 녹색기술·녹색산업의 표준화 기반을 구축하기 위하여 다음 각 호의 사업을 추진하고 필요한 지원을 할 수 있다.
1. 국제표준과 연계한 표준화 기반 및 적합성 평가체계 구축 사업
2. 개발된 녹색기술의 표준화 사업
3. 국내에서 연구·개발 중인 녹색기술·녹색산업의 표준화 사업
4. 표준화 기반을 구축하기 위한 전문인력의 양성사업
5. 그 밖에 표준화 기반을 구축하기 위하여 필요한 사업
② 지식경제부장관은 제1항에 따른 녹색기술·녹색산업의 표준화 기반 구축에 관한 사항을 총괄적으로 관장하며, 국민에게 관련 정보를 신속하게 제공하기 위하여 필요한 조치를 마련할 수 있다.

[시행령] 제19조(녹색기술·녹색사업의 적합성 인증 및 녹색전문기업 확인)

① 중앙행정기관의 장은 소관 분야에 대하여 법 제32조 제2항에 따라 녹색기술·녹색사업(녹색산업 설비·기반시설의 설치, 녹색기술·녹색산업의 응용·보급·확산 등 녹색성장과 관련된 경제활동으로서 경제적·기술적 파급효과가 큰 사업을 말한다)에 대한 적합성 인증 및 녹색전문기업의 확인(이하 '녹색인증'이라 한다)을 한다.
② 녹색인증을 받으려는 자는 소관 중앙행정기관의 장에게 녹색인증을 신청하며, 신청을 받은 소관 중앙행정기관의 장은 신청한 내용을 평가하는 기관(이하 '평가기관'이라 한다)을 지정하여 녹색인증의 평가를 의뢰하여야 한다.
③ 평가기관의 평가 결과를 확인하고 녹색인증의 여부를 결정하기 위하여 관련 중앙행정기관 공동으로 녹색인증심의위원회(이하 '인증위원회'라 한다)를 둔다.
④ 소관 중앙행정기관의 장은 제2항에 따른 녹색인증의 신청 접수 및 평가기관의 평가업무의 지원 등에 관한 업무를 「산업기술 혁신 촉진법」 제38조에 따른 한국산업기술진흥원에 위탁한다.
⑤ 소관 중앙행정기관의 장은 제2항에 따라 녹색인증을 신청한 자에게 인증에 필요한 비용을 부담하게 할 수 있다.
⑥ 제1항부터 제5항까지에서 규정한 사항 외에 녹색인증의 대상·기준·절차·방법, 평가기관의 지정, 인증위원회의 구성·운영 등 녹색인증에 필요한 사항은 기획재정부장관, 교육과학기술부장관, 문화체육관광부장관, 농림수산식품부장관, 지식경제부장관, 환경부장관, 국토해양부장관 및 방송통신위원회위원장이 공동으로 정하여 관보에 고시한다.

[시행령] 제20조(녹색제품에 대한 공공기관의 구매촉진)

① 조달청장은 법 제32조 제2항에 따라 공공기관의 녹색제품 구매를 촉진하기 위하여 필요한 품목을 지정·고시하고, 이에 따른 조달 기준을 마련할 수 있다.

② 조달청장은 공공기관의 장이 구매·발주를 요청한 제품이나 공사에 대하여 해당 공공기관의 장과의 협의를 거쳐 녹색제품으로 대체구매하거나 공사설계에 반영할 수 있다.

제33조(중소기업의 지원 등)

정부는 중소기업의 녹색기술 및 녹색경영을 촉진하기 위하여 다음 각 호의 시책을 수립·시행할 수 있다.

1. 대기업과 중소기업의 공동사업에 대한 우선 지원
2. 대기업의 중소기업에 대한 기술지도·기술이전 및 기술인력 파견에 대한 지원
3. 중소기업의 녹색기술 사업화의 촉진
4. 녹색기술 개발 촉진을 위한 공공시설의 이용
5. 녹색기술·녹색산업에 관한 전문인력 양성·공급 및 국외진출
6. 그 밖에 중소기업의 녹색기술 및 녹색경영을 촉진하기 위한 사항

[시행령] 제21조(중소기업의 녹색기술·녹색경영 지원) 중소기업청장은 법 제33조에 따라 중소기업의 녹색기술 및 녹색경영을 촉진하기 위한 연차별 추진계획을 수립·시행하여야 한다.

제34조(녹색기술·녹색산업 집적지 및 단지 조성 등)

① **정부**는 녹색기술의 공동연구개발, 시설장비의 공동활용 및 산·학·연 네트워크 구축 등의 사업을 위한 집적지와 단지를 조성하거나 이를 지원할 수 있다.

② 제1항에 따른 사업을 추진하는 경우에는 다음 각 호의 사항을 고려하여야 한다.

1. 산업단지별 산업집적 현황에 관한 사항
2. 기업·대학·연구소 등의 연구개발 역량강화 및 상호 연계에 관한 사항
3. 산업집적기반시설의 확충 및 우수한 녹색기술·녹색산업 인력의 유치에 관한 사항
4. 녹색기술·녹색산업의 사업추진체계 및 재원조달방안

③ **정부**는 대통령령으로 정하는 기관 또는 단체로 하여금 녹색기술·녹색산업 집적지 및 단지를 조성하게 할 수 있다.

④ **정부**는 제3항에 따른 기관 또는 단체가 같은 항에 따른 녹색기술·녹색산업 집적지 및 단지를 조성하는 사업을 수행하는 데에 소요되는 비용의 전부 또는 일부를 출연할 수 있다.

[시행령] 제22조(녹색기술·녹색산업 집적지 및 단지 조성 사업 추진기관) 법 제34조 제3항에서 '대통령령으로 정하는 기관 또는 단체'란 다음 각 호의 기관 또는 단체를 말한다.
1. 「산업기술단지 지원에 관한 특례법」 제4조에 따른 사업시행자
2. 「산업집적활성화 및 공장설립에 관한 법률」 제45조의3에 따른 한국산업단지공단
3. 「특정연구기관 육성법」 제2조에 따른 특정연구기관 및 같은 법 제8조에 따른 공동관리기구
4. 「고등교육법」에 따른 대학·산업대학·전문대학 및 기술대학
5. 「과학기술분야 정부출연연구기관 등의 설립·운영 및 육성에 관한 법률」에 따른 과학기술분야 정부출연연구기관
6. 「기술개발촉진법」 및 같은 법 시행령에 따른 한국산업기술진흥협회
7. 「한국환경공단법」에 따른 한국환경공단
8. 「환경기술 개발 및 지원에 관한 법률」 제5조의2에 따른 한국환경산업기술원
9. 「교통안전공단법」에 따른 교통안전공단
10. 「산업입지 및 개발에 관한 법률」 제16조 제1항 제1호에 따른 사업시행자

제35조(녹색기술·녹색산업에 대한 일자리 창출 등)

① **정부**는 녹색기술·녹색산업에 대한 일자리를 창출·확대하여 모든 국민이 녹색성장의 혜택을 누릴 수 있도록 하여야 한다.

② **정부**는 녹색기술·녹색산업에 대한 일자리를 창출하는 과정에서 산업분야별 노동력의 원활한 이동·전환을 촉진하고 국민이 새로운 기술을 습득할 수 있는 기회를 확대하며, 녹색기술·녹색산업에 대한 일자리 창출을 위한 재정적·기술적 지원을 할 수 있다.

제36조(규제의 선진화)

① 정부는 자원을 효율적으로 이용하고 온실가스와 오염물질의 발생을 줄이기 위한 규제를 도입하려는 경우에는 온실가스 또는 오염물질의 발생 원인자가 스스로 온실가스와 오염물질의 발생을 줄이도록 유도함으로써 사회·경제적 비용을 줄이도록 노력하여야 한다.

② **정부**는 온실가스와 오염물질의 발생을 줄이기 위한 규제를 도입하려는 경우에는 민간의 자율과 창의를 저해하지 않도록 하고, 기업의 규제에 대한 국내외 실태조사 등을 하여 산업경쟁력을 높일 수 있도록 규제의 중복을 피하는 등 규제체계를 선진화하여야 한다.

제37조(국제규범 대응)

① **정부**는 외국 정부 또는 국제기구에서 제정하거나 도입하려는 저탄소 녹색성장과 관련된 제도·정책에 관한 동향과 정보를 수집·조사·분석하여 관련 제도·정책을 합리적으로 정비하고 지원체제를 구축하는 등 적절한 대책을 마련하여야 한다.

② **정부**는 제1항의 동향·정보 및 대책에 관한 사항을 기업·국민들에게 충분히 제공함으로써 국내 기업과 국민들이 대응역량을 높일 수 있도록 하여야 한다.

제5장 저탄소 사회의 구현

제38조(기후변화대응의 기본원칙)

정부는 저탄소 사회를 구현하기 위하여 기후변화대응 정책 및 관련 계획을 다음 각 호의 원칙에 따라 수립·시행하여야 한다.

1. 지구온난화에 따른 기후변화 문제의 심각성을 인식하고 국가적·국민적 역량을 모아 총체적으로 대응하고 범지구적 노력에 적극 참여한다.
2. 온실가스 감축의 비용과 편익을 경제적으로 분석하고 국내 여건 등을 감안하여 국가온실가스 중장기 감축목표를 설정하고, 가격기능과 시장원리에 기반을 둔 비용 효과적 방식의 합리적 규제체제를 도입함으로써 온실가스 감축을 효율적·체계적으로 추진한다.
3. 온실가스를 획기적으로 감축하기 위하여 정보통신·나노·생명 공학 등 첨단기술 및 융합기술을 적극 개발하고 활용한다.
4. 온실가스 배출에 따른 권리·의무를 명확히 하고 이에 대한 시장거래를 허용함으로써 다양한 감축수단을 자율적으로 선택할 수 있도록 하고, 국내 탄소시장을 활성화하여 국제 탄소시장에 적극 대비한다.
5. 대규모 자연재해, 환경생태와 작물상황의 변화에 대비하는 등 기후변화로 인한 영향을 최소화하고 그 위험 및 재난으로부터 국민의 안전과 재산을 보호한다.

제39조(에너지정책 등의 기본원칙)

정부는 저탄소 녹색성장을 추진하기 위하여 에너지정책 및 에너지와 관련된 계획을 다음 각 호의 원칙에 따라 수립·시행하여야 한다.

1. 석유·석탄 등 화석연료의 사용을 단계적으로 축소하고 에너지 자립도를 획기적으로 향상시킨다.
2. 에너지 가격의 합리화, 에너지의 절약, 에너지이용 효율 제고 등 에너지 수요관리를 강화하여 지구온난화를 예방하고 환경을 보전하며, 에너지 저소비·자원순환형 경제·사회구조로 전환한다.
3. 친환경에너지인 태양에너지, 폐기물·바이오에너지, 풍력, 지열, 조력, 연료전지, 수소에너지 등 신·재생에너지의 개발·생산·이용 및 보급을 확대하고 에너지 공급원을 다변화한다.
4. 에너지가격 및 에너지산업에 대한 시장경쟁 요소의 도입을 확대하고 공정거래 질서를 확립하며, 국제규범 및 외국의 법제도 등을 고려하여 에너지산업에 대한 규제를 합리적으로 도입·개선하여 새로운 시장을 창출한다.
5. 국민이 저탄소 녹색성장의 혜택을 고루 누릴 수 있도록 저소득층에 대한 에너지이용 혜택을 확대하고 형평성을 제고하는 등 에너지와 관련한 복지를 확대한다.
6. 국외 에너지자원 확보, 에너지의 수입 다변화, 에너지 비축 등을 통하여 에너지를 안정적으로 공급함으로써 에너지에 관한 국가안보를 강화한다.

제40조(기후변화대응 기본계획)

① **정부**는 기후변화대응의 기본원칙에 따라 20년을 계획기간으로 하는 기후변화대응 기본계획을

5년마다 수립·시행하여야 한다.

② 기후변화대응 기본계획을 수립하거나 변경하는 경우에는 위원회의 심의 및 국무회의 심의를 거쳐야 한다. 다만, 대통령령으로 정하는 경미한 사항을 변경하는 경우에는 그러하지 아니하다.

③ 기후변화대응 기본계획에는 다음 각 호의 사항이 포함되어야 한다.

1. 국내외 기후변화 경향 및 미래 전망과 대기 중의 온실가스 농도변화

2. 온실가스 배출·흡수 현황 및 전망

3. 온실가스 배출 중장기 감축목표 설정 및 부문별·단계별 대책

4. 기후변화대응을 위한 국제협력에 관한 사항

5. 기후변화대응을 위한 국가와 지방자치단체의 협력에 관한 사항

6. 기후변화대응 연구개발에 관한 사항

7. 기후변화대응 인력양성에 관한 사항

8. 기후변화의 감시·예측·영향·취약성평가 및 재난방지 등 적응대책에 관한 사항

9. 기후변화대응을 위한 교육·홍보에 관한 사항

10. 그 밖에 기후변화대응 추진을 위하여 필요한 사항

[시행령] 제23조(기후변화대응 기본계획의 변경) 법 제40조 제2항 단서에서 "대통령령으로 정하는 경미한 사항을 변경하는 경우"란 다음 각 호를 말한다.
1. 법 제40조 제3항 제1호 및 제2호(온실가스 배출·흡수 현황에 한정한다)에 관한 사항을 국내외 여건에 따라 일부를 변경하는 경우
2. 법 제40조 제3항 제6호·제7호 및 제9호에 관한 계획 중 기후변화대응 기본계획의 본질적인 내용에 영향을 미치지 아니하는 사항으로서 소요되는 총재원의 100분의 10 이내에서 기후변화대응 기본계획의 일부를 변경하는 경우

제41조(에너지기본계획의 수립)

① 정부는 에너지정책의 기본원칙에 따라 20년을 계획기간으로 하는 에너지기본계획(이하 이 조에서 '에너지기본계획'이라 한다)을 5년마다 수립·시행하여야 한다.

② 에너지기본계획을 수립하거나 변경하는 경우에는 「에너지법」 제9조에 따른 에너지위원회의 심의를 거친 다음 위원회와 국무회의의 심의를 거쳐야 한다. 다만, 대통령령으로 정하는 경미한 사항을 변경하는 경우에는 그러하지 아니하다.

③ 에너지기본계획에는 다음 각 호의 사항이 포함되어야 한다.

1. 국내외 에너지 수요와 공급의 추이 및 전망에 관한 사항

2. 에너지의 안정적 확보, 도입·공급 및 관리를 위한 대책에 관한 사항

3. 에너지 수요 목표, 에너지원 구성, 에너지 절약 및 에너지이용 효율 향상에 관한 사항

4. 신·재생에너지 등 환경친화적 에너지의 공급 및 사용을 위한 대책에 관한 사항

5. 에너지 안전관리를 위한 대책에 관한 사항

6. 에너지 관련 기술개발 및 보급, 전문인력 양성, 국제협력, 부존 에너지자원 개발 및 이용, 에너

지 복지 등에 관한 사항

[시행령] 제24조(에너지기본계획의 변경) 법 제41조 제2항 단서에서 "대통령령으로 정하는 경미한 사항을 변경하는 경우"란 같은 조 제3항 각 호에 관한 계획 중 에너지기본계획의 본질적인 내용에 영향을 미치지 아니하는 사항으로서 소요되는 총재원의 100분의 10 이내에서 에너지기본계획의 일부를 변경하는 경우를 말한다.

제42조(기후변화대응 및 에너지의 목표관리)

① **정부**는 범지구적인 온실가스 감축에 적극 대응하고 저탄소 녹색성장을 효율적·체계적으로 추진하기 위하여 다음 각 호의 사항에 대한 중장기 및 단계별 목표를 설정하고 그 달성을 위하여 필요한 조치를 강구하여야 한다.

1. 온실가스 감축목표
2. 에너지 절약 목표 및 에너지이용 효율 목표
3. 에너지 자립 목표
4. 신·재생에너지 보급 목표

② **정부**는 제1항에 따른 목표를 설정할 때 국내 여건 및 각국의 동향 등을 고려하여야 한다.

③ 정부는 제1항에 따른 목표를 달성하기 위하여 관계 중앙행정기관, 지방자치단체 및 대통령령으로 정하는 공공기관 등에 대하여 대통령령으로 정하는 바에 따라 해당 기관별로 에너지절약 및 온실가스 감축목표를 설정하도록 하고 그 이행사항을 지도·감독할 수 있다.

④ **정부**는 제1항 제1호 및 제2호에 따른 목표를 달성할 수 있도록 산업, 교통·수송, 가정·상업 등 부문별 목표를 설정하고 그 달성을 위하여 필요한 조치를 적극 마련하여야 한다.

⑤ **정부**는 제1항 제1호 및 제2호에 따른 목표를 달성하기 위하여 대통령령으로 정하는 기준량 이상의 온실가스 배출업체 및 에너지 소비업체(이하 '관리업체'라 한다)별로 측정·보고·검증이 가능한 방식으로 목표를 설정·관리하여야 한다. 이 경우 정부는 관리업체와 미리 협의하여야 하며, 온실가스 배출 및 에너지사용 등의 이력, 기술 수준, 국제경쟁력, 국가목표 등을 고려하여야 한다.

⑥ **관리업체**는 제5항에 따른 목표를 준수하여야 하며, 그 실적을 대통령령으로 정하는 바에 따라 정부에 보고하여야 한다.

⑦ **정부**는 제6항에 따라 보고받은 실적에 대하여 등록부를 작성하고 체계적으로 관리하여야 한다.

⑧ **정부**는 관리업체의 준수실적이 제5항에 따른 목표에 미달하는 경우 목표달성을 위하여 필요한 개선을 명할 수 있다. 이 경우 관리업체는 개선명령에 따른 이행계획을 작성하여 이를 성실히 이행하여야 한다.

⑨ **관리업체**는 제8항에 따른 이행결과를 측정·보고·검증이 가능한 방식으로 작성하여 대통령령으로 정하는 공신력 있는 외부 전문기관의 검증을 받아 정부에 보고하고 공개하여야 한다.

⑩ **정부**는 관리업체가 제5항에 따른 목표를 달성하고 제8항에 따른 이행계획을 차질 없이 이행할

수 있도록 하기 위하여 필요한 경우 재정·세제·경영·기술지원, 실태조사 및 진단, 자료 및 정보의 제공 등을 할 수 있다.

⑪ 제5항부터 제9항까지에서 규정한 사항 외에 등록부의 관리, 관리업체의 지원 등에 필요한 사항은 대통령령으로 정한다.

[시행령] 제25조(온실가스 감축 국가목표설정·관리)
① 법 제42조 제1항 제1호에 따른 온실가스 감축목표는 2020년의 국가 온실가스 총배출량을 2020년의 온실가스 배출 전망치 대비 100분의 30까지 감축하는 것으로 한다.
② 위원회가 제1항에 따른 온실가스 감축목표의 세부 감축목표 및 법 제42조 제4항에 따른 부문별 목표의 설정 및 그 이행의 지원을 위하여 필요한 조치에 관한 사항을 심의하는 경우에는 위원회의 심의 전에 「경제정책조정회의 규정」 제2조에 따른 경제정책조정회의를 거쳐야 한다.
③ 위원회는 저탄소 녹색성장 정책의 기본방향을 심의할 때 제1항에 따른 감축목표가 달성될 수 있도록 국가전략, 중앙추진계획 및 지방추진계획 간의 정합성과 법 제40조에 따른 기후변화대응 기본계획, 법 제41조에 따른 에너지기본계획 및 법 제50조에 따른 지속가능발전 기본계획이 체계적으로 연계될 수 있는 방안을 우선적으로 고려하여야 한다.

[시행령] 제26조(온실가스·에너지 목표관리의 원칙 및 역할)
① **환경부장관**은 온실가스 감축목표의 설정·관리 및 필요한 조치에 관하여 총괄·조정 기능을 수행한다.
② **환경부장관**은 온실가스 및 에너지 목표관리의 통합·연계, 국내산업의 여건, 국제적인 동향, 이중 규제의 방지 등 관련 규제의 선진화 등을 고려하여 법 제42조 제5항에 따른 목표의 설정·관리 및 검증 등에 관한 종합적인 기준 및 지침을 마련하여 이를 관보에 고시한다. 이 경우 제3항에 따른 부문별 관계 중앙행정기관의 장(이하 '부문별 관장기관'이라 한다)과의 협의 및 위원회의 심의를 거쳐야 한다.
③ 부문별 관장기관은 다음 각 호의 구분에 따라 소관 부문별로 법 제42조 제5항에 따른 목표의 설정·관리 및 필요한 조치에 관한 사항을 관장한다. 이 경우 부문별 관장기관은 제1항에 따른 환경부장관의 총괄·조정 업무에 최대한 협조하여야 한다.
1. 농림수산식품부: 농업·축산 분야
2. 지식경제부: 산업·발전(發電) 분야
3. 환경부: 폐기물 분야
4. 국토해양부: 건물·교통 분야
④ **환경부장관**은 법 제42조 제5항에 따른 목표관리의 신뢰성을 높이기 위하여 필요한 경우에는 제3항에 따른 부문별 관장기관의 소관 사무에 대하여 종합적인 점검·평가를 할 수 있으며, 그 결과에 따라 부문별 관장기관에 법 제42조 제5항에 따른 온실가스 배출업체 및 에너지 소비업체(이하 '관리업체'라 한다)에 대한 개선명령 등 필요한 조치를 요구할 수 있고 부문별 관장기관은 특별한 사정이 없으면 이에 따라야 한다.
⑤ **환경부장관**은 관리업체의 온실가스 감축 및 에너지 절약 목표 등의 이행실적, 제34조에 따른 명세서의 신뢰성 등에 중대한 문제가 있다고 인정되는 경우 부문별 관장기관과 공동으로 관리업체에 대한 실태조사를 할 수 있다.
⑥ **환경부장관**은 제4항에 따른 점검·평가를 위하여 부문별 관장기관에 필요한 자료를 요청할 수 있다.

[시행령] 제27조(목표관리 대상 공공기관) 법 제42조 제3항에서 '대통령령으로 정하는 공공기관 등'이란 다음 각 호의 기관을 말한다.
1. 「공공기관의 운영에 관한 법률」 제4조에 따른 공공기관
2. 「지방공기업법」 제49조에 따른 지방공사 및 같은 법 제76조에 따른 지방공단
3. 「국립대학병원 설치법」, 「국립대학치과병원 설치법」, 「서울대학교병원 설치법」 및 「서울대학교치과병원 설치법」에 따른 병원
4. 「고등교육법」 제3조에 따른 국립대학 및 공립대학

[시행령] 제28조(중앙행정기관 등의 목표관리 방법 및 절차)
① 법 제42조 제3항에 따른 중앙행정기관, 지방자치단체와 제27조에 따른 공공기관(이하 '중앙행정기관 등'이라 한다)의 장은 매년 12월 31일까지 다음 각 호의 사항을 포함한 다음 연도 온실가스 감축 및 에너지 절약에 관한 목표 이행계획을 전자적 방식으로 센터에 제출하여야 한다.
1. 연차별 온실가스 감축 및 에너지 절약 목표와 그 이행계획
2. 온실가스배출량 및 에너지사용량
3. 온실가스 배출시설 및 에너지사용 시설
4. 시설별 온실가스배출량 및 에너지사용량
5. 그 밖에 온실가스 감축 및 에너지 절약 목표를 달성하기 위하여 환경부장관이 정하는 사항
② **환경부장관**은 제1항에 따른 이행계획이 적절하지 아니하다고 인정될 때에는 행정안전부장관 및 지식경제부장관과 협의하여 중앙행정기관 등의 장에게 이행계획의 개선·보완을 요구할 수 있다.
③ 제2항에 따라 개선·보완을 요구받은 중앙행정기관 등의 장은 요구를 받은 날부터 1개월 이내에 이를 반영한 이행계획을 센터에 제출하여야 한다.
④ **중앙행정기관 등의 장**은 제1항에 따른 이행계획을 실행한 이행결과보고서를 전자적 방식으로 다음 연도 3월 31일까지 센터에 제출하여야 한다.
⑤ 행정안전부장관, 지식경제부장관 및 환경부장관은 제4항에 따른 이행결과보고서를 받은 날부터 3개월 이내에 이를 공동으로 평가하고, 그 결과를 국무총리에게 보고하여야 한다.
⑥ **국무총리**는 제5항의 평가 결과에 따라 필요한 경우 중앙행정기관 등의 장에게 온실가스 감축 및 에너지 절약을 촉진하기 위한 조치를 명할 수 있다.

[시행령] 제29조(관리업체 지정기준 등)
① 법 제42조 제5항에서 '대통령령으로 정하는 기준량 이상의 온실가스 배출업체 및 에너지 소비업체'란 다음 각 호의 업체를 말한다.
1. 해당 연도 1월 1일을 기준으로 최근 3년간 업체의 모든 사업장에서 배출한 온실가스와 소비한 에너지의 연평균 총량이 별표 2 및 별표 3의 기준 모두에 해당하는 업체
    [별표 2] 관리업체지정 온실가스배출량 기준(제29조 제1항 제1호 관련)
    1. 2011년 12월 31일까지 적용되는 기준: 125kilotonnes CO_2-eq 이상
    2. 2012년 1월 1일부터 적용되는 기준: 87.5kilotonnes CO_2-eq 이상
    3. 2014년 1월 1일부터 적용되는 기준: 50kilotonnes CO_2-eq 이상

    [별표 3] 관리업체지정 에너지소비량 기준(제29조 제1항 제1호 관련)
    1. 2011년 12월 31일까지 적용되는 기준: 500terajoules 이상
    2. 2012년 1월 1일부터 적용되는 기준: 350terajoules 이상
    3. 2014년 1월 1일부터 적용되는 기준: 200terajoules 이상

2. 업체의 사업장 중 최근 3년간 온실가스배출량과 에너지소비량의 연평균 총량이 별표 4 및 별표 5의 기준 모두에 해당하는 사업장이 있는 업체의 해당 사업장

> [별표 4] <u>관리업체지정 사업장 온실가스배출량 기준</u>(제29조 제1항 제2호 관련)
> 1. 2011년 12월 31일까지 적용되는 기준: 25kilotonnes CO_2-eq 이상
> 2. 2012년 1월 1일부터 적용되는 기준: 20kilotonnes CO_2-eq 이상
> 3. 2014년 1월 1일부터 적용되는 기준: 15kliotonnes CO_2-eq 이상

> [별표 5] <u>관리업체지정 사업장 에너지소비량 기준</u>(제29조 제1항 제2호 관련)
> 1. 2011년 12월 31일까지 적용되는 기준: 100terajoules 이상
> 2. 2012년 1월 1일부터 적용되는 기준: 90terajoules 이상
> 3. 2014년 1월 1일부터 적용되는 기준: 80terajoules 이상

② **부문별 관장기관**은 제1항에 해당하는 업체를 관리업체의 대상으로 선정하고 관련 자료를 첨부하여 매년 3월 31일까지 환경부장관에게 통보하여야 한다.

③ 제2항에 따라 통보를 받은 **환경부장관**은 관리업체 선정의 중복·누락, 규제의 적절성 등을 확인하고 그 결과를 부문별 관장기관에 통보하며, 통보를 받은 부문별 관장기관은 매년 6월 30일까지 관리업체를 지정하여 관보에 고시한다.

④ **관리업체**는 제3항에 따른 지정에 이의가 있는 경우 고시된 날부터 30일 이내에 부문별 관장기관에 소명 자료를 첨부하여 이의를 신청할 수 있다.

⑤ **부문별 관장기관**은 제4항에 따른 이의신청을 받았을 때에는 이에 관하여 재심사하고, 환경부장관의 확인을 거쳐 이의신청을 받은 날부터 30일 이내에 그 결과를 해당 관리업체에 통보하여야 하며, 부문별 관장기관은 관리업체의 지정에 변경이 있는 경우에는 그 내용을 관보에 고시한다.

⑥ **환경부장관**은 제3항에 따라 각 부문별 관장기관이 지정·고시한 관리업체를 종합하여 이를 공표할 수 있다.

[시행령] 제30조(관리업체에 대한 목표관리 방법 및 절차)

① **부문별 관장기관**은 법 제42조 제5항에 따라 매년 9월 30일까지 관리업체의 다음 연도 온실가스 감축, 에너지 절약 및 에너지이용 효율 목표를 설정하고 이를 관리업체 및 센터에 통보한다.

② **부문별 관장기관**은 제1항에 따라 관리업체에 대한 온실가스 감축, 에너지 절약 및 에너지이용 효율 목표를 설정하는 때에는 법 제42조 제5항 후단에 따라 관계 중앙행정기관, 민간 전문가 등으로 구성된 협의체를 구성·운영한다.

③ 제1항에 따른 목표를 통보받은 관리업체는 다음 각 호의 사항을 포함한 다음 연도 이행계획을 전자적 방식으로 매년 12월 31일까지 부문별 관장기관에 제출하여야 하며, 부문별 관장기관은 이를 지체 없이 센터에 제출하여야 한다.

1. 5년 단위의 연차별 목표와 이행계획
2. 사업장별 생산설비 현황 및 가동률
3. 사업장별 배출 온실가스의 종류·배출량 및 사용 에너지의 종류·사용량 현황
4. 사업장별 온실가스 감축, 에너지 절약 및 에너지이용 효율 목표와 이행방법
5. 주요 생산 공정별 온실가스 배출 현황 및 에너지소비량
6. 주요 생산 공정별 온실가스 감축, 에너지 절약 및 에너지이용 효율 목표와 이행방법
7. 사업장별 온실가스배출량 및 에너지소비량 산정방법(계산방식 및 측정방식을 포함한다)
8. 온실가스 감축·흡수·제거 실적

④ **관리업체**는 제3항에 따른 이행계획을 실행한 실적을 전자적 방식으로 다음 연도 3월 31일까지 부문별 관장기관에 보고하여야 하며, 부문별 관장기관은 실적보고서의 정확성과 측정·보고·검증이 가능한 방식으로 작성되었는지 등을 확인하고 이를 센터에 제출하여야 한다.
⑤ **부문별 관장기관**은 제4항에 따른 관리업체의 이행실적이 목표에 미치지 못하거나 보고의 내용 중 측정·보고·검증 방법의 적용에 미흡한 사실이 발견되는 경우에는 법 제42조 제8항에 따른 개선명령 등 필요한 조치를 하고, 이를 환경부장관에게 통보하여야 한다.
⑥ 제5항에 따라 개선명령을 받은 **관리업체**는 제3항에 따른 이행계획을 수립할 때 이를 반영하여야 한다.

[시행령] 제31조(등록부의 관리)
① 센터는 제30조 제4항에 따라 부문별 관장기관으로부터 이행실적을 제출받으면 이를 법 제42조 제7항에 따른 등록부로 작성하여 전자적 방식으로 통합 관리·운영하여야 한다.
② 제1항에 따른 등록부에는 다음 각 호의 사항이 포함되어야 한다.
1. 관리업체의 상호 또는 명칭
2. 관리업체의 대표
3. 관리업체의 본점 및 사업장 소재지
4. 관리업체 지정에 관한 사항
5. 제30조 제3항부터 제5항까지에 따른 이행계획, 실적 보고 및 개선명령 등에 관한 사항
6. 제34조에 따른 명세서에 관한 사항

[시행령] 제32조(검증기관 등)
① 법 제42조 제9항에서 '**대통령령으로 정하는 공신력 있는 외부 전문기관**'이란 온실가스배출량 및 에너지소비량에 대하여 측정·보고·검증을 전문적으로 할 수 있는 인적·물적 능력을 갖춘 기관으로서 부문별 관장기관과의 협의를 거쳐 **환경부장관**이 **지정·고시하는 기관**을 말한다.
② **환경부장관**은 관리업체에 대한 측정·보고·검증업무의 공신력을 높이기 위하여 필요한 경우에는 제1항에 따라 지정된 외부 전문기관(이하 '검증기관'이라 한다)에 관련 자료의 제공을 요청할 수 있고, 요청을 받은 검증기관은 특별한 사유가 없으면 이에 따라야 한다.
③ 제1항 및 제2항에서 규정한 사항 외에 검증기관의 지정 기준·절차, 관리업체의 검증기관 선정 등에 관한 사항은 부문별 관장기관과의 협의를 거쳐 환경부장관이 정하여 **관보에 고시**한다.

제43조(온실가스 감축의 조기행동 촉진)
① 정부는 관리업체가 제42조 제5항에 따른 목표관리를 받기 전에 자발적으로 행한 실적에 대해서는 이를 목표관리 실적으로 인정하거나 그 실적을 거래할 수 있도록 하는 등 자발적으로 온실가스를 미리 감축하는 행동을 하도록 촉진하여야 한다.
② 제1항에 따른 실적을 거래할 수 있는 방법 및 절차 등에 필요한 사항은 대통령령으로 정한다.

[시행령] 제33조(온실가스 감축의 조기행동 촉진)
법 제43조에 따른 온실가스의 자발적 감축은 검증기관의 검증을 받은 실적에 대하여 법 제46조에 따른
온실가스 배출권 거래제의 온실가스 배출 할당량 설정에 이를 인정할 수 있다.

제44조(온실가스배출량 및 에너지사용량 등의 보고)
① **관리업체**는 사업장별로 매년 온실가스배출량 및 에너지소비량에 대하여 측정·보고·검증 가
능한 방식으로 명세서를 작성하여 정부에 보고하여야 한다.
② **관리업체**는 제1항에 따른 보고를 할 때 명세서의 신뢰성에 대하여 대통령령으로 정하는 공신
력 있는 외부 전문기관의 검증을 받아야 한다. 이 경우 정부는 명세서에 흠이 있거나 빠진 부
분에 대하여 시정 또는 보완을 명할 수 있다.
③ **정부**는 명세서를 체계적으로 관리하고 명세서에 포함된 주요 정보를 관리업체별로 공개할 수
있다. 다만, 관리업체는 정보 공개로 인하여 그 관리업체의 권리나 영업상의 비밀이 현저히 침
해되는 특별한 사유가 있는 경우에는 비공개를 요청할 수 있다.
④ **정부**는 관리업체로부터 제3항 단서에 따른 정보의 비공개 요청을 받았을 때에는 심사위원회를
구성하여 30일 이내에 그 결과를 통지하여야 한다.
⑤ 명세서의 내용, 보고·관리, 공개방법 및 심사위원회의 구성·운영 등에 필요한 사항은 대통
령령으로 정한다.

[시행령] 제34조(명세서의 보고·관리 절차 등)
① **관리업체**는 법 제44조 제1항에 따라 해당 연도 온실가스배출량 및 에너지소비량에 관한 명세서를 작
성하고, 이에 대한 **검증기관의 검증결과를 첨부**하여 부문별 관장기관에 다음 **연도 3월 31일까지 전자
적 방식으로 제출**하여야 한다.
② 제1항에 따른 명세서에는 다음 각 호의 사항이 포함되어야 한다.
1. 업체의 규모, 생산설비, 제품원료 및 생산량
2. 사업장별 배출 온실가스의 종류 및 배출량, 온실가스 배출시설의 종류·규모·수량 및 가동시간
3. 사업장별 사용 에너지의 종류 및 사용량, 사용연료의 성분, 에너지사용시설의 종류·규모·수량 및 가
동시간
4. 생산공정과 생산설비로 구분한 온실가스배출량·종류 및 규모
5. 생산공정에서 사용된 온실가스 배출 방지시설의 종류·규모·처리효율·수량 및 가동시간
6. 포집(捕執)·처리한 온실가스의 종류 및 양
7. 제2호부터 제6호까지의 부문별 온실가스배출량 및 에너지사용량의 계산·측정 방법
8. 명세서에 관한 품질관리 절차
9. 온실가스 감축·흡수·제거 실적
10. 그 밖에 관리업체의 온실가스배출량 및 에너지소비량의 관리를 위하여 부문별 관장기관이 환경부장
관과의 협의를 거쳐 필요하다고 인정한 사항
③ 제1항에 따라 명세서를 제출받은 부문별 관장기관은 그 내용을 확인한 후 지체 없이 명세서와 관련 자
료를 센터에 제출하여야 하며, 센터는 이를 제31조 제1항에 따른 등록부에 포함하여 관리한다.

④ 법 제44조 제2항에 따른 명세서의 신뢰성 검증을 위한 공신력 있는 외부 전문기관에 관해서는 제32
조를 준용한다.
⑤ 제1항부터 제4항까지에서 규정한 사항 외에 명세서의 작성 방법, 보고 절차 등에 관한 사항은 부문별
관장기관과의 협의를 거쳐 환경부장관이 정하여 관보에 고시한다.

[시행령] 제35조(명세서의 공개 등)
① 제34조에 따른 명세서는 특별한 사유가 없으면 공개하는 것을 원칙으로 하고, 부문별 관장기관 및 센
터는 관련 행정기관 또는 「공공기관의 운영에 관한 법률」 제4조에 따른 공공기관의 요청이 있는 경우
에는 위원회의 심의를 거쳐 이를 제공할 수 있다.
② 센터는 「자본시장과 금융투자업에 관한 법률」 제163조에 따라 주권상장법인의 사업보고서의 공시를
위하여 금융위원회 또는 한국거래소의 요청이 있는 때에는 해당 관리업체의 명세서를 통보할 수 있다.
③ 법 제44조 제3항에 따른 명세서의 공개는 부문별 관장기관의 홈페이지 및 센터의 온실가스 종합정보
관리체계를 통하여 전자적 방식으로 한다.
④ 법 제44조 제3항 단서에 따라 명세서의 비공개를 요청하는 관리업체는 명세서를 제출할 때에 비공개
사유서를 제출하여야 한다.
⑤ 제4항에 따라 명세서의 비공개 요청이 있는 경우 비공개 요청 대상 정보의 전부 또는 일부의 공개 여
부를 심사·결정하기 위하여 센터에 법 제44조 제4항에 따른 명세서 공개 심사위원회(이하 '심사위원
회'라 한다)를 둔다.
⑥ 심사위원회는 위원장 1명을 포함하여 7명 이내의 위원으로 구성한다.
⑦ 위원은 부문별 관장기관의 소속 공무원 중에서 부문별 관장기관의 장이 각각 지명하는 4명과 녹색성
장 및 정보 공개에 관하여 학식과 경험이 풍부한 사람 중에서 환경부장관이 부문별 관장기관과 협의
하여 위촉하는 민간위원으로 구성하고, 위원장은 환경부장관이 위원 중에서 지명한다.
⑧ 회의는 재적위원 과반수의 출석으로 개의(開議)하고, 출석위원 과반수의 찬성으로 의결한다.
⑨ 제6항부터 제8항까지에서 규정한 사항 외에 심사위원회의 구성·운영에 필요한 사항은 심사위원회의
의결을 거쳐 위원장이 정한다.

제45조(온실가스 종합정보관리체계의 구축)
① **정부**는 국가 온실가스배출량·흡수량, 배출·흡수 계수(係數), 온실가스 관련 각종 정보 및
통계를 개발·검증·관리하는 온실가스 종합정보관리체계를 구축하여야 한다.
② **관계 중앙행정기관**의 장은 제1항에 따른 종합정보관리체계가 원활히 운영될 수 있도록 에너지·
산업공정·농업·폐기물·산림 등 부문별 소관 분야의 정보 및 통계를 작성하여 제공하는 등
적극 협력하여야 한다.
③ **정부**는 제1항에 따른 각종 정보 및 통계를 작성·관리하거나 종합정보관리체계를 구축함에
있어 국제기준을 최대한 반영하여 전문성·투명성 및 신뢰성을 제고하여야 한다.
④ **정부**는 제1항에 따른 각종 정보 및 통계를 분석·검증하여 그 결과를 매년 공표하여야 한다.
⑤ 제1항부터 제4항까지에서 규정한 사항 외에 세부적인 정보 및 통계 관리방법, 관리기관 및 방
법 등은 대통령령으로 정한다.

[시행령] 제36조(국가 온실가스 종합정보관리체계의 구축 및 관리)

① 법 제45조 제1항에 따른 국가 온실가스 종합정보관리체계를 구축·관리하기 위하여 환경부장관 소속으로 온실가스 종합정보센터를 둔다.

② 센터는 다음 각 호의 사항을 관장한다.

1. 국가 및 부문별 온실가스 감축목표 설정의 지원

2. 국제기준에 따른 국가 온실가스 종합정보관리체계 운영

3. 제26조부터 제35조까지의 규정에 따른 업무협조 지원 및 관계 중앙행정기관에 대한 정보 제공

4. 국내외 온실가스 감축 지원을 위한 조사·연구

5. 저탄소 녹색성장 관련 국제기구·단체 및 개발도상국과의 협력

③ 환경부장관은 센터의 효율적·체계적 업무수행을 위하여 기획재정부, 행정안전부, 농림수산식품부, 지식경제부, 국토해양부 등 관계 중앙행정기관의 고위공무원단에 속하는 공무원 및 기획단의 단장으로 구성된 협의체를 구성·운영한다.

④ 법 제45조 제2항에 따라 부문별 관장기관은 다음 각 호의 구분에 따른 소관 부문별 전년도 온실가스 정보 및 통계를 매년 6월 30일까지 센터에 제출하여야 한다.

1. 농림수산식품부장관: 농업·산림

2. 지식경제부장관: 에너지·산업공정

3. 환경부장관: 폐기물

4. 국토해양부장관: 건물·교통

⑤ 국가 온실가스 종합정보관리체계의 국제적 신뢰성을 확보하기 위하여 환경부장관은 제4항에 따른 온실가스 정보 및 통계에 관하여 검증을 하고 대외적으로 국가 온실가스 종합정보관리기관으로서의 지위를 가진다. 이 경우 환경부장관은 온실가스 통계의 공정성 및 신뢰성을 확보하기 위하여 통계청장과 협의하여야 한다.

⑥ 센터는 효율적으로 업무를 수행하기 위하여 필요하다고 인정되는 경우에는 관계 중앙행정기관의 장과 협의하여 기후변화·에너지·지속가능발전 등 저탄소 녹색성장과 관련된 다음 각 호의 기관에 인력, 정보 제공 및 분석 등 필요한 지원을 요청할 수 있다.

1. 「정부출연연구기관 등의 설립·운영 및 육성에 관한 법률」 제8조 제1항에 따른 연구기관

2. 「과학기술분야 정부출연연구기관 등의 설립·운영 및 육성에 관한 법률」 제8조 제1항에 따른 연구기관

3. 「공공기관의 운영에 관한 법률」 제4조에 따른 공공기관

제46조(총량제한 배출권 거래제 등의 도입)

① **정부**는 시장기능을 활용하여 효율적으로 국가의 온실가스 감축목표를 달성하기 위하여 온실가스 배출권을 거래하는 제도를 운영할 수 있다.

② 제1항의 제도에는 온실가스 배출허용총량을 설정하고 배출권을 거래하는 제도 및 기타 국제적으로 인정되는 거래 제도를 포함한다.

③ **정부**는 제2항에 따른 제도를 실시할 경우 기후변화 관련 국제협상을 고려하여야 하고, 국제경쟁력이 현저하게 약화될 우려가 있는 제42조 제5항의 관리업체에 대해서는 필요한 조치를 강구할 수 있다.

④ 제2항에 따른 제도의 실시를 위한 배출허용량의 할당방법, 등록·관리방법 및 거래소 설치·운영 등은 따로 법률로 정한다.

제47조(교통부문의 온실가스 관리)

① **자동차 등 교통수단을 제작하려는 자**는 그 교통수단에서 배출되는 온실가스를 감축하기 위한 방안을 마련하여야 하며, 온실가스 감축을 위한 국제경쟁 체제에 부응할 수 있도록 적극 노력하여야 한다.

② **정부**는 자동차의 평균에너지소비효율을 개선함으로써 에너지 절약을 도모하고, 자동차 배기가스 중 온실가스를 줄임으로써 쾌적하고 적정한 대기환경을 유지할 수 있도록 자동차 평균에너지소비효율기준 및 자동차 온실가스 배출허용기준을 각각 정하되, 이중규제가 되지 않도록 자동차 제작업체(수입업체를 포함한다)로 하여금 어느 한 기준을 택하여 준수토록 하고 측정방법 등이 중복되지 않도록 하여야 한다.

③ **정부**는 온실가스배출량이 적은 자동차 등을 구매하는 자에 대하여 재정적 지원을 강화하고 온실가스배출량이 많은 자동차 등을 구매하는 자에 대해서는 부담금을 부과하는 등의 방안을 강구할 수 있다.

④ **정부**는 하이브리드 자동차, 수소연료전지 자동차 등 저탄소·고효율 교통수단의 제작·보급을 촉진하기 위하여 재정·세제 지원, 연구개발 및 관련 제도 개선 등의 방안을 강구할 수 있다.

[시행령] 제37조(자동차의 평균에너지소비효율 및 온실가스 배출허용 관리)
① 법 제47조 제2항에 따라 교통부문의 온실가스 관리를 위한 업무를 추진할 때 자동차 평균에너지소비효율기준은 지식경제부장관이, 자동차 온실가스 배출허용기준은 환경부장관이 각각 정하되, 자동차 제작업체(수입업체를 포함한다. 이하 같다)에 대한 자동차 평균에너지소비효율기준 및 자동차 온실가스 배출허용기준의 적용·관리는 환경부장관이 관장한다. 이 경우 환경부장관은 해당 기준의 적용·관리에 관한 자료를 지식경제부장관에게 제공하여야 한다.
② 환경부장관은 국내외 자동차 산업의 여건, 국제적인 규제 동향, 측정 방법·절차 및 제재의 단일화 등을 고려하여 자동차 제작업체가 제1항에 따른 자동차 평균에너지소비효율기준 및 자동차 온실가스 배출허용기준을 선택적으로 준수할 수 있도록 하는 기준 등을 지식경제부장관과의 협의를 거쳐 관보에 고시한다.

제48조(기후변화 영향평가 및 적응대책의 추진)

① 정부는 기상현상에 대한 관측·예측·제공·활용 능력을 높이고, 지역별·권역별로 태양력·풍력·조력 등 신·재생에너지원을 확보할 수 있는 잠재력을 지속적으로 분석·평가하여 이에 관한 기상정보관리체계를 구축·운영하여야 한다.

② 정부는 기후변화에 대한 감시·예측의 정확도를 향상시키고 생물자원 및 수자원 등의 변화 상황과 국민건강에 미치는 영향 등 기후변화로 인한 영향을 조사·분석하기 위한 조사·연구, 기술개발, 관련 전문기관의 지원 및 국내외 협조체계 구축 등의 시책을 추진하여야 한다.

③ 정부는 관계 중앙행정기관의 장과 협의하여 기후변화로 인한 생태계, 생물다양성, 대기, 수자원·수질, 보건, 농·수산식품, 산림, 해양, 산업, 방재 등에 미치는 영향 및 취약성을 조사·평가하고 그 결과를 공표하여야 한다.

④ 정부는 기후변화로 인한 피해를 줄이기 위하여 사전 예방적 관리에 우선적인 노력을 기울여야 하며 대통령령으로 정하는 바에 따라 기후변화의 영향을 완화시키거나 건강·자연재해 등에 대응하는 적응대책을 수립·시행하여야 한다.

⑤ 정부는 국민·사업자 등이 기후변화 적응대책에 따라 활동할 경우 이에 필요한 기술적 및 재정적 지원을 할 수 있다.

[시행령] 제38조(기후변화 영향평가 및 적응대책 수립)

① 환경부장관은 법 제48조 제4항에 따라 다음 각 호의 사항이 포함된 기후변화 적응대책을 관계 중앙행정기관의 장과 협의하여 5년 단위로 수립·시행하여야 한다.

1. 기후변화 적응을 위한 국제협약 등에 관한 사항
2. 기후변화에 대한 감시·예측·제공·활용 능력 향상에 관한 사항
3. 부문별·지역별 기후변화의 영향과 취약성 평가에 관한 사항
4. 부문별·지역별 기후변화 적응대책에 관한 사항
5. 기후변화에 따른 재해 예방에 관한 사항
6. 법 제58조에 따른 녹색생활운동과 기후변화 적응대책의 연계 추진에 관한 사항
7. 그 밖에 기후변화 적응을 위하여 환경부장관이 필요하다고 인정하는 사항

② 관계 중앙행정기관의 장 및 시·도지사는 제1항에 따른 기후변화 적응대책에 따라 소관 사항에 대하여 기후변화 적응대책 세부 시행계획을 수립·시행한다.

제6장 녹색생활 및 지속가능발전의 실현

제49조(녹색생활 및 지속가능발전의 기본원칙)

녹색생활 및 지속가능발전의 실현을 위한 국가의 시책은 다음 각 호의 기본원칙에 따라 추진되어야 한다.

1. 국토는 녹색성장의 터전이며 그 결과의 전시장이라는 점을 인식하고 현세대 및 미래세대가 쾌적한 삶을 영위할 수 있도록, 국토의 개발 및 보전·관리가 조화될 수 있도록 한다.
2. 국토·도시공간구조와 건축·교통체제를 저탄소 녹색성장 구조로 개편하고 생산자와 소비자가 녹색제품을 자발적·적극적으로 생산하고 구매할 수 있는 여건을 조성한다.
3. 국가·지방자치단체·기업 및 국민은 지속가능발전과 관련된 국제적 합의를 성실히 이행하고, 국민의 일상생활 속에 녹색생활이 내재화되고 녹색문화가 사회 전반에 정착될 수 있도록 한다.
4. 국가·지방자치단체 및 기업은 경제발전의 기초가 되는 생태학적 기반을 보호할 수 있도록 토지이용과 생산시스템을 개발·정비함으로써 환경보전을 촉진한다.

제50조(지속가능발전 기본계획의 수립·시행)

① **정부**는 1992년 브라질에서 개최된 유엔환경개발회의에서 채택한 의제21, 2002년 남아프리카공화국에서 개최된 세계지속가능발전정상회의에서 채택한 이행계획 등 지속가능발전과 관

련된 국제적 합의를 성실히 이행하고, 국가의 지속가능발전을 촉진하기 위하여 20년을 계획기
간으로 하는 지속가능발전 기본계획을 5년마다 수립·시행하여야 한다.

② 지속가능발전 기본계획을 수립하거나 변경하는 경우에는 「지속가능발전법」 제15조에 따른 지
속가능발전위원회의 심의를 거친 다음 위원회와 국무회의의 심의를 거쳐야 한다. 다만, 대통령
령으로 정하는 경미한 사항을 변경하는 경우에는 그러하지 아니하다.

③ 지속가능발전 기본계획에는 다음 각 호의 사항이 포함되어야 한다.

1. 지속가능발전의 현황 및 여건변화와 전망에 관한 사항

2. 지속가능발전을 위한 비전, 목표, 추진전략과 원칙, 기본정책 방향, 주요지표에 관한 사항

3. 지속가능발전에 관련된 국제적 합의이행에 관한 사항

4. 그 밖에 지속가능발전을 위하여 필요한 사항

④ 중앙행정기관의 장은 제1항에 따른 지속가능발전 기본계획과 조화를 이루는 소관 분야의 중앙
지속가능발전 기본계획을 중앙추진계획에 포함하여 수립·시행하여야 한다.

⑤ 시·도지사는 제1항에 따른 지속가능발전 기본계획과 조화를 이루며 해당 지방자치단체의 지
역적 특성과 여건을 고려한 지방 지속가능발전 기본계획을 지방추진계획에 포함하여 수립·
시행하여야 한다.

[시행령] 제39조(지속가능발전 기본계획의 변경)
법 제50조 제2항 단서에서 "대통령령으로 정하는 경미한 사항을 변경하는 경우"란 다음 각 호의 경우를
말한다.
1. 법 제50조 제3항 제1호 및 제4호에 관한 사항을 변경하는 경우
2. 지속가능발전 기본계획의 본질적인 내용에 영향을 미치지 아니하는 사항으로서 소요되는 총재원의
   100분의 10 이내에서 지속가능발전 기본계획의 일부를 변경하는 경우

제51조(녹색국토의 관리)

① 정부는 건강하고 쾌적한 환경과 아름다운 경관이 경제발전 및 사회개발과 조화를 이루는 국토(이
하 '녹색국토'라 한다)를 조성하기 위하여 국토종합계획·도시기본계획 등 대통령령으로 정하는
계획을 제49조에 따른 녹색생활 및 지속가능발전의 기본원칙에 따라 수립·시행하여야 한다.

② 정부는 녹색국토를 조성하기 위하여 다음 각 호의 사항을 포함하는 시책을 마련하여야 한다.

1. 에너지·자원 자립형 탄소중립도시 조성

2. 산림·녹지의 확충 및 광역생태축 보전

3. 해양의 친환경적 개발·이용·보존

4. 저탄소 항만의 건설 및 기존 항만의 저탄소 항만으로의 전환

5. 친환경 교통체계의 확충

6. 자연재해로 인한 국토 피해의 완화

7. 그 밖에 녹색국토 조성에 관한 사항

③ 정부는 「국토기본법」에 따른 국토종합계획, 「국가균형발전 특별법」에 따른 지역발전계획 등

대통령령으로 정하는 계획을 수립할 때에는 미리 위원회의 의견을 들어야 된다.

[시행령] 제40조(녹색국토의 관리)
① 법 제51조 제1항에서 "국토종합계획·도시기본계획 등 대통령령으로 정하는 계획"이란 별표 6의 계획을 말한다.
② 법 제51조 제3항에 따라 계획을 수립할 때 미리 위원회의 의견을 들어야 하는 계획은 다음 각 호와 같다.
1. 「국토기본법」 제9조 제1항에 따른 국토종합계획 및 같은 법 제13조 제1항에 따른 도종합계획
2. 「국가균형발전 특별법」 제4조 제1항에 따른 지역발전 5개년계획
3. 「수도권정비계획법」 제4조 제1항에 따른 수도권정비계획
4. 그 밖에 위원회 심의를 거쳐 위원장이 필요하다고 인정하는 계획

[별표 6] 녹색국토 관련 계획(제40조 제1항 관련)

1. 「생명공학육성법」 제4조 제2항에 따른 생명공학육성기본계획
2. 「원자력법」 제8조의2 제1항에 따른 원자력진흥종합계획
3. 「핵융합에너지 개발진흥법」 제4조 제1항에 따른 핵융합에너지개발진흥기본계획
4. 「방사성폐기물 관리법」 제6조 제1항에 따른 방사성폐기물 관리에 관한 기본계획
5. 「관광기본법」 제3조 제1항에 따른 관광진흥장기계획
6. 「관광진흥법」 제49조 제1항에 따른 관광개발기본계획
7. 「농어촌정비법」 제4조 제1항에 따른 농어촌 정비 종합계획 및 같은 법 제15조 제1항에 따른 농어촌용수 이용 합리화계획
8. 「농어업·농어촌 및 식품산업 기본법」 제14조 제1항에 따른 농어업·농어촌 및 식품산업 발전계획
9. 「사방사업법」 제3조의2 제1항에 따른 사방사업기본계획
10. 「산림기본법」 제11조 제1항에 따른 산림기본계획
11. 「친환경농업육성법」 제6조 제1항에 따른 친환경농업 육성계획
12. 「국가균형발전 특별법」 제4조 제1항에 따른 지역발전 5개년계획 중 같은 조 제2항 제9호 및 제10호에 해당하는 계획
13. 「산업발전법」 제19조 제1항에 따른 지속가능경영 종합시책
14. 「산업집적활성화 및 공장설립에 관한 법률」 제3조 제1항에 따른 산업집적활성화 기본계획
15. 「신에너지 및 재생에너지 개발·이용·보급 촉진법」 제5조 제1항에 따른 신·재생에너지의 기술개발 및 이용·보급을 촉진하기 위한 기본계획
16. 「에너지이용 합리화법」 제4조 제1항에 따른 에너지이용 합리화에 관한 기본계획
17. 「전기사업법」 제25조 제1항에 따른 전력수급기본계획
18. 「환경친화적 산업구조로의 전환촉진에 관한 법률」 제3조 제1항에 따른 종합시책
19. 「대기환경보전법」 제11조 제1항에 따른 대기환경개선 종합계획 및 같은 법 제13조 제1항에 따른 황사피해방지 종합대책
20. 「독도 등 도서지역의 생태계보전에 관한 특별법」 제5조 제1항에 따른 특정도서보전기본계획
21. 「백두대간 보호에 관한 법률」 제4조 제2항에 따른 백두대간보호기본계획
22. 「수도권 대기환경개선에 관한 특별법」 제8조 제1항에 따른 수도권 대기환경관리 기본계획
23. 「수도법」 제4조 제1항에 따른 수도정비기본계획 및 같은 법 제5조 제1항에 따른 전국수도종합계획
24. 「수질 및 수생태계 보전에 관한 법률」 제24조 제1항에 따른 대권역별 수질 및 수생태계 보전을 위한 기본계획
25. 「습지보전법」 제5조 제1항에 따른 습지보전기본계획
26. 「야생동·식물보호법」 제5조 제1항에 따른 야생동·식물보호기본계획
27. 「유해화학물질 관리법」 제6조 제1항에 따른 유해화학물질의 관리에 관한 기본계획
28. 「자연공원법」 제11조 제1항에 따른 공원기본계획
29. 「자연환경보전법」 제8조 제1항에 따른 자연환경보전을 위한 기본계획
30. 「자원의 절약과 재활용촉진에 관한 법률」 제7조 제1항에 따른 자원순환기본계획
31. 「친환경상품 구매촉진에 관한 법률」 제4조 제1항에 따른 친환경상품의 구매촉진을 위한 기본계획
32. 「폐기물관리법」 제10조 제1항에 따른 국가 폐기물 관리 종합계획
33. 「토양환경보전법」 제4조 제1항에 따른 토양보전에 관한 기본계획
34. 「환경정책기본법」 제12조 제1항에 따른 국가환경종합계획 및 같은 법 제14조의2 제1항에 따른 환경보전중기종합계획

35. 「환경기술개발 및 지원에 관한 법률」 제3조 제1항에 따른 환경기술개발 종합계획
36. 「골재채취법」 제5조 제1항에 따른 골재수급기본계획
37. 「교통안전법」 제15조 제1항에 따른 국가교통안전기본계획
38. 「국가통합교통체계효율화법」 제4조 제1항에 따른 국가기간교통망에 관한 계획
39. 「국토기본법」 제9조 제1항에 따른 국토종합계획
40. 「국토의 계획 및 이용에 관한 법률」 제11조 제1항에 따른 광역도시계획 및 같은 법 제18조 제1항에 따른 도시기본계획
41. 「대도시권 광역교통관리에 관한 특별법」 제3조 제1항에 따른 대도시권광역교통기본계획
42. 「댐건설 및 주변지역지원 등에 관한 법률」 제4조 제1항에 따른 댐건설장기계획
43. 「도로법」 제22조 제1항에 따른 도로정비 기본계획
44. 「수도권정비계획법」 제4조 제1항에 따른 수도권정비계획
45. 「주택법」 제7조 제1항에 따른 주택종합계획
46. 「지역균형개발 및 지방중소기업 육성에 관한 법률」 제5조 제1항 및 제2항에 따른 광역개발사업계획
47. 「지하수법」 제6조 제1항에 따른 지하수관리기본계획
48. 「철도건설법」 제4조 제1항에 따른 국가철도망구축계획
49. 「하천법」 제23조 제1항에 따른 수자원장기종합계획 및 같은 법 제24조 제1항에 따른 유역종합치수계획
50. 「공유수면매립법」 제4조 제1항에 따른 공유수면매립기본계획
51. 「어장관리법」 제3조 제1항에 따른 어장관리 기본계획
52. 「연안관리법」 제6조 제1항에 따른 연안통합관리계획 및 같은 법 제21조 제1항에 따른 연안정비기본계획
53. 「항만법」 제5조 제1항에 따른 항만기본계획
54. 「해양생태계의 보전 및 관리에 관한 법률」 제9조 제1항에 따른 해양생태계보전·관리기본계획
55. 「해양수산발전 기본법」 제6조 제1항에 따른 해양수산발전기본계획
56. 「해양환경관리법」 제14조 제1항에 따른 해양환경관리종합계획
57. 「지속가능 교통물류 발전법」 제7조 제1항에 따른 지속가능 국가교통물류발전 기본계획
58. 「도시 및 주거환경정비법」 제3조 제1항에 따른 도시·주거환경정비기본계획
59. 그 밖에 위원회의 의결을 거쳐 위원장이 선정한 주요 중·장기 행정계획

제52조(기후변화대응을 위한 물 관리)

　정부는 기후변화로 인한 가뭄 등 자연재해와 물 부족 및 수질악화와 수생태계 변화에 효과적으로 대응하고 모든 국민이 물의 혜택을 고루 누릴 수 있도록 하기 위하여 다음 각 호의 사항을 포함하는 시책을 수립·시행하여야 한다.

1. 깨끗하고 안전한 먹는 물 공급과 가뭄 등에 대비한 안정적인 수자원의 확보
2. 수생태계의 보전·관리와 수질개선
3. 물 절약 등 수요관리, 빗물 이용·하수 재이용 등 순환 체계의 정비 및 수해의 예방
4. 자연친화적인 하천의 보전·복원
5. 수질오염 예방·처리를 위한 기술 개발 및 관련 서비스 제공 등

제53조(저탄소 교통체계의 구축)

① 정부는 교통부문의 온실가스 감축을 위한 환경을 조성하고 온실가스 배출 및 에너지의 효율적인 관리를 위하여 대통령령으로 정하는 바에 따라 온실가스 감축목표 등을 설정·관리하여야 한다.
② 정부는 에너지소비량과 온실가스배출량을 최소화하는 저탄소 교통체계를 구축하기 위하여 대중교통분담률, 철도수송분담률 등에 대한 중장기 및 단계별 목표를 설정·관리하여야 한다.
③ 정부는 철도가 국가기간교통망의 근간이 되도록 철도에 대한 투자를 지속적으로 확대하고 버스·지하철·경전철 등 대중교통수단을 확대하며, 자전거 등의 이용 및 연안해운을 활성화하

여야 한다.

④ 정부는 온실가스와 대기오염을 최소화하고 교통체증으로 인한 사회적 비용을 획기적으로 줄이
  며 대도시·수도권 등에서의 교통체증을 근본적으로 해결하기 위하여 다음 각 호의 사항을 포
  함하는 교통수요관리대책을 마련하여야 한다.

1. 혼잡통행료 및 교통유발부담금 제도 개선
2. 버스·저공해차량 전용차로 및 승용차진입제한 지역 확대
3. 통행량을 효율적으로 분산시킬 수 있는 지능형교통정보시스템 확대·구축

[시행령] 제41조(교통부문의 온실가스 감축목표)
국토해양부장관은 법 제53조 제1항에 따라 다음 각 호의 사항을 포함하는 교통부문의 온실가스 감축, 에
너지 절약 및 에너지이용 효율 목표를 관계 중앙행정기관의 장과의 협의를 거쳐 수립·시행하여야 한다.
1. 자동차, 기차, 항공기, 선박 등 교통수단별 온실가스 배출 현황 및 에너지 소비율
2. 에너지 종류별 온실가스 배출 현황
3. 5년 단위의 온실가스 감축, 에너지 절약 및 에너지이용 효율 목표와 그 이행계획
4. 연차별 온실가스 감축, 에너지 절약 및 에너지이용 효율 목표와 그 이행계획

제54조(녹색건축물의 확대)

① 정부는 에너지이용 효율 및 신·재생에너지의 사용비율이 높고 온실가스 배출을 최소화하는 건
  축물(이하 '녹색건축물'이라 한다)을 확대하기 위하여 녹색건축물 등급제 등의 정책을 수립·
  시행하여야 한다.
② 정부는 건축물에 사용되는 에너지소비량과 온실가스배출량을 줄이기 위하여 대통령령으로 정
  하는 기준 이상의 건물에 대한 중장기 및 기간별 목표를 설정·관리하여야 한다.
③ 정부는 건축물의 설계·건설·유지관리·해체 등의 전 과정에서 에너지·자원 소비를 최소화
  하고 온실가스 배출을 줄이기 위하여 설계기준 및 허가·심의를 강화하는 등 설계·건설·유
  지관리·해체 등의 단계별 대책 및 기준을 마련하여 시행하여야 한다.
④ 정부는 기존 건축물이 녹색건축물로 전환되도록 에너지 진단 및 「에너지이용 합리화법」 제25조에
  따른 에너지절약사업과 이를 통한 온실가스 배출을 줄이는 사업을 지속적으로 추진하여야 한다.
⑤ 정부는 신축되거나 개축되는 건축물에 대해서는 전력소비량 등 에너지의 소비량을 조절·절약
  할 수 있는 지능형 계량기를 부착·관리하도록 할 수 있다.
⑥ 정부는 중앙행정기관, 지방자치단체, 대통령령으로 정하는 공공기관 및 교육기관 등의 건축물
  이 녹색건축물의 선도적 역할을 수행하도록 제1항부터 제5항까지의 규정에 따른 시책을 적용
  하고 그 이행사항을 점검·관리하여야 한다.
⑦ 정부는 대통령령으로 정하는 일정 규모 이상의 신도시의 개발 또는 도시 재개발을 하는 경우
  에는 녹색건축물을 확대·보급하도록 노력하여야 한다.
⑧ 정부는 녹색건축물의 확대를 위하여 필요한 경우 대통령령으로 정하는 바에 따라 자금의 지원,
  조세의 감면 등의 지원을 할 수 있다.

[시행령] 제42조(녹색건축물의 기준)

① 법 제54조 제2항에 따른 "대통령령으로 정하는 기준 이상의 건물"이란 「건축법 시행령」 제91조 제2항
   에 따른 건축물을 말한다.

② 국토해양부장관은 법 제54조 제2항에 따라 제1항에 따른 건물의 에너지소비량 및 온실가스 감축목표
   를 설정·관리하기 위하여 시행계획을 수립하고, 필요한 경우 에너지 소비 및 온실가스 감축에 관한
   세부기준을 정할 수 있다.

[시행령] 제43조(녹색건축물의 확대 등)

① 법 제54조 제6항에서 "대통령령으로 정하는 공공기관 및 교육기관"이란 다음 각 호의 기관을 말한다.

1. 「공공기관의 운영에 관한 법률」 제4조에 따른 공공기관

2. 「지방공기업법」 제49조에 따른 지방공사 및 같은 법 제76조에 따른 지방공단

3. 「정부출연연구기관 등의 설립·운영 및 육성에 관한 법률」 제8조에 따른 연구기관 및 같은 법 제18조
   에 따른 연구회

4. 「과학기술분야 정부출연연구기관 등의 설립·운영 및 육성에 관한 법률」 제8조에 따른 연구기관 및
제18조에 따른 연구회

5. 「지방자치단체출연 연구원의 설립 및 운영에 관한 법률」 제4조에 따른 지방자치단체출연연구원

6. 「국립대학병원 설치법」, 「국립대학치과병원 설치법」, 「서울대학교병원 설치법」 및 「서울대학교치과병
   원 설치법」에 따른 병원

7. 「고등교육법」 제3조에 따른 국립대학 및 공립대학

② 법 제54조 제7항에서 "대통령령으로 정하는 일정 규모 이상의 신도시의 개발 또는 도시 재개발"이란
   다음 각 호를 말한다.

1. 「택지개발촉진법」에 따라 330만 제곱미터 이상의 규모로 시행되는 택지개발사업

2. 「신행정수도 후속대책을 위한 연기·공주지역 행정중심복합도시 건설을 위한 특별법」에 따라 시행되
   는 행정중심복합도시건설사업

3. 「기업도시개발 특별법」에 따라 시행되는 기업도시개발사업

4. 「공공기관 지방이전에 따른 혁신도시 건설 및 지원에 관한 특별법」에 따라 시행되는 혁신도시개발사업

5. 그 밖에 100만 제곱미터 이상의 도시개발사업

③ 정부는 법 제54조 제8항에 따라 녹색건축물의 확대를 위하여 다음 각 호의 어느 하나에 해당하는 경
   우에는 자금의 지원 또는 조세의 감면 등의 지원을 할 수 있다.

1. 「건축법」 제65조에 따라 친환경건축물의 인증을 받은 건축물

2. 「건축법」 제66조 제2항에 따라 국토해양부장관이 고시한 건축물의 효율적인 에너지 관리에 관한 기준
   에 따라 산정한 에너지 성능지표 점수의 합계가 80점 이상이거나 같은 법 제66조의2에 따른 건축물
   에너지 효율등급 인증을 받은 건축물

3. 「건축법」 제22조에 따라 사용승인을 받은 후 5년이 지난 건축물 중 국토해양부장관이 에너지 효율을
   개선하기 위하여 지원이 필요하다고 인정한 경우

4. 그 밖에 녹색건축물을 확대하기 위하여 국토해양부장관이 자금의 지원 또는 조세의 감면이 필요하다
   고 인정한 경우

제55조(친환경 농림수산의 촉진 및 탄소흡수원 확충)

① 정부는 에너지 절감 및 바이오에너지 생산을 위한 농업기술을 개발하고, 기후변화에 대응하는

친환경 농산물 생산기술을 개발하여 화학비료·자재와 농약사용을 최대한 억제하고 친환경·유기농 농수산물 및 나무제품의 생산·유통 및 소비를 확산하여야 한다.

② 정부는 농지의 보전·조성 및 바다숲(대기의 온실가스를 흡수하기 위하여 바다 속에 조성하는 우뭇가사리 등의 해조류군을 말한다)의 조성 등을 통하여 탄소흡수원을 확충하여야 한다.

③ 정부는 산림의 보전 및 조성을 통하여 탄소흡수원을 대폭 확충하고, 산림바이오매스 활용을 촉진하여야 한다.

④ 정부는 기후변화에 적극 대응할 수 있는 신품종 개량 등을 통하여 식량자립도를 높일 수 있는 시책을 수립·시행하여야 한다.

제56조(생태관광의 촉진 등)

정부는 동·식물의 서식지, 생태적으로 우수한 자연환경자산, 지역의 특색 있는 문화자산 등을 조화롭게 보존·복원 및 이용하여 이를 관광자원화하고 지역경제를 활성화함으로써 생태관광을 촉진하고, 국민 모두가 생태체험·교육의 장으로 활용할 수 있도록 하여야 한다.

제57조(녹색성장을 위한 생산·소비 문화의 확산)

① 정부는 재화의 생산·소비·운반 및 폐기(이하 '생산 등'이라 한다)의 전 과정에서 에너지와 자원을 절약하고 효율적으로 이용하며 온실가스와 오염물질의 발생을 줄일 수 있도록 관련 시책을 수립·시행하여야 한다.

② 정부는 재화 및 서비스의 가격에 에너지소비량 및 탄소배출량 등이 합리적으로 연계·반영되고 그 정보가 소비자에게 정확하게 공개·전달될 수 있도록 하여야 한다.

③ 정부는 재화의 생산 등의 전 과정에서 에너지와 자원의 사용량, 온실가스와 오염물질의 배출량 등을 분석·평가하고 그 결과에 관한 정보를 축적하여 이용할 수 있는 정보관리체계를 구축·운영할 수 있다.

④ 정부는 녹색제품의 사용·소비의 촉진 및 확산을 위하여 재화의 생산자와 판매자 등으로 하여금 그 재화의 생산 등의 과정에서 발생되는 온실가스와 오염물질의 양에 대한 정보 또는 등급을 소비자가 쉽게 인식할 수 있도록 표시·공개하도록 하는 등의 시책을 수립·시행할 수 있다.

제58조(녹색생활 운동의 촉진)

① 정부는 국민 및 기업들이 녹색생활에 친숙할 수 있도록 하는 시책을 마련하고 지방자치단체·기업·민간단체 및 기구 등과 협력체계를 구축하며 교육·홍보를 강화하는 등 범국민적 녹색생활 운동을 적극 전개하여야 한다.

② 정부는 녹색생활 운동이 민간주도형의 자발적 실천운동으로 전개될 수 있도록 관련 민간단체 및 기구 등에 대하여 필요한 재정적·행정적 지원 등을 할 수 있다.

제59조(녹색생활 실천의 교육·홍보)

① 정부는 저탄소 녹색성장을 위한 교육·홍보를 확대함으로써 산업체와 국민 등이 저탄소 녹색

성장을 위한 정책과 활동에 자발적으로 참여하고 일상생활에서 녹색생활 문화를 실천할 수 있
도록 하여야 한다.
② 정부는 녹색생활 실천이 어릴 때부터 자연스럽게 이루어질 수 있도록 교과용 도서를 포함한
교재 개발 및 교원 연수 등 저탄소 녹색성장에 관한 학교교육을 강화하고 일반 교양교육, 직업
교육, 기초평생교육 과정 등과 통합·연계한 교육을 강화하여야 한다.
③ 정부는 녹색생활 문화의 정착과 확산을 촉진하기 위하여 신문·방송·인터넷포털 등 대중매
체를 통한 교육·홍보 활동을 강화하여야 한다.
④ 공영방송은 지구온난화에 따른 기후변화 및 에너지 관련 프로그램을 제작·방영하고 공익광고
를 활성화하도록 적극 노력하여야 한다.

제7장 보칙

제60조(자료제출 등의 요구)
① 위원회는 직무 수행상 필요하다고 인정되는 경우 관계 중앙행정기관·지방자치단체·공공기
관의 장에게 저탄소 녹색성장에 관한 정보 또는 자료의 제출을 요구할 수 있다.
② 제1항에 따른 요구를 받은 관계 기관의 장은 국방상 또는 국가안전보장상 기밀을 요하는 사항
등 정당한 사유가 없으면 이에 응하여야 한다.

제61조(국제협력의 증진)
① 정부는 외국 및 국제기구 등과 저탄소 녹색성장에 관한 정보교환, 기술협력 및 표준화, 공동조
사·연구 등의 활동에 참여하여 국제협력, 국외진출의 증진을 도모하기 위한 각종 시책을 마
련하도록 한다.
② 국가는 개발도상국가가 기후변화에 효과적으로 대응하고 지속가능발전을 촉진할 수 있도록 재
정 지원을 하는 등 국제사회의 기대에 맞는 국가적 책무를 성실히 이행하고 국가의 외교적 위
상을 높일 수 있도록 노력하여야 한다.
③ 정부는 국제기구 및 관련 기관에서 발표하는 공신력 있는 기후변화대응 평가에 대한 국가별
지수에서 우리나라의 위상 및 평가가 올라갈 수 있도록 기후변화대응을 적극 추진하고 국제협
력을 강화하며 관련 정보를 충분히 제공하는 등 모든 노력을 기울여야 한다.

제62조(국회 보고)
① 정부는 제9조 제1항에 따른 녹색성장 국가전략을 수립하였을 때에는 지체 없이 국회에 보고하
여야 한다.
② 중앙행정기관의 장은 중앙추진계획을 수립하였을 때에는 지체 없이 소관 상임위원회(또는 관
련 특별위원회)에 보고하여야 하며, 그 이행결과를 다음 해 2월 말일까지 소관 상임위원회(또
는 관련 특별위원회)에 보고하여야 한다.

제63조(국가보고서의 작성)

① 정부는 「기후변화에 관한 국제연합 기본협약」에서 정하는 바에 따라 국가보고서를 작성할 수 있다.

② 정부는 제1항에 따른 국가보고서를 작성하기 위하여 필요한 경우 관계 중앙행정기관의 장에게 자료의 제출을 요청할 수 있다. 이 경우 관계 중앙행정기관의 장은 특별한 사유가 없으면 요청에 따라야 한다.

③ 정부는 제1항에 따른 국가보고서를 「기후변화에 관한 국제연합 기본협약」의 당사국총회에 제출할 때에는 위원회의 심의를 거쳐야 한다.

제64조(과태료)

① 다음 각 호의 자에게는 1천만 원 이하의 과태료를 부과한다.

1. 제42조 제6항·제9항 또는 제44조 제1항에 따른 보고를 하지 아니하거나 거짓으로 보고한 자

2. 제42조 제8항에 따른 개선명령을 이행하지 아니한 자

3. 제42조 제9항에 따른 공개를 하지 아니한 자

4. 제44조 제2항에 따른 시정이나 보완 명령을 이행하지 아니한 자

② 제1항에 따른 과태료는 대통령령으로 정하는 바에 따라 관계 행정기관의 장이 부과·징수한다.

[시행령] 제44조(과태료의 부과·징수)
① 법 제64조 제1항에 따른 과태료는 부문별 관장기관이 환경부장관과 협의하여 부과·징수한다.
② 제1항에 따른 과태료의 부과기준은 별표 7과 같다.

[별표 7]

<u>과태료의 부과기준</u>(제44조 제2항 관련)

위반 행위	근거 조문	과태료 금액
1. 관리업체가 법 제42조 제6항에 따른 보고를 하지 아니하거나 거짓으로 보고한 경우 　가. 1개월 이내의 기간 경과 　나. 1개월 초과 3개월 이내의 기간 경과 　다. 3개월 초과의 기간 경과 　라. 거짓으로 보고한 경우	법 제64조 제1항 제1호	300만 원 500만 원 700만 원 1,000만 원
2. 관리업체가 법 제42조 제9항에 따른 보고를 하지 아니하거나 거짓으로 보고한 경우 　가. 1개월 이내의 기간 경과 　나. 1개월 초과 3개월 이내의 기간 경과 　다. 3개월 초과의 기간 경과 　라. 거짓으로 보고한 경우	법 제64조 제1항 제1호	300만 원 500만 원 700만 원 1,000만 원
3. 관리업체가 법 제44조 제1항에 따른 보고를 하지 아니하거나 거짓으로 보고한 경우 　가. 1개월 이내의 기간 경과 　나. 1개월 초과 3개월 이내의 기간 경과 　다. 3개월 초과의 기간 경과 　라. 거짓으로 보고한 경우	법 제64조 제1항 제1호	300만 원 500만 원 700만 원 1,000만 원
4. 관리업체가 법 제42조 제8항에 따른 개선명령을 이행하지 아니한 경우 　가. 1차 위반 　나. 2차 위반 　다. 3차 이상 위반	법 제64조 제1항 제2호	300만 원 600만 원 1,000만 원

5. 관리업체가 법 제42조 제9항에 따른 공개를 하지 아니한 경우	법 제64조 제1항 제3호	1,000만 원
6. 관리업체가 법 제44조 제2항에 따른 시정이나 보완 명령을 이행하지 아니한 경우 　가. 1차 위반 　나. 2차 위반 　다. 3차 이상 위반	법 제64조 제1항 제4호	300만 원 600만 원 1,000만 원

※ 비고: 위반행위의 횟수에 따른 과태료의 부과기준은 최근 1년간 같은 위반행위로 부과처분을 받은 경우에 적용한다.

③ 부문별 관장기관은 위반행위의 정도, 그 동기와 결과 등을 고려하여 별표 7에 따른 과태료 금액의 2분의 1의 범위에서 그 금액을 가중하거나 경감할 수 있다. 다만, 가중하는 때에는 법 제64조 제1항에 따른 과태료 금액의 상한을 넘을 수 없다.

부칙 〈제9931호, 2010.1.13.〉

제1조(시행일)

이 법은 공포 후 3개월이 경과한 날부터 시행한다. 다만, 부칙 제4조 제12항 및 제13항에 따른 환경경영체제인증의 녹색경영체제인증으로의 변경은 공포 후 1년 6개월이 경과한 날로부터 시행한다.

제2조(명세서 작성에 관한 특례)

관리업체는 제44조에도 불구하고 이 법 시행 첫해에는 과거 3년간의 온실가스배출량 및 에너지소비량에 대하여 명세서를 작성하여 보고하여야 한다.

제3조(녹색성장 국가전략에 관한 경과조치)

이 법 시행 당시 종전의 대통령 훈령 제239호에 따라 설치된 녹색성장위원회가 수립하여 국무회의의 심의를 거쳐 시행 중인 녹색성장 국가전략은 제9조에 따른 녹색성장국가전략으로 본다.

제4조(다른 법률의 개정)

① 대기환경보전법 일부를 다음과 같이 개정한다.

제12조를 삭제한다.

제81조 제1항 제2호를 삭제한다.

② 대·중소기업 상생협력 촉진에 관한 법률 일부를 다음과 같이 개정한다.

제12조의 제목 및 같은 조 제1항 중 '환경경영'을 각각 '녹색경영'으로 한다.

③ 산업기술혁신 촉진법 일부를 다음과 같이 개정한다.

제2조 제1호 중 '「에너지기본법」'을 '「에너지법」'으로 한다.

④ 산업발전법 일부를 다음과 같이 개정한다.

제4조 제2항 제4호 중 '「에너지기본법」'을 '「에너지법」'으로 한다.

⑤ 수도권 대기환경개선에 관한 특별법 일부를 다음과 같이 개정한다.

제10조 제2호를 다음과 같이 한다.

2. 「저탄소 녹색성장 기본법」 제41조에 따른 에너지기본계획

⑥ 신에너지 및 재생에너지 개발·이용·보급 촉진법 일부를 다음과 같이 개정한다.

제5조 제2항 제3호의2 중 '「에너지기본법」 제2조 제10호의 규정에 의한'을 '「에너지법」 제2조
    제10호에 따른'으로 한다.

제32조 제2항 중 '「에너지기본법」 제13조에 따른'을 '「에너지법」 제13조에 따른'으로 한다.

⑦ 에너지기본법 일부를 다음과 같이 개정한다.

제명 '에너지기본법'을 '에너지법'으로 한다.

제3조를 삭제한다.

제5조 본문 중 '기본원칙'을 '「저탄소 녹색성장 기본법」 제39조에 따른 기본원칙'으로 한다.

제6조를 삭제한다.

제7조 제1항 중 '기본계획'을 '「저탄소 녹색성장 기본법」 제41조에 따른 에너지기본계획(이하
    '기본계획'이라 한다)'으로 한다.

제8조 제2항 중 '제9조의 규정에 따른 국가에너지위원회'를 '제9조에 따른 에너지위원회'로 한다.

제9조의 제목 '(국가에너지위원회의 구성 및 운영)'을 '(에너지위원회의 구성 및 운영)'으로 한다.

제9조 제1항 중 '국가에너지위원회'를 '에너지위원회'로 하고, 같은 조 제2항 중 '위원장 및 부위
    원장 각 1인을 포함한 25인'을 '위원장 1명을 포함한 25명'으로 하며, 같은 조 제3항을 다
    음과 같이 한다.

③ 위원장은 지식경제부장관이 된다.

제9조 제4항 중 '중앙행정기관의 장'을 '중앙행정기관의 고위공무원단에 속하는 고위공무원'으로
    하고, 같은 조 제5항 전단 중 '대통령'을 '지식경제부장관'으로 하며, 같은 조 제8항을 다음
    과 같이 하고, 같은 조 제9항 중 '지식경제부장관'을 '지식경제부차관'으로 한다.

⑧ 위원장이 부득이한 사유로 직무를 수행할 수 없을 때에는 위원장이 미리 지명한 위원이 그 직
    무를 대행한다.

제10조 제1호를 다음과 같이 한다.

1. 「저탄소 녹색성장 기본법」 제41조 제2항에 따른 에너지기본계획 수립·변경의 사전심의에 관
    한 사항

제19조 제1항 중 '제6조의 규정에 의한 국가에너지기본계획'을 '기본계획'으로 하고, 같은 조 제3
    항을 삭제한다.

⑧ 에너지이용 합리화법 일부를 다음과 같이 개정한다.

제2조 중 '「에너지기본법」'을 '「에너지법」'으로 한다.

⑨ 전기·전자제품 및 자동차의 자원순환에 관한 법률 일부를 다음과 같이 개정한다.

제2조 제7호 중 '「에너지기본법」'을 '「에너지법」'으로 한다.

⑩ 지속가능발전 기본법 일부를 다음과 같이 개정한다.

제명 '지속가능발전 기본법'을 '지속가능발전법'으로 한다.

제3조부터 제6조까지를 각각 삭제한다.

제7조를 다음과 같이 한다.

제7조(국가·지방이행계획의 협의·조정) 중앙행정기관의 장이나 특별시장·광역시장·도지사·
특별자치도지사(이하 '시·도지사'라 한다)는 다른 중앙행정기관이나 특별시·광역시·도·
특별자치도(이하 '시·도'라 한다)의 「저탄소 녹색성장 기본법」 제50조 제4항에 따른 중앙
지속가능발전 기본계획(이하 '국가이행계획'이라 한다) 또는 같은 조 제5항에 따른 지방 지
속가능발전 기본계획(이하 '지방이행계획'이라 한다)이 그 중앙행정기관 또는 시·도의 이행
계획의 시행에 지장을 초래하거나 초래할 우려가 있다고 인정할 때에는 대통령령으로 정하는
바에 따라 상호 협의·조정하여야 한다. 이 경우 중앙행정기관의 장이나 시·도지사는 그 협
의·조정 사항에 관하여 제15조에 따른 지속가능발전위원회(이하 '위원회'라 한다) 또는 「
저탄소 녹색성장 기본법」 제20조에 따른 해당 지방녹색성장위원회의 의견을 들을 수 있다.

제8조를 삭제한다.

제9조 제1항 중 '국가위원회'를 '위원회'로 하고, 같은 조 제2항 중 '국가위원회로부터'를 '위원회
로부터'로 하며, 같은 조 제3항 및 제4항을 각각 삭제한다.

제10조를 다음과 같이 한다.

제10조(다른 법령에 따른 계획과의 연계) 국가와 지방자치단체는 다른 법령에 따라 수립하는 행
정계획과 정책이 「저탄소 녹색성장 기본법」 제49조에 따른 기본원칙과 같은 법 제50조
에 따른 지속가능발전 기본계획과 조화를 이루도록 노력하여야 한다.

제11조 제1항, 제2항 및 제5항부터 제8항까지 중 '국가위원회'를 각각 '위원회'로 한다.

제11조 제3항 및 제5항부터 제8항까지 중 '지방위원회'를 각각 '지방 녹색성장위원회'로 한다.

제11조 제2항 중 '국가기본전략'을 '지속가능발전 기본계획'으로 하고, 같은 조 제3항 중 '지방기
본전략'을 '지방이행계획'으로 한다.

제12조를 삭제한다.

제13조 및 제14조를 각각 다음과 같이 한다.

제13조(지속가능발전지표 및 지속가능성 평가)

① 국가는 지속가능발전지표를 작성하여 보급하여야 한다.

② 제15조에 따른 지속가능발전위원회는 제1항에 따른 지속가능발전지표에 따라 2년마다 국가

의 지속가능성을 평가하여야 한다.

③ 제1항 및 제2항에 따른 지속가능발전지표의 작성·보급 및 지속가능성 평가에 필요한 사항은
대통령령으로 정한다.

제14조(지속가능성보고서)

① 제15조에 따른 지속가능발전위원회는 2년마다 제13조 제2항에 따른 지속가능성 평가결과를
종합하는 지속가능성보고서를 작성하여 대통령에게 보고한 후 공표(公表)하여야 한다.

② 정부는 제1항에 따라 작성한 지속가능성보고서를 국회에 보고하여야 한다.

③ 제1항에 따른 지속가능성보고서의 작성 등에 필요한 사항은 대통령령으로 정한다.

제4장의 제목 '국가 및 지방 지속가능발전위원회'를 '지속가능발전위원회'로 한다.

제15조 및 제16조를 각각 다음과 같이 한다.

제15조(지속가능발전위원회의 설치) 국가의 지속가능발전을 효율적으로 추진하기 위하여 환경부
장관 소속으로 지속가능발전위원회를 둔다.

제16조(위원회의 기능) 위원회는 다음 각 호의 사항을 심의한다.

1. 「저탄소 녹색성장 기본법」 제50조 제2항에 따른 지속가능발전 기본계획 수립·변경의 사전심
의에 관한 사항

2. 제7조에 따른 이행계획의 협의·조정에 관한 사항

3. 제9조 제1항에 따른 국가이행계획의 추진상황 점검에 관한 사항

4. 제11조에 따른 법령 및 행정계획에 대한 검토 및 통보 등에 관한 사항

5. 제13조에 따른 지속가능발전지표의 작성 및 지속가능성 평가에 관한 사항

6. 제14조 제1항에 따른 지속가능성보고서의 작성 및 공표에 관한 사항

7. 제20조에 따른 지속가능발전 지식·정보의 보급 등에 관한 사항

8. 제21조에 따른 교육·홍보 등에 관한 사항

9. 제22조에 따른 국내외 협력 등에 관한 사항

10. 그 밖에 지속가능발전을 위하여 고려하여야 할 주요 정책과 이와 관련된 사회적 갈등 해결에
관하여 환경부장관에 대한 자문이 필요한 사항

제17조의 제목 '(국가위원회의 구성 등)'을 '(위원회의 구성 등)'으로 한다.

제17조 제1항 중 '국가위원회'를 '위원회'로 하고, 같은 조 제2항 중 '중앙행정기관의 장과 시·
도의 지방위원회 위원장'을 '중앙행정기관의 고위공무원단에 속하는 고위공무원'으로 하
며, 같은 조 제3항 중 '대통령'을 '환경부장관'으로 하고, 같은 조 제5항 및 제6항 중 '국
가위원회'를 각각 '위원회'로 한다.

제18조를 다음과 같이 한다.

제18조(정책에 관한 의견의 제시)

① 위원회는 지속가능발전을 위하여 필요하다고 인정하면 관계 중앙행정기관 또는 지방자치단체
의 정책에 관하여 의견을 제시할 수 있다.

② 제1항에 따라 의견을 제시받은 관계 중앙행정기관 또는 관계 지방자치단체의 장은 그 의견을

존중하고 이를 관계 법령의 제·개정이나 행정계획의 수립·변경에 반영하기 위하여 노력하
여야 한다.
제19조 제1항 및 제2항 중 '국가위원회'를 각각 '위원회'로 한다.
제20조 제2항, 같은 조 제3항 전단 및 같은 조 제4항 중 '국가위원회'를 각각 '위원회'로 한다.
제21조 중 '기본전략의 수립·이행·평가와 그 밖에 지속가능발전을'을 '지속가능발전을'로 한다.
제22조 제1항을 다음과 같이 한다.
① 국가와 지방자치단체는 지속가능발전을 위하여 긴밀하게 상호 협력하여야 한다.
⑪ 폐기물관리법 일부를 다음과 같이 개정한다.
제2조 제7호 중 '「에너지기본법」'을 '「에너지법」'으로 한다.

⑫ 환경기술개발 및 지원에 관한 법률 일부를 다음과 같이 개정한다.
제1조 중 '환경보전'을 '환경보전, 녹색성장 촉진'으로 한다.
제5조의2 제1항 중 '「친환경상품 구매촉진에 관한 법률」 제2조 제1호에 따른'을 '「저탄소 녹색성
        장 기본법」 제2조 제5호에 따른'으로 한다.
제5조의2 제1항 중 '친환경상품'을 각각 '녹색제품'으로 하고, 같은 조 제4항 제3호 중 '환경기술·
        경영'을 '환경기술 및 녹색경영'으로 하며, 같은 항 제7호 중 '환경산업·기술·경영'을
        '환경산업·기술 및 녹색경영'으로 한다.
제5조의2 제4항 제8호 및 제9호 중 '친환경상품'을 각각 '녹색제품'으로 하고, 같은 항 제10호
        중 '환경산업·기술·경영 및 친환경상품'을 '환경산업·기술, 녹색경영 및 녹색제품'으
        로 하며, 같은 항 제11호 중 '환경경영'을 '녹색경영'으로, '친환경상품 구매촉진과'를 '녹
        색제품 구매촉진과'로 한다.
제16조의2의 제목, 같은 조 제1항부터 제5항까지, 제16조의3의 제목, 같은 조 각 호 외의 부분
        및 같은 조 제3호 중 '환경친화기업'을 각각 '녹색기업'으로 한다.
제16조의2 제1항 전단 중 '환경경영체제'를 '녹색경영체제'로 한다.
제16조의2 제1항 후단 중 '환경경영체제인증'을 '녹색경영체제인증'이라 한다.

⑬ 환경친화적 산업구조로의 전환촉진에 관한 법률 일부를 다음과 같이 개정한다.
제2조 제5호를 다음과 같이 한다.
5. '녹색경영'이란 「저탄소 녹색성장 기본법」 제2조 제7호에 따른 녹색경영을 말한다.
제2조 제7호 중 '환경경영체제'를 '녹색경영체제'로, '환경경영을'을 '녹색경영을'로 하고, 같은 조
        제8호 중 '환경경영체제인증'을 '녹색경영체제인증'으로, '환경경영체제가'를 '녹색경영체
        제가'로 한다.
제6조의2의 제목 '(환경경영컨설팅사업의 육성 등)'을 '(녹색경영컨설팅사업의 육성 등)'으로 한
        다.
제6조의2 제1항 각 호 외의 부분 중 '환경경영을'을 '녹색경영을'로, '환경경영컨설팅사업'을 '녹

색경영컨설팅사업'으로 하고, 같은 항 제3호 및 같은 조 제2항 후단 중 '환경경영컨설팅
사업'을 각각 '녹색경영컨설팅사업'으로 한다.

제7조 제2항 제4호 중 '환경경영체제구축'을 '녹색경영체제구축'으로 한다.

제12조 제1항 제3호 중 '환경친화적 산업구조전환 추진본부'를 '녹색경영 추진본부'로 하고, 같은
항 제4호 중 '환경경영촉진'을 '녹색경영 촉진'으로 한다.

제13조의 제목 '(환경친화적 산업구조전환 추진본부)'를 '(녹색경영 추진본부)'로 한다.

제13조 제1항 중 '환경친화적 산업구조전환 추진본부'를 '녹색경영 추진본부'로 하고, 같은 조 제
2항 제5호 중 '환경경영활동'을 '녹색경영 활동'으로 한다.

제3장의 제목 중 '환경경영'을 '녹색경영'으로 한다.

제15조의 제목 '(환경경영 촉진시책의 마련 등)'을 '(녹색경영 촉진시책의 마련 등)'으로 한다.

제16조의 제목 '(환경경영체제의 인증 등)'을 '(녹색경영체제의 인증 등)'으로 한다.

제16조의2의 제목 '(환경경영체제인증의 신뢰성 제고 등)'을 '(녹색경영체제인증의 신뢰성 제고
등)'으로 한다.

제18조의 제목 '(환경경영에 관한 교육·홍보 등)'을 '(녹색경영에 관한 교육·홍보 등)'으로 한
다.

제19조의 제목 '(환경경영에 관한 진단·지도)'를 '(녹색경영에 관한 진단·지도)'로 한다.

제2조 제1호, 제4조 제2항 제4호, 제6조 제1항 제4호, 같은 조 제3항 각 호 외의 부분 및 제15
조 제1항·제2항 중 '환경친화적인 제품'을 각각 '녹색제품'으로 한다.

제2조 제9호, 제16조 제1항 각 호 외의 부분, 같은 항 제1호부터 제3호까지 및 같은 조 제2항,
같은 조 제3항 전단, 같은 조 제7항 중 '환경경영체제'를 각각 '녹색경영체제'로 한다.

제3조 제2항 제5호, 제7조 제1항, 제15조 제1항, 제16조의2 제1항 각 호 외의 부분, 제17조 제
1항 제2호, 제18조 제1항·제2항, 제19조 및 제28조 제2항 중 '환경경영'을 각각 '녹색
경영'으로 한다.

제16조의2 제1항 각 호 외의 부분, 같은 조 제1호·제3호, 제16조의3 전단 및 제27조 제2항
중 '환경경영체제인증'을 각각 '녹색경영체제인증'으로 한다.

⑭ 친환경상품 구매촉진에 관한 법률 일부를 다음과 같이 개정한다.

제2조 제1호를 다음과 같이 한다.

1. '친환경상품'이란 「저탄소 녹색성장 기본법」 제2조 제5호에 따른 녹색제품으로서 다음 각 목
의 어느 하나에 해당하는 것을 말한다.

가. 「환경기술개발 및 지원에 관한 법률」 제17조 제1항에 따른 환경표지의 인증을 위한 대상품목
으로서 인증을 받은 상품 또는 같은 조 제3항에 따라 환경부장관이 정하여 고시하는 대상품목
별 인증기준에 적합한 상품

나. 「자원의 절약과 재활용촉진에 관한 법률」 제33조 및 「산업기술혁신 촉진법」 제15조에 따라
지식경제부장관이 정하여 고시하는 재활용제품의 품질인증 대상품목으로서 인증을 받은 상품

또는 인증기준에 적합한 상품

다. 그 밖에 녹색제품으로서 환경부장관이 지식경제부장관과 협의하여 고시하는 대상품목별 판단
기준에 적합한 상품

[시행령] 부칙 〈제22124호, 2010.4.13.〉

제1조(시행일) 이 영은 2010년 4월 14일부터 시행한다. 다만, 부칙 제3조 제2항의 개정규정 중 「환경친
화적 산업구조로의 전환촉진에 관한 법률 시행령」 제17조의2, 제17조의3 및 제17조의4를 개정하는
부분은 2011년 7월 14일부터 시행한다.

제2조(5개년 계획 등에 관한 경과조치) 이 영 시행 당시 수립된 5개년 계획, 중앙추진계획 및 지방추진계
획은 각각 제4조에 따른 5개년 계획, 제5조에 따른 중앙추진계획 및 제7조에 따른 지방추진계획으
로 본다.

제3조(다른 법령의 개정)

① 환경기술개발 및 지원에 관한 법률 시행령 일부를 다음과 같이 개정한다.

제22조의6의 제목 '(환경친화기업에 대한 우대 조치)'를 '(녹색기업에 대한 우대 조치)'로 한다.

제22조의7의 제목 '(환경친화기업의 지정취소)'를 '(녹색기업의 지정취소)'로 한다.

제22조의7 제2호 중 '환경친화기업'을 '녹색기업'으로 한다.

별표 1의 비고 제4호 중 '환경경영'을 '녹색경영'으로 한다.

② 환경친화적 산업구조로의 전환촉진에 관한 법률 시행령 일부를 다음과 같이 개정한다.

제9조의2의 제목 '(환경경영컨설팅사업 등의 육성·지원)'을 '(녹색경영컨설팅사업 등의 육성·지원)'으
로 한다.

제9조의2 제1호 및 제2호 중 '환경경영컨설팅사업'을 각각 '녹색경영컨설팅사업'으로 하고, 같은 조 제3
호 중 '환경경영컨설팅'을 '녹색경영컨설팅'으로 한다.

제10조 제3항 중 '환경경영'을 '녹색경영'으로 한다.

제14조 제1항 제2호 중 '환경경영촉진사업'을 '녹색경영 촉진사업'으로 한다.

제15조의 제목 '(환경친화적 산업구조전환 추진본부)'를 '(녹색경영 추진본부)'로 한다.

제15조 제2항 중 '환경친화적 산업구조전환 추진본부'를 '녹색경영 추진본부'로 한다.

제17조의2, 제17조의3 제3호 및 제17조의4 중 '환경경영체제'를 각각 '녹색경영체제'로 한다.

제17조의4 중 '환경경영체제인증'을 '녹색경영체제인증'으로 한다.

제19조의 제목 '(환경경영진단지도)'를 '(녹색경영진단지도)'로 한다.

제19조 제1항 중 '환경경영'을 '녹색경영'으로, '환경경영진단·지도'를 각각 '녹색경영진단·지도'로, '환
경경영진단기관'을 '녹색경영진단기관'으로 한다.

제19조 제2항 중 '환경경영진단·지도'를 각각 '녹색경영진단·지도'로, '환경경영진단기관'을 '녹색경영
진단기관'으로, '환경경영진단지도계획'을 '녹색경영진단지도계획'으로 한다.

제28조 제1항 중 '환경경영진단·지도'를 '녹색경영진단·지도'로 한다.

온실가스 배출권의 할당 및 거래에 관한 법률

온실가스 배출권의 할당 및 거래에 관한 법률
[시행 2012.11.15.]
[법률 제11419호, 2012.5.14, 제정]
국무총리실(녹색성장정책과)

제1장 총칙

제1조(목적)

이 법은 「저탄소 녹색성장 기본법」 제46조에 따라 온실가스 배출권을 거래하는 제도를 도입함으로써 시장기능을 활용하여 효과적으로 국가의 온실가스 감축목표를 달성하는 것을 목적으로 한다.

제2조(정의)

이 법에서 사용하는 용어의 뜻은 다음과 같다.

1. '온실가스'란 「저탄소 녹색성장 기본법」(이하 '기본법'이라 한다) 제2조 제9호에 따른 온실가스를 말한다.
2. '온실가스 배출'이란 기본법 제2조 제10호에 따른 온실가스 배출을 말한다.
3. '배출권'이란 기본법 제42조 제1항 제1호에 따른 온실가스 감축목표(이하 '국가온실가스 감축목표'라 한다)를 달성하기 위하여 제5조 제1항 제1호에 따라 설정된 온실가스 배출허용총량의 범위에서 개별 온실가스 배출업체에 할당되는 온실가스 배출허용량을 말한다.
4. '계획기간'이란 국가온실가스 감축목표를 달성하기 위하여 5년 단위로 온실가스 배출업체에 배출권을 할당하고 그 이행실적을 관리하기 위하여 설정되는 기간을 말한다.
5. '이행연도'란 계획기간별 국가온실가스 감축목표를 달성하기 위하여 1년 단위로 온실가스 배출업체에 배출권을 할당하고 그 이행실적을 관리하기 위하여 설정되는 계획기간 내의 각 연도를 말한다.
6. '1 이산화탄소상당량톤(tCO_2-eq)'이란 이산화탄소 1톤 또는 기본법 제2조 제9호에 따른 기타 온실가스의 지구온난화 영향이 이산화탄소 1톤에 상당하는 양을 말한다.

제3조(기본원칙)

정부는 배출권의 할당 및 거래에 관한 제도(이하 '배출권 거래제'라 한다)를 수립하거나 시행할 때에는 다음 각 호의 기본원칙에 따라야 한다.

1. 「기후변화에 관한 국제연합 기본협약」 및 관련 의정서에 따른 원칙을 준수하고, 기후변화 관련 국제협상을 고려할 것
2. 배출권 거래제가 경제 부문의 국제경쟁력에 미치는 영향을 고려할 것
3. 국가온실가스 감축목표를 효과적으로 달성할 수 있도록 시장기능을 최대한 활용할 것
4. 배출권의 거래가 일반적인 시장 거래 원칙에 따라 공정하고 투명하게 이루어지도록 할 것
5. 국제 탄소시장과의 연계를 고려하여 국제적 기준에 적합하게 정책을 운영할 것

제2장 배출권 거래제 기본계획의 수립 등

제4조(배출권 거래제 기본계획의 수립 등)
① 정부는 이 법의 목적을 효과적으로 달성하기 위하여 10년을 단위로 하여 5년마다 배출권 거래제에 관한 중장기 정책목표와 기본방향을 정하는 배출권 거래제 기본계획(이하 '기본계획'이라 한다)을 수립하여야 한다.
② 기본계획에는 다음 각 호의 사항이 포함되어야 한다.
1. 배출권 거래제에 관한 국내외 현황 및 전망에 관한 사항
2. 배출권 거래제 운영의 기본방향에 관한 사항
3. 국가온실가스 감축목표를 고려한 배출권 거래제 계획기간의 운영에 관한 사항
4. 경제성장과 부문별·업종별 신규 투자 및 시설(온실가스를 배출하는 사업장 또는 그 일부를 말한다. 이하 같다) 확장 등에 따른 온실가스 배출 전망에 관한 사항
5. 배출권 거래제 운영에 따른 에너지 가격 및 물가 변동 등 경제적 영향에 관한 사항
6. 무역집약도 또는 탄소집약도 등을 고려한 국내 산업의 지원대책에 관한 사항
7. 국제 탄소시장과의 연계 방안 및 국제협력에 관한 사항
8. 그 밖에 재원조달, 전문인력 양성, 교육·홍보 등 배출권 거래제의 효과적 운영에 관한 사항
③ 정부는 제8조에 따른 주무관청이 변경을 요구하거나 기후변화 관련 국제협상 등에 따라 기본계획을 변경할 필요가 있다고 인정할 때에는 그 타당성을 검토하여 기본계획을 변경할 수 있다.
④ 정부는 기본계획을 수립하거나 변경할 때에는 관계 중앙행정기관, 지방자치단체 및 관련 이해관계인의 의견을 수렴하여야 한다.
⑤ 기본계획의 수립 또는 변경은 대통령령으로 정하는 바에 따라 기본법 제14조에 따른 녹색성장위원회(이하 '녹색성장위원회'라 한다) 및 국무회의의 심의를 거쳐 확정한다. 다만, 대통령령으로 정하는 경미한 사항을 변경하는 경우에는 그러하지 아니하다.

제5조(국가 배출권 할당계획의 수립 등)
① 정부는 국가온실가스 감축목표를 효과적으로 달성하기 위하여 계획기간별로 다음 각 호의 사항이 포함된 국가 배출권 할당계획(이하 '할당계획'이라 한다)을 매 계획기간 시작 6개월 전까지 수립하여야 한다.

1. 국가온실가스 감축목표를 고려하여 설정한 온실가스 배출허용총량(이하 '배출허용총량'이라
   한다)에 관한 사항
2. 배출허용총량에 따른 해당 계획기간 및 이행연도별 배출권의 총수량에 관한 사항
3. 배출권의 할당대상이 되는 부문 및 업종에 관한 사항
4. 부문별·업종별 배출권의 할당기준 및 할당량에 관한 사항
5. 이행연도별 배출권의 할당기준 및 할당량에 관한 사항
6. 제8조에 따른 할당대상업체에 대한 배출권의 할당기준 및 할당방식에 관한 사항
7. 제12조 제3항에 따라 배출권을 유상으로 할당하는 경우 그 방법에 관한 사항
8. 제15조에 따른 조기감축실적의 인정 기준에 관한 사항
9. 제18조에 따른 배출권 예비분의 수량 및 배분기준에 관한 사항
10. 제28조에 따른 배출권의 이월·차입 및 제29조에 따른 상쇄의 기준 및 운영에 관한 사항
11. 그 밖에 해당 계획기간의 배출권 할당 및 거래를 위하여 필요한 사항으로서 대통령령으로 정
    하는 사항
② 정부는 제1항 각 호에 관한 사항을 정할 때에는 부문별·업종별 배출권 거래제의 적용 여건
   및 국제경쟁력에 대한 영향 등을 고려하여야 한다.
③ 정부는 계획기간 중에 국내외 경제상황의 급격한 변화, 기술 발전 등으로 할당계획을 변경할
   필요가 있다고 인정할 때에는 그 타당성을 검토하여 할당계획을 변경할 수 있다.
④ 정부는 할당계획을 수립하거나 변경할 때에는 미리 공청회를 개최하여 이해관계인의 의견을
   들어야 하며, 공청회에서 제시된 의견이 타당하다고 인정할 때에는 할당계획에 반영하여야 한다.
⑤ 할당계획의 수립 또는 변경은 대통령령으로 정하는 바에 따라 녹색성장위원회 및 국무회의의
   심의를 거쳐 확정한다. 다만, 대통령령으로 정하는 경미한 사항을 변경하는 경우에는 그러하지
   아니하다.

제6조(배출권 할당위원회의 설치)

배출권 거래제에 관한 다음 각 호의 사항을 심의·조정하기 위하여 기획재정부에 배출권 할당위
원회(이하 '할당위원회'라 한다)를 둔다.
1. 할당계획에 관한 사항
2. 제23조에 따른 시장 안정화 조치에 관한 사항
3. 제25조에 따른 배출량의 인증 및 제29조에 따른 상쇄와 관련된 정책의 조정 및 지원에 관한
   사항
4. 제36조에 따른 국제 탄소시장과의 연계 및 국제협력에 관한 사항
5. 그 밖에 배출권 거래제와 관련하여 위원장이 할당위원회의 심의·조정을 거칠 필요가 있다고
   인정하는 사항

제7조(할당위원회의 구성 및 운영)

① 할당위원회는 위원장 1명과 20명 이내의 위원으로 구성한다.

② 할당위원회 위원장은 기획재정부장관이 되고, 위원은 다음 각 호의 사람이 된다.

1. 기획재정부, 교육과학기술부, 농림수산식품부, 지식경제부, 환경부, 국토해양부, 국무총리실, 금융위원회, 그 밖에 대통령령으로 정하는 관계 중앙행정기관의 차관급 공무원 중에서 해당 기관의 장이 지명하는 사람

2. 기후변화, 에너지·자원, 배출권 거래제 등 저탄소 녹색성장에 관한 학식과 경험이 풍부한 사람 중에서 기획재정부장관이 위촉하는 사람

③ 할당위원회 위원장은 위원회를 대표하고, 위원회의 사무를 총괄한다.

④ 제2항 제2호에 따라 위촉된 위원의 임기는 2년으로 하며, 한 차례만 연임할 수 있다.

⑤ 할당위원회에는 대통령령으로 정하는 바에 따라 간사위원 1명을 둔다.

⑥ 간사위원은 위원장의 명을 받아 할당계획의 수립 준비 등 할당위원회의 사무를 처리한다.

⑦ 이 법에서 규정한 사항 외에 할당위원회의 구성 및 운영 등에 필요한 사항은 대통령령으로 정한다.

제3장 할당대상업체의 지정 및 배출권의 할당

제1절 할당대상업체의 지정

제8조(할당대상업체의 지정)

① 대통령령으로 정하는 중앙행정기관의 장(이하 '주무관청'이라 한다)은 매 계획기간 시작 5개월 전까지 제5조 제1항 제3호에 따라 할당계획에서 정하는 배출권의 할당대상이 되는 부문 및 업종에 속하는 온실가스 배출업체 중에서 다음 각 호의 어느 하나에 해당하는 업체를 배출권 할당대상업체(이하 '할당대상업체'라 한다)로 지정·고시한다.

1. 기본법 제42조 제5항에 따른 관리업체(이하 '관리업체'라 한다) 중 최근 3년간 온실가스배출량의 연평균 총량이 125,000이산화탄소상당량톤(tCO_2-eq) 이상인 업체이거나 25,000이산화탄소상당량톤(tCO_2-eq) 이상인 사업장의 해당 업체

2. 제1호에 해당하지 아니하는 관리업체로서 할당대상업체로 지정받기 위하여 신청한 업체

② 제1항에 따른 할당대상업체의 지정·고시 및 신청 등에 관하여 필요한 세부사항은 대통령령으로 정한다.

제9조(신규진입자에 대한 할당대상업체의 지정)

① 주무관청은 계획기간 중에 시설의 신설·변경·확장 등으로 인하여 새롭게 제8조 제1항 제1호에 해당하게 된 업체(이하 '신규진입자'라 한다)를 할당대상업체로 지정·고시할 수 있다.

② 제1항에 따른 신규진입자에 대한 할당대상업체 지정·고시에 관하여 필요한 세부사항은 대통

령령으로 정한다.

제10조(목표관리제의 적용 배제)

관리업체로서 제8조 제1항 및 제9조 제1항에 따라 할당대상업체로 지정·고시된 업체에 대해서는 제12조 제1항에 따라 배출권을 할당받은 연도부터 기본법 제42조 제5항부터 제9항까지 및 제64조 제1항 제1호(기본법 제42조 제6항·제9항만 해당한다)부터 제3호까지의 규정을 적용하지 아니한다.

제11조(배출권등록부)

① 배출권의 할당 및 거래, 할당대상업체의 온실가스배출량 등에 관한 사항을 등록·관리하기 위하여 주무관청에 배출권 거래등록부(이하 '배출권등록부'라 한다)를 둔다.

② 배출권등록부는 주무관청이 관리·운영한다.

③ 배출권등록부에는 다음 각 호의 사항을 등록한다.

1. 계획기간 및 이행연도별 배출권의 총수량

2. 할당대상업체, 그 밖의 개인 또는 법인 명의의 배출권 계정 및 그 보유량

3. 제18조에 따른 배출권 예비분 관리를 위한 계정 및 그 보유량

4. 제25조에 따라 주무관청이 인증한 온실가스배출량

5. 그 밖에 효과적이고 안정적인 배출권의 할당 및 거래를 위하여 필요한 사항으로서 대통령령으로 정하는 사항

④ 배출권등록부는 기본법 제45조에 따른 온실가스 종합정보관리체계와 유기적으로 연계될 수 있도록 전자적 방식으로 관리되어야 한다.

⑤ 제20조에 따라 배출권등록부에 배출권 거래계정을 등록한 자는 그가 보유하고 있는 배출권의 수량 등 대통령령으로 정하는 등록사항에 대하여 증명서의 발급을 주무관청에 신청할 수 있다.

⑥ 배출권등록부의 관리·운영 방법 등에 관하여 필요한 세부사항은 대통령령으로 정한다.

제2절 배출권의 할당

제12조(배출권의 할당)

① 주무관청은 계획기간마다 할당계획에 따라 할당대상업체에 해당 계획기간의 총배출권과 이행연도별 배출권을 할당한다. 다만, 신규진입자에 대해서는 해당 업체가 할당대상업체로 지정·고시된 다음 이행연도부터 남은 계획기간에 대하여 배출권을 할당한다.

② 제1항에 따른 배출권 할당의 기준은 다음 각 호의 사항을 고려하여 대통령령으로 정한다.

1. 할당대상업체의 이행연도별 배출권 수요

2. 제15조에 따른 조기감축실적

3. 제27조에 따른 할당대상업체의 배출권 제출 실적

4. 할당대상업체의 무역집약도 및 탄소집약도

5. 할당대상업체 간 배출권 할당량의 형평성

6. 부문별·업종별 온실가스 감축 기술 수준 및 국제경쟁력

7. 할당대상업체의 시설투자 등이 국가온실가스 감축목표 달성에 기여하는 정도

8. 기본법 제42조 제6항에 따른 관리업체의 목표 준수 실적

③ 제1항에 따른 배출권의 할당은 유상 또는 무상으로 하되, 무상으로 할당하는 배출권의 비율은 국내 산업의 국제경쟁력에 미치는 영향, 기후변화 관련 국제협상 등 국제적 동향, 물가 등 국민경제에 미치는 영향 및 직전 계획기간에 대한 평가 등을 고려하여 대통령령으로 정한다.

④ 제3항에도 불구하고 무역집약도가 대통령령으로 정하는 기준보다 높거나 이 법 시행에 따른 온실가스 감축으로 인한 생산비용이 대통령령으로 정하는 기준 이상으로 발생하는 업종에 속하는 할당대상업체에 대해서는 배출권의 전부를 무상으로 할당할 수 있다.

제13조(배출권 할당의 신청)

① 할당대상업체는 매 계획기간 시작 4개월 전까지(할당대상업체가 신규진입자인 경우에는 배출권을 할당받는 이행연도 시작 4개월 전까지) 다음 각 호의 사항이 포함된 배출권 할당신청서(이하 '할당신청서'라 한다)를 작성하여 주무관청에 제출하여야 한다.

1. 계획기간의 배출권 총신청수량

2. 이행연도별 배출권 신청수량

3. 할당대상업체로 지정된 연도의 직전 3년간의 온실가스배출량

4. 계획기간 내 시설 확장 및 변경 계획

5. 계획기간 내 연료 및 원료 소비 계획

6. 계획기간 내 온실가스 감축설비 및 기술 도입 계획

7. 제4호부터 제6호까지에서 규정된 계획 실행 등에 따른 온실가스배출량 증감 예상치

8. 제24조에 따라 작성된 직전 연도 명세서(최초로 할당대상업체로 지정된 경우에는 기본법 제44조 제1항에 따른 명세서를 말한다)

② 제1항에 따른 배출권 할당의 신청 방법 및 절차 등에 관하여 필요한 세부사항은 대통령령으로 정한다.

제14조(할당의 통보)

① 주무관청은 제12조에 따라 할당대상업체에 배출권을 할당한 때에는 지체 없이 그 사실을 할당대상업체에 통보하고, 배출권등록부의 각 업체별 계정에 그 할당 내역을 등록하여야 한다.

② 제1항에 따른 할당의 통보 및 할당 내역의 등록에 필요한 세부사항은 대통령령으로 정한다.

제15조(조기감축실적의 인정)

① 주무관청은 할당대상업체가 제12조에 따라 배출권을 할당받기 전에 외부 전문기관(기본법 제

42조 제9항에 따른 외부 전문기관을 말한다. 이하 같다)의 검증을 받은 온실가스 감축량(이하 '조기감축실적'이라 한다)에 대해서는 대통령령으로 정하는 바에 따라 할당계획 수립 시 반영하거나 제12조에 따른 배출권 할당 시 해당 할당대상업체에 배출권을 추가 할당할 수 있다.

② 제1항에 따라 조기감축실적을 할당계획 수립 시 반영하거나 배출권을 추가 할당하는 경우에는 국가온실가스 감축목표의 효과적인 달성과 배출권 거래시장의 안정적 운영을 위하여 할당계획에 반영되거나 추가 할당되는 배출권의 비율을 대통령령으로 정하는 바에 따라 총배출권 수량 대비 일정 비율 이하로 제한할 수 있다.

제16조(배출권 할당의 조정)

① 주무관청은 다음 각 호의 어느 하나에 해당하는 경우에는 직권으로 또는 신청에 따라 할당대상업체에 배출권을 추가 할당하거나 이행연도별 배출권 할당량을 조정할 수 있다.

1. 제5조 제3항에 따른 할당계획 변경으로 배출허용총량이 증가한 경우

2. 계획기간 중에 시설의 신설 또는 증설, 생산품목의 변경, 사업계획의 변경 등으로 배출권의 추가 할당이 필요하거나 이행연도별 할당량의 조정이 필요한 경우로서 할당대상업체가 신청한 경우

② 제1항에 따른 배출권의 추가 할당 및 할당량 조정의 세부 기준과 절차는 대통령령으로 정한다.

제17조(배출권 할당의 취소)

① 주무관청은 다음 각 호의 어느 하나에 해당하는 경우에는 제12조 및 제16조에 따라 할당·조정된 배출권(무상으로 할당된 배출권만 해당한다)의 전부 또는 일부를 취소할 수 있다.

1. 제5조 제3항에 따른 할당계획 변경으로 배출허용총량이 감소한 경우

2. 할당대상업체가 전체 시설을 폐쇄한 경우

3. 할당대상업체가 정당한 사유 없이 시설의 가동 예정일부터 3개월 이내에 시설을 가동하지 아니한 경우

4. 할당대상업체의 시설 가동이 1년 이상 정지된 경우

5. 거짓이나 부정한 방법으로 배출권을 할당받은 경우

② 제1항에 따른 배출권 취소의 세부 기준과 절차는 대통령령으로 정한다.

제18조(배출권 예비분)

주무관청은 신규진입자에 대한 배출권 할당 및 제23조에 따른 시장 안정화 조치를 위한 배출권 추가 할당 등을 위하여 계획기간의 총배출권의 일정 비율을 배출권 예비분으로 보유하여야 한다.

제4장 배출권의 거래

제19조(배출권의 거래)

① 배출권은 매매나 그 밖의 방법으로 거래할 수 있다.

② 배출권은 온실가스를 대통령령으로 정하는 바에 따라 이산화탄소상당량톤으로 환산한 단위로 거래한다.

③ 배출권 거래의 최소 단위 등 배출권 거래에 필요한 세부사항은 대통령령으로 정한다.

제20조(배출권 거래계정의 등록)

① 배출권을 거래하려는 자는 대통령령으로 정하는 바에 따라 배출권등록부에 배출권 거래계정을 등록하여야 한다.

② 외국 법인 또는 개인은 대통령령으로 정하는 경우에만 제1항에 따른 등록을 신청할 수 있다.

제21조(배출권 거래의 신고)

① 배출권을 거래한 자는 대통령령으로 정하는 바에 따라 그 사실을 주무관청에 신고하여야 한다.

② 제1항에 따른 신고를 받은 주무관청은 지체 없이 배출권등록부에 그 내용을 등록하여야 한다.

③ 배출권 거래에 따른 배출권의 이전은 제2항에 따라 배출권 거래 내용을 등록한 때에 효력이 생긴다.

④ 제1항부터 제3항까지의 규정은 상속이나 법인의 합병 등 거래에 의하지 아니하고 배출권이 이전되는 경우에 준용한다.

제22조(배출권 거래소 등)

① 주무관청은 배출권의 공정한 가격 형성과 매매, 그 밖에 거래의 안정성과 효율성을 도모하기 위하여 배출권 거래소를 지정하거나 설치·운영할 수 있다.

② 제1항에 따라 배출권 거래소를 지정하는 경우 그 지정을 받은 배출권 거래소는 다음 각 호의 사항이 포함된 운영규정을 정하여 거래소 개시일 전까지 주무관청의 승인을 받아야 한다. 승인을 받은 사항 중 대통령령으로 정하는 중요 사항을 변경하려는 경우에도 대통령령으로 정하는 바에 따라 주무관청의 승인을 받아야 한다.

1. 배출권 거래소의 회원에 관한 사항

2. 배출권 거래의 방법에 관한 사항

3. 배출권 거래의 청산·결제에 관한 사항

4. 배출권 거래의 정보 공개에 관한 사항

5. 배출권 거래시장의 감시에 관한 사항

6. 배출권 거래에 관한 분쟁조정에 관한 사항

7. 그 밖에 배출권 거래시장의 운영을 위하여 필요한 사항으로서 대통령령으로 정하는 사항

③ 배출권 거래소에서의 거래와 관련된 시세조종행위 등의 금지 및 배상책임, 부정거래행위 등의 금지 및 배상책임, 정보이용금지에 관해서는 「자본시장과 금융투자업에 관한 법률」 제176조 제1항·제2항 및 제3항 각 호 외의 부분 본문, 제177조(「자본시장과 금융투자업에 관한 법률」 제176조 제1항·제2항 및 제3항 각 호 외의 부분 본문을 위반한 경우만 해당한다)부터

제179조까지 및 제383조 제1항·제2항을 각각 준용한다. 이 경우 '상장증권 또는 장내파생상품' 또는 '금융투자상품'은 '배출권'으로, '전자증권중개회사'는 '배출권 거래를 중개하는 회사'로, '거래소'는 '배출권 거래소'로, '금융투자업자 및 금융투자업관계기관'은 '배출권 거래소 회원'으로 본다.

④ 배출권 거래소의 지정 또는 설치 절차, 배출권 거래소의 업무 및 감독, 배출권 거래를 중개하는 회사 등에 필요한 사항은 대통령령으로 정한다.

제23조(배출권 거래시장의 안정화)

① 주무관청은 배출권 거래가격의 안정적 형성을 위하여 다음 각 호의 어느 하나에 해당하는 경우 또는 해당할 우려가 상당히 있는 경우에는 대통령령으로 정하는 바에 따라 할당위원회의 심의를 거쳐 시장 안정화 조치를 할 수 있다.

1. 배출권 가격이 6개월 연속으로 직전 2개 연도의 평균 가격보다 대통령령으로 정하는 비율 이상으로 높게 형성될 경우

2. 배출권에 대한 수요의 급증 등으로 인하여 단기간에 거래량이 크게 증가하는 경우로서 대통령령으로 정하는 경우

3. 그 밖에 배출권 거래시장의 질서를 유지하거나 공익을 보호하기 위하여 시장 안정화 조치가 필요하다고 인정되는 경우로서 대통령령으로 정하는 경우

② 제1항에 따른 시장 안정화 조치는 다음 각 호의 방법으로 한다.

1. 제18조에 따른 배출권 예비분의 100분의 25까지의 추가 할당

2. 대통령령으로 정하는 바에 따른 배출권 최소 또는 최대 보유한도의 설정

3. 그 밖에 국제적으로 인정되는 방법으로서 대통령령으로 정하는 방법

제5장 배출량의 보고·검증 및 인증

제24조(배출량의 보고 및 검증)

① 할당대상업체는 매 이행연도 종료일부터 3개월 이내에 대통령령으로 정하는 바에 따라 해당 이행연도에 그 업체가 실제 배출한 온실가스배출량을 측정·보고·검증이 가능한 방식으로 작성한 명세서를 주무관청에 보고하여야 한다.

② 제1항에 따른 보고에 관해서는 기본법 제44조 제2항을 준용한다. 이 경우 '관리업체'는 '할당대상업체'로, '정부'는 '주무관청'으로 본다.

③ 제1항 및 제2항에서 규정한 사항 외에 온실가스배출량의 보고·검증에 필요한 세부사항은 대통령령으로 정한다.

제25조(배출량의 인증 등)

① 주무관청은 제24조에 따른 보고를 받으면 그 내용에 대한 적합성을 평가하여 할당대상업체의 실제 온실가스배출량을 인증한다.

② 주무관청은 할당대상업체가 제24조에 따른 배출량 보고를 하지 아니하는 경우에는 제37조에 따른 실태조사를 거쳐 대통령령으로 정하는 기준에 따라 직권으로 그 할당대상업체의 실제 온실가스배출량을 인증할 수 있다.

③ 주무관청은 제1항 또는 제2항에 따라 실제 온실가스배출량을 인증한 때에는 지체 없이 그 결과를 할당대상업체에 통지하고, 그 내용을 이행연도 종료일부터 5개월 이내에 배출권등록부에 등록하여야 한다.

④ 제1항부터 제3항까지의 규정에 따른 배출량 인증의 방법·절차, 통지 및 등록에 필요한 세부사항은 대통령령으로 정한다.

제26조(배출량 인증위원회)

① 제25조에 따른 적합성 평가 및 실제 온실가스배출량의 인증, 제29조에 따른 상쇄에 관한 전문적인 사항을 심의·조정하기 위하여 주무관청에 배출량 인증위원회(이하 '인증위원회'라 한다)를 둔다.

② 인증위원회의 구성 및 운영 등에 필요한 사항은 대통령령으로 정한다.

제6장 배출권의 제출, 이월·차입, 상쇄 및 소멸

제27조(배출권의 제출)

① 할당대상업체는 이행연도 종료일부터 6개월 이내에 대통령령으로 정하는 바에 따라 제25조에 따라 인증받은 온실가스배출량에 상응하는 배출권(종료된 이행연도의 배출권을 말한다)을 주무관청에 제출하여야 한다.

② 주무관청은 제1항에 따라 배출권을 제출받으면 지체 없이 그 내용을 배출권등록부에 등록하여야 한다.

제28조(배출권의 이월 및 차입)

① 배출권을 보유한 자는 보유한 배출권을 주무관청의 승인을 받아 계획기간 내의 다음 이행연도 또는 다음 계획기간의 최초 이행연도로 이월할 수 있다.

② 할당대상업체는 제27조에 따라 배출권을 제출하기 위하여 필요한 경우로서 대통령령으로 정하는 사유가 있는 경우에는 주무관청의 승인을 받아 계획기간 내의 다른 이행연도에 할당된 배출권의 일부를 차입할 수 있다.

③ 제2항에 따라 차입할 수 있는 배출권의 한도는 대통령령으로 정한다.

④ 주무관청은 제1항 또는 제2항에 따라 이월 또는 차입을 승인한 때에는 지체 없이 그 내용을

배출권등록부에 등록하여야 한다. 이 경우 이월 또는 차입된 배출권은 각각 그 해당 이행연도
에 제12조에 따라 할당된 것으로 본다.

⑤ 제1항 및 제2항에 따른 배출권의 이월 및 차입의 세부 절차는 대통령령으로 정한다.

제29조(상쇄)

① 할당대상업체는 국제적 기준에 부합하는 방식으로 외부사업에서 발생한 온실가스 감축량(이
하 '외부사업 온실가스 감축량'이라 한다)을 보유하거나 취득한 경우에는 그 전부 또는 일부를
배출권으로 전환하여 줄 것을 주무관청에 신청할 수 있다.

② 주무관청은 제1항의 신청을 받으면 대통령령으로 정하는 기준에 따라 외부사업 온실가스 감축
량을 그에 상응하는 배출권으로 전환하고, 그 내용을 제31조에 따른 상쇄등록부에 등록하여야
한다.

③ 할당대상업체는 제2항에 따라 상쇄등록부에 등록된 배출권(이하 '상쇄배출권'이라 한다)을 제27
조에 따른 배출권의 제출을 갈음하여 주무관청에 제출할 수 있다. 이 경우 주무관청은 상쇄배출
권 제출이 국가온실가스 감축목표에 미치는 영향과 배출권 거래 가격에 미치는 영향 등을 고려
하여 대통령령으로 정하는 바에 따라 상쇄배출권의 제출한도 및 유효기간을 제한할 수 있다.

제30조(외부사업 온실가스 감축량의 인증)

① 제29조에 따라 배출권으로 전환할 수 있는 외부사업 온실가스 감축량은 다음 각 호의 어느
하나에 해당하는 온실가스 감축량으로서 대통령령으로 정하는 기준과 절차에 따라 주무관청
의 인증을 받은 것에 한정한다.

1. 이 법이 적용되지 아니하는 국내외 부분에서 국제적 기준에 부합하는 측정·보고·검증이 가
능한 방식으로 실시한 온실가스 감축사업을 통하여 발생한 온실가스 감축량

2. 「기후변화에 관한 국제연합 기본협약」 및 관련 의정서에 따른 온실가스 감축사업 등 대통령령
으로 정하는 사업을 통하여 발생한 온실가스 감축량

② 제1항에 따른 인증을 받으려는 자는 대통령령으로 정하는 바에 따라 주무관청에 신청하여야
한다.

③ 주무관청은 제1항에 따라 외부사업 온실가스 감축량을 인증한 때에는 지체 없이 제31조에 따
른 상쇄등록부에 등록하여야 한다.

제31조(상쇄등록부)

① 제30조에 따라 인증된 외부사업 온실가스 감축량 등을 등록·관리하기 위하여 주무관청에 배
출권 상쇄등록부(이하 '상쇄등록부'라 한다)를 둔다.

② 상쇄등록부는 주무관청이 관리·운영한다.

③ 상쇄등록부는 배출권등록부와 유기적으로 연계될 수 있도록 관리되어야 한다.

제32조(배출권의 소멸)

이행연도별로 할당된 배출권 중 제27조에 따라 주무관청에 제출되거나 제28조에 따라 다음 이행연도로 이월되지 아니한 배출권은 각 이행연도 종료일부터 6개월이 경과하면 그 효력을 잃는다.

제33조(과징금)

① 주무관청은 제27조에 따라 할당대상업체가 제출한 배출권이 제25조에 따라 인증한 온실가스 배출량보다 적은 경우에는 그 부족한 부분에 대하여 이산화탄소 1톤당 10만 원의 범위에서 해당 이행연도의 배출권 평균 시장가격의 3배 이하 과징금을 부과할 수 있다.

② 주무관청은 과징금을 부과하기 전에 미리 당사자 또는 이해관계인 등에게 의견을 제출할 기회를 주어야 한다.

③ 제1항 및 제2항에 따른 과징금의 부과 기준 및 절차 등에 관하여 필요한 사항은 대통령령으로 정한다.

제34조(과징금의 징수 및 체납처분)

① 주무관청은 과징금 납부의무자가 납부기한까지 과징금을 납부하지 아니한 경우에는 납부기한의 다음 날부터 납부한 날의 전날까지의 기간에 대하여 대통령령으로 정하는 가산금을 징수할 수 있다.

② 주무관청은 과징금 납부의무자가 납부기한까지 과징금을 납부하지 아니한 경우에는 기간을 정하여 독촉을 하고, 그 지정한 기간에 과징금과 제1항에 따른 가산금을 납부하지 아니한 경우에는 국세 체납처분의 예에 따라 징수할 수 있다.

③ 제1항 및 제2항에 따른 과징금의 징수 및 체납처분 절차 등에 관하여 필요한 사항은 대통령령으로 정한다.

제7장 보칙

제35조(금융상·세제상의 지원 등)

① 정부는 배출권 거래제 도입으로 인한 기업의 경쟁력 감소를 방지하고 배출권 거래를 활성화하기 위하여 온실가스 감축설비를 설치하거나 관련 기술을 개발하는 사업 등 대통령령으로 정하는 사업에 대해서는 금융상·세제상의 지원 또는 보조금의 지급, 그 밖에 필요한 지원을 할 수 있다.

② 정부는 제1항에 따른 지원을 하는 경우 「중소기업기본법」 제2조에 따른 중소기업이 하는 사업에 우선적으로 지원할 수 있다.

③ 정부는 제12조 제3항에 따라 배출권을 유상으로 할당하는 경우 발생하는 수입과 제33조에 따른 과징금, 제39조에 따른 수수료 및 제43조에 따른 과태료 수입의 전부 또는 일부를 제1항 및 제2항에 따른 지원활동에 사용할 수 있다.

제36조(국제 탄소시장과의 연계 등)

① 정부는 「기후변화에 관한 국제연합 기본협약」 및 관련 의정서 또는 국제적으로 신뢰성 있게 온실가스배출량을 측정·보고·검증하고 있다고 인정되는 국가와의 합의서에 기초하여 국내 배출권 시장을 국제 탄소시장과 연계하도록 노력하여야 한다. 이 경우 정부는 할당대상업체의 영업비밀 보호 등을 고려하여야 한다.

② 주무관청은 대통령령으로 정하는 바에 따라 국제 탄소시장과의 연계를 위한 조사·연구 및 기술개발·협력 등을 전문적으로 수행하는 기관을 배출권 거래 전문기관으로 지정하거나 설치·운영할 수 있다.

③ 정부는 제2항에 따라 지정하거나 설치·운영하는 배출권 거래 전문기관의 사업 수행에 필요한 경비를 지원할 수 있다.

제37조(실태조사)

주무관청은 다음 각 호의 신청이나 처분 등에 관하여 그 사실 여부 및 적정성을 확인하기 위하여 필요하면 할당대상업체에 보고 또는 자료 제출을 요구하거나 필요한 최소한의 범위에서 현장조사 등의 방법으로 실태조사를 할 수 있다. 이 경우 할당대상업체는 정당한 사유가 없으면 이에 따라야 한다.

1. 제13조에 따른 배출권 할당의 신청

2. 제15조에 따른 조기감축실적의 인정

3. 제16조에 따른 배출권 할당의 조정

4. 제17조에 따른 배출권 할당의 취소

5. 제24조에 따른 배출량의 보고 및 검증

6. 제25조에 따른 배출량의 인증

7. 제30조에 따른 외부사업 온실가스 감축량의 인증

제38조(이의신청)

① 다음 각 호의 처분에 대하여 이의(異議)가 있는 자는 각 호에 규정된 날부터 30일 이내에 대통령령으로 정하는 바에 따라 소명자료를 첨부하여 주무관청에 이의를 신청할 수 있다.

1. 제8조 제1항 및 제9조 제1항에 따른 지정: 고시된 날

2. 제12조 제1항에 따른 할당: 할당받은 날

3. 제16조에 따른 배출권 할당의 조정: 배출권이 추가 할당된 날 또는 이행연도별 배출권 할당량이 조정된 날

4. 제17조에 따른 배출권 할당의 취소: 배출권의 할당이 취소된 날

5. 제25조 제1항에 따른 배출량의 인증: 인증받은 날

6. 제33조 제1항에 따른 과징금 부과처분: 고지받은 날

② 주무관청은 제1항에 따라 이의신청을 받으면 이의신청을 받은 날부터 30일 이내에 그 결과를

신청인에게 통보하여야 한다. 다만, 부득이한 사정으로 그 기간 내에 결정을 할 수 없을 때에는 30일의 범위에서 기간을 연장하고 그 사실을 신청인에게 알려야 한다.

제39조(수수료)

다음 각 호의 어느 하나에 해당하는 자는 대통령령으로 정하는 바에 따라 수수료를 내야 한다.

1. 제11조 제5항에 따라 증명서의 발급을 신청하는 자

2. 제20조에 따라 배출권 거래계정의 등록을 신청하는 자(할당대상업체는 제외한다)

제40조(권한의 위임 또는 위탁)

① 주무관청은 이 법에 따른 권한의 일부를 대통령령으로 정하는 바에 따라 다른 중앙행정기관의 장 또는 소속 기관의 장에게 위임하거나 위탁할 수 있다.

② 주무관청은 이 법에 따른 업무의 일부를 대통령령으로 정하는 바에 따라 공공기관 또는 대통령령으로 정하는 온실가스 감축 관련 전문기관에 위탁할 수 있다.

제8장 벌칙 및 과태료

제41조(벌칙)

① 다음 각 호의 어느 하나에 해당하는 자는 3년 이하의 징역 또는 1억 원 이하의 벌금에 처한다. 다만, 그 위반행위로 얻은 이익 또는 회피한 손실액의 3배에 해당하는 금액이 1억 원을 초과하는 경우에는 그 이익 또는 회피한 손실액의 3배에 해당하는 금액 이하의 벌금에 처한다.

1. 제22조 제3항에서 준용하는 「자본시장과 금융투자업에 관한 법률」 제176조 제1항을 위반하여 배출권의 매매에 관하여 그 매매가 성황을 이루고 있는 듯이 잘못 알게 하거나, 그 밖에 타인에게 그릇된 판단을 하게 할 목적으로 같은 항 각 호의 어느 하나에 해당하는 행위를 한 자

2. 제22조 제3항에서 준용하는 「자본시장과 금융투자업에 관한 법률」 제176조 제2항을 위반하여 배출권의 매매를 유인할 목적으로 같은 항 각 호의 어느 하나에 해당하는 행위를 한 자

3. 제22조 제3항에서 준용하는 「자본시장과 금융투자업에 관한 법률」 제176조 제3항 각 호 외의 부분 본문을 위반하여 배출권의 시세를 고정시키거나 안정시킬 목적으로 그 배출권에 관한 일련의 매매 또는 그 위탁이나 수탁을 한 자

4. 제22조 제3항에서 준용하는 「자본시장과 금융투자업에 관한 법률」 제178조 제1항을 위반하여 배출권의 매매, 그 밖의 거래와 관련하여 같은 항 각 호의 어느 하나에 해당하는 행위를 한 자

5. 제22조 제3항에서 준용하는 「자본시장과 금융투자업에 관한 법률」 제178조 제2항을 위반하여 배출권의 매매, 그 밖의 거래를 할 목적이나 그 시세의 변동을 도모할 목적으로 풍문의 유포, 위계(僞計)의 사용, 폭행 또는 협박을 한 자

② 다음 각 호의 어느 하나에 해당하는 사람은 1년 이하의 징역 또는 3천만 원 이하의 벌금에 처한다.

1. 제22조 제3항에서 준용하는 「자본시장과 금융투자업에 관한 법률」 제383조 제1항을 위반하여 그 직무에 관하여 알게 된 비밀을 누설하거나 이용한 배출권 거래소의 임직원 또는 임직원이었던 사람

2. 제22조 제3항에서 준용하는 「자본시장과 금융투자업에 관한 법률」 제383조 제2항을 위반하여 배출권 거래소의 회원과 자금의 공여, 손익의 분배, 그 밖에 영업에 관하여 특별한 이해관계를 가진 배출권 거래소의 상근 임직원

③ 다음 각 호의 어느 하나에 해당하는 자는 1억 원 이하의 벌금에 처한다. 다만, 그 위반행위로 얻은 이익 또는 회피한 손실액의 3배에 해당하는 금액이 1억 원을 초과하는 경우에는 그 이익 또는 회피한 손실액의 3배에 해당하는 금액 이하의 벌금에 처한다.

1. 거짓이나 부정한 방법으로 배출권 할당·조정을 신청하여 제12조 제1항 또는 제16조 제1항 제2호에 따른 할당·조정을 받은 자

2. 거짓이나 부정한 방법으로 외부사업 온실가스 감축량을 배출권으로 전환하여 줄 것을 신청하여 제29조 제3항에 따라 상쇄배출권을 제출한 자

3. 거짓이나 부정한 방법으로 인증을 신청하여 제30조에 따른 외부사업 온실가스 감축량을 인증받은 자

제42조(양벌규정)

법인(단체를 포함한다. 이하 이 조에서 같다)의 대표자나 법인 또는 개인의 대리인, 사용인, 그 밖의 종업원이 그 법인 또는 개인의 업무에 관하여 제41조의 위반행위를 하면 그 행위자를 벌하는 외에 그 법인 또는 개인에게도 해당 조문의 벌금형을 과(科)한다. 다만, 법인 또는 개인이 그 위반행위를 방지하기 위하여 해당 업무에 관하여 상당한 주의와 감독을 게을리하지 아니한 경우에는 그러하지 아니하다.

제43조(과태료)

주무관청은 다음 각 호의 어느 하나에 해당하는 자에게는 1천만 원 이하의 과태료를 부과·징수한다.

1. 제21조 제1항에 따른 신고를 거짓으로 한 자

2. 제24조 제1항에 따른 보고를 하지 아니하거나 거짓으로 보고한 자

3. 제24조 제2항에서 준용하는 기본법 제44조 제2항을 위반하여 시정이나 보완 명령을 이행하지 아니한 자

4. 제27조에 따른 배출권 제출을 하지 아니한 자

부칙 〈법률 제11419호, 2012.5.14.〉

제1조(시행일)

이 법은 공포 후 6개월이 경과한 날부터 시행한다.

제2조(계획기간의 기간 및 무상할당비율에 관한 특례)

① 제2조 제4호에도 불구하고 이 법 시행 후 최초의 계획기간(이하 '1차 계획기간'이라 한다)은 2015년 1월 1일부터 2017년 12월 31일까지로 하고, 두 번째 계획기간(이하 '2차 계획기간'이라 한다)은 2018년 1월 1일부터 2020년 12월 31일까지로 한다.

② 제12조 제3항에 따라 대통령령으로 무상할당의 비율을 정하는 경우 1차 계획기간과 2차 계획기간의 무상할당비율은 해당 계획기간에 할당되는 배출권 총수의 100분의 95 이상으로 하여야 한다.

제3조(배출권 거래계정 등록에 관한 특례)

제20조에도 불구하고 할당대상업체와 배출권 거래시장의 안정적 형성을 위하여 대통령령으로 정하는 자가 아니면 2015년 1월 1일부터 6년을 넘지 아니하는 범위에서 대통령령으로 정하는 날까지는 배출권 거래계정의 등록을 신청할 수 없다.

1. 에너지법/시행령/시행규칙

□ 에너지법
[시행 2011.10.26.] [법률 제10911호, 2011.7.25, 타법개정]
□ 에너지법 시행령
[시행 2011.9.30.] [대통령령 제23187호, 2011.9.30, 일부개정]
□ 에너지법 시행규칙
[시행 2011.12.30.] [지식경제부령 제233호, 2011.12.30, 일부개정]

에너지법

[시행 2011.10.26.] [법률 제10911호, 2011.7.25, 타법개정]

제1조(목적)

이 법은 안정적이고 효율적이며 환경친화적인 에너지 수급(需給) 구조를 실현하기 위한 에너지 정책 및 에너지 관련 계획의 수립·시행에 관한 기본적인 사항을 정함으로써 국민경제의 지속 가능한 발전과 국민의 복리(福利) 향상에 이바지하는 것을 목적으로 한다.

[전문개정 2010.6.8.]

제2조(정의)

이 법에서 사용하는 용어의 뜻은 다음과 같다.

1. '에너지'란 연료·열 및 전기를 말한다.

2. '연료'란 석유·가스·석탄, 그 밖에 열을 발생하는 열원(熱源)을 말한다. 다만, 제품의 원료로 사용되는 것은 제외한다.

3. '신·재생에너지'란 「신에너지 및 재생에너지 개발·이용·보급 촉진법」 제2조 제1호에 따른 에너지를 말한다.

4. '에너지사용시설'이란 에너지를 사용하는 공장·사업장 등의 시설이나 에너지를 전환하여 사용하는 시설을 말한다.

5. '에너지사용자'란 에너지사용시설의 소유자 또는 관리자를 말한다.

6. '에너지공급설비'란 에너지를 생산·전환·수송 또는 저장하기 위하여 설치하는 설비를 말한다.

7. '에너지공급자'란 에너지를 생산·수입·전환·수송·저장 또는 판매하는 사업자를 말한다.

8. '에너지사용기자재'란 열사용기자재나 그 밖에 에너지를 사용하는 기자재를 말한다.

9. '열사용기자재'란 연료 및 열을 사용하는 기기, 축열식 전기기기와 단열성(斷熱性) 자재로서 지식경제부령으로 정하는 것을 말한다.

10. '온실가스'란 「저탄소 녹색성장 기본법」 제2조 제9호에 따른 온실가스를 말한다.

[전문개정 2010.6.8.]

제3조 삭제 <2010.1.13.>

제4조(국가 등의 책무)

① 국가는 이 법의 목적을 실현하기 위한 종합적인 시책을 수립·시행하여야 한다.

② 지방자치단체는 이 법의 목적, 국가의 에너지정책 및 시책과 지역적 특성을 고려한 지역에너지시책을 수립·시행하여야 한다. 이 경우 지역에너지시책의 수립·시행에 필요한 사항은 해당 지방자치단체의 조례로 정할 수 있다.

③ 에너지공급자와 에너지사용자는 국가와 지방자치단체의 에너지시책에 적극 참여하고 협력하여야 하며, 에너지의 생산·전환·수송·저장·이용 등의 안전성, 효율성 및 환경친화성을 극대화하도록 노력하여야 한다.

④ 모든 국민은 일상생활에서 국가와 지방자치단체의 에너지시책에 적극 참여하고 협력하여야 하며, 에너지를 합리적이고 환경친화적으로 사용하도록 노력하여야 한다.

⑤ 국가, 지방자치단체 및 에너지공급자는 빈곤층 등 모든 국민에게 에너지가 보편적으로 공급되도록 기여하여야 한다.

[전문개정 2010.6.8.]

제5조(적용 범위)

에너지에 관한 법령을 제정하거나 개정하는 경우에는 「저탄소 녹색성장 기본법」 제39조에 따른 기본원칙과 이 법의 목적에 맞도록 하여야 한다. 다만, 원자력의 연구·개발·생산·이용 및 안전관리에 관해서는 「원자력 진흥법」 및 「원자력안전법」 등 관계 법률에서 정하는 바에 따른다. <개정 2011.7.25.>

[전문개정 2010.6.8.]

제6조 삭제 <2010.1.13.>

제7조(지역에너지계획의 수립)

① 특별시장·광역시장·도지사 또는 특별자치도지사(이하 '시·도지사'라 한다)는 관할 구역의 지역적 특성을 고려하여 「저탄소 녹색성장 기본법」 제41조에 따른 에너지기본계획(이하 '기본계획'이라 한다)의 효율적인 달성과 지역경제의 발전을 위한 지역에너지계획(이하 '지역계획'이라 한다)을 5년마다 5년 이상을 계획기간으로 하여 수립·시행하여야 한다.

② 지역계획에는 해당 지역에 대한 다음 각 호의 사항이 포함되어야 한다.

1. 에너지 수급의 추이와 전망에 관한 사항

2. 에너지의 안정적 공급을 위한 대책에 관한 사항

3. 신·재생에너지 등 환경친화적 에너지사용을 위한 대책에 관한 사항

4. 에너지사용의 합리화와 이를 통한 온실가스의 배출감소를 위한 대책에 관한 사항

5. 「집단에너지사업법」 제5조 제1항에 따라 집단에너지공급대상지역으로 지정된 지역의 경우 그
   지역의 집단에너지 공급을 위한 대책에 관한 사항
6. 미활용 에너지원의 개발・사용을 위한 대책에 관한 사항
7. 그 밖에 에너지시책 및 관련 사업을 위하여 시・도지사가 필요하다고 인정하는 사항
③ 지역계획을 수립한 시・도지사는 이를 지식경제부장관에게 제출하여야 한다. 수립된 지역계획
   을 변경하였을 때에도 또한 같다.
④ 정부는 지방자치단체의 에너지시책 및 관련 사업을 촉진하기 위하여 필요한 지원시책을 마련
   할 수 있다.
[전문개정 2010.6.8.]

제8조(비상시 에너지수급계획의 수립 등)
① 지식경제부장관은 에너지 수급에 중대한 차질이 발생할 경우에 대비하여 비상시 에너지수급계
   획(이하 '비상계획'이라 한다)을 수립하여야 한다.
② 비상계획은 제9조에 따른 에너지위원회의 심의를 거쳐 확정한다. 수립된 비상계획을 변경할
   때에도 또한 같다.
③ 비상계획에는 다음 각 호의 사항이 포함되어야 한다.
1. 국내외 에너지 수급의 추이와 전망에 관한 사항
2. 비상시 에너지 소비 절감을 위한 대책에 관한 사항
3. 비상시 비축(備蓄)에너지의 활용 대책에 관한 사항
4. 비상시 에너지의 할당・배급 등 수급조정 대책에 관한 사항
5. 비상시 에너지 수급 안정을 위한 국제협력 대책에 관한 사항
6. 비상계획의 효율적 시행을 위한 행정계획에 관한 사항
④ 지식경제부장관은 국내외 에너지 사정의 변동에 따른 에너지의 수급 차질에 대비하기 위하여
   에너지사용을 제한하는 등 관계 법령에서 정하는 바에 따라 필요한 조치를 할 수 있다.
[전문개정 2010.6.8.]

제9조(에너지위원회의 구성 및 운영)
① 정부는 주요 에너지정책 및 에너지 관련 계획에 관한 사항을 심의하기 위하여 지식경제부장관
   소속으로 에너지위원회(이하 '위원회'라 한다)를 둔다.
② 위원회는 위원장 1명을 포함한 25명 이내의 위원으로 구성하고, 위원은 당연직위원과 위촉위
   원으로 구성한다.
③ 위원장은 지식경제부장관이 된다.
④ 당연직위원은 관계 중앙행정기관의 차관급 공무원 중 대통령령으로 정하는 사람이 된다.
⑤ 위촉위원은 에너지 분야에 관한 학식과 경험이 풍부한 사람 중에서 지식경제부장관이 위촉하
   는 사람이 된다. 이 경우 위촉위원에는 대통령령으로 정하는 바에 따라 에너지 관련 시민단체

에서 추천한 사람이 5명 이상 포함되어야 한다.

⑥ 위촉위원의 임기는 2년으로 하고, 연임할 수 있다.

⑦ 위원회의 회의에 부칠 안건을 검토하거나 위원회가 위임한 안건을 조사·연구하기 위하여 분야별 전문위원회를 둘 수 있다.

⑧ 그 밖에 위원회 및 전문위원회의 구성·운영 등에 관하여 필요한 사항은 대통령령으로 정한다.
[전문개정 2010.6.8.]

제10조(위원회의 기능)

위원회는 다음 각 호의 사항을 심의한다.

1. 「저탄소 녹색성장 기본법」 제41조 제2항에 따른 에너지기본계획 수립·변경의 사전심의에 관한 사항

2. 비상계획에 관한 사항

3. 국내외 에너지개발에 관한 사항

4. 에너지와 관련된 교통 또는 물류에 관련된 계획에 관한 사항

5. 주요 에너지정책 및 에너지사업의 조정에 관한 사항

6. 에너지와 관련된 사회적 갈등의 예방 및 해소 방안에 관한 사항

7. 에너지 관련 예산의 효율적 사용 등에 관한 사항

8. 원자력 발전정책에 관한 사항

9. 「기후변화에 관한 국제연합 기본협약」에 대한 대책 중 에너지에 관한 사항

10. 다른 법률에서 위원회의 심의를 거치도록 한 사항

11. 그 밖에 에너지에 관련된 주요 정책사항에 관한 것으로서 위원장이 회의에 부치는 사항
[전문개정 2010.6.8.]

제11조(에너지기술개발계획)

① 정부는 에너지 관련 기술의 개발과 보급을 촉진하기 위하여 10년 이상을 계획기간으로 하는 에너지기술개발계획(이하 '에너지기술개발계획'이라 한다)을 5년마다 수립하고, 이에 따른 연차별 실행계획을 수립·시행하여야 한다.

② 에너지기술개발계획은 대통령령으로 정하는 바에 따라 관계 중앙행정기관의 장의 협의와 「과학기술기본법」 제9조에 따른 국가과학기술위원회의 심의를 거쳐서 수립된다. 이 경우 위원회의 심의를 거친 것으로 본다.

③ 에너지기술개발계획에는 다음 각 호의 사항이 포함되어야 한다.

1. 에너지의 효율적 사용을 위한 기술개발에 관한 사항

2. 신·재생에너지 등 환경친화적 에너지에 관련된 기술개발에 관한 사항

3. 에너지사용에 따른 환경오염을 줄이기 위한 기술개발에 관한 사항

4. 온실가스 배출을 줄이기 위한 기술개발에 관한 사항

5. 개발된 에너지기술의 실용화의 촉진에 관한 사항

6. 국제 에너지기술 협력의 촉진에 관한 사항

7. 에너지기술에 관련된 인력·정보·시설 등 기술개발자원의 확대 및 효율적 활용에 관한 사항

[전문개정 2010.6.8.]

제12조(에너지기술 개발)

① 관계 중앙행정기관의 장은 에너지기술 개발을 효율적으로 추진하기 위하여 대통령령으로 정하
   는 바에 따라 다음 각 호의 어느 하나에 해당하는 자에게 에너지기술 개발을 하게 할 수 있다.
   <개정 2011.3.9.>

1. 「공공기관의 운영에 관한 법률」 제4조에 따른 공공기관

2. 국·공립 연구기관

3. 「특정연구기관 육성법」의 적용을 받는 특정연구기관

4. 「산업기술혁신 촉진법」 제42조에 따른 전문생산기술연구소

5. 「부품·소재전문기업 등의 육성에 관한 특별조치법」에 따른 부품·소재기술개발전문기업

6. 「정부출연연구기관 등의 설립·운영 및 육성에 관한 법률」에 따른 정부출연연구기관

7. 「과학기술분야 정부출연연구기관 등의 설립·운영 및 육성에 관한 법률」에 따른 과학기술분야
   정부출연연구기관

8. 「국가과학기술 경쟁력강화를 위한 이공계지원특별법」에 따른 연구개발업을 전문으로 하는 기업

9. 「고등교육법」에 따른 대학, 산업대학, 전문대학

10. 「산업기술연구조합 육성법」에 따른 산업기술연구조합

11. 「기초연구진흥 및 기술개발지원에 관한 법률」 제14조 제1항 제2호에 따른 기업부설연구소

12. 그 밖에 대통령령으로 정하는 과학기술 분야 연구기관 또는 단체

② 관계 중앙행정기관의 장은 제1항에 따른 기술개발에 필요한 비용의 전부 또는 일부를 출연(出捐)
   할 수 있다.

[전문개정 2010.6.8.]

제13조(한국에너지기술평가원의 설립)

① 제12조 제1항에 따른 에너지기술 개발에 관한 사업(이하 '에너지기술개발사업'이라 한다)의
   기획·평가 및 관리 등을 효율적으로 지원하기 위하여 한국에너지기술평가원(이하 '평가원'이
   라 한다)을 설립한다.

② 평가원은 법인으로 한다.

③ 평가원은 그 주된 사무소의 소재지에서 설립등기를 함으로써 성립한다.

④ 평가원은 다음 각 호의 사업을 한다.

1. 에너지기술개발사업의 기획, 평가 및 관리

2. 에너지기술 분야 전문인력 양성사업의 지원

3. 에너지기술 분야의 국제협력 및 국제 공동연구사업의 지원

4. 그 밖에 에너지기술 개발과 관련하여 대통령령으로 정하는 사업

⑤ 정부는 평가원의 설립·운영에 필요한 경비를 예산의 범위에서 출연할 수 있다.

⑥ 중앙행정기관의 장 및 지방자치단체의 장은 제4항 각 호의 사업을 평가원으로 하여금 수행하게 하고 필요한 비용의 전부 또는 일부를 대통령령으로 정하는 바에 따라 출연할 수 있다.

⑦ 평가원은 제1항에 따른 목적 달성에 필요한 경비를 조달하기 위하여 대통령령으로 정하는 바에 따라 수익사업을 할 수 있다.

⑧ 평가원의 운영 및 감독 등에 필요한 사항은 대통령령으로 정한다.

⑨ 평가원의 임직원은 「형법」 제129조부터 제132조까지의 규정을 적용할 때에는 공무원으로 본다.

⑩ 평가원에 관하여 이 법에 규정되지 아니한 사항은 「민법」 중 재단법인에 관한 규정을 준용한다.
[전문개정 2010.6.8.]

제14조(에너지기술개발사업비)

① 관계 중앙행정기관의 장은 에너지기술개발사업을 종합적이고 효율적으로 추진하기 위하여 제11조 제1항에 따른 연차별 실행계획의 시행에 필요한 에너지기술개발사업비를 조성할 수 있다.

② 제1항에 따른 에너지기술개발사업비는 정부 또는 에너지 관련 사업자 등의 출연금, 융자금, 그 밖에 대통령령으로 정하는 재원(財源)으로 조성한다.

③ 관계 중앙행정기관의 장은 평가원으로 하여금 에너지기술개발사업비의 조성 및 관리에 관한 업무를 담당하게 할 수 있다.

④ 에너지기술개발사업비는 다음 각 호의 사업 지원을 위하여 사용하여야 한다.

1. 에너지기술의 연구·개발에 관한 사항

2. 에너지기술의 수요 조사에 관한 사항

3. 에너지사용기자재와 에너지공급설비 및 그 부품에 관한 기술개발에 관한 사항

4. 에너지기술 개발 성과의 보급 및 홍보에 관한 사항

5. 에너지기술에 관한 국제협력에 관한 사항

6. 에너지에 관한 연구인력 양성에 관한 사항

7. 에너지사용에 따른 대기오염을 줄이기 위한 기술개발에 관한 사항

8. 온실가스 배출을 줄이기 위한 기술개발에 관한 사항

9. 에너지기술에 관한 정보의 수집·분석 및 제공과 이와 관련된 학술활동에 관한 사항

10. 평가원의 에너지기술개발사업 관리에 관한 사항

⑤ 제1항부터 제4항까지의 규정에 따른 에너지기술개발사업비의 관리 및 사용에 필요한 사항은 대통령령으로 정한다.

[전문개정 2010.6.8.]

제15조(에너지기술 개발 투자 등의 권고)

관계 중앙행정기관의 장은 에너지기술 개발을 촉진하기 위하여 필요한 경우 에너지 관련 사업자에게 에너지기술 개발을 위한 사업에 투자하거나 출연할 것을 권고할 수 있다.

[전문개정 2010.6.8.]

제16조(에너지 및 에너지자원기술 전문인력의 양성)

① 지식경제부장관은 에너지 및 에너지자원기술 분야의 전문인력을 양성하기 위하여 필요한 사업을 할 수 있다.

② 지식경제부장관은 제1항에 따른 사업을 하기 위하여 자금지원 등 필요한 지원을 할 수 있다. 이 경우 지원의 대상 및 절차 등에 관하여 필요한 사항은 지식경제부령으로 정한다.

[전문개정 2010.6.8.]

제17조(행정 및 재정상의 조치)

국가와 지방자치단체는 이 법의 목적을 달성하기 위하여 학술연구·조사 및 기술개발 등에 필요한 행정적·재정적 조치를 할 수 있다.

[전문개정 2010.6.8.]

제18조(민간활동의 지원)

국가와 지방자치단체는 에너지에 관련된 공익적 활동을 촉진하기 위하여 민간부문에 대하여 필요한 자료를 제공하거나 재정적 지원을 할 수 있다.

제19조(에너지 관련 통계의 관리·공표)

① 지식경제부장관은 기본계획 및 에너지 관련 시책의 효과적인 수립·시행을 위하여 국내외 에너지 수급에 관한 통계를 작성·분석·관리하며, 관련 법령에 저촉되지 아니하는 범위에서 이를 공표할 수 있다. <개정 2010.6.8.>

② 지식경제부장관은 매년 에너지사용 및 산업 공정에서 발생하는 온실가스배출량 통계를 작성·분석하며, 그 결과를 공표할 수 있다. <개정 2010.6.8.>

③ 삭제 <2010.1.13.>

④ 지식경제부장관은 제1항과 제2항에 따른 통계를 작성할 때 필요하다고 인정하면 에너지 유관기관 또는 지식경제부령으로 정하는 에너지사용자에 대하여 자료의 제출을 요구할 수 있다. <개정 2010.6.8.>

⑤ 지식경제부장관은 필요하다고 인정하면 대통령령으로 정하는 바에 따라 에너지 총조사를 할 수 있다. <개정 2010.6.8.>

⑥ 지식경제부장관은 전문성을 갖춘 기관을 지정하여 제1항과 제2항에 따른 통계의 작성·분석·관리 및 제5항에 따른 에너지 총조사에 관한 업무의 전부 또는 일부를 수행하게 할 수 있다.

<개정 2010.6.8.>

제20조(국회 보고)
① 정부는 매년 주요 에너지정책의 집행 경과 및 결과를 국회에 보고하여야 한다.
② 제1항에 따른 보고에는 다음 각 호의 사항이 포함되어야 한다.
1. 국내외 에너지 수급의 추이와 전망에 관한 사항
2. 에너지·자원의 확보, 도입, 공급, 관리를 위한 대책의 추진 현황 및 계획에 관한 사항
3. 에너지 수요관리 추진 현황 및 계획에 관한 사항
4. 환경친화적인 에너지의 공급·사용 대책의 추진 현황 및 계획에 관한 사항
5. 온실가스 배출 현황과 온실가스 감축을 위한 대책의 추진 현황 및 계획에 관한 사항
6. 에너지정책의 국제협력 등에 관한 사항의 추진 현황 및 계획에 관한 사항
7. 그 밖에 주요 에너지정책의 추진에 관한 사항
③ 제1항에 따른 보고에 필요한 사항은 대통령령으로 정한다.
[전문개정 2010.6.8.]

부칙 〈제10911호, 2011.7.25.〉(원자력안전법)

제1조(시행일) 이 법은 공포 후 3개월이 경과한 날부터 시행한다.
제2조 및 제3조 생략
제4조(다른 법률의 개정) ①부터 ⑤까지 생략
⑥ 에너지법 일부를 다음과 같이 개정한다.
제5조 단서 중 '「원자력법」'을 '「원자력 진흥법」 및 「원자력안전법」'으로 한다.
⑦부터 <17>까지 생략
제5조 생략

□ 에너지법 시행령[시행 2011.9.30.] [대통령령 제23187호, 2011.9.30, 일부개정]

제1조(목적)
이 영은 「에너지법」에서 위임된 사항과 그 시행에 필요한 사항을 규정함을 목적으로 한다.
[전문개정 2011.9.30.]

제2조(에너지위원회의 구성)
① 「에너지법」(이하 '법'이라 한다) 제9조 제4항에서 '대통령령으로 정하는 사람'이란 다음 각 호
   의 중앙행정기관의 차관(복수차관이 있는 중앙행정기관의 경우는 그 기관의 장이 지명하는 차
   관을 말한다)을 말한다.

1. 기획재정부

2. 교육과학기술부

3. 외교통상부

4. 환경부

5. 국토해양부

② 법 제9조 제5항 후단에 따른 에너지 관련 시민단체는 「비영리민간단체 지원법」 제2조에 따른 비영리민간단체 중 다음 각 호의 어느 하나의 사업을 정관에 따라 주된 사업으로 수행하고 있는 단체로 한다.

1. 에너지 절약과 이용 효율화에 관한 사업

2. 에너지와 관련된 환경 개선에 관한 사업

3. 에너지와 관련된 환경친화적 시민운동에 관한 사업

4. 에너지와 관련된 법령과 제도의 연구·개선에 관한 사업

5. 에너지와 관련된 사회적 갈등 조정과 예방에 관한 사업

③ 지식경제부장관은 법 제9조 제5항 후단에 따라 에너지 관련 시민단체가 위촉위원을 추천할 수 있도록 추천기간 및 제출서류 등 추천에 필요한 사항을 정하여 7일 이상 공고하여야 한다.

④ 법 제9조 제1항에 따른 에너지위원회(이하 '위원회'라 한다)의 사무를 처리하기 위하여 간사 1명을 두며, 간사는 지식경제부 소속 고위공무원단에 속하는 공무원 중에서 지식경제부장관이 지명하는 사람이 된다.

⑤ 법 제9조 제6항에 따른 위촉위원이 궐위(闕位)된 경우 후임 위원의 임기는 전임 위원 임기의 남은 기간으로 한다.

[전문개정 2011.9.30.]

제3조(위원회의 운영 등)

① 위원회의 위원장(이하 '위원장'이라 한다)은 위원회를 대표하며, 위원회의 업무를 총괄한다.

② 위원장이 부득이한 사유로 직무를 수행할 수 없을 때에는 지식경제부 제2차관이 그 직무를 대행한다.

③ 위원장은 회의를 소집하려면 회의의 일시·장소 및 안건을 회의 개최 7일 전까지 각 위원에게 알려야 한다. 다만, 긴급한 사정이나 그 밖의 부득이한 사유가 있는 경우에는 그러하지 아니하다.

④ 위원회의 회의는 재적위원 과반수의 출석으로 개의(開議)하고, 출석위원 과반수의 찬성으로 의결한다. 다만, 회의에 부치는 안건의 내용이 경미하거나 회의를 소집할 시간적 여유가 없는 등의 경우에는 문서로 의결할 수 있되, 재적위원 과반수의 찬성으로 의결한다.

⑤ 위원장은 안건을 심의하기 위하여 필요하다고 인정하면 그 안건과 관련된 「공공기관의 운영에 관한 법률」 제4조에 따른 공공기관의 장 등 이해관계인 또는 관계 전문가를 위원회에 참석시켜 의견을 제시하게 할 수 있다.

⑥ 위원장은 위원회에 회의록을 작성하여 갖추어 두어야 한다.

⑦ 제1항부터 제6항까지에서 규정한 사항 외에 위원회의 운영에 필요한 사항은 위원회의 의결을
   거쳐 위원장이 정한다.
[전문개정 2011.9.30.]

제4조(전문위원회의 구성 및 운영)
① 법 제9조 제7항에 따른 분야별 전문위원회는 다음 각 호와 같다.
1. 에너지정책전문위원회
2. 에너지기술기반전문위원회
3. 자원개발전문위원회
4. 원자력발전전문위원회
5. 에너지산업전문위원회
② 에너지정책전문위원회는 20명 이내의 위원으로 구성하고, 다음 각 호의 사항과 관련하여 위원
   회의 회의에 부칠 안건이나 위원회가 위임한 안건을 조사·연구한다.
1. 에너지·자원 관련 중요 정책의 수립 및 추진에 관한 사항
2. 장애인·저소득층 등에 대한 최소한의 필수 에너지 공급 등 에너지복지정책에 관한 사항
3. 「저탄소 녹색성장 기본법」 제41조 제2항에 따른 에너지기본계획의 수립·변경 및 비상 시 에
   너지수급계획의 수립에 관한 사항
4. 에너지·자원 산업의 구조조정에 관한 사항
5. 에너지와 관련된 교통 및 물류에 관한 사항
6. 에너지·자원과 관련된 재원의 확보, 세제(稅制) 및 가격정책에 관한 사항
7. 에너지 관련 국제 및 남북 협력에 관한 사항
8. 에너지·자원 부문의 녹색성장 전략 및 추진계획에 관한 사항
9. 에너지·산업 부문의 기후변화 대응과 온실가스의 감축에 관한 기본계획의 수립에 관한 사항
10. 「기후변화에 관한 국제연합 기본협약」 관련 에너지·산업 분야 대응 및 국내 이행에 관한 사항
11. 에너지·산업 부문의 기후변화 및 온실가스 감축을 위한 국제협력 강화에 관한 사항
12. 온실가스 감축목표 달성을 위한 에너지·산업 등 부문별 할당 및 이행방안에 관한 사항
13. 에너지·자원 및 기후변화 대응 관련 갈등관리에 관한 사항
14. 그 밖에 에너지·자원 및 기후변화와 관련된 사항으로서 에너지정책전문위원회의 위원장이
    회의에 부치는 사항
③ 에너지기술기반전문위원회는 20명 이내의 위원으로 구성하고, 다음 각 호의 사항과 관련하여
   위원회의 회의에 부칠 안건이나 위원회가 위임한 안건을 조사·연구한다.
1. 에너지기술개발계획 및 신·재생에너지 등 환경친화적 에너지와 관련된 기술개발과 그 보급
   촉진에 관한 사항
2. 에너지의 효율적 이용을 위한 기술개발에 관한 사항
3. 에너지기술 및 신·재생에너지 관련 국제협력에 관한 사항

4. 신·재생에너지 및 에너지 분야 전문인력의 양성계획 수립에 관한 사항

5. 신·재생에너지 관련 갈등관리에 관한 사항

6. 그 밖에 에너지기술 및 신·재생에너지와 관련된 사항으로서 에너지기술기반전문위원회의 위원장이 회의에 부치는 사항

④ 자원개발전문위원회는 20명 이내의 위원으로 구성하고, 다음 각 호의 사항과 관련하여 위원회의 회의에 부칠 안건이나 위원회가 위임한 안건을 조사·연구한다.

1. 해외 자원 보유 국가와의 전략적 자원개발 촉진에 관한 사항

2. 국내외 자원개발 및 광물자원 수급안정·개발 관련 전략 수립 및 기본계획에 관한 사항

3. 국내외 자원개발 및 광물자원 수급안정·개발 관련 기술개발·인력양성 등 기반 구축에 관한 사항

4. 자원개발 및 광물자원 수급안정·개발 관련 기업 지원 시책 수립에 관한 사항

5. 자원개발 및 광물자원 수급안정·개발 관련 국제협력 지원 및 국내 이행에 관한 사항

6. 광물자원의 가격제도, 유통, 판매, 비축 및 소비 등에 관한 사항

7. 자원개발 및 광해(鑛害) 관련 갈등관리에 관한 사항

8. 남북 간 자원개발 및 광물자원 수급안정·개발 협력에 관한 사항

9. 그 밖에 자원개발 및 광물자원 수급안정·개발과 관련된 사항으로서 자원개발전문위원회의 위원장이 회의에 부치는 사항

⑤ 원자력발전전문위원회는 20명 이내의 위원으로 구성하고, 다음 각 호의 사항과 관련하여 위원회의 회의에 부칠 안건이나 위원회가 위임한 안건을 조사·연구한다.

1. 원전(原電) 및 방사성폐기물관리와 관련된 연구·조사와 인력양성 등에 관한 사항

2. 원전산업 육성시책의 수립 및 경쟁력 강화에 관한 사항

3. 원전 및 방사성폐기물관리에 대한 기본계획 수립에 관한 사항

4. 원전연료의 수급계획 수립에 관한 사항

5. 원전 및 방사성폐기물 관련 갈등관리에 관한 사항

6. 원전 플랜트·설비 및 기술의 수출 진흥, 국제협력 지원 및 국내 이행에 관한 사항

7. 그 밖에 원전 및 방사성폐기물과 관련된 사항으로서 원자력발전전문위원회의 위원장이 회의에 부치는 사항

⑥ 에너지산업전문위원회는 20명 이내의 위원으로 구성하고, 다음 각 호의 사항과 관련하여 위원회의 회의에 부칠 안건이나 위원회가 위임한 안건을 조사·연구한다.

1. 석유·가스·전력·석탄 산업 관련 경쟁력 강화 및 구조조정에 관한 사항

2. 석유·가스·전력·석탄 관련 기본계획에 관한 사항

3. 석유·가스·전력·석탄의 안정적 확보 및 위기 대응에 관한 사항

4. 석유·가스·전력·석탄의 가격제도, 유통, 판매, 비축 및 소비 등에 관한 사항

5. 석유·가스·전력·석탄 관련 안전관리에 관한 사항

6. 석유·가스·전력·석탄 관련 품질관리에 관한 사항

7. 석유·가스·전력·석탄 관련 갈등관리에 관한 사항

8. 석유·가스·전력·석탄 산업 관련 국제협력 지원 및 국내 이행에 관한 사항

9. 그 밖에 석유·가스·전력·석탄 산업과 관련된 사항으로서 에너지산업전문위원회의 위원장이 회의에 부치는 사항

⑦ 각 전문위원회의 위원장은 각 전문위원회의 위원 중에서 호선(互選)한다.

⑧ 각 전문위원회의 위원은 다음 각 호의 사람 중에서 지식경제부장관이 위촉하는 사람과 중앙행정기관의 고위공무원단에 속하는 공무원 또는 지방자치단체의 이에 상응하는 직급에 속하는 공무원 중에서 해당 기관의 장이 지명하는 사람으로 할 수 있다.

1. 전문위원회 소관 분야에 관한 전문지식과 경험이 풍부한 사람

2. 경제단체, 「민법」 제32조에 따라 설립된 비영리법인 중 에너지 관련 단체, 「소비자기본법」 제29조에 따라 등록한 소비자단체 또는 제2조 제2항에 따른 에너지 관련 시민단체의 장이 추천하는 관련 분야 전문가

⑨ 제8항에 따라 위촉된 위원의 임기는 2년으로 하며, 연임할 수 있다. 다만, 위촉위원이 궐위된 경우 후임 위원의 임기는 전임 위원 임기의 남은 기간으로 한다.

⑩ 각 전문위원회의 사무를 처리하기 위하여 간사위원 1명을 각각 두며, 간사위원은 고위공무원단에 속하는 지식경제부 소속 공무원 중 에너지에 관한 업무를 담당하는 사람으로서 지식경제부장관이 지명하는 사람으로 한다.

⑪ 제1항부터 제10항까지에서 규정한 사항 외에 전문위원회의 구성 및 운영에 필요한 사항은 위원회의 의결을 거쳐 위원장이 정한다.
[전문개정 2011.9.30.]

제5조(조사·연구의 의뢰)

① 위원회 또는 전문위원회는 안건의 심의와 그 밖의 업무 수행을 위하여 필요한 경우에는 국내외의 관계 기관이나 전문가에게 해당 사항에 대한 조사·연구를 의뢰할 수 있다.

② 제1항에 따라 조사·연구를 의뢰한 경우에는 예산의 범위에서 필요한 경비를 지급할 수 있다.
[전문개정 2011.9.30.]

제6조(여론의 수집)

위원회 또는 전문위원회는 업무수행을 위하여 필요한 경우에는 공청회·세미나, 설문조사 및 방송토론 등을 통하여 여론을 수집할 수 있다.
[전문개정 2011.9.30.]

제7조(수당 등)

위원회 또는 전문위위회에 출석한 위원(제3조 제4항 단서에 따라 문서로 의결한 위원을 포함한다) 및 이해관계인과 의견을 제출한 전문가에게는 예산의 범위에서 수당 및 여비와 그 밖에 필요한

경비를 지급할 수 있다. 다만, 공무원인 위원이 그 소관 업무와 직접적으로 관련되어 위원회 또는 전문위원회에 출석하는 경우에는 그러하지 아니하다.

[전문개정 2011.9.30.]

제8조(연차별 실행계획의 수립)

① 지식경제부장관은 법 제11조 제1항에 따른 에너지기술개발계획에 따라 관계 중앙행정기관의 장의 의견을 들어 연차별 실행계획을 수립·공고하여야 한다.

② 제1항에 따른 연차별 실행계획에는 다음 각 호의 사항이 포함되어야 한다.

1. 에너지기술 개발의 추진전략

2. 과제별 목표 및 필요 자금

3. 연차별 실행계획의 효과적인 시행을 위하여 지식경제부장관이 필요하다고 인정하는 사항

[전문개정 2011.9.30.]

제8조의2(에너지기술 개발의 실시기관)

법 제12조 제1항 제12호에서 '대통령령으로 정하는 과학기술 분야 연구기관 또는 단체'란 다음 각 호의 연구기관 또는 단체를 말한다.

1. 「민법」 또는 다른 법률에 따라 설립된 과학기술 분야 비영리법인

2. 그 밖에 연구인력 및 연구시설 등 지식경제부장관이 정하여 고시하는 기준에 해당하는 연구기관 또는 단체

[전문개정 2011.9.30.]

제9조(에너지기술개발사업 협약의 체결 등)

관계 중앙행정기관의 장은 법 제12조 제1항에 따른 에너지기술 개발에 관한 사업(이하 '에너지기술개발사업'이라 한다)을 실시하려는 경우에는 법 제12조 제1항 각 호의 자 중에서 해당 에너지기술개발사업을 주관할 기관(이하 '사업주관기관'이라 한다)의 장과 에너지기술개발사업에 대한 협약을 체결하여야 한다. 다만, 관계 중앙행정기관의 장이 에너지기술개발사업을 효율적으로 추진하기 위하여 필요하다고 인정하는 경우에는 법 제13조 제1항에 따른 한국에너지기술평가원(이하 '평가원'이라 한다)에 에너지기술개발사업에 대한 협약의 체결을 대행하게 할 수 있다.

[전문개정 2011.9.30.]

제10조(출연금의 지급 및 관리)

① 관계 중앙행정기관의 장이 사업주관기관에 법 제12조 제2항에 따라 출연금을 지급하는 경우에는 에너지기술개발사업의 추진상황 등을 고려하여 이를 한 번에 지급하거나 여러 차례에 걸쳐 지급할 수 있다.

② 제1항에 따라 출연금을 지급받은 사업주관기관은 그 출연금에 대하여 별도의 계정(計定)을

설정하여 관리하여야 한다.

③ 관계 중앙행정기관의 장은 사업주관기관이 정당한 사유 없이 제9조에 따른 에너지기술개발사업에 대한 협약에서 정한 용도 외의 용도로 출연금을 사용한 경우에는 그 출연금의 전부 또는 일부를 회수할 수 있다.

[전문개정 2011.9.30.]

제11조(평가원의 사업)

법 제13조 제4항 제4호에서 '대통령령으로 정하는 사업'이란 다음 각 호의 사업을 말한다.

1. 에너지기술개발사업의 중장기 기술 기획

2. 에너지기술의 수요조사, 동향분석 및 예측

3. 에너지기술에 관한 정보·자료의 수집, 분석, 보급 및 지도

4. 에너지기술에 관한 정책수립의 지원

5. 법 제14조 제1항에 따라 조성된 에너지기술개발사업비의 운용·관리(같은 조 제3항에 따라 관계 중앙행정기관의 장이 그 업무를 담당하게 하는 경우만 해당한다)

6. 에너지기술개발사업 결과의 실증연구 및 시범적용

7. 에너지기술에 관한 학술, 전시, 교육 및 훈련

8. 그 밖에 지식경제부장관이 에너지기술 개발과 관련하여 필요하다고 인정하는 사업

[전문개정 2011.9.30.]

제11조의 2(협약의 체결 및 출연금의 지급 등)

① 중앙행정기관의 장 및 지방자치단체의 장은 법 제13조 제6항에 따라 평가원에 같은 조 제4항 각 호의 사업을 수행하게 하려면 평가원과 다음 각 호의 사항이 포함된 협약을 체결하여야 한다.

1. 수행하는 사업의 범위, 방법 및 관리책임자

2. 사업수행 비용 및 그 비용의 지급시기와 지급방법

3. 사업수행 결과의 보고, 귀속 및 활용

4. 협약의 변경, 해지 및 위반에 관한 조치

5. 그 밖에 사업수행을 위하여 필요한 사항

② 중앙행정기관의 장 및 지방자치단체의 장은 평가원에 법 제13조 제6항에 따라 출연금을 지급하는 경우에는 여러 차례에 걸쳐 지급한다. 다만, 수행하는 사업의 규모나 시작 시기 등을 고려하여 필요하다고 인정하는 경우에는 한 번에 지급할 수 있다.

③ 제2항에 따라 출연금을 지급받은 평가원은 그 출연금에 대하여 별도의 계정을 설정하여 관리하여야 한다.

[전문개정 2011.9.30.]

제11조의 3(사업연도) 평가원의 사업연도는 정부의 회계연도에 따른다.
[본조신설 2009.4.21.]

제11조의 4(평가원의 수익사업)

평가원은 법 제13조 제7항에 따라 수익사업을 하려면 해당 사업연도가 시작하기 전까지 수익사업계획서를 지식경제부장관에게 제출하여야 하며, 해당 사업연도가 끝난 후 3개월 이내에 그 수익사업의 실적서 및 결산서를 지식경제부장관에게 제출하여야 한다.
[전문개정 2011.9.30.]

제11조의 5(사업계획서 등의 제출)

① 평가원은 지식경제부장관이 정하는 바에 따라 사업계획서와 예산서를 작성하여 매 사업연도가 시작하기 전까지 지식경제부장관의 승인을 받아야 한다. 승인받은 사업계획과 예산을 변경하는 경우에도 또한 같다.

② 지식경제부장관은 제1항에 따른 사업계획과 예산을 승인하려는 경우에는 평가원의 사업계획과 예산이 법 제13조 제4항 각 호의 사업을 효율적으로 추진하는 데에 필요한 것인지를 우선적으로 고려하여야 한다.

③ 평가원은 「공인회계사법」에 따른 회계법인 또는 공인회계사로부터 회계감사를 받은 매 사업연도의 세입·세출결산서에 다음 각 호의 서류를 첨부하여 다음 연도의 3월 31일까지 지식경제부장관에게 제출하여야 한다.

1. 해당 사업연도의 대차대조표 및 손익계산서

2. 해당 사업연도의 사업계획과 그 집행실적

3. 해당 감사를 한 회계법인 또는 공인회계사의 감사 의견서 및 평가원의 해당 사업연도 감사 의견서

4. 그 밖에 결산 내용을 확인할 수 있는 참고 서류
[전문개정 2011.9.30.]

제12조(에너지기술 개발 투자 등의 권고)

① 법 제15조에 따른 에너지 관련 사업자는 다음 각 호의 자 중에서 지식경제부장관이 정하는 자로 한다.

1. 법 제2조 제7호에 따른 에너지공급자

2. 법 제2조 제8호에 따른 에너지사용기자재의 제조업자

3. 「공공기관의 운영에 관한 법률」 제4조에 따른 공공기관 중 에너지와 관련된 공공기관

② 지식경제부장관은 법 제15조에 따라 에너지 관련 사업자에게 에너지기술 개발을 위한 사업에 투자하거나 출연할 것을 권고할 때에는 그 투자 또는 출연의 방법 및 규모 등을 구체적으로 밝혀 문서로 통보하여야 한다.

[전문개정 2011.9.30.]

제13조(에너지기술개발사업 운영규정)

관계중앙행정기관의 장은 에너지기술개발사업의 추진에 필요한 세부적인 운영규정을 정하여 고시할 수 있다.

제14조(민간활동의 지원 대상)

법 제18조에 따른 민간활동의 지원 대상은 제2조 제2항에 따른 에너지 관련 시민단체와 「민법」 제32조에 따라 설립된 비영리법인으로 한다.

[전문개정 2011.9.30.]

제15조(에너지 관련 통계 및 에너지 총조사)

① 법 제19조 제1항에 따라 에너지 수급에 관한 통계를 작성하는 경우에는 지식경제부령으로 정하는 에너지열량 환산기준을 적용하여야 한다.

③ 법 제19조 제5항에 따른 에너지 총조사는 3년마다 실시하되, 지식경제부장관이 필요하다고 인정할 때에는 간이조사를 실시할 수 있다.

[전문개정 2011.9.30.]

제16조(국회 보고)

① 지식경제부장관은 법 제20조에 따른 보고서를 해마다 작성하여 다음 연도 2월 말일까지 국회에 제출하여야 한다.

② 제1항에 따른 보고서는 분야별 전문위원회의 검토를 거쳐 작성되어야 한다.

[전문개정 2011.9.30.]

부칙 〈제23187호, 2011.9.30.〉

이 영은 공포한 날부터 시행한다.

에너지법 시행규칙
[시행 2011.12.30.] [지식경제부령 제233호, 2011.12.30, 일부개정]

제1조(목적)

이 규칙은 「에너지법」 및 같은 법 시행령에서 위임된 사항과 그 시행에 필요한 사항을 규정함을 목적으로 한다. [전문개정 2011.12.30.]

제2조(열사용기자재)

「에너지법」(이하 '법'이라 한다) 제2조 제9호에서 '지식경제부령으로 정하는 것'이란 「열사용기자재 관리규칙」 제2조에 따른 열사용기자재를 말한다. [전문개정 2011.12.30.]

제3조(전문인력 양성사업의 지원대상 등)
① 법 제16조 제2항에 따라 지식경제부장관이 필요한 지원을 할 수 있는 대상은 다음 각 호와 같다.
1. 국·공립 연구기관
2. 「특정연구기관 육성법」에 따른 특정연구기관
3. 「정부출연연구기관 등의 설립·운영 및 육성에 관한 법률」에 따른 정부출연연구기관
4. 「고등교육법」에 따른 대학(대학원을 포함한다)·산업대학(대학원을 포함한다) 또는 전문대학
5. 「과학기술분야 정부출연연구기관 등의 설립·운영 및 육성에 관한 법률」에 따른 과학기술분야 정부출
연연구기관
6. 그 밖에 에너지 및 에너지자원기술 분야의 전문인력을 양성하기 위하여 지식경제부장관이 필요하다고
인정하는 기관 또는 단체
② 제1항 각 호의 어느 하나에 해당하는 자 중에서 법 제16조 제2항에 따른 지원을 받으려는 자는 지원받
으려는 내용 등이 포함된 지원신청서를 지식경제부장관에게 제출하여야 한다.
③ 지식경제부장관은 제2항에 따른 지원신청서가 접수되었을 때에는 60일 이내에 지원 여부, 지원 범위
및 지원 우선순위 등을 심사·결정하여 지원신청자에게 알려야 한다.
④ 제2항과 제3항에 따른 신청자격 및 신청방법과 그 밖에 지원 절차에 관하여 필요한 세부사항은 지식
경제부장관이 정하여 고시한다. [전문개정 2011.12.30.]

제4조(에너지 통계자료의 제출대상 등)
① 법 제19조 제4항에 따라 지식경제부장관이 자료의 제출을 요구할 수 있는 에너지사용자는 다음 각 호
와 같다.
1. 중앙행정기관·지방자치단체 및 그 소속기관
2. 「공공기관 운영에 관한 법률」 제4조에 따른 공공기관
3. 「지방공기업법」에 따른 지방직영기업, 지방공사, 지방공단
4. 에너지공급자와 에너지공급자로 구성된 법인·단체
5. 「에너지이용 합리화법」 제31조 제1항에 따른 에너지다소비사업자
6. 자가소비를 목적으로 에너지를 수입하거나 전환하는 에너지사용자
② 제1항에 따른 에너지사용자가 자료의 제출을 요구받았을 때에는 특별한 사유가 없으면 그 요구를 받은
날부터 60일 이내에 지식경제부장관에게 그 자료를 제출하여야 한다.
③ 법 제19조 제1항 및 제2항에 따른 통계의 작성서식 및 자료의 제출기한과 그 밖에 통계작성에 필요한
세부사항은 지식경제부장관이 정하여 고시한다. [전문개정 2011.12.30.]

제5조(에너지열량환산기준)
① 영 제15조 제1항에 따른 에너지열량환산기준은 별표와 같다.
② 에너지열량환산기준은 5년마다 작성하되, 지식경제부장관이 필요하다고 인정하는 경우에는 수시로 작
성할 수 있다. [전문개정 2011.12.30.]

부칙 〈제233호, 2011.12.30.〉
이 규칙은 공포한 날부터 시행한다.

에너지법 시행규칙

[시행 2011.12.30.] [지식경제부령 제233호, 2011.12.30, 일부개정]

제5조(에너지열량환산기준)

① 영 제15조 제1항에 따른 에너지열량환산기준은 별표와 같다.

[별표] 〈개정 2011.12.30.〉

에너지열량 환산기준(제5조 제1항 관련)

구분	에너지원	단위	총발열량			순발열량		
			MJ	kcal	석유환산톤 (10^{-3}toe)	MJ	kcal	석유환산톤 (10^{-3}toe)
석유 (17종)	원유	kg	44.9	10,730	1.073	42.2	10,080	1.008
	휘발유	L	32.6	7,780	0.778	30.3	7,230	0.723
	등유	L	36.8	8,790	0.879	34.3	8,200	0.820
	경유	L	37.7	9,010	0.901	35.3	8,420	0.842
	B-A유	L	38.9	9,290	0.929	36.4	8,700	0.870
	B-B유	L	40.5	9,670	0.967	38.0	9,080	0.908
	B-C유	L	41.6	9,950	0.995	39.2	9,360	0.936
	프로판	kg	50.4	12,050	1.205	46.3	11,050	1.105
	부탄	kg	49.6	11,850	1.185	45.6	10,900	1.090
	나프타	L	32.3	7,710	0.771	30.0	7,160	0.716
	용제	L	33.3	7,950	0.795	31.0	7,410	0.741
	항공유	L	36.5	8,730	0.873	34.1	8,140	0.814
	아스팔트	kg	41.5	9,910	0.991	39.2	9,360	0.936
	윤활유	L	39.8	9,500	0.950	37.0	8,830	0.883
	석유코크스	kg	33.5	8,000	0.800	31.6	7,550	0.755
	부생연료유1호	L	36.9	8,800	0.880	34.3	8,200	0.820
	부생연료유2호	L	40.0	9,550	0.955	37.9	9,050	0.905
가스 (3종)	천연가스(LNG)	kg	54.6	13,040	1.304	49.3	11,780	1.178
	도시가스(LNG)	Nm³	43.6	10,430	1.043	39.4	9,420	0.942
	도시가스(LPG)	Nm³	62.8	15,000	1.500	57.7	13,780	1.378
석탄 (7종)	국내무연탄	kg	18.9	4,500	0.450	18.6	4,450	0.445
	연료용 수입무연탄	kg	21.0	5,020	0.502	20.6	4,920	0.492
	원료용 수입무연탄	kg	24.7	5,900	0.590	24.4	5,820	0.582
	연료용 유연탄(역청탄)	kg	25.8	6,160	0.616	24.7	5,890	0.589
	원료용 유연탄(역청탄)	kg	29.3	7,000	0.700	28.2	6,740	0.674
	아역청탄	kg	22.7	5,420	0.542	21.4	5,100	0.510
	코크스	kg	29.1	6,960	0.696	28.9	6,900	0.690
전기 등 (3종)	전기(발전기준)	kWh	8.8	2,110	0.211	8.8	2,110	0.211
	전기(소비기준)	kWh	9.6	2,300	0.230	9.6	2,300	0.230
	신탄	kg	18.8	4,500	0.450	−	−	−

비고
1. '총발열량'이란 연료의 연소과정에서 발생하는 수증기의 잠열을 포함한 발열량을 말한다.
2. '순발열량'이란 연료의 연소과정에서 발생하는 수증기의 잠열을 제외한 발열량을 말한다.
3. '석유환산톤'(TOE: Ton of Oil Equivalent)이란 원유 1톤이 갖는 열량으로 10^7kcal를 말한다.
4. 석탄의 발열량은 인수식을 기준으로 한다.
5. 최종에너지사용자가 사용하는 전기에너지를 열에너지로 환산할 경우에는 1kWh=860kcal를 적용한다.
6. 1cal=4.1868J, Nm³은 0℃ 1기압 상태의 단위체적(세세쑵비터)을 밀한다.
7. 에너지원별 발열량(MJ)은 소수점 아래 둘째 자리에서 반올림한 값이며, 발열량(kcal)은 발열량(MJ)으로부터 환산한 후 1의 자리에서 반올림한 값이다. 두 단위 간 상충될 경우 발열량(MJ)이 우선한다.

2. 에너지이용 합리화법/시행령/시행규칙

ㅁ 에너지이용 합리화법
[시행 2011.10.26.] [법률 제10954호, 2011.7.25, 일부개정]
ㅁ 에너지이용 합리화법 시행령
[시행 2011.10.26.] [대통령령 제23260호, 2011.10.26, 일부개정]
ㅁ 에너지이용 합리화법 시행규칙
[시행 2011.12.15.] [지식경제부령 제224호, 2011.12.15, 일부개정]

에너지이용 합리화법

[시행 2011.10.26.] [법률 제10954호, 2011.7.25, 일부개정]

제1장 총칙

제1조(목적)

이 법은 에너지의 수급(需給)을 안정시키고 에너지의 합리적이고 효율적인 이용을 증진하며 에너지소비로 인한 환경피해를 줄임으로써 국민경제의 건전한 발전 및 국민복지의 증진과 지구온난화의 최소화에 이바지함을 목적으로 한다.

제2조(정의)

이 법에서 사용하는 용어의 뜻은 「에너지법」 제2조 각 호에서 정하는 바에 따른다.
<개정 2010.1.13.>

제3조(정부와 에너지사용자·공급자 등의 책무)

① 정부는 에너지의 수급안정과 합리적이고 효율적인 이용을 도모하고 이를 통한 온실가스의 배출을 줄이기 위한 기본적이고 종합적인 시책을 강구하고 시행할 책무를 진다.

② 지방자치단체는 관할 지역의 특성을 고려하여 국가에너지정책의 효과적인 수행과 지역경제의 발전을 도모하기 위한 지역에너지시책을 강구하고 시행할 책무를 진다.

③ 에너지사용자와 에너지공급자는 국가나 지방자치단체의 에너지시책에 적극 참여하고 협력하여야 하며, 에너지의 생산·전환·수송·저장·이용 등에서 그 효율을 극대화하고 온실가스의 배출을 줄이도록 노력하여야 한다.

④ 에너지사용기자재와 에너지공급설비를 생산하는 제조업자는 그 기자재와 설비의 에너지 효율을 높이고 온실가스의 배출을 줄이기 위한 기술의 개발과 도입을 위하여 노력하여야 한다.

⑤ 모든 국민은 일상생활에서 에너지를 합리적으로 이용하여 온실가스의 배출을 줄이도록 노력하여야 한다.

제2장 에너지이용 합리화를 위한 계획 및 조치 등

제4조(에너지이용 합리화 기본계획)

① 지식경제부장관은 에너지를 합리적으로 이용하게 하기 위하여 에너지이용 합리화에 관한 기본
계획(이하 '기본계획'이라 한다)을 수립하여야 한다. <개정 2008.2.29.>

② 기본계획에는 다음 각 호의 사항이 포함되어야 한다. <개정 2008.2.29.>

1. 에너지절약형 경제구조로의 전환

2. 에너지이용 효율의 증대

3. 에너지이용 합리화를 위한 기술개발

4. 에너지이용 합리화를 위한 홍보 및 교육

5. 에너지원 간 대체(代替)

6. 열사용기자재의 안전관리

7. 에너지이용 합리화를 위한 가격예시제(價格豫示制)의 시행에 관한 사항

8. 에너지의 합리적인 이용을 통한 온실가스의 배출을 줄이기 위한 대책

9. 그 밖에 에너지이용 합리화를 추진하기 위하여 필요한 사항으로서 지식경제부령으로 정하는 사항

③ 지식경제부장관이 제1항에 따라 기본계획을 수립하려면 관계 행정기관의 장과 협의하여야 한다.
이 경우 지식경제부장관은 관계 행정기관의 장에게 필요한 자료를 제출하도록 요청할 수 있다.
<개정 2008.2.29.>

제5조(국가에너지절약추진위원회)

① 에너지절약 정책의 수립 및 추진에 관한 다음 각 호의 사항을 심의하기 위하여 지식경제부장
관 소속으로 국가에너지절약추진위원회(이하 '위원회'라 한다)를 둔다.

1. 제4조에 따른 기본계획 수립에 관한 사항

2. 제6조에 따른 에너지이용 합리화 실시계획의 종합·조정 및 추진상황 점검·평가에 관한 사항

3. 제8조에 따른 국가·지방자치단체·공공기관의 에너지이용 효율화조치 등에 관한 사항

4. 그 밖에 에너지절약 정책의 수립 및 추진과 관련하여 위원장이 심의에 부치는 사항

② 위원회는 위원장을 포함하여 25명 이내의 위원으로 구성한다.

③ 위원장은 지식경제부장관이 되며, 위원은 대통령령으로 정하는 당연직 위원과 에너지 분야의
학식과 경험이 풍부한 사람 중에서 지식경제부장관이 위촉하는 위촉위원으로 구성한다.

④ 제3항에 따른 위촉위원의 임기는 3년으로 한다.

⑤ 위원회는 제1항 제2호에 따른 평가업무의 효과적인 수행을 위하여 관계 연구기관 등에 그 업
무를 대행하도록 할 수 있다.

⑥ 그 밖에 위원회의 구성 및 운영과 제5항에 따른 평가업무 대행 등에 관하여 필요한 사항은 대
통령령으로 정한다.

[전문개정 2011.7.25.]

제6조(에너지이용 합리화 실시계획)

① 관계 행정기관의 장과 특별시장·광역시장·도지사 또는 특별자치도지사(이하 '시·도지사'라 한다)는 기본계획에 따라 에너지이용 합리화에 관한 실시계획을 수립하고 시행하여야 한다.

② 관계 행정기관의 장 및 시·도지사는 제1항에 따른 실시계획과 그 시행 결과를 지식경제부장관에게 제출하여야 한다. <개정 2008.2.29.>

제7조(수급안정을 위한 조치)

① 지식경제부장관은 국내외 에너지사정의 변동에 따른 에너지의 수급차질에 대비하기 위하여 대통령령으로 정하는 주요 에너지사용자와 에너지공급자에게 에너지저장시설을 보유하고 에너지를 저장하는 의무를 부과할 수 있다. <개정 2008.2.29.>

② 지식경제부장관은 국내외 에너지사정의 변동으로 에너지수급에 중대한 차질이 발생하거나 발생할 우려가 있다고 인정되면 에너지수급의 안정을 기하기 위하여 필요한 범위에서 에너지사용자·에너지공급자 또는 에너지사용기자재의 소유자와 관리자에게 다음 각 호의 사항에 관한 조정·명령, 그 밖에 필요한 조치를 할 수 있다. <개정 2008.2.29.>

1. 지역별·주요 수급자별 에너지 할당
2. 에너지공급설비의 가동 및 조업
3. 에너지의 비축과 저장
4. 에너지의 도입·수출입 및 위탁가공
5. 에너지공급자 상호 간의 에너지의 교환 또는 분배 사용
6. 에너지의 유통시설과 그 사용 및 유통경로
7. 에너지의 배급
8. 에너지의 양도·양수의 제한 또는 금지
9. 에너지사용의 시기·방법 및 에너지사용기자재의 사용 제한 또는 금지 등 대통령령으로 정하는 사항
10. 그 밖에 에너지수급을 안정시키기 위하여 대통령령으로 정하는 사항

③ 지식경제부장관은 제2항에 따른 조치를 시행하기 위하여 관계 행정기관의 장이나 지방자치단체의 장에게 필요한 협조를 요청할 수 있으며 관계 행정기관의 장이나 지방자치단체의 장은 이에 협조하여야 한다. <개정 2008.2.29.>

④ 지식경제부장관은 제2항에 따른 조치를 한 사유가 소멸되었다고 인정하면 지체 없이 이를 해제하여야 한다. <개정 2008.2.29.>

제8조(국가·지방자치단체 등의 에너지이용 효율화조치 등)

① 다음 각 호의 자는 이 법의 목적에 따라 에너지를 효율적으로 이용하고 온실가스 배출을 줄이기 위하여 필요한 조치를 추진하여야 한다.

1. 국가

2. 지방자치단체

3. 「공공기관의 운영에 관한 법률」 제4조 제1항에 따른 공공기관

② 제1항에 따라 국가·지방자치단체 등이 추진하여야 하는 에너지의 효율적 이용과 온실가스의 배출 저감을 위하여 필요한 조치의 구체적인 내용은 대통령령으로 정한다.

제9조(에너지공급자의 수요관리투자계획)

① 에너지공급자 중 대통령령으로 정하는 에너지공급자는 해당 에너지의 생산·전환·수송·저장 및 이용상의 효율 향상, 수요의 절감 및 온실가스 배출의 감축 등을 도모하기 위한 연차별 수요관리투자계획을 수립·시행하여야 하며, 그 계획과 시행 결과를 지식경제부장관에게 제출하여야 한다. 연차별 수요관리투자계획을 변경하는 경우에도 또한 같다. <개정 2008.2.29.>

② 지식경제부장관은 에너지수급상황의 변화, 에너지가격의 변동, 그 밖에 대통령령으로 정하는 사유가 생긴 경우에는 제1항에 따른 수요관리투자계획을 수정·보완하여 시행하게 할 수 있다. <개정 2008.2.29.>

③ 제1항에 따른 에너지공급자는 연차별 수요관리투자사업비 중 일부를 대통령령으로 정하는 수요관리전문기관에 출연할 수 있다.

④ 지식경제부장관은 제1항에 따른 에너지공급자의 수요관리투자를 촉진하기 위하여 수요관리투자로 인하여 에너지공급자에게 발생되는 비용과 손실을 최소화하는 방안을 수립·시행할 수 있다. <개정 2008.2.29.>

제10조(에너지사용계획의 협의)

① 도시개발사업이나 산업단지개발사업 등 대통령령으로 정하는 일정규모 이상의 에너지를 사용하는 사업을 실시하거나 시설을 설치하려는 자(이하 '사업주관자'라 한다)는 그 사업의 실시와 시설의 설치로 에너지수급에 미칠 영향과 에너지소비로 인한 온실가스(이산화탄소만을 말한다)의 배출에 미칠 영향을 분석하고, 소요에너지의 공급계획 및 에너지의 합리적 사용과 그 평가에 관한 계획(이하 '에너지사용계획'이라 한다)을 수립하여, 그 사업의 실시 또는 시설의 설치 전에 지식경제부장관에게 제출하여야 한다. <개정 2008.2.29.>

② 지식경제부장관은 제1항에 따라 제출한 에너지사용계획에 관하여 사업주관자 중 제8조 제1항 각 호에 해당하는 자(이하 '공공사업주관자'라 한다)와 협의하여야 하며, 공공사업주관자 외의 자(이하 '민간사업주관자'라 한다)로부터 의견을 들을 수 있다. <개정 2008.2.29.>

③ 사업주관자가 제1항에 따라 제출한 에너지사용계획 중 에너지 수요예측 및 공급계획 등 대통령령으로 정한 사항을 변경하려는 경우에도 제1항과 제2항으로 정하는 바에 따른다.

④ 사업주관자는 국공립연구기관, 정부출연연구기관 등 에너지사용계획을 수립할 능력이 있는 자로 하여금 에너지사용계획의 수립을 대행하게 할 수 있다.

⑤ 제1항부터 제4항까지의 규정에 따른 에너지사용계획의 내용, 협의 및 의견청취의 절차, 대행기관의 요건, 그 밖에 필요한 사항은 대통령령으로 정한다.

⑥ 지식경제부장관은 제4항에 따른 에너지사용계획의 수립을 대행하는 데에 필요한 비용의 산정 기준을 정하여 고시하여야 한다. <개정 2008.2.29.>

제11조(에너지사용계획의 검토 등)
① 지식경제부장관은 에너지사용계획을 검토한 결과, 그 내용이 에너지의 수급에 적절하지 아니하거나 에너지이용의 합리화와 이를 통한 온실가스(이산화탄소만을 말한다)의 배출감소 노력이 부족하다고 인정되면 대통령령으로 정하는 바에 따라 공공사업주관자에게는 에너지사용계획의 조정·보완을 요청할 수 있고, 민간사업주관자에게는 에너지사용계획의 조정·보완을 권고할 수 있다. 공공사업주관자가 조정·보완요청을 받은 경우에는 정당한 사유가 없으면 그 요청에 따라야 한다. <개정 2008.2.29.>
② 지식경제부장관은 에너지사용계획을 검토할 때 필요하다고 인정되면 사업주관자에게 관련 자료를 제출하도록 요청할 수 있다. <개정 2008.2.29.>
③ 제1항에 따른 에너지사용계획의 검토기준, 검토방법, 그 밖에 필요한 사항은 지식경제부령으로 정한다. <개정 2008.2.29.>

제12조(에너지사용계획의 사후관리)
① 지식경제부장관은 사업주관자가 에너지사용계획 또는 제11조 제1항에 따라 요청받거나 권고받은 조치를 이행하는지를 점검하거나 실태를 파악할 수 있다. <개정 2008.2.29.>
② 제1항에 따른 점검이나 실태파악의 방법과 그 밖에 필요한 사항은 대통령령으로 정한다.

제13조(에너지이용 합리화를 위한 홍보)
정부는 에너지이용 합리화를 위하여 정부의 에너지정책, 기본계획 및 에너지의 효율적 사용방법 등에 관한 홍보방안을 강구하여야 한다.

제14조(금융·세제상의 지원)
① 정부는 에너지이용을 합리화하고 이를 통하여 온실가스의 배출을 줄이기 위하여 대통령령으로 정하는 에너지절약형 시설투자, 에너지절약형 기자재의 제조·설치·시공, 그 밖에 에너지이용 합리화와 이를 통한 온실가스 배출의 감축에 관한 사업에 대하여 금융·세제상의 지원 또는 보조금의 지급, 그 밖에 필요한 지원을 할 수 있다.
② 정부는 제1항에 따른 지원을 하는 경우 「중소기업기본법」 제2조에 따른 중소기업에 대하여 우선하여 지원할 수 있다.

제1절 에너지사용기자재 관련 시책

제15조(효율관리기자재의 지정 등)

① 지식경제부장관은 에너지이용 합리화를 위하여 필요하다고 인정하는 경우에는 일반적으로 널리 보급되어 있고 상당량의 에너지를 소비하는 에너지사용기자재로서 지식경제부령으로 정하는 기자재(이하 '효율관리기자재'라 한다)에 대하여 다음 각 호의 사항을 정하여 고시하여야 한다. <개정 2008.2.29.>

1. 에너지의 목표소비효율 또는 목표사용량의 기준

2. 에너지의 최저소비효율 또는 최대사용량의 기준

3. 에너지의 소비효율 또는 사용량의 표시

4. 에너지의 소비효율 등급기준 및 등급표시

5. 에너지의 소비효율 또는 사용량의 측정방법

6. 그 밖에 효율관리기자재의 관리에 필요한 사항으로서 지식경제부령으로 정하는 사항

② 효율관리기자재의 제조업자 또는 수입업자는 지식경제부장관이 지정하는 시험기관(이하 '효율관리시험기관'이라 한다)에서 해당 효율관리기자재의 에너지사용량을 측정받아 에너지소비효율등급 또는 에너지소비효율을 해당 효율관리기자재에 표시하여야 한다. 다만, 지식경제부장관이 정하여 고시하는 시험설비 및 전문인력을 모두 갖춘 제조업자 또는 수입업자로서 지식경제부령으로 정하는 바에 따라 지식경제부장관의 승인을 받은 자는 자체측정으로 효율관리시험기관의 측정을 대체할 수 있다. <개정 2008.2.29.>

③ 효율관리기자재의 제조업자 또는 수입업자는 제2항에 따른 측정결과를 지식경제부령으로 정하는 바에 따라 지식경제부장관에게 신고하여야 한다. <개정 2008.2.29.>

④ 효율관리기자재의 제조업자·수입업자 또는 판매업자가 지식경제부령으로 정하는 광고매체를 이용하여 효율관리기자재의 광고를 하는 경우에는 그 광고내용에 제2항에 따른 에너지소비효율등급 또는 에너지소비효율을 포함하여야 한다. <개정 2008.2.29.>

⑤ 효율관리시험기관은 「국가표준기본법」 제23조에 따라 시험·검사기관으로 인정받은 기관으로서 다음 각 호의 어느 하나에 해당하는 기관이어야 한다. <개정 2008.2.29.>

1. 국가가 설립한 시험·연구기관

2. 「특정연구기관 육성법」 제2조에 따른 특정연구기관

3. 제1호 및 제2호의 연구기관과 동등 이상의 시험능력이 있다고 지식경제부장관이 인정하는 기관

제16조(효율관리기자재의 사후관리)

① 지식경제부장관은 효율관리기자재가 제15조 제1항 제1호·제3호 또는 제4호에 따라 고시한 내용에 적합하지 아니하면 그 효율관리기자재의 제조업자·수입업자 또는 판매업자에게 일정

한 기간을 정하여 그 시정을 명할 수 있다. <개정 2008.2.29.>

② 지식경제부장관은 효율관리기자재가 제15조 제1항 제2호에 따라 고시한 최저소비효율기준에 미달하거나 최대사용량기준을 초과하는 경우에는 해당 효율관리기자재의 제조업자·수입업자 또는 판매업자에게 그 생산이나 판매의 금지를 명할 수 있다. <개정 2008.2.29.>

③ 지식경제부장관은 효율관리기자재가 제15조 제1항 제1호부터 제4호까지의 규정에 따라 고시한 내용에 적합하지 아니한 경우에는 그 사실을 공표할 수 있다. <개정 2008.2.29.>

④ 지식경제부장관은 제1항부터 제3항까지의 규정에 따른 처분을 하기 위하여 필요한 경우에는 지식경제부령으로 정하는 바에 따라 시중에 유통되는 효율관리기자재가 제15조 제1항에 따라 고시된 내용에 적합한지를 조사할 수 있다. <신설 2009.1.30.>

제17조(평균에너지소비효율제도)

① 지식경제부장관은 각 효율관리기자재의 에너지소비효율 합계를 그 기자재의 총수로 나누어 산출한 평균에너지소비효율에 대하여 총량적인 에너지 효율의 개선이 특히 필요하다고 인정되는 기자재로서「자동차관리법」제3조 제1항에 따른 승용자동차 등 지식경제부령으로 정하는 기자재(이하 이 조에서 '평균효율관리기자재'라 한다)를 제조하거나 수입하여 판매하는 자가 지켜야 할 평균에너지소비효율을 관계 행정기관의 장과 협의하여 고시하여야 한다. <개정 2008.2.29.>

② 지식경제부장관은 제1항에 따라 고시한 평균에너지소비효율(이하 이 조에서 '기준평균에너지소비효율'이라 한다)에 미달하는 평균효율관리기자재를 제조하거나 수입하여 판매하는 자에게 일정한 기간을 정하여 평균에너지소비효율의 개선을 명할 수 있다. <개정 2008.2.29.>

③ 지식경제부장관은 제2항에 따른 개선명령을 이행하지 아니하는 자에 대해서는 그 내용을 공표할 수 있다. <개정 2008.2.29.>

④ 평균효율관리기자재를 제조하거나 수입하여 판매하는 자는 에너지소비효율 산정에 필요하다고 인정되는 판매에 관한 자료와 효율측정에 관한 자료를 지식경제부장관에게 제출하여야 한다. <개정 2008.2.29.>

⑤ 평균에너지소비효율의 산정방법, 개선기간, 개선명령의 이행절차 및 공표방법 등 필요한 사항은 지식경제부령으로 정한다. <개정 2008.2.29.>

제18조(대기전력저감대상제품의 지정)

지식경제부장관은 외부의 전원과 연결만 되어 있고, 주 기능을 수행하지 아니하거나 외부로부터 켜짐 신호를 기다리는 상태에서 소비되는 전력(이하 '대기전력'이라 한다)의 저감(低減)이 필요하다고 인정되는 에너지사용기자재로서 지식경제부령으로 정하는 제품(이하 '대기전력저감대상제품'이라 한다)에 대하여 다음 각 호의 사항을 정하여 고시하여야 한다. <개정 2008.2.29, 2009.1.30.>

1. 대기전력저감대상제품의 각 제품별 적용범위

2. 대기전력저감기준

3. 대기전력의 측정방법

4. 대기전력 저감성이 우수한 대기전력저감대상제품(이하 '대기전력저감우수제품'이라 한다)의
   표시

5. 그 밖에 대기전력저감대상제품의 관리에 필요한 사항으로서 지식경제부령으로 정하는 사항

제19조(대기전력경고표지대상제품의 지정 등)

① 지식경제부장관은 대기전력저감대상제품 중 대기전력 저감을 통한 에너지이용의 효율을 높이
   기 위하여 제18조 제2호의 대기전력저감기준에 적합할 것이 특히 요구되는 제품으로서 지식
   경제부령으로 정하는 제품(이하 '대기전력경고표지대상제품'이라 한다)에 대하여 다음 각 호
   의 사항을 정하여 고시하여야 한다. <개정 2008.2.29.>

1. 대기전력경고표지대상제품의 각 제품별 적용범위

2. 대기전력경고표지대상제품의 경고 표시

3. 그 밖에 대기전력경고표지대상제품의 관리에 필요한 사항으로서 지식경제부령으로 정하는 사항

② 대기전력경고표지대상제품의 제조업자 또는 수입업자는 대기전력경고표지대상제품에 대하여
   지식경제부장관이 지정하는 시험기관(이하 '대기전력시험기관'이라 한다)의 측정을 받아야 한
   다. 다만, 지식경제부장관이 정하여 고시하는 시험설비 및 전문인력을 모두 갖춘 제조업자 또
   는 수입업자로서 지식경제부령으로 정하는 바에 따라 지식경제부장관의 승인을 받은 자는 자
   체측정으로 대기전력시험기관의 측정을 대체할 수 있다. <개정 2008.2.29.>

③ 대기전력경고표지대상제품의 제조업자 또는 수입업자는 제2항에 따른 측정결과를 지식경제부
   령으로 정하는 바에 따라 지식경제부장관에게 신고하여야 한다. <개정 2008.2.29.>

④ 대기전력경고표지대상제품의 제조업자 또는 수입업자는 제2항에 따른 측정결과, 해당 제품이
   제18조 제2호의 대기전력저감기준에 미달하는 경우에는 그 제품에 대기전력경고표지를 하여
   야 한다.

⑤ 제2항의 대기전력시험기관으로 지정받으려는 자는 다음 각 호의 요건을 모두 갖추어 지식경제부
   령으로 정하는 바에 따라 지식경제부장관에게 지정 신청을 하여야 한다. <개정 2008.2.29.>

1. 다음 각 목의 어느 하나에 해당할 것

가. 국가가 설립한 시험·연구기관

나. 「특정연구기관 육성법」 제2조에 따른 특정연구기관

다. 「국가표준기본법」 제23조에 따라 시험·검사기관으로 인정받은 기관

라. 가목 및 나목의 연구기관과 동등 이상의 시험능력이 있다고 지식경제부장관이 인정하는 기관

2. 지식경제부장관이 대기전력저감대상제품별로 정하여 고시하는 시험설비 및 전문인력을 갖출 것

제20조(대기전력저감우수제품의 표시 등)

① 대기전력저감대상제품의 제조업자 또는 수입업자가 해당 제품에 대기전력저감우수제품의 표
   시를 하려면 대기전력시험기관의 측정을 받아 해당 제품이 제18조 제2호의 대기전력저감기준

에 적합하다는 판정을 받아야 한다. 다만, 제19조 제2항 단서에 따라 지식경제부장관의 승인을 받은 자는 자체측정으로 대기전력시험기관의 측정을 대체할 수 있다. <개정 2008.2.29.>

② 제1항에 따른 적합 판정을 받아 대기전력저감우수제품의 표시를 하는 제조업자 또는 수입업자는 제1항에 따른 측정결과를 지식경제부령으로 정하는 바에 따라 지식경제부장관에게 신고하여야 한다. <개정 2008.2.29.>

③ 지식경제부장관은 대기전력저감우수제품의 보급을 촉진하기 위하여 필요하다고 인정되는 경우에는 제8조 제1항 각 호에 따른 자에 대하여 대기전력저감우수제품을 우선적으로 구매하게 하거나, 공장·사업장 및 집단주택단지 등에 대하여 대기전력저감우수제품의 설치 또는 사용을 장려할 수 있다. <개정 2008.2.29.>

제21조(대기전력저감대상제품의 사후관리)

① 지식경제부장관은 대기전력저감우수제품이 제18조 제2호의 대기전력저감기준에 미달하는 경우 지식경제부령으로 정하는 바에 따라 대기전력저감대상제품의 제조업자 또는 수입업자에게 일정한 기간을 정하여 그 시정을 명할 수 있다. <개정 2008.2.29.>

② 지식경제부장관은 대기전력저감대상제품의 제조업자 또는 수입업자가 제1항에 따른 시정명령을 이행하지 아니하는 경우에는 그 사실을 공표할 수 있다. <개정 2008.2.29.>

제22조(고효율에너지기자재의 인증 등)

① 지식경제부장관은 에너지이용의 효율성이 높아 보급을 촉진할 필요가 있는 에너지사용기자재로서 지식경제부령으로 정하는 기자재(이하 '고효율에너지인증대상기자재'라 한다)에 대하여 다음 각 호의 사항을 정하여 고시하여야 한다. <개정 2008.2.29.>

1. 고효율에너지인증대상기자재의 각 기자재별 적용범위

2. 고효율에너지인증대상기자재의 인증 기준·방법 및 절차

3. 고효율에너지인증대상기자재의 성능 측정방법

4. 에너지이용의 효율성이 우수한 고효율에너지인증대상기자재(이하 '고효율에너지기자재'라 한다)의 인증 표시

5. 그 밖에 고효율에너지인증대상기자재의 관리에 필요한 사항으로서 지식경제부령으로 정하는 사항

② 고효율에너지인증대상기자재의 제조업자 또는 수입업자가 해당 기자재에 고효율에너지기자재의 인증 표시를 하려면 해당 에너지사용기자재가 제1항 제2호에 따른 인증기준에 적합한지에 대하여 지식경제부장관이 지정하는 시험기관(이하 '고효율시험기관'이라 한다)의 측정을 받아 지식경제부장관으로부터 인증을 받아야 한다. <개정 2008.2.29.>

③ 제2항에 따라 고효율에너지기자재의 인증을 받으려는 자는 지식경제부령으로 정하는 바에 따라 지식경제부장관에게 인증을 신청하여야 한다. <개정 2008.2.29.>

④ 지식경제부장관은 제3항에 따라 신청된 고효율에너지인증대상기자재가 제1항 제2호에 따른

인증기준에 적합한 경우에는 인증을 하여야 한다. <개정 2008.2.29.>

⑤ 제4항에 따라 인증을 받은 자가 아닌 자는 해당 고효율에너지인증대상기자재에 고효율에너지기자재의 인증 표시를 할 수 없다.

⑥ 지식경제부장관은 고효율에너지기자재의 보급을 촉진하기 위하여 필요하다고 인정하는 경우에는 제8조 제1항 각 호에 따른 자에 대하여 고효율에너지기자재를 우선적으로 구매하게 하거나, 공장·사업장 및 집단주택단지 등에 대하여 고효율에너지기자재의 설치 또는 사용을 장려할 수 있다. <개정 2008.2.29.>

⑦ 제2항의 고효율시험기관으로 지정받으려는 자는 다음 각 호의 요건을 모두 갖추어 지식경제부령으로 정하는 바에 따라 지식경제부장관에게 지정 신청을 하여야 한다. <개정 2008.2.29.>

1. 다음 각 목의 어느 하나에 해당할 것

가. 국가가 설립한 시험·연구기관

나. 「특정연구기관육성법」 제2조에 따른 특정연구기관

다. 「국가표준기본법」 제23조에 따라 시험·검사기관으로 인정받은 기관

라. 가목 및 나목의 연구기관과 동등 이상의 시험능력이 있다고 지식경제부장관이 인정하는 기관

2. 지식경제부장관이 고효율에너지인증대상기자재별로 정하여 고시하는 시험설비 및 전문인력을 갖출 것

제23조(고효율에너지기자재의 사후관리)

① 지식경제부장관은 고효율에너지기자재가 제1호에 해당하는 경우에는 인증을 취소하여야 하고, 제2호에 해당하는 경우에는 인증을 취소하거나 6개월 이내의 기간을 정하여 인증을 사용하지 못하도록 명할 수 있다. <개정 2008.2.29.>

1. 거짓이나 그 밖의 부정한 방법으로 인증을 받은 경우

2. 고효율에너지기자재가 제22조 제1항 제2호에 따른 인증기준에 미달하는 경우

② 지식경제부장관은 제1항에 따라 인증이 취소된 고효율에너지기자재에 대하여 그 인증이 취소된 날부터 1년의 범위에서 지식경제부령으로 정하는 기간 동안 인증을 하지 아니할 수 있다. <개정 2008.2.29.>

제24조(시험기관의 지정취소 등)

① 지식경제부장관은 효율관리시험기관, 대기전력시험기관 및 고효율시험기관이 다음 각 호의 어느 하나에 해당하는 경우에는 그 지정을 취소하거나 6개월 이내의 기간을 정하여 시험업무의 정지를 명할 수 있다. 다만, 제1호 또는 제2호에 해당하면 그 지정을 취소하여야 한다. <개정 2008.2.29.>

1. 거짓이나 그 밖의 부정한 방법으로 지정을 받은 경우

2. 업무정지 기간 중에 시험업무를 행한 경우

3. 정당한 사유 없이 시험을 거부하거나 지연하는 경우

4. 지식경제부장관이 정하여 고시하는 측정방법을 위반하여 시험한 경우

5. 제15조 제5항, 제19조 제5항 또는 제22조 제7항에 따른 시험기관의 지정기준에 적합하지 아니하게 된 경우

② 지식경제부장관은 제15조 제2항 단서, 제19조 제2항 단서에 따라 자체측정의 승인을 받은 자가 제1호 또는 제2호에 해당하면 그 승인을 취소하여야 하고, 제3호 또는 제4호에 해당하면 그 승인을 취소하거나 6개월 이내의 기간을 정하여 자체측정업무의 정지를 명할 수 있다. <개정 2008.2.29.>

1. 거짓이나 그 밖의 부정한 방법으로 승인을 받은 경우

2. 업무정지 기간 중에 자체측정업무를 행한 경우

3. 지식경제부장관이 정하여 고시하는 측정방법을 위반하여 측정한 경우

4. 지식경제부장관이 정하여 고시하는 시험설비 및 전문인력 기준에 적합하지 아니하게 된 경우

제2절 산업 및 건물 관련 시책

제25조(에너지절약전문기업의 지원)

① 정부는 제3자로부터 위탁을 받아 다음 각 호의 어느 하나에 해당하는 사업을 하는 자로서 지식경제부장관에게 등록을 한 자(이하 '에너지절약전문기업'이라 한다)가 에너지절약사업과 이를 통한 온실가스의 배출을 줄이는 사업을 하는 데에 필요한 지원을 할 수 있다. <개정 2008.2.29.>

1. 에너지사용시설의 에너지절약을 위한 관리·용역사업

2. 제14조 제1항에 따른 에너지절약형 시설투자에 관한 사업

3. 그 밖에 대통령령으로 정하는 에너지절약을 위한 사업

② 에너지절약전문기업으로 등록하려는 자는 대통령령으로 정하는 바에 따라 장비, 자산 및 기술인력 등의 등록기준을 갖추어 지식경제부장관에게 등록을 신청하여야 한다. <개정 2008.2.29.>

제26조(에너지절약전문기업의 등록취소 등)

지식경제부장관은 에너지절약전문기업이 다음 각 호의 어느 하나에 해당하면 그 등록을 취소하거나 이 법에 따른 지원을 중단할 수 있다. 다만, 제1호에 해당하는 경우에는 그 등록을 취소하여야 한다. <개정 2008.2.29.>

1. 거짓이나 그 밖의 부정한 방법으로 제25조 제1항에 따른 등록을 한 경우

2. 거짓이나 그 밖의 부정한 방법으로 제14조 제1항에 따른 지원을 받거나 지원받은 자금을 다른 용도로 사용한 경우

3. 에너지절약전문기업으로 등록한 업체가 그 등록의 취소를 신청한 경우

4. 타인에게 자기의 성명이나 상호를 사용하여 제25조 제1항 각 호의 어느 하나에 해당하는 사업을 수행하게 하거나 지식경제부장관이 에너지절약전문기업에 내준 등록증을 대여한 경우

5. 제25조 제2항에 따른 등록기준에 미달하게 된 경우

6. 제66조 제1항에 따른 보고를 하지 아니하거나 거짓으로 보고한 경우 또는 같은 항에 따른 검사를 거부·방해 또는 기피한 경우

7. 정당한 사유 없이 등록한 후 3년 이내에 사업을 시작하지 아니하거나 3년 이상 계속하여 사업수행실적이 없는 경우

제27조(에너지절약전문기업의 등록제한)

제26조에 따라 등록이 취소된 에너지절약전문기업은 등록취소일부터 2년이 지나지 아니하면 제25조 제2항에 따른 등록을 할 수 없다.

제27조의 2(에너지절약전문기업의 공제조합 가입 등)

① 에너지절약전문기업은 에너지절약사업과 이를 통한 온실가스의 배출을 줄이는 사업을 원활히 수행하기 위하여 「엔지니어링산업 진흥법」 제34조에 따른 공제조합의 조합원으로 가입할 수 있다.

② 제1항에 따른 공제조합은 다음 각 호의 사업을 실시할 수 있다.

1. 에너지절약사업에 따른 의무이행에 필요한 이행보증

2. 에너지절약사업을 위한 채무 보증 및 융자

3. 에너지절약사업 수출을 위한 주거래은행 설정에 관한 보증

4. 에너지절약사업으로 인한 매출채권의 팩토링

5. 에너지절약사업의 대가로 받은 어음의 할인

6. 조합원 및 조합원에 고용된 자의 복지 향상을 위한 공제사업

7. 조합원 출자금의 효율적 운영을 위한 투자사업

③ 제2항 제6호의 공제사업을 위한 공제규정, 공제규정으로 정할 내용 등에 관한 사항은 대통령령으로 정한다.

[본조신설 2011.7.25.]

제28조(자발적 협약체결기업의 지원 등)

① 정부는 에너지사용자 또는 에너지공급자로서 에너지의 절약과 합리적인 이용을 통한 온실가스의 배출을 줄이기 위한 목표와 그 이행방법 등에 관한 계획을 자발적으로 수립하여 이를 이행하기로 정부나 지방자치단체와 약속(이하 '자발적 협약'이라 한다)한 자가 에너지절약형 시설이나 그 밖에 대통령령으로 정하는 시설 등에 투자하는 경우에는 그에 필요한 지원을 할 수 있다.

② 자발적 협약의 목표, 이행방법의 기준과 평가에 관하여 필요한 사항은 환경부장관과 협의하여 지식경제부령으로 정한다. <개정 2008.2.29.>

제28조의 2(에너지경영시스템의 지원)

① 지식경제부장관은 에너지사용자 또는 에너지공급자로서 에너지 효율 향상을 위하여 전사적

（全社的）에너지경영시스템을 도입하는 자에게 필요한 지원을 할 수 있다.

② 제1항에 따른 에너지경영시스템의 내용, 지원 기준·방법 등에 관하여 필요한 사항은 지식경제부령으로 정한다.

[본조신설 2011.7.25.]

제29조(온실가스 배출 감축실적의 등록·관리)

① 정부는 에너지절약전문기업, 자발적 협약체결기업 등이 에너지이용 합리화를 통한 온실가스 배출 감축실적의 등록을 신청하는 경우 그 감축실적을 등록·관리하여야 한다.

② 제1항에 따른 신청, 등록·관리 등에 관하여 필요한 사항은 대통령령으로 정한다.

제30조(온실가스의 배출을 줄이기 위한 교육훈련 및 인력양성 등)

① 정부는 온실가스의 배출을 줄이기 위하여 필요하다고 인정하면 산업계종사자 등 온실가스 배출 감축 관련 업무담당자에 대하여 교육훈련을 실시할 수 있다.

② 정부는 온실가스 배출을 줄이는 데에 필요한 전문인력을 양성하기 위하여 「고등교육법」 제29조에 따른 대학원 및 같은 법 제30조에 따른 대학원대학 중에서 대통령령으로 정하는 기준에 해당하는 대학원이나 대학원대학을 기후변화협약특성화대학원으로 지정할 수 있다.

③ 정부는 제2항에 따라 지정된 기후변화협약특성화대학원의 운영에 필요한 지원을 할 수 있다.

④ 제1항에 따른 교육훈련대상자와 교육훈련 내용, 제2항에 따른 기후변화협약특성화대학원 지정절차 및 제3항에 따른 지원내용 등에 필요한 사항은 대통령령으로 정한다.

제31조(에너지다소비사업자의 신고 등)

① 에너지사용량이 대통령령으로 정하는 기준량 이상인 자(이하 '에너지다소비사업자'라 한다)는 다음 각 호의 사항을 지식경제부령으로 정하는 바에 따라 매년 1월 31일까지 그 에너지사용시설이 있는 지역을 관할하는 시·도지사에게 신고하여야 한다. <개정 2008.2.29.>

1. 전년도의 에너지사용량·제품생산량
2. 해당 연도의 에너지사용예정량·제품생산예정량
3. 에너지사용기자재의 현황
4. 전년도의 에너지이용 합리화 실적 및 해당 연도의 계획
5. 제1호부터 제4호까지의 사항에 관한 업무를 담당하는 자(이하 '에너지관리자'라 한다)의 현황

② 시·도지사는 제1항에 따른 신고를 받으면 이를 매년 2월 말일까지 지식경제부장관에게 보고하여야 한다. <개정 2008.2.29.>

제32조(에너지진단 등)

① 지식경제부장관은 관계 행정기관의 장과 협의하여 에너지다소비사업자가 에너지를 효율적으로 관리하기 위하여 필요한 기준(이하 '에너지관리기준'이라 한다)을 부문별로 정하여 고시하

여야 한다. <개정 2008.2.29.>

② 에너지다소비사업자는 지식경제부장관이 지정하는 에너지진단전문기관(이하 '진단기관'이라 한다)으로부터 3년 이상의 범위에서 대통령령으로 정하는 기간마다 그 사업장의 에너지의 효율적 사용 여부에 대한 진단(이하 '에너지진단'이라 한다)을 받아야 한다. 다만, 물리적 또는 기술적으로 에너지진단을 실시할 수 없거나 에너지진단의 효과가 적은 아파트·발전소 등 지식경제부령으로 정하는 범위에 해당하는 사업장은 그러하지 아니하다. <개정 2008.2.29.>

③ 지식경제부장관은 대통령령으로 정하는 바에 따라 에너지진단업무에 관한 자료제출을 요구하는 등 진단기관을 관리·감독한다. <개정 2008.2.29.>

④ 지식경제부장관은 자체에너지절감실적이 우수하다고 인정되는 에너지다소비사업자에 대해서는 지식경제부령으로 정하는 바에 따라 에너지진단을 면제하거나 에너지진단주기를 연장할 수 있다. <개정 2008.2.29.>

⑤ 지식경제부장관은 에너지진단 결과 에너지다소비사업자가 에너지관리기준을 지키고 있지 아니한 경우에는 에너지관리기준의 이행을 위한 지도(이하 '에너지관리지도'라 한다)를 할 수 있다. <개정 2008.2.29.>

⑥ 지식경제부장관은 에너지다소비사업자가 에너지진단을 받기 위하여 드는 비용의 전부 또는 일부를 지원할 수 있다. 이 경우 지원 대상·규모 및 절차는 대통령령으로 정한다. <개정 2008.2.29.>

⑦ 진단기관의 지정기준은 대통령령으로 정하고, 진단기관의 지정절차와 그 밖에 필요한 사항은 지식경제부령으로 정한다. <개정 2008.2.29.>

⑧ 에너지진단의 범위와 방법, 그 밖에 필요한 사항은 지식경제부장관이 정하여 고시한다. <개정 2008.2.29.>

제33조(진단기관의 지정취소 등)

지식경제부장관은 진단기관의 지정을 받은 자가 다음 각 호의 어느 하나에 해당하면 그 지정을 취소하거나 2년 이내의 기간을 정하여 그 업무의 정지를 명할 수 있다. 다만, 제1호에 해당하는 경우에는 그 지정을 취소하여야 한다. <개정 2008.2.29.>

1. 거짓이나 그 밖의 부정한 방법으로 지정을 받은 경우
2. 에너지관리기준에 비추어 현저히 부적절하게 에너지진단을 하는 경우
3. 제32조 제7항에 따른 지정기준에 적합하지 아니하게 된 경우
4. 제66조 제1항에 따른 보고를 하지 아니하거나 거짓으로 보고한 경우 또는 같은 항에 따른 검사를 거부·방해 또는 기피한 경우

제34조(개선명령)

① 지식경제부장관은 에너지관리지도 결과, 에너지가 손실되는 요인을 줄이기 위하여 필요하다고 인정하면 에너지다소비사업자에게 에너지손실요인의 개선을 명할 수 있다. <개정 2008.2.29.>

② 제1항에 따른 개선명령의 요건 및 절차는 대통령령으로 정한다.

제35조(목표에너지원단위의 설정 등)
① 지식경제부장관은 에너지의 이용 효율을 높이기 위하여 필요하다고 인정하면 관계 행정기관의
   장과 협의하여 에너지를 사용하여 만드는 제품의 단위당 에너지사용목표량 또는 건축물의 단
   위면적당 에너지사용목표량(이하 '목표에너지원단위'라 한다)을 정하여 고시하여야 한다.
   <개정 2008.2.29.>
② 지식경제부장관은 지식경제부령으로 정하는 바에 따라 목표에너지원단위의 달성에 필요한 자
   금을 융자할 수 있다. <개정 2008.2.29.>

제36조(폐열의 이용)
① 에너지사용자는 사업장 안에서 발생하는 폐열을 이용하기 위하여 노력하여야 하며, 사업장 안
   에서 이용하지 아니하는 폐열을 타인이 사업장 밖에서 이용하기 위하여 공급받으려는 경우에
   는 이에 적극 협조하여야 한다.
② 지식경제부장관은 폐열의 이용을 촉진하기 위하여 필요하다고 인정하면 폐열을 발생시키는 에
   너지사용자에게 폐열의 공동이용 또는 타인에 대한 공급 등을 권고할 수 있다. 다만, 폐열의
   공동이용 또는 타인에 대한 공급 등에 관하여 당사자 간에 협의가 이루어지지 아니하거나 협
   의를 할 수 없는 경우에는 조정을 할 수 있다. <개정 2008.2.29.>
③ 「집단에너지사업법」에 따른 사업자는 같은 법 제5조에 따라 집단에너지공급대상지역으로 지정
   된 지역에 소각시설이나 산업시설에서 발생되는 폐열을 활용하기 위하여 적극 노력하여야 한다.

제36조의 2(냉난방온도제한건물의 지정 등)
① 지식경제부장관은 에너지의 절약 및 합리적인 이용을 위하여 필요하다고 인정하면 냉난방온도
   의 제한온도 및 제한기간을 정하여 다음 각 호의 건물 중에서 냉난방온도를 제한하는 건물을
   지정할 수 있다.
1. 제8조 제1항 각 호에 해당하는 자가 업무용으로 사용하는 건물
2. 에너지다소비사업자의 에너지사용시설 중 에너지사용량이 대통령령으로 정하는 기준량 이상인
   건물
② 지식경제부장관은 제1항에 따라 냉난방온도의 제한온도 및 제한기간을 정하여 냉난방온도를
   제한하는 건물을 지정한 때에는 다음 각 호의 구분에 따라 통지하고 이를 고시하여야 한다.
1. 제1항 제1호의 건물: 관리기관(관리기관이 따로 없는 경우에는 그 기관의 장을 말한다. 이하
   같다)에 통지
2. 제1항 제2호의 건물: 에너지다소비사업자에게 통지
③ 제1항 및 제2항에 따라 냉난방온도를 제한하는 건물로 지정된 건물(이하 '냉난방온도제한건
   물'이라 한다)의 관리기관 또는 에너지다소비사업자는 해당 건물의 냉난방온도를 제한온도에

적합하도록 유지·관리하여야 한다.

④ 지식경제부장관은 냉난방온도제한건물의 관리기관 또는 에너지다소비사업자가 해당 건물의 냉난방온도를 제한온도에 적합하게 유지·관리하는지를 점검하거나 실태를 파악할 수 있다.

⑤ 제1항에 따른 냉난방온도의 제한온도를 정하는 기준 및 냉난방온도제한건물의 지정기준, 제4항에 따른 점검 방법 등에 필요한 사항은 지식경제부령으로 정한다.

[본조신설 2009.1.30.]

제36조의 3(건물의 냉난방온도 유지·관리를 위한 조치)

지식경제부장관은 냉난방온도제한건물의 관리기관 또는 에너지다소비사업자가 제36조의 2 제3항에 따라 해당 건물의 냉난방온도를 제한온도에 적합하게 유지·관리하지 아니한 경우에는 냉난방온도의 조절 등 냉난방온도의 적합한 유지·관리에 필요한 조치를 하도록 권고하거나 시정조치를 명할 수 있다.

[본조신설 2009.1.30.]

제4장 열사용기자재의 관리

제37조(특정열사용기자재)

열사용기자재 중 제조, 설치·시공 및 사용에서의 안전관리, 위해방지 또는 에너지이용의 효율관리가 특히 필요하다고 인정되는 것으로서 지식경제부령으로 정하는 열사용기자재(이하 '특정열사용기자재'라 한다)의 설치·시공이나 세관(세관: 물이 흐르는 관 속에 낀 물때나 녹 따위를 벗겨 냄)을 업(이하 '시공업'이라 한다)으로 하는 자는 「건설산업기본법」 제9조 제1항에 따라 시·도지사에게 등록하여야 한다. <개정 2008.2.29.>

제38조(시공업등록말소 등의 요청)

지식경제부장관은 제37조에 따라 시공업의 등록을 한 자(이하 '시공업자'라 한다)가 고의 또는 과실로 특정열사용기자재의 설치, 시공 또는 세관을 부실하게 함으로써 시설물의 안전 또는 에너지 효율 관리에 중대한 문제를 초래하면 시·도지사에게 그 등록을 말소하거나 그 시공업의 전부 또는 일부를 정지하도록 요청할 수 있다. <개정 2008.2.29.>

제39조(검사대상기기의 검사)

① 특정열사용기자재 중 지식경제부령으로 정하는 검사대상기기(이하 '검사대상기기'라 한다)의 제조업자는 그 검사대상기기의 제조에 관하여 시·도지사의 검사를 받아야 한다.
   <개정 2008.2.29.>

② 다음 각 호의 어느 하나에 해당하는 자(이하 '검사대상기기설치자'라 한다)는 지식경제부령으로 정하는 바에 따라 시·도지사의 검사를 받아야 한다. <개정 2008.2.29.>

1. 검사대상기기를 설치하거나 개조하여 사용하려는 자

2. 검사대상기기의 설치장소를 변경하여 사용하려는 자

3. 검사대상기기를 사용중지한 후 재사용하려는 자

③ 시·도지사는 제1항이나 제2항에 따른 검사에 합격된 검사대상기기의 제조업자나 설치자에게 는 지체 없이 그 검사의 유효기간을 명시한 검사증을 내주어야 한다.

④ 검사의 유효기간이 끝나는 검사대상기기를 계속 사용하려는 자는 지식경제부령으로 정하는 바에 따라 다시 시·도지사의 검사를 받아야 한다. <개정 2008.2.29.>

⑤ 제1항·제2항 또는 제4항에 따른 검사에 합격되지 아니한 검사대상기기는 사용할 수 없다. 다만, 시·도지사는 제4항에 따른 검사의 내용 중 지식경제부령으로 정하는 항목의 검사에 합 격되지 아니한 검사대상기기에 대해서는 검사대상기기의 안전관리와 위해방지에 지장이 없는 범위에서 지식경제부령으로 정하는 기간 내에 그 검사에 합격할 것을 조건으로 계속 사용하게 할 수 있다. <개정 2008.2.29.>

⑥ 시·도지사는 제1항·제2항 및 제4항에 따른 검사에서 검사대상기기의 안전관리와 위해방지 에 지장이 없는 범위에서 지식경제부령으로 정하는 바에 따라 그 검사의 전부 또는 일부를 면 제할 수 있다. <개정 2008.2.29.>

⑦ 검사대상기기설치자는 다음 각 호의 어느 하나에 해당하면 지식경제부령으로 정하는 바에 따 라 시·도지사에게 신고하여야 한다. <개정 2008.2.29.>

1. 검사대상기기를 폐기한 경우

2. 검사대상기기의 사용을 중지한 경우

3. 검사대상기기의 설치자가 변경된 경우

4. 제6항에 따라 검사의 전부 또는 일부가 면제된 검사대상기기 중 지식경제부령으로 정하는 검 사대상기기를 설치한 경우

⑧ 검사대상기기에 대한 검사의 내용·기준, 그 밖에 필요한 사항은 지식경제부령으로 정한다. <개정 2008.2.29.>

제40조(검사대상기기조종자의 선임)

① 검사대상기기설치자는 검사대상기기의 안전관리, 위해방지 및 에너지이용의 효율을 관리하기 위하여 검사대상기기의 조종자(이하 '검사대상기기조종자'라 한다)를 선임하여야 한다.

② 검사대상기기조종자의 자격기준과 선임기준은 지식경제부령으로 정한다. <개정 2008.2.29.>

③ 검사대상기기설치자는 검사대상기기조종자를 선임 또는 해임하거나 검사대상기기조종자가 퇴 직한 경우에는 지식경제부령으로 정하는 바에 따라 시·도지사에게 신고하여야 한다. <개정 2008.2.29.>

④ 검사대상기기설치자는 검사대상기기조종자를 해임하거나 검사대상기기조종자가 퇴직하는 경 우에는 해임이나 퇴직 이전에 다른 검사대상기기조종자를 선임하여야 한다. 다만, 지식경제부 령으로 정하는 사유에 해당하는 경우에는 시·도지사의 승인을 받아 다른 검사대상기기조종

자의 선임을 연기할 수 있다. <개정 2008.2.29.>

제5장 시공업자단체

제41조(시공업자단체의 설립)
① 시공업자는 품위 유지, 기술 향상, 시공방법 개선, 그 밖에 시공업의 건전한 발전을 위하여 지
　식경제부장관의 인가를 받아 시공업자단체를 설립할 수 있다. <개정 2008.2.29.>
② 시공업자단체는 법인으로 한다.
③ 시공업자단체는 설립등기를 함으로써 성립한다.
④ 시공업자단체의 설립, 정관의 기재사항과 감독에 관하여 필요한 사항은 대통령령으로 정한다.

제42조(시공업자단체의 회원 자격)
시공업자는 시공업자단체에 가입할 수 있다.

제43조(건의와 자문)
시공업자단체는 시공업에 관한 사항을 정부에 건의하거나 정부의 자문에 응할 수 있다.

제44조(「민법」의 준용)
시공업자단체에 관하여 이 법에 규정한 것 외에는 「민법」 중 사단법인에 관한 규정을 준용한다.

제6장 에너지관리공단

제45조(에너지관리공단의 설립 등)
① 에너지이용 합리화사업을 효율적으로 추진하기 위하여 에너지관리공단(이하 '공단'이라 한다)
　을 설립한다.
② 정부 또는 정부 외의 자는 공단의 설립·운영과 사업에 드는 자금에 충당하기 위하여 출연을
　할 수 있다.
③ 제2항에 따른 출연시기, 출연방법, 그 밖에 필요한 사항은 대통령령으로 정한다.

제46조(법인격)
공단은 법인으로 한다.

제47조(사무소)
① 공단의 주된 사무소의 소재지는 정관으로 정한다.
② 공단은 지식경제부장관의 승인을 받아 필요한 곳에 지부(支部), 연수원, 사업소 또는 부설기

관을 둘 수 있다. <개정 2008.2.29.>

제48조(정관)
공단의 정관에는 「공공기관의 운영에 관한 법률」 제16조 제1항에 따른 기재사항 외에 다음 각 호의 사항을 포함하여야 한다.
1. 지부, 연수원 및 사업소에 관한 사항
2. 부설기관의 운영과 관리에 관한 사항
3. 재산에 관한 사항
4. 규약·규정의 제정, 개정 및 폐지에 관한 사항
[전문개정 2009.1.30.]

제49조(설립등기)
① 공단은 주된 사무소의 소재지에서 설립등기를 함으로써 성립한다.
② 제1항에 따른 설립등기 사항은 다음 각 호와 같다.
1. 목적
2. 명칭
3. 주된 사무소, 지부, 연수원 및 사업소
4. 임원의 성명과 주소
5. 공고의 방법
③ 설립등기 외의 등기에 관하여 필요한 사항은 대통령령으로 정한다.

제50조(유사명칭의 사용금지)
공단이 아닌 자는 에너지관리공단 또는 이와 유사한 명칭을 사용하지 못한다.

제51조(임원)
공단에 임원으로 이사장과 부이사장을 포함한 이사와 감사를 두며, 그 정수는 다음 각 호와 같이 한다.
1. 이사장 1명
2. 부이사장 1명
3. 이사장, 부이사장을 제외한 이사 9명 이내(6명 이내의 비상임이사를 포함한다)
4. 감사 1명

제52조 삭제 <2009.1.30.>

제53조(임원의 직무)
① 이사장은 공단을 대표하고, 공단의 업무를 총괄한다.

② 부이사장은 이사장을 보좌한다. <개정 2009.1.30.>

③ 이사는 정관으로 정하는 바에 따라 공단의 업무를 분장한다. <개정 2009.1.30.>

④ 감사는 공단의 업무와 회계를 감사한다.

제54조 삭제 <2009.1.30.>

제55조 삭제 <2009.1.30.>

제56조(직원의 임면) 공단의 직원은 정관으로 정하는 바에 따라 이사장이 임면한다.

제57조(사업) 공단은 다음 각 호의 사업을 한다. <개정 2008.2.29.>

1. 에너지이용 합리화 및 이를 통한 온실가스의 배출을 줄이기 위한 사업

2. 에너지기술의 개발·도입·지도 및 보급

3. 에너지이용 합리화, 신에너지 및 재생에너지의 개발과 보급, 집단에너지공급사업을 위한 자금의 융자 및 지원

4. 제25조 제1항 각 호의 사업

5. 에너지진단 및 에너지관리지도

6. 신에너지 및 재생에너지 개발사업의 촉진

7. 에너지관리에 관한 조사·연구·교육 및 홍보

8. 에너지이용 합리화사업을 위한 토지·건물 및 시설 등의 취득·설치·운영·대여 및 양도

9. 「집단에너지사업법」 제2조에 따른 집단에너지사업의 촉진을 위한 지원 및 관리

10. 에너지사용기자재의 효율관리 및 열사용기자재의 안전관리

11. 제1호부터 제10호까지의 사업에 딸린 사업

12. 제1호부터 제11호까지의 사업 외에 지식경제부장관, 시·도지사, 그 밖의 기관 등이 위탁하는 에너지이용의 합리화와 온실가스의 배출을 줄이기 위한 사업

제58조(비용부담)

공단은 지식경제부장관의 승인을 받아 그 사업에 따른 수익자로 하여금 그 사업에 필요한 비용을 부담하게 할 수 있다. <개정 2008.2.29.>

제59조(자금의 차입)

공단이 제57조 제4호에 따른 사업을 하는 경우에는 정부, 정부가 설치한 기금, 국내외 금융기관, 외국정부 또는 국제기구로부터 자금을 차입할 수 있다.

제60조(회계 등)

① 삭제 <2009.1.30.>

② 공단은 매 회계연도 시작 전에 예산총칙·추정손익계산서·추정대차대조표와 자금계획서로 구분하여 예산안을 편성하여 이사회의 의결을 거쳐 지식경제부장관의 승인을 받아야 한다. 이를 변경하는 경우에도 또한 같다. <개정 2008.2.29, 2009.1.30.>

③ 삭제 <2009.1.30.>

제61조(이익금의 처리)

공단은 매 회계연도의 결산결과 이익금이 생긴 경우에는 이월손실금을 보전하는 데에 충당하고,
나머지는 지식경제부장관이 정하는 바에 따라 적립하여야 한다. <개정 2008.2.29.>

제62조(업무의 지도 및 감독)

① 지식경제부장관은 다음 각 호의 업무에 대하여 공단을 지도·감독하며, 그 사업의 수행에 필
　요한 지시·처분 또는 명령을 할 수 있다. <개정 2008.2.29.>

1. 사업계획 및 예산편성

2. 사업실적 및 결산

3. 제57조에 따라 공단이 수행하는 사업

4. 제69조 제3항에 따라 지식경제부장관이 위탁한 업무

② 지식경제부장관은 공단에 업무·회계 및 재산에 관하여 필요한 사항을 보고하게 하거나 소속 공
　무원으로 하여금 공단의 장부·서류, 그 밖의 물건을 검사하게 할 수 있다. <개정 2008.2.29.>

③ 제2항에 따라 검사를 하는 공무원은 그 권한을 표시하는 증표를 지니고 이를 관계인에게 내보
　여야 한다.

제63조(비밀누설 등의 금지)

공단의 임직원으로 근무하거나 근무하였던 사람은 그 직무상 알게 된 비밀을 누설하거나 도용하
여서는 아니 된다.

제64조(「민법」의 준용)

공단에 관하여 이 법 및 「공공기관의 운영에 관한 법률」에 규정한 것 외에는 「민법」 중 재단법인
에 관한 규정을 준용한다. <개정 2009.1.30.>

제7장 보칙

제65조(교육)

① 지식경제부장관은 에너지관리의 효율적인 수행과 특정열사용기자재의 안전관리를 위하여 에
　너지관리자, 시공업의 기술인력 및 검사대상기기조종자에 대하여 교육을 실시하여야 한다.
　<개정 2008.2.29.>

② 에너지관리자, 시공업의 기술인력 및 검사대상기기조종자는 제1항에 따라 실시하는 교육을 받
　아야 한다.

③ 에너지다소비사업자, 시공업자 및 검사대상기기설치자는 그가 선임 또는 채용하고 있는 에너

지관리자, 시공업의 기술인력 또는 검사대상기기조종자로 하여금 제1항에 따라 실시하는 교육을 받게 하여야 한다.

④ 제1항에 따른 교육담당기관·교육기간 및 교육과정, 그 밖에 교육에 관하여 필요한 사항은 지식경제부령으로 정한다. <개정 2008.2.29.>

제66조(보고 및 검사 등)

① 지식경제부장관이나 시·도지사는 이 법의 시행을 위하여 필요하면 지식경제부령으로 정하는 바에 따라 효율관리기자재·대기전력저감대상제품·고효율에너지인증대상기자재의 제조업자·수입업자·판매업자 및 각 시험기관, 에너지절약전문기업, 에너지다소비사업자, 진단기관과 검사대상기기설치자에 대하여 그 업무에 관한 보고를 명하거나 소속 공무원 또는 공단으로 하여금 효율관리기자재 제조업자 등의 사무소·사업장·공장이나 창고에 출입하여 장부·서류·에너지사용기자재, 그 밖의 물건을 검사하게 할 수 있다. <개정 2008.2.29.>

② 제1항에 따른 검사를 하는 공무원이나 공단의 직원은 그 권한을 표시하는 증표를 지니고 이를 관계인에게 내보여야 한다.

제67조(수수료)

다음 각 호의 어느 하나에 해당하는 자는 지식경제부령으로 정하는 바에 따라 수수료를 내야 한다. <개정 2008.2.29.>

1. 제22조 제3항에 따라 고효율에너지기자재의 인증을 신청하려는 자
2. 제32조 제2항 본문에 따른 에너지진단을 받으려는 자
3. 제39조 제1항·제2항 또는 제4항에 따라 검사대상기기의 검사를 받으려는 자

제68조(청문)

지식경제부장관은 다음 각 호의 어느 하나에 해당하는 처분을 하려면 청문을 하여야 한다. <개정 2008.2.29, 2011.7.25.>

1. 제16조 제2항에 따른 효율관리기자재의 생산 또는 판매의 금지명령
2. 제23조 제1항에 따른 고효율에너지기자재의 인증 취소
3. 제24조 제1항에 따른 각 시험기관의 지정 취소
4. 제24조 제2항에 따른 자체측정을 할 수 있는 자의 승인 취소
5. 제26조에 따른 에너지절약전문기업의 등록 취소. 다만, 같은 조 제3호에 따른 등록 취소는 제외한다.
6. 제33조에 따른 진단기관의 지정 취소

제69조(권한의 위임·위탁)

① 이 법에 따른 지식경제부장관의 권한은 대통령령으로 정하는 바에 따라 그 일부를 시·도지사

에게 위임할 수 있다. <개정 2008.2.29.>

② 시·도지사는 제1항에 따라 위임받은 권한의 일부를 지식경제부장관의 승인을 받아 시장·군수 또는 구청장(자치구의 구청장을 말한다)에게 재위임할 수 있다. <개정 2008.2.29.>

③ 지식경제부장관 또는 시·도지사는 대통령령으로 정하는 바에 따라 다음 각 호의 업무를 공단·시공업자단체 또는 대통령령으로 정하는 기관에 위탁할 수 있다. <개정 2008.2.29, 2009.1.30.>

1. 제11조에 따른 에너지사용계획의 검토

2. 제12조에 따른 이행 여부의 점검 및 실태파악

3. 제15조 제3항에 따른 효율관리기자재의 측정결과 신고의 접수

4. 제19조 제3항에 따른 대기전력경고표지대상제품의 측정결과 신고의 접수

5. 제20조 제2항에 따른 대기전력저감대상제품의 측정결과 신고의 접수

6. 제22조 제3항 및 제4항에 따른 고효율에너지기자재 인증 신청의 접수 및 인증

7. 제23조 제1항에 따른 고효율에너지기자재의 인증취소 또는 인증사용정지 명령

8. 제25조 제1항에 따른 에너지절약전문기업의 등록

9. 제29조 제1항에 따른 온실가스 배출 감축실적의 등록 및 관리

10. 제31조 제1항에 따른 에너지다소비사업자 신고의 접수

11. 제32조 제3항에 따른 진단기관의 관리·감독

12. 제32조 제5항에 따른 에너지관리지도

12의 2. 제36조의 2 제4항에 따른 냉난방온도의 유지·관리 여부에 대한 점검 및 실태 파악

13. 제39조 제1항부터 제4항까지 및 제7항에 따른 검사대상기기의 검사, 검사증의 교부 및 검사대상기기 폐기 등의 신고의 접수

14. 제40조 제3항 및 제4항 단서에 따른 검사대상기기조종자의 선임·해임 또는 퇴직신고의 접수 및 검사대상기기조종자의 선임기한 연기에 관한 승인

제70조(벌칙 적용 시의 공무원 의제)

지식경제부장관이 제69조 제3항에 따라 위탁한 업무에 종사하는 기관 또는 단체의 임직원은 「형법」 제129조부터 제132조까지를 적용할 때에는 공무원으로 본다. <개정 2008.2.29.>

제71조(다른 법률과의 관계)

① 삭제 <2009.1.30.>

② 「집단에너지사업법」 제4조에 따라 집단에너지의 공급타당성에 관한 협의를 한 경우에는 제10조에 따른 에너지사용계획의 협의내용 중 집단에너지공급에 관한 사항을 협의한 것으로 본다.

제8장 벌칙

제72조(벌칙)

다음 각 호의 어느 하나에 해당하는 자는 2년 이하의 징역 또는 2천만 원 이하의 벌금에 처한다.

1. 제7조 제1항에 따른 에너지저장시설의 보유 또는 저장의무의 부과 시 정당한 이유 없이 이를 거부하거나 이행하지 아니한 자
2. 제7조 제2항 제1호부터 제8호까지 또는 제10호에 따른 조정·명령 등의 조치를 위반한 자
3. 제63조를 위반하여 직무상 알게 된 비밀을 누설하거나 도용한 자

제73조(벌칙)

다음 각 호의 어느 하나에 해당하는 자는 1년 이하의 징역 또는 1천만 원 이하의 벌금에 처한다.

1. 제39조 제1항·제2항 또는 제4항을 위반하여 검사대상기기의 검사를 받지 아니한 자
2. 제39조 제5항을 위반하여 검사대상기기를 사용한 자

제74조(벌칙)

제16조 제2항에 따른 생산 또는 판매 금지명령을 위반한 자는 2천만 원 이하의 벌금에 처한다.

제75조(벌칙)

제40조 제1항 또는 제4항을 위반하여 검사대상기기조종자를 선임하지 아니한 자는 1천만 원 이하의 벌금에 처한다.
[전문개정 2009.1.30.]

제76조(벌칙)

다음 각 호의 어느 하나에 해당하는 자는 500만 원 이하의 벌금에 처한다.

1. 삭제 <2009.1.30.>
2. 제15조 제3항을 위반하여 효율관리기자재에 대한 에너지사용량의 측정결과를 신고하지 아니한 자
3. 삭제 <2009.1.30.>
4. 제19조 제3항에 따라 대기전력경고표지대상제품에 대한 측정결과를 신고하지 아니한 자
5. 제19조 제4항에 따른 대기전력경고표지를 하지 아니한 자
6. 제20조 제1항을 위반하여 대기전력저감우수제품임을 표시하거나 거짓 표시를 한 자
7. 제21조 제1항에 따른 시정명령을 정당한 사유 없이 이행하지 아니한 자
8. 제22조 제5항을 위반하여 인증 표시를 한 자

제77조(양벌규정)

법인의 대표자나 법인 또는 개인의 대리인, 사용인, 그 밖의 종업원이 그 법인 또는 개인의 업무에 관하여 제72조부터 제76조까지의 어느 하나에 해당하는 위반행위를 하면 그 행위자를 벌하는 외에 그 법인 또는 개인에게도 해당 조문의 벌금형을 과(科)한다. 다만, 법인 또는 개인이 그 위반행위를 방지하기 위하여 해당 업무에 관하여 상당한 주의와 감독을 게을리하지 아니한 경우에는 그러하지 아니하다.

[전문개정 2008.12.26.]

제78조(과태료)

① 제32조 제2항을 위반하여 에너지진단을 받지 아니한 에너지다소비사업자에게는 2천만 원 이하의 과태료를 부과한다.

② 다음 각 호의 어느 하나에 해당하는 자에게는 1천만 원 이하의 과태료를 부과한다. <개정 2009.1.30.>

1. 제10조 제1항이나 제3항을 위반하여 에너지사용계획을 제출하지 아니하거나 변경하여 제출하지 아니한 자. 다만, 국가 또는 지방자치단체인 사업주관자는 제외한다.

2. 제34조에 따른 개선명령을 정당한 사유 없이 이행하지 아니한 자

3. 제66조 제1항에 따른 검사를 거부·방해 또는 기피한 자

③ 다음 각 호의 어느 하나에 해당하는 자에게는 500만 원 이하의 과태료를 부과한다. <신설 2009.1.30.>

1. 제15조 제2항을 위반하여 효율관리기자재에 대한 에너지소비효율등급 또는 에너지소비효율을 표시하지 아니하거나 거짓으로 표시를 한 자

2. 제15조 제4항에 따른 광고내용이 포함되지 아니한 광고를 한 자

④ 다음 각 호의 어느 하나에 해당하는 자에게는 300만 원 이하의 과태료를 부과한다. 다만, 제1호, 제4호부터 제6호까지, 제8호, 제9호 및 제9호의 2부터 제9호의 4까지의 경우에는 국가 또는 지방자치단체를 제외한다. <개정 2009.1.30.>

1. 제7조 제2항 제9호에 따른 에너지사용의 제한 또는 금지에 관한 조정·명령, 그 밖에 필요한 조치를 위반한 자

2. 제9조 제1항을 위반하여 정당한 이유 없이 수요관리투자계획과 시행결과를 제출하지 아니한 자

3. 제9조 제2항을 위반하여 수요관리투자계획을 수정·보완하여 시행하지 아니한 자

4. 제11조 제1항에 따른 필요한 조치의 요청을 정당한 이유 없이 거부하거나 이행하지 아니한 공공사업주관자

5. 제11조 제2항에 따른 관련 자료의 제출요청을 정당한 이유 없이 거부한 사업주관자

6. 제12조에 따른 이행 여부에 대한 점검이나 실태 파악을 정당한 이유 없이 거부·방해 또는 기피한 사업주관자

7. 제17조 제4항을 위반하여 자료를 제출하지 아니하거나 거짓으로 자료를 제출한 자

8. 제20조 제3항 또는 제22조 제6항을 위반하여 정당한 이유 없이 대기전력저감우수제품 또는
   고효율에너지기자재를 우선적으로 구매하지 아니한 자
9. 제31조 제1항에 따른 신고를 하지 아니하거나 거짓으로 신고를 한 자
9의 2. 제36조의 2 제4항에 따른 냉난방온도의 유지·관리 여부에 대한 점검 및 실태 파악을 정
   당한 사유 없이 거부·방해 또는 기피한 자
9의 3. 제36조의 3에 따른 시정조치명령을 정당한 사유 없이 이행하지 아니한 자
9의 4. 제39조 제7항 또는 제40조 제3항에 따른 신고를 하지 아니하거나 거짓으로 신고를 한 자
10. 제50조를 위반하여 에너지관리공단 또는 이와 유사한 명칭을 사용한 자
11. 제65조 제2항을 위반하여 교육을 받지 아니한 자 또는 같은 조 제3항을 위반하여 교육을 받
   게 하지 아니한 자
12. 제66조 제1항에 따른 보고를 하지 아니하거나 거짓으로 보고를 한 자
⑤ 제1항부터 제4항까지의 규정에 따른 과태료는 대통령령으로 정하는 바에 따라 지식경제부장
   관이나 시·도지사가 부과·징수한다. <개정 2008.2.29, 2009.1.30.>
⑥ 삭제 <2009.1.30.>
⑦ 삭제 <2009.1.30.>
⑧ 삭제 <2009.1.30.>

부칙 〈제10954호, 2011.7.25.〉

이 법은 공포 후 3개월이 경과한 날부터 시행한다. 다만, 제68조 제5호의 개정규정은 공포한 날
부터 시행한다.

에너지이용 합리화법 시행령

[시행 2011.10.26.] [대통령령 제23260호, 2011.10.26, 일부개정]

제1장 총칙

제1조(목적)

이 영은 「에너지이용 합리화법」에서 위임된 사항과 그 시행에 필요한 사항을 규정함을 목적으로 한다.

제2조(지방자치단체 등에 대한 지원)

지식경제부장관은 법 제3조 제2항부터 제5항까지의 규정에 따라 지방자치단체, 에너지사용자와 에너지공급자, 에너지사용기자재와 에너지공급설비를 생산하는 제조업자 및 국민이 각각의 책무를 이행하여 에너지를 효율적으로 이용하고 이를 통한 온실가스 배출을 줄일 수 있도록 필요한 사항을 지원할 수 있다.

제2장 에너지이용 합리화를 위한 계획 및 조치 등

제3조(에너지이용 합리화 기본계획 등)

① 지식경제부장관은 5년마다 법 제4조 제1항에 따른 에너지이용 합리화에 관한 기본계획(이하 '기본계획'이라 한다)을 수립하여야 한다.

② 관계 행정기관의 장과 특별시장·광역시장·도지사 또는 특별자치도지사(이하 '시·도지사'라 한다)는 매년 법 제6조 제1항에 따른 실시계획(이하 '실시계획'이라 한다)을 수립하고 그 계획을 해당 연도 1월 31일까지, 그 시행 결과를 다음 연도 2월 말일까지 각각 지식경제부장관에게 제출하여야 한다.

③ 지식경제부장관은 제2항에 따라 받은 시행 결과를 평가하고, 해당 관계 행정기관의 장과 시·도지사에게 그 평가 내용을 통보하여야 한다.

제4조(국가에너지절약추진위원회의 구성 및 운영)

① 법 제5조 제1항에 따른 국가에너지절약추진위원회(이하 '위원회'라 한다)의 당연직 위원은 다

음 각 호의 사람으로 한다. 이 경우 복수차관이 있는 기관은 해당 기관의 장이 지정하는 차관으로 한다. <개정 2009.7.27, 2011.10.26.>

1. 기획재정부차관
2. 교육과학기술부차관
3. 행정안전부차관
4. 농림수산식품부차관
5. 지식경제부차관
6. 환경부차관
7. 국토해양부차관
8. 국무총리실 국무차장
9. 에너지관리공단 이사장
10. 한국전력공사 사장
11. 한국가스공사 사장
12. 한국지역난방공사 사장
13. 삭제 <2011.10.26.>

② 삭제 <2011.10.26.>

③ 위원회의 위원장(이하 '위원장'이라 한다)은 위원회를 대표하고, 위원회의 사무를 총괄한다. <개정 2009.7.27.>

④ 위원장이 부득이한 사유로 직무를 수행할 수 없을 때에는 위원장이 미리 지명하는 위원이 그 직무를 대행한다. <개정 2009.7.27.>

⑤ 위원장은 위원회의 회의를 소집하고, 그 의장이 된다. <개정 2009.7.27.>

⑥ 위원회의 회의는 재적위원 과반수의 출석으로 개의하고, 출석위원 과반수의 찬성으로 의결한다. <개정 2009.7.27.>

제5조 삭제 <2011.10.26.>

제6조(실무위원회)

① 위원회의 심의에 앞서 위원회에 상정할 의안을 사전에 심의·조정하고, 위원회로부터 지시받은 사항을 처리하기 위하여 위원회에 국가에너지절약추진실무위원회(이하 '실무위원회'라 한다)를 둔다.

② 실무위원회는 위원장 1명을 포함한 25명 이내의 위원으로 구성한다.

③ 실무위원회의 위원장(이하 '실무위원장'이라 한다)은 지식경제부제2차관이 되고, 위원은 다음 각 호의 사람으로 한다.

1. 기획재정부·교육과학기술부·행정안전부·농림수산식품부·지식경제부·환경부·국토해양부 및 국무총리실의 고위공무원단에 속하는 공무원 중에서 해당 기관의 장이 지명하는 사람 각 1명
2. 에너지관리공단, 한국전력공사, 한국가스공사 및 한국지역난방공사 소속 임직원 중에서 해당

기관의 장이 지명하는 사람 각 1명

3. 에너지경제연구원 원장

4. 한국에너지기술연구원 원장

5. 그 밖에 에너지절약사업을 효율적으로 추진하기 위하여 실무위원장이 위촉하는 사람

④ 실무위원회의 운영에 관해서는 제4조 제3항부터 제6항까지의 규정을 준용한다. 이 경우 '위원회'는 '실무위원회'로, '위원장'은 '실무위원장'으로 본다. <개정 2009.7.27.>

제7조(간사)

① 위원회 및 실무위원회에 각각 1명의 간사를 둔다. <개정 2009.7.27.>

② 위원회의 간사는 제6조 제3항 제1호의 공무원 중 지식경제부 소속 공무원이 된다.
　　<개정 2009.7.27.>

③ 실무위원회의 간사는 지식경제부의 고위공무원단에 속하는 공무원 중에서 지식경제부장관이 지명하는 사람이 된다. <개정 2009.7.27.>

④ 간사는 위원장 또는 실무위원장의 명을 받아 각각 그 위원회 또는 실무위원회의 사무를 처리한다.

제8조(관계 기관 등에의 협조 요청)

위원장 또는 실무위원장은 해당 위원회의 업무수행을 위하여 필요하다고 인정하는 경우에는 관계 부처의 공무원과 관계 전문가 등을 회의에 출석하게 하여 의견을 듣거나 관계 기관·단체 등에 필요한 자료 및 의견의 제출 등 협조를 요청할 수 있다.

제9조(조사·연구의 의뢰)

위원장 또는 실무위원장은 업무수행을 위하여 필요한 경우에는 관계 전문가 또는 관계기관·단체 등에 조사 또는 연구를 의뢰할 수 있다.

제10조(수당 및 여비)

위원회 및 실무위원회에 출석한 위원, 관계 공무원 또는 관계 전문가에게는 예산의 범위에서 수당과 여비를 지급할 수 있다. 다만, 공무원이 소관 업무와 직접 관련되어 출석한 경우에는 그러하지 아니하다.

제11조(운영세칙)

이 영에서 규정한 사항 외에 위원회의 운영에 필요한 사항은 위원회의 의결을 거쳐 위원장이 정한다.

제11조의 2(에너지이용 합리화 실시계획의 추진상황 평가업무의 대행)

① 법 제5조 제5항에 따라 에너지이용 합리화 실시계획 추진상황에 대한 평가업무를 대행할 수

있는 기관은 다음 각 호의 기관으로 한다.

1. 「정부출연연구기관 등의 설립·운영 및 육성에 관한 법률」 제8조 제1항에 따라 설립된 정부출연연구기관
2. 「과학기술분야 정부출연연구기관 등의 설립·운영 및 육성에 관한 법률」 제8조 제1항에 따라 설립된 정부출연연구기관

② 제1항에 따른 평가업무 대행의 내용, 방법 및 절차 등에 관하여 필요한 사항은 지식경제부장관이 정하여 고시한다.

[본조신설 2011.10.26.]

제12조(에너지저장의무 부과대상자)

① 법 제7조 제1항에 따라 지식경제부장관이 에너지저장의무를 부과할 수 있는 대상자는 다음 각 호와 같다. <개정 2010.4.13.>

1. 「전기사업법」 제2조 제2호에 따른 전기사업자
2. 「도시가스사업법」 제2조 제2호에 따른 도시가스사업자
3. 「석탄산업법」 제2조 제5호에 따른 석탄가공업자
4. 「집단에너지사업법」 제2조 제3호에 따른 집단에너지사업자
5. 연간 2만 석유환산톤(「에너지법 시행령」 제15조 제1항에 따라 석유를 중심으로 환산한 단위를 말한다. 이하 '티오이'라 한다) 이상의 에너지를 사용하는 자

② 지식경제부장관은 제1항 각 호의 자에게 에너지저장의무를 부과할 때에는 다음 각 호의 사항을 정하여 고시하여야 한다.

1. 대상자
2. 저장시설의 종류 및 규모
3. 저장하여야 할 에너지의 종류 및 저장의무량
4. 그 밖에 필요한 사항

제13조(수급 안정을 위한 조치)

① 지식경제부장관은 법 제7조 제2항에 따른 에너지수급의 안정을 위한 조치를 하려는 경우에는 그 사유·기간 및 대상자 등을 정하여 조치 예정일 7일 이전에 에너지사용자·에너지공급자 또는 에너지사용기자재의 소유자와 관리자에게 예고하여야 한다.

② 에너지공급자가 그 에너지공급에 관하여 법 제7조 제2항에 따른 조치를 받은 경우에는 제1항에 따라 예고된 바대로 에너지공급을 제한하고 그 결과를 지식경제부장관에게 보고하여야 한다.

제14조(에너지사용의 제한 또는 금지)

① 법 제7조 제2항 제9호에서 '에너지사용의 시기·방법 및 에너지사용기자재의 사용제한 또는 금지 등 대통령령으로 정하는 사항'이란 다음 각 호의 사항을 말한다.

1. 에너지사용시설 및 에너지사용기자재에 사용할 에너지의 지정 및 사용 에너지의 전환

2. 위생 접객업소 및 그 밖의 에너지사용시설에 대한 에너지사용의 제한

3. 차량 등 에너지사용기자재의 사용제한

4. 에너지사용의 시기 및 방법의 제한

5. 특정 지역에 대한 에너지사용의 제한

② 지식경제부장관이 제1항 제1호에 따른 사용 에너지의 지정 및 전환에 관한 조치를 할 때에는 에너지원 간의 수급상황을 고려하여 에너지사용시설 및 에너지사용기자재의 소유자 또는 관리인이 이에 대한 준비를 할 수 있도록 충분한 준비기간을 설정하여 예고하여야 한다.

③ 지식경제부장관이 제1항 제2호부터 제5호까지의 규정에 따른 에너지사용의 제한조치를 할 때에는 조치를 하기 7일 이전에 제한 내용을 예고하여야 한다. 다만, 긴급히 제한할 필요가 있을 때에는 그 제한 전일까지 이를 공고할 수 있다.

④ 지식경제부장관은 정당한 사유 없이 법 제7조 제2항에 따른 에너지의 사용제한 또는 금지조치를 이행하지 아니하는 자에 대해서는 에너지공급자로 하여금 에너지공급을 제한하게 할 수 있다.

제15조(에너지이용 효율화조치 등의 내용)

법 제8조 제1항에 따라 국가·지방자치단체 등이 에너지를 효율적으로 이용하고 온실가스의 배출을 줄이기 위하여 추진하여야 하는 필요한 조치의 구체적인 내용은 다음 각 호와 같다.

1. 에너지절약 및 온실가스 배출 감축을 위한 제도·시책의 마련 및 정비

2. 에너지의 절약 및 온실가스 배출 감축 관련 홍보 및 교육

3. 건물 및 수송 부문의 에너지이용 합리화 및 온실가스 배출 감축

제16조(에너지공급자의 수요관리투자계획)

① 법 제9조 제1항 전단에서 '대통령령으로 정하는 에너지공급자'란 다음 각 호에 해당하는 자를 말한다.

1. 「한국전력공사법」에 따른 한국전력공사

2. 「한국가스공사법」에 따른 한국가스공사

3. 「집단에너지사업법」에 따른 한국지역난방공사

4. 그 밖에 대량의 에너지를 공급하는 자로서 에너지 수요관리투자를 촉진하기 위하여 지식경제부장관이 특히 필요하다고 인정하여 지정하는 자

② 제1항에 따른 에너지공급자는 법 제9조 제1항에 따른 연차별 수요관리투자계획(이하 '투자계획'이라 한다)을 해당 연도 개시 2개월 전까지, 그 시행 결과를 다음 연도 2월 말일까지 지식경제부장관에게 제출하여야 하며, 제출된 투자계획을 변경하는 경우에는 그 변경한 날부터 15일 이내에 지식경제부장관에게 그 변경된 사항을 제출하여야 한다.

③ 투자계획에는 다음 각 호의 사항이 포함되어야 한다.

1. 장·단기 에너지 수요 전망

2. 에너지절약 잠재량의 추정 내용

3. 수요관리의 목표 및 그 달성 방법

4. 그 밖에 수요관리의 촉진을 위하여 필요하다고 인정하는 사항

④ 투자계획 및 그 시행 결과의 구체적인 기재사항, 작성 방법, 그 밖에 필요한 사항은 지식경제
부장관이 정하여 고시한다.

제17조(투자계획의 수정·보완 사유)

① 법 제9조 제2항에서 '그 밖에 대통령령으로 정하는 사유'란 다음 각 호에 해당하는 경우를 말
한다.

1. 법 제7조 제1항 및 제2항에 따른 에너지 수급안정을 위한 조치에 따라 투자계획의 변경이 필
요한 경우

2. 에너지자원의 효율적 이용을 도모하기 위하여 에너지공급자 상호 간 에너지의 교환, 분배 등
공급의 조정이 필요한 경우

3. 투자계획에 제16조 제3항의 내용이 포함되어 있지 않거나 투자계획이 제16조 제4항에 따라
작성되지 않은 경우

② 에너지공급자는 법 제9조 제2항에 따라 투자계획의 수정 또는 보완을 요구받은 경우에는 특별
한 사유가 없으면 그 요구를 받은 날부터 30일 이내에 지식경제부장관에게 투자계획의 수정
또는 보완 결과를 제출하여야 한다.

제18조(수요관리전문기관)

법 제9조 제3항에서 '대통령령으로 정하는 수요관리전문기관'이란 다음 각 호의 어느 하나에 해
당하는 기관을 말한다.

1. 법 제45조에 따라 설립된 에너지관리공단

2. 그 밖에 수요관리사업의 수행능력이 있다고 인정되는 기관으로서 지식경제부령으로 정하는 기관

제19조(수요관리투자의 촉진 등)

지식경제부장관은 법 제9조에 따른 수요관리투자로 인하여 에너지공급자에게 발생되는 비용 및
손실을 최소화하기 위한 방안의 수립·시행을 위하여 필요하면 관계 행정기관의 장에게 관련 조치
를 하여 줄 것을 요청할 수 있다.

제20조(에너지사용계획의 제출 등)

① 법 제10조 제1항에 따라 에너지사용계획을 수립하여 지식경제부장관에게 제출하여야 하는 사
업주관자는 다음 각 호의 어느 하나에 해당하는 사업을 실시하려는 자로 한다.

1. 도시개발사업

2. 산업단지개발사업

3. 에너지개발사업

4. 항만건설사업

5. 철도건설사업

6. 공항건설사업

7. 관광단지개발사업

8. 개발촉진지구개발사업 또는 지역종합개발사업

② 법 제10조 제1항에 따라 에너지사용계획을 수립하여 지식경제부장관에게 제출하여야 하는 공
   공사업주관자(법 제10조 제2항에 따른 공공사업주관자를 말한다. 이하 같다)는 다음 각 호의
   어느 하나에 해당하는 시설을 설치하려는 자로 한다.

1. 연간 2천5백 티오이 이상의 연료 및 열을 사용하는 시설

2. 연간 1천만 킬로와트시 이상의 전력을 사용하는 시설

③ 법 제10조 제1항에 따라 에너지사용계획을 수립하여 지식경제부장관에게 제출하여야 하는 민
   간사업주관자(법 제10조 제2항에 따른 민간사업주관자를 말한다. 이하 같다)는 다음 각 호의
   어느 하나에 해당하는 시설을 설치하려는 자로 한다.

1. 연간 5천 티오이 이상의 연료 및 열을 사용하는 시설

2. 연간 2천만 킬로와트시 이상의 전력을 사용하는 시설

④ 제1항부터 제3항까지의 규정에 따른 사업 또는 시설의 범위와 에너지사용계획의 제출 시기는
   별표 1과 같다.

⑤ 지식경제부장관은 법 제10조 제1항에 따라 에너지사용계획을 제출받은 경우에는 그날부터 30
   일 이내에 공공사업주관자에게는 그 협의 결과를, 민간사업주관자에게는 그 의견청취 결과를
   통보하여야 한다. 다만, 지식경제부장관이 필요하다고 인정할 때에는 20일의 범위에서 통보를
   연장할 수 있다.

제21조(에너지사용계획의 내용 등)

① 법 제10조 제1항에 따른 에너지사용계획(이하 '에너지사용계획'이라 한다)에는 다음 각 호의
   사항이 포함되어야 한다.

1. 사업의 개요

2. 에너지 수요예측 및 공급계획

3. 에너지 수급에 미치게 될 영향 분석

4. 에너지 소비가 온실가스(이산화탄소만 해당한다)의 배출에 미치게 될 영향 분석

5. 에너지이용 효율 향상 방안

6. 에너지이용의 합리화를 통한 온실가스(이산화탄소만 해당한다)의 배출감소 방안

7. 사후관리계획

8. 그 밖에 에너지이용 효율 향상을 위하여 필요하다고 지식경제부장관이 정하는 사항

② 에너지사용계획의 구체적인 기재사항, 작성 방법, 그 밖에 필요한 사항은 지식경제부장관이 정

하여 고시한다.

③ 법 제10조 제3항에서 '대통령령으로 정한 사항을 변경하려는 경우'란 다음 각 호에 해당하는 경우를 말하며, 공공사업주관자의 경우에는 그 에너지사용계획의 변경 사항에 관하여 지식경제부장관에게 협의를 요청하여야 한다.

1. 토지나 건축물의 면적 또는 시설의 변경으로 인하여 법 제10조 제1항에 따라 제출한 에너지사용계획의 에너지사용량이 100분의 10 이상 증가되는 경우

2. 집단에너지 공급계획의 변경, 냉난방 방식의 변경, 그 밖에 에너지사용계획에 큰 변동을 가져오는 사항으로서 지식경제부장관이 정하여 고시하는 사항이 변경되는 경우

제22조(에너지사용계획 · 수립대행자의 요건)

법 제10조 제4항에 따라 에너지사용계획의 수립을 대행할 수 있는 기관은 다음 각 호의 어느 하나에 해당하는 자로서 지식경제부장관이 정하여 고시하는 인력을 갖춘 자로 한다.

<개정 2011.1.17.>

1. 국공립연구기관

2. 정부출연연구기관

3. 대학부설 에너지 관계 연구소

4. 「엔지니어링산업 진흥법」 제2조에 따른 엔지니어링사업자 또는 「기술사법」 제6조에 따라 기술사사무소의 개설등록을 한 기술사

5. 법 제25조 제1항에 따른 에너지절약전문기업

제23조(에너지사용계획에 대한 검토)

① 지식경제부장관은 법 제11조 제1항에 따른 에너지사용계획의 검토 결과에 따라 다음 각 호의 사항에 관하여 필요한 조치를 하여 줄 것을 공공사업주관자에게 요청하거나 민간사업주관자에게 권고할 수 있다.

1. 에너지사용계획의 조정 또는 보완

2. 사업의 실시 또는 시설설치계획의 조정

3. 사업의 실시 또는 시설설치시기의 연기

4. 그 밖에 지식경제부장관이 그 사업의 실시 또는 시설의 설치에 관하여 에너지 수급의 적정화 및 에너지사용의 합리화와 이를 통한 온실가스(이산화탄소만 해당한다)의 배출 감소를 도모하기 위하여 필요하다고 인정하는 조치

② 공공사업주관자는 제1항 각 호의 조치 요청을 받은 경우에는 지식경제부령으로 정하는 바에 따라 그 조치를 이행하기 위한 계획(이하 '이행계획'이라 한다)을 작성하여 지식경제부장관에게 제출하여야 한다.

제24조(이의 신청)

공공사업주관자는 법 제11조 제1항에 따라 요청받은 조치에 대하여 이의가 있는 경우에는 지식경제부령으로 정하는 바에 따라 그 요청을 받은 날부터 30일 이내에 지식경제부장관에게 이의를 신청할 수 있다.

제25조(협의절차 완료 전 공사시행 금지 등)

① 공공사업주관자는 에너지사용계획에 관한 협의절차가 완료되기 전에는 그 사업 등에 관련되는 공사를 시행할 수 없다.

② 지식경제부장관은 공공사업주관자가 협의절차의 완료 전에 공사를 시행하는 경우에는 관계 행정기관의 장에게 그 사업 또는 시설공사의 일시 중지 등 필요한 조치를 하여 줄 것을 요청할 수 있다.

제26조(에너지사용계획의 사후관리 등)

① 공공사업주관자는 에너지사용계획에 대한 협의절차가 완료된 경우에는 그 에너지사용계획 및 이행계획 중 그 사업 또는 시설의 실시설계서에 반영된 내용을 그 실시설계서가 확정된 후 14일 이내에 지식경제부장관에게 제출하여야 한다.

② 지식경제부장관은 법 제12조에 따라 에너지사용계획 또는 제23조 제1항에 따른 조치의 이행 여부를 확인하기 위하여 필요한 경우에는 공공사업주관자에 대해서는 소속 공무원으로 하여금 현지조사 또는 실태파악을 하게 할 수 있으며, 민간사업주관자에 대해서는 권고조치의 수용 여부 등의 실태파악을 위한 관련 자료의 제출을 요구할 수 있다.

③ 지식경제부장관은 제2항에 따른 현지조사 또는 실태파악의 결과 에너지사용계획 또는 제23조 제1항에 따른 조치를 이행하지 아니한 공공사업주관자에 대해서는 그 이행을 촉구하여야 한다.

④ 지식경제부장관은 공공사업주관자가 제3항에 따른 이행의 촉구에도 불구하고 이를 이행하지 아니한 경우에는 그 사업을 관장하는 관계 행정기관의 장에게 사업 또는 시설공사의 일시 중지 등 필요한 조치를 하여 줄 것을 요청하여야 한다.

⑤ 제20조 제1항 제1호 또는 제2호의 사업을 하는 공공사업주관자는 그 사업으로 조성된 토지를 공급하려고 공고할 때에는 그 사업이 법 제10조에 따른 에너지사용계획의 협의대상사업이라는 사실도 함께 공고하여야 한다.

제27조(에너지절약형 시설투자 등)

① 법 제14조 제1항에 따른 에너지절약형 시설투자, 에너지절약형 기자재의 제조·설치·시공은 다음 각 호의 시설투자로서 지식경제부장관이 정하여 공고하는 것으로 한다.

1. 노후 보일러 및 산업용 요로(燎爐) 등 에너지다소비 설비의 대체

2. 집단에너지사업, 열병합발전사업, 폐열이용사업과 대체연료사용을 위한 시설 및 기기류의 설치

3. 그 밖에 에너지절약 효과 및 보급 필요성이 있다고 지식경제부장관이 인정하는 에너지절약형

시설투자, 에너지절약형 기자재의 제조·설치·시공

② 법 제14조 제1항에 따라 지원대상이 되는 그 밖에 에너지이용 합리화와 이를 통한 온실가스 배출의 감축에 관한 사업은 다음 각 호의 사업으로서 지식경제부장관이 인정하는 사업으로 한다.

1. 에너지원의 연구개발사업
2. 에너지이용 합리화 및 이를 통하여 온실가스 배출을 줄이기 위한 에너지절약시설 설치 및 에너지기술개발사업
3. 기술용역 및 기술지도사업
4. 에너지 분야에 관한 신기술·지식집약형 기업의 발굴·육성을 위한 지원사업

제3장 에너지이용 합리화 시책

제1절 에너지사용기자재 관련 시책

제28조(효율관리기자재의 사후관리 등)
① 지식경제부장관은 법 제16조에 따른 효율관리기자재의 사후관리를 위하여 필요한 경우에는 관계 행정기관의 장에게 필요한 자료의 제출을 요청할 수 있다.
② 지식경제부장관은 법 제16조 제1항 및 제2항에 따른 시정명령 및 생산·판매금지 명령의 이행 여부를 소속 공무원 또는 에너지관리공단으로 하여금 확인하게 할 수 있다.

제2절 산업 및 건물 관련 시책

제29조(에너지절약을 위한 사업)
법 제25조 제1항 제3호에서 '그 밖에 대통령령으로 정하는 에너지절약을 위한 사업'이란 다음 각 호의 사업을 말한다.
1. 신에너지 및 재생에너지원의 개발 및 보급사업
2. 에너지절약형 시설 및 기자재의 연구개발사업

제30조(에너지절약전문기업의 등록 등)
① 법 제25조 제1항에 따라 에너지절약전문기업으로 등록을 하려는 자는 지식경제부령으로 정하는 등록신청서를 지식경제부장관에게 제출하여야 한다.
② 법 제25조 제1항에 따른 에너지절약전문기업의 등록기준은 별표 2와 같다.

제30조의2(공제규정)
① 법 제27조의2 제1항에 따른 공제조합이 같은 조 제2항 제6호에 따른 공제사업을 하려면 공제규정을 정하여야 한다.

② 제1항에 따른 공제규정에는 공제사업의 범위, 공제계약의 내용, 공제료, 공제금, 공제금에 충당하기 위한 책임준비금 등 공제사업의 운영에 필요한 사항이 포함되어야 한다.
[본조신설 2011.10.26.]

제31조(에너지절약형 시설 등)
법 제28조 제1항에서 '그 밖에 대통령령으로 정하는 시설 등'이란 다음 각 호를 말한다.
1. 에너지절약형 공정개선을 위한 시설
2. 에너지이용 합리화를 통한 온실가스의 배출을 줄이기 위한 시설
3. 그 밖에 에너지절약이나 온실가스의 배출을 줄이기 위하여 필요하다고 지식경제부장관이 인정하는 시설
4. 제1호부터 제3호까지의 시설과 관련된 기술개발

제32조(온실가스 배출 감축사업계획서의 제출 등)
① 법 제29조에 따라 온실가스 배출 감축실적의 등록을 신청하려는 자(이하 '등록신청자'라 한다)는 온실가스 배출 감축사업계획서(이하 '사업계획서'라 한다)와 그 사업의 추진 결과에 대한 이행실적보고서를 각각 작성하여 지식경제부장관에게 제출하여야 한다.
② 등록신청자는 사업계획서 및 이행실적보고서에 대하여 지식경제부장관이 지정하여 고시하는 에너지절약 관련 전문기관의 타당성 평가 및 검증을 받아 지식경제부장관에게 감축실적의 등록을 신청하여야 한다.
③ 제1항 및 제2항에 관한 세부적인 사항은 지식경제부장관이 환경부장관과 협의를 거쳐 정하여 고시한다.

제33조(온실가스 배출 감축 관련 교육훈련 대상 등)
① 법 제30조 제1항에 따른 교육훈련의 대상자는 다음 각 호의 어느 하나에 해당하는 자를 말한다.
1. 산업계의 온실가스 배출 감축 관련 업무담당자
2. 정부 등 공공기관의 온실가스 배출 감축 관련 업무담당자

② 법 제30조 제1항에 따른 교육훈련의 내용은 다음 각 호와 같다.
1. 기후변화협약과 대응 방안
2. 기후변화협약 관련 국내외 동향
3. 온실가스 배출 감축 관련 정책 및 감축 방법에 관한 사항

제34조(기후변화협약특성화대학원의 지정기준 등)
① 법 제30조 제2항에서 '대통령령으로 정하는 기준에 해당하는 대학원 또는 대학원대학'이란 기후변화 관련 교통정책, 환경정책, 온난화방지과학, 산업활동과 대기오염 등 지식경제부장관이

정하여 고시하는 과목의 강의가 3과목 이상 개설되어 있는 대학원 또는 대학원대학을 말한다.

② 법 제30조 제2항에 따른 기후변화협약특성화대학원으로 지정을 받으려는 대학원 또는 대학원대학은 지식경제부장관에게 지정신청을 하여야 한다.

③ 지식경제부장관은 법 제30조 제2항에 따라 지정된 기후변화협약특성화대학원이 그 업무를 수행하는 데에 필요한 비용을 예산의 범위에서 지원할 수 있다.

④ 제1항 및 제2항에 따른 지정기준 및 지정신청 절차에 관한 세부적인 사항은 지식경제부장관이 국토해양부장관 및 환경부장관과의 협의를 거쳐 정하여 고시한다.

제35조(에너지다소비사업자)

법 제31조 제1항 각 호 외의 부분에서 '대통령령으로 정하는 기준량 이상인 자'란 연료·열 및 전력의 연간 사용량의 합계(이하 '연간 에너지사용량'이라 한다)가 2천 티오이 이상인 자(이하 '에너지다소비사업자'라 한다)를 말한다.

제36조(에너지진단주기 등)

① 법 제32조 제2항에 따라 에너지다소비사업자가 주기적으로 에너지진단을 받아야 하는 기간(이하 '에너지진단주기'라 한다)은 별표 3과 같다.

② 에너지진단주기는 월 단위로 계산하되, 에너지진단을 시작한 달의 다음 달부터 기산(起算)한다.

제37조(에너지진단전문기관의 관리·감독 등)

지식경제부장관은 법 제32조 제3항에 따라 다음 각 호의 사항에 관하여 법 제32조 제2항 본문에 따른 에너지진단전문기관(이하 '진단기관'이라 한다)을 관리·감독한다.

1. 제39조에 따른 진단기관 지정기준의 유지에 관한 사항

2. 진단기관의 에너지진단 결과에 관한 사항

3. 에너지진단 내용의 이행실태 및 이행에 필요한 기술지도 내용에 관한 사항

4. 그 밖에 진단기관의 관리·감독을 위하여 지식경제부장관이 필요하다고 인정하여 고시하는 사항

제38조(에너지진단비용의 지원)

① 지식경제부장관이 법 제32조 제6항에 따라 에너지진단을 받기 위하여 드는 비용(이하 '에너지진단비용'이라 한다)의 일부 또는 전부를 지원할 수 있는 에너지다소비사업자는 다음 각 호의 요건을 모두 갖추어야 한다. <개정 2009.7.27.>

1. 「중소기업기본법」 제2조에 따른 중소기업일 것

2. 연간 에너지사용량이 1만 티오이 미만일 것

② 제1항에 해당하는 에너지다소비사업자로서 에너지진단비용을 지원받으려는 자는 에너지진단 신청서를 제출할 때에 제1항 제1호에 해당함을 증명하는 서류를 첨부하여야 한다.

③ 에너지진단비용의 지원에 관한 세부기준 및 방법과 그 밖에 필요한 사항은 지식경제부장관이

정하여 고시한다.

제39조(진단기관의 지정기준)

법 제32조 제7항에 따라 진단기관이 보유하여야 하는 장비와 기술인력의 지정기준은 별표 4와 같다.

제40조(개선명령의 요건 및 절차 등)

① 법 제34조 제1항에 따라 지식경제부장관이 에너지다소비사업자에게 개선명령을 할 수 있는 경우는 법 제32조 제5항에 따른 에너지관리지도 결과 10퍼센트 이상의 에너지 효율 개선이 기대되고 효율 개선을 위한 투자의 경제성이 있다고 인정되는 경우로 한다.

② 지식경제부장관은 제1항의 개선명령을 하려는 경우에는 구체적인 개선사항과 개선기간 등을 분명히 밝혀야 한다.

③ 에너지다소비사업자는 제1항에 따른 개선명령을 받은 경우에는 개선명령일부터 60일 이내에 개선계획을 수립하여 지식경제부장관에게 제출하여야 하며, 그 결과를 개선기간 만료일부터 15일 이내에 지식경제부장관에게 통보하여야 한다.

④ 지식경제부장관은 제3항에 따른 개선계획에 대하여 필요하다고 인정하는 경우에는 수정 또는 보완을 요구할 수 있다.

제41조(개선명령의 이행 여부 확인)

지식경제부장관은 법 제34조 제1항에 따른 개선명령의 이행 여부를 소속 공무원으로 하여금 확인하게 할 수 있다.

제42조(폐열 이용의 조정안 작성 등)

① 지식경제부장관은 법 제36조 제2항 단서에 따른 조정을 할 때에는 당사자로부터 의견을 듣고 조정안을 작성하여야 한다.

② 지식경제부장관은 제1항에 따라 작성된 조정안을 당사자에게 알리고 60일 이내의 기간을 정하여 그 조정안을 수락할 것을 권고할 수 있다.

제42조의 2(냉난방온도의 제한 대상 건물 등)

① 법 제36조의 2 제1항 제2호에서 '대통령령으로 정하는 기준량 이상인 건물'이란 연간 에너지 사용량이 2천티오이 이상인 건물을 말한다.

② 지식경제부장관은 법 제36조의 2 제2항 각 호 외의 부분에 따른 고시를 하려는 경우에는 해당 고시 내용을 고시예정일 7일 이전에 같은 항 각 호에 따른 통지 대상자에게 예고하여야 한다.

[본조신설 2009.7.27.]

제42조의 3(시정조치 명령의 방법)

법 제36조의 3에 따른 시정조치 명령은 다음 각 호의 사항을 구체적으로 밝힌 서면으로 하여야 한다.

1. 시정조치 명령의 대상 건물 및 대상자

2. 시정조치 명령의 사유 및 내용

3. 시정기한

[본조신설 2009.7.27.]

제4장 시공업자 단체

제43조(정관의 내용)

① 법 제41조 제1항에 따른 시공업자단체(이하 '시공업자단체'라 한다)의 정관에는 다음 각 호의
   사항이 포함되어야 한다.

1. 목적

2. 명칭

3. 주된 사무소 · 지부에 관한 사항

4. 업무 및 그 집행에 관한 사항

5. 회원의 등록 및 권리 · 의무에 관한 사항

6. 회비에 관한 사항

7. 재산 및 회계에 관한 사항

8. 임원 및 직원에 관한 사항

9. 기구 및 조직에 관한 사항

10. 총회와 이사회에 관한 사항

11. 정관의 변경에 관한 사항

12. 해산에 관한 사항

② 시공업자단체는 정관을 변경하려는 경우에는 지식경제부장관의 인가를 받아야 한다.

제44조(지도 · 감독)

① 지식경제부장관은 법 제41조 제4항에 따라 시공업자단체에 대하여 그 업무 · 회계 및 재산에
   관하여 필요한 사항을 보고하게 하거나 소속 공무원으로 하여금 시공업자단체의 장부 · 서류
   나 그 밖의 물건을 검사하게 할 수 있다.

② 제1항에 따라 검사를 하는 공무원은 그 권한을 표시하는 증표를 지니고 관계인에게 내보여야
   한다.

제5장 에너지관리공단

제45조(에너지관리공단에의 출연)

정부가 법 제45조 제2항에 따라 에너지관리공단(이하 '공단'이라 한다)의 설립 및 운영에 드는 자금에 충당하게 하기 위하여 출연하려 할 때에는 회계연도마다 이를 세출예산에 계상(計上)하여야 한다.

제46조(지부 등의 설치등기)

공단이 지부·연수원·사업소 또는 부설기관(이하 '지부'라 한다)을 설치한 때에는 법 제49조 제3항에 따라 다음 각 호의 구분에 따라 각각 등기하여야 한다.

1. 주된 사무소의 소재지에서는 2주일 내에 설치된 지부의 명칭과 소재지
2. 새로 설치된 지부의 소재지에서는 3주일 내에 다음 각 목의 사항

가. 목적
나. 명칭
다. 주된 사무소의 소재지
라. 이사장의 성명·주민등록번호 및 주소
마. 공고의 방법

제47조(이전등기)

① 공단이 주된 사무소를 다른 등기소의 관할 구역으로 이전한 경우에는 종전의 소재지에서는 2주일 내에 그 이전한 사실을, 새로운 소재지에서는 3주일 내에 제46조 제2호 각 목의 사항을 각각 등기하여야 한다.
② 공단이 지부를 다른 등기소의 관할 구역으로 이전한 경우에는 종전의 소재지에서는 2주일 내에 그 이전한 사실을, 새로운 소재지에서는 3주일 내에 제46조 제2호 각 목의 사항을 각각 등기하여야 한다.

제48조(변경등기)

법 제49조 제2항 각 호의 사항이 변경된 경우에는 주된 사무소의 소재지에서는 2주일 내에 변경등기를 하여야 한다. 이 경우 제46조 제2호 각 목의 사항이 변경된 경우에는 지부의 소재지에서도 3주일 내에 변경된 사항을 등기하여야 한다.

제49조(등기기간의 기산)

이 영에 따른 등기사항으로서 지식경제부장관의 인가 또는 승인을 받아야 할 사항이 있을 때에는 그 인가서 또는 승인서가 도달한 날부터 등기기간을 기산한다.

제6장 보칙

제50조(권한의 위임)

지식경제부장관은 법 제69조 제1항에 따라 법 제78조 제4항 제1호와 제11호에 따른 과태료의 부과·징수에 관한 권한을 시·도지사에게 위임한다. <개정 2009.7.27.>

제51조(업무의 위탁)

① 법 제69조 제3항에 따라 지식경제부장관 또는 시·도지사의 업무 중 다음 각 호의 업무를 공단에 위탁한다. <개정 2009.7.27.>

1. 법 제11조에 따른 에너지사용계획의 검토

2. 법 제12조에 따른 이행 여부의 점검 및 실태파악

3. 법 제15조 제3항에 따른 효율관리기자재의 측정결과 신고의 접수

4. 법 제19조 제3항에 따른 대기전력경고표지대상제품의 측정결과 신고의 접수

5. 법 제20조 제2항에 따른 대기전력저감대상제품의 측정결과 신고의 접수

6. 법 제22조 제3항 및 제4항에 따른 고효율에너지기자재 인증 신청의 접수 및 인증

7. 법 제23조 제1항에 따른 고효율에너지기자재의 인증취소 또는 인증사용 정지명령

8. 법 제25조에 따른 에너지절약전문기업의 등록

9. 법 제29조 제1항에 따른 온실가스 배출 감축실적의 등록 및 관리

10. 법 제31조 제1항에 따른 에너지다소비사업자 신고의 접수

11. 법 제32조 제3항에 따른 진단기관의 관리·감독

12. 법 제32조 제5항에 따른 에너지관리지도

12의 2. 법 제36조의 2 제4항에 따른 냉난방온도의 유지·관리 여부에 대한 점검 및 실태 파악

13. 법 제39조 제2항 및 제4항에 따른 검사대상기기의 검사

14. 법 제39조 제3항에 따른 검사증의 발급(제13호에 따른 검사만 해당한다)

15. 법 제39조 제7항에 따른 검사대상기기의 폐기, 사용 중지, 설치자 변경 및 검사의 전부 또는 일부가 면제된 검사대상기기의 설치에 대한 신고의 접수

16. 법 제40조 제3항에 따른 검사대상기기조종자의 선임·해임 또는 퇴직신고의 접수

② 법 제69조 제3항에 따라 시·도지사의 업무 중 다음 각 호의 업무를 공단 또는 「국가표준기본법」 제23조에 따라 인정받은 시험·검사기관 중 지식경제부장관이 지정하여 고시하는 기관에 위탁한다.

1. 법 제39조 제1항에 따른 검사대상기기의 검사

2. 법 제39조 제3항에 따른 검사증의 발급(제1호에 따른 검사만 해당한다)

제52조(보고)

제51조에 따라 권한의 위임 또는 업무의 위탁을 받은 자는 그 위임 또는 위탁받은 업무를 처리하

였을 때에는 지식경제부장관 또는 시·도지사에게 그 처리 결과를 보고하여야 한다.

제53조(과태료의 부과기준)
① 법 제78조 제1항부터 제4항까지의 규정에 따른 과태료의 부과기준은 별표 5와 같다.
② 지식경제부장관 또는 시·도지사는 해당 사업자의 사업 규모, 위반 정도 및 위반횟수 등을 고려하여 별표 5에 따른 과태료 금액의 3분의 1의 범위에서 그 금액을 감경할 수 있다.
[본조신설 2009.7.27.]

부칙 〈제23260호, 2011.10.26.〉

이 영은 2011년 10월 26일부터 시행한다.

시행령 [별표 1] 〈개정 2009.12.14〉

<u>에너지사용계획의 협의대상사업 등의 범위 및 제출 시기(제20조 제4항 관련)</u>

1. 대상 사업

구분 및 대상 범위	에너지사용계획의 제출 시기
가. 도시개발사업	
1) 「도시개발법」 제2조 제1항 제2호에 따른 도시개발사업 중 면적이 30만 제곱미터 이상인 것. 다만, 민간사업주관자의 경우에는 면적이 60만 제곱미터 이상인 것만 해당한다.	○ 「도시개발법」 제17조 제2항에 따른 실시계획의 인가신청 전
2) 「도시개발법」 제2조 제1항 제2호에 따른 도시개발사업으로서 공업지역조성사업 중 면적이 30만 제곱미터 이상인 것	○ 「도시개발법」 제17조 제2항에 따른 실시계획의 인가신청 전
3) 「도시 및 주거환경정비법」 제2조 제2호에 따른 정비사업 중 면적이 30만 제곱미터 이상인 것. 다만, 민간사업주관자의 경우에는 면적이 60만 제곱미터 이상인 것만 해당한다.	○ 지방자치단체가 시행하는 경우에는 「도시 및 주거환경정비법」 제30조에 따른 사업시행계획의 확정 전, 그 밖의 경우에는 「도시 및 주거환경정비법」 제28조에 따른 사업시행 인가신청 전
4) 「주택법」 제16조에 따른 주택건설사업 또는 대지조성사업 중 면적이 30만 제곱미터 이상인 것. 다만, 민간사업주관자의 경우에는 면적이 60만 제곱미터 이상인 것만 해당한다.	○ 「주택법」 제16조에 따른 주택건설사업계획 또는 대지조성사업계획의 승인신청 전
5) 「택지개발촉진법」 제2조 제1호에 따른 택지의 개발사업 또는 「보금자리주택건설 등에 관한 특별법」 제2조 제3호 가목에 따른 보금자리주택지구조성사업 중 면적이 30만 제곱미터 이상인 것. 다만, 민간사업주관자의 경우에는 면적이 60만 제곱미터 이상인 것만 해당한다.	○ 「택지개발촉진법」 제9조 제1항에 따른 택지개발사업실시계획의 승인신청 전 또는 「보금자리주택건설 등에 관한 특별법」 제17조에 따른 보금자리주택지구계획의 승인신청 전
6) 「물류시설의 개발 및 운영에 관한 법률」 제2조 제9호에 따른 물류단지개발사업 중 면적이 30만 제곱미터 이상인 것. 다만, 민간사업주관자의 경우는 면적이 40만 제곱미터 이상인 것만 해당한다.	○ 「물류시설의 개발 및 운영에 관한 법률」 제28조 제1항에 따른 물류단지개발실시계획의 승인신청 전
나. 산업단지개발사업	
1) 「산업입지 및 개발에 관한 법률」 제2조 제5호 가목에 따른 국가산업단지의 개발사업 중 면적이 15만 제곱미터 이상인 것. 다만, 민간사업주관자의 경우에는 면적이 30만 제곱미터 이상인 것만 해당한다.	○ 「산업입지 및 개발에 관한 법률」 제17조 제1항에 따른 국가산업단지개발실시계획의 승인신청 전
2) 「산업입지 및 개발에 관한 법률」 제2조 제5호 나목에 따른 일반산업단지의 개발사업 중 면적이 15만 제곱미터 이상인 것. 다만, 민간사업주관자의 경우에는 면적이 30만 제곱미터 이상인 것만 해당한다.	○ 「산업입지 및 개발에 관한 법률」 제18조 제1항에 따른 일반산업단지개발실시계획의 승인신청 전
3) 「산업입지 및 개발에 관한 법률」 제2조 제5호 다목에 따른 도시첨단산업단지의 개발사업 중 면적이 15만 제곱미터 이상인 것. 다만, 민간사업주관자의 경우에는 면적이 30만 제곱미터 이상인 것만 해당한다.	○ 「산업입지 및 개발에 관한 법률」 제18조의 2 제1항에 따른 도시첨단산업단지개발실시계획의 승인신청 전
4) 「산업입지 및 개발에 관한 법률」 제2조 제5호 라목에 따른 농공단지의 개발사업 중 면적이 15만 제곱미터 이상인 것. 다만, 민간사업주관자의 경우에는 면적이 30만 제곱미터 이상인 것만 해당한다.	○ 「산업입지 및 개발에 관한 법률」 제19조에 따른 농공단지개발실시계획의 승인신청 전
5) 「자유무역지역의 지정 및 운영에 관한 법률」 제2조 제1호에 따른 자유무역지역 중 면적이 15만 제곱미터 이상인 것. 다만, 민간사업주관자의 경우에는 면적이 30만 제곱미터 이상인 것만 해당한다.	○ 「자유무역지역의 지정 및 운영에 관한 법률」 제4조 제1항에 따른 자유무역지역의 지정요청 선

다. 에너지개발사업	
1) 「광업법」 제3조 제2호에 따른 광업 중 에너지개발을 목적으로 하는 광업으로서 채광면적이 250만 제곱미터 이상인 것	○ 「광업법」 제42조 제1항에 따른 채광계획의 인가신청 전
2) 「전기사업법」 제2조 제14호에 따른 전기설비 중 발전설비(수력발전·원자력발전·집단에너지사업용발전 및 신·재생에너지이용발전을 위한 발전설비는 제외하되, 폐기물 에너지, 석탄을 액화·가스화한 에너지 또는 중질잔사유(重質殘渣油)를 가스화한 에너지이용발전을 위한 발전설비를 포함한다)로서 발전설비용량이 2만 킬로와트 이상인 것	○ 「전기사업법」 제61조 제1항 및 제62조 제1항에 따른 전기설비 공사계획의 인가신청 전 또는 「전기사업법」 제61조 제3항 및 제62조 제2항에 따른 전기설비공사의 신고 전
3) 「한국가스공사법」 제16조의 2에 따른 가스사업	○ 「한국가스공사법」 제16조의 2에 따른 실시계획의 승인신청 전
라. 항만건설사업	
1) 「항만법」 제2조 제2호에 따른 무역항 및 같은 조 제3호에 따른 연안항의 항만시설 중 하역능력이 연간 1백만 톤 이상인 것	○ 국토해양부장관 또는 시·도지사가 시행하는 경우에는 「항만법」 제10조 제1항에 따른 실시계획의 공고 전, 「항만공사법」에 따른 항만공사가 시행하는 경우에는 「항만공사법」 제22조에 따른 실시계획의 승인신청 전, 그 밖의 경우에는 「항만법」 제10조 제2항에 따른 실시계획의 승인신청 전
2) 「신항만건설촉진법」 제2조 제2호에 따른 신항만건설사업 중 하역능력이 연간 1백만 톤 이상인 것	○ 「신항만건설촉진법」 제8조 제1항에 따른 신항만건설사업실시계획의 승인신청 전
마. 철도건설사업	
1) 「철도건설법」 제2조 제1호·제2호 및 제7호에 따른 철도건설사업 중 선로의 길이가 10킬로미터 이상인 것. 다만, 기존 철도노선의 직선화 및 복선화를 위한 사업은 제외한다.	○ 「철도건설법」 제9조에 따른 실시계획의 승인신청 전
2) 「도시철도법」 제3조 제1호에 따른 도시철도의 건설사업 중 선로의 길이가 10킬로미터 이상인 것	○ 「도시철도법」 제4조의 3 제1항에 따른 도시철도사업계획 승인신청 전
바. 공항건설사업	
1) 「항공법」 제2조 제8호에 따른 공항개발사업 중 면적이 40만 제곱미터 이상인 것. 다만, 여객터미널의 신축·개축이 포함되지 아니하는 건설사업은 제외한다.	○ 국토해양부장관이 시행하는 경우에는 「항공법」 제95조 제1항에 따른 실시계획의 확정 전, 그 밖의 경우에는 「항공법」 제95조 제3항에 따른 실시계획의 승인신청 전
2) 「수도권신공항건설 촉진법」 제2조 제2호에 따른 신공항건설사업 중 면적이 40만 제곱미터 이상인 것. 다만, 여객터미널의 신축·개축이 포함되지 아니하는 건설사업은 제외한다.	○ 「수도권신공항건설 촉진법」 제7조 제1항에 따른 신공항건설사업실시계획의 승인신청 전
사. 관광단지개발사업 「관광진흥법」 제2조 제6호 및 제7호에 따른 관광지 또는 관광단지의 조성사업 중 관광시설계획면적이 30만 제곱미터 이상인 것. 다만, 민간사업주관자의 경우에는 관광시설계획의 면적이 50만 제곱미터 이상인 것만 해당한다.	○ 「관광진흥법」 제54조 제1항에 따른 조성계획의 승인신청 전
아. 개발촉진지구개발사업 또는 지역종합개발사업	
1) 가목·나목 및 사목의 대상 범위에 해당되는 사업으로서 「지역균형개발 및 지방중소기업 육성에 관한 법률」에 따른 개발촉진지구개발사업	○ 국가 또는 지방자치단체의 장이 시행하는 경우에는 「지역균형개발 및 지방중소기업 육성에 관한 법률」 제17조 제1항 단서에 따른 개발촉진지구개발사업 실시계획의 확정 전, 그 밖의 경우에는 「지역균형개발 및 지방중소기업육성에 관한 법률」 제17조 제1항 본문에 따른 실시계획의 승인신청 전
2) 가목·나목 및 사목의 대상 범위에 해당되는 사업으로서 「지역균형개발 및 지방중소기업 육성에 관한 법률」에 따른 지역종합개발사업	○ 「지역균형개발 및 지방중소기업 육성에 관한 법률」 제38조의 5에 따른 지역종합개발사업 실시계획의 승인신청 전

2. 대상 시설

구분 및 대상 범위	에너지사용계획의 제출 시기
가. 건축물 또는 공장 1) 공공사업주관자의 경우 　연료 및 열의 경우 연간 2천5백 티오이 이상을 사용하거나, 전력의 경우 연간 1천만kWh 이상을 사용하는 건축물 또는 공장	○ 국가 또는 지방자치단체가 시행하는 경우에는 「건축법」 제29조에 따른 허가권자와의 협의 전, 그 밖의 경우에는 「건축법」 제11조에 따른 건축허가신청 전
2) 민간사업주관자의 경우 　연료 및 열의 경우 연간 5천 티오이 이상을 사용하거나, 전력의 경우 연간 2천만kWh 이상을 사용하는 건축물 또는 공장	○ 「건축법」 제11조에 따른 건축허가신청 전
나. 그 밖의 시설 1) 공공사업주관자의 경우 　건축물 또는 공장 외의 시설로서 연료 및 열의 경우 연간 2천5백 티오이 이상을 사용하거나, 전력의 경우 연간 1천만kWh 이상을 사용하는 시설	○ 에너지사용기기 및 그 관련 설비의 실시설계 완료 전
2) 민간사업주관자의 경우 　건축물 또는 공장 외의 시설로서 연료 및 열의 경우 연간 5천 티오이 이상을 사용하거나, 전력의 경우 연간 2천만kWh 이상을 사용하는 시설	○ 에너지사용기기 및 그 관련 설비의 실시설계 완료 전

시행령 [별표 2] 〈개정 2009.7.27.〉

에너지절약전문기업의 등록기준(제30조 제2항 관련)

구분	내용	1종	2종	
			열	전기
장비	1. 연소가스 분석기 　가. 이산화탄소(CO_2), 산소(O_2), 일산화탄소(CO) 및 질소산화물(NOx) 측정 가능 　나. 온도: 0℃~1,000℃	1대 이상	1대 이상	해당 없음
	2. 적외선 열화상 카메라 　가. 온도: −20℃~500℃ 　나. 분해능: 0.1℃	1대 이상	1대 이상	해당 없음
	3. 고온용 온도계 　−50℃~1,300℃	1대 이상	1대 이상	해당 없음
	4. 적외선 온도계 　−30℃~400℃	1대 이상	1대 이상	1대 이상
	5. 초음파 유량계 　가. 유량 및 유속 측정자료 10,000개 이상 저장 가능 　나. 온도: 0℃~120℃ 　다. 파이프 바깥지름: 50mm~2,000mm 　라. 유속: 0m/s~10m/s	1대 이상	1대 이상	1대 이상
	6. 디지털 풍속계 　0m/s~50m/s	1대 이상	1대 이상	1대 이상
	7. 디지털 풍압계 　가. 정압, 차압 측정 가능 　나. −1,000Pa~3,000Pa	1대 이상	1대 이상	1대 이상
	8. 디지털 압력계 　0bar~30bar	1대 이상	1대 이상	1대 이상

구분	항목	세부			
	9. 데이터 기록계 　가. 기록 용량: 512KB 이상 　나. 기록 채널: 5채널 이상 　다. 온도측정용 감지기: 5개 이상/대		1대 이상	1대 이상	1대 이상
	10. 온도계 　가. 온도: −40℃∼300℃ 　나. 분해능: 0.1℃ 　다. 침형 및 표면 접촉식 센서 각 1개 이상		1대 이상	1대 이상	1대 이상
	11. 온도·습도계 　가. 온도: −10℃∼60℃ 　나. 상대습도: 0%∼100%		1대 이상	1대 이상	1대 이상
	12. 교류전력 측정기 　가. 삼상, 유효전력, 무효전력, 피상전력 및 역률 측정 가능 　나. 전압: 0V∼600V 　다. 전류: 0A∼1,000A		1대 이상	해당 없음	1대 이상
	13. 전력 분석계 　가. 단상, 삼상, 단상3선 측정 가능 　나. 전압·전류·역률·고조파 및 전력 적산(積算) 가능 　−측정전압: 0V∼600V 　−측정전류: 0A∼3,000A 　다. 측정 데이터 기록 가능		1대 이상	해당 없음	1대 이상
	14. 조도계 　0lx∼20,000lx		1대 이상	해당 없음	1대 이상
	15. 회전계 　가. 접촉 및 비접촉 측정 가능 　나. 접촉: 1rpm∼15,000rpm 　다. 비접촉: 1rpm∼90,000rpm		1대 이상	해당 없음	1대 이상
자산	법인	자본금 (주식회사 외의 법인은 출자금)	5억 원 이상	2억 원 이상	2억 원 이상
	개인	자산평가액	10억 원 이상	4억 원 이상	4억 원 이상
기술 인력	1. 「국가기술자격법」에 따른 기계·금속·화공 및 세라믹·전기·건축·에너지 분야의 기술사 또는 가스기술사		2명 이상	1명 이상	1명 이상
	2. 「국가기술자격법」에 따른 에너지관리기사		2명 이상	2명 이상	해당 없음
	3. 「국가기술자격법」에 따른 전기기사 또는 전기공사기사		2명 이상	해당 없음	2명 이상
	4. 「국가기술자격법」에 따른 공조냉동기계기사, 화공기사, 건축설비기사, 가스기사		1명 이상	1명 이상	1명 이상
	5. 「국가기술자격법」에 따른 기계·금속·화공 및 세라믹·전기·건축 분야의 기능사 또는 가스기능사		1명 이상	1명 이상	1명 이상

비고

1. 에너지절약전문기업의 등록구분은 에너지절약 투자시설의 설비 종류에 따라 1종과 2종으로 구분하며, 2종은 열설비를 다루는 열분야(2종 열)와 전기설비를 다루는 전기분야(2종 전기)로 구분한다.
2. 기술인력 중 기술사는 해당 분야의 박사학위 소지자(2008년 8월 28일 이전에 박사학위를 취득한 자만 해당한다)로 대체할 수 있고, 기사는 동일 분야 산업기사 또는 에너지관리공단에서 인정한 동일 분야 에너지진단사로 대체할 수 있으며, 기능사는 동일 분야 기사 또는 산업기사로 대체할 수 있다.
3. 한 사람이 2종류 이상의 자격증을 가지고 있는 경우에는 한 종류만 기술능력을 갖춘 것으로 본다.

에너지진단주기(제36조 제1항 관련)

연간 에너지사용량	에너지진단주기
20만 티오이 이상	1. 전체진단: 5년 2. 부분진단: 3년
20만 티오이 미만	5년

비고
1. 연간 에너지사용량은 에너지진단을 하는 연도의 전년도 연간 에너지사용량을 기준으로 한다.
2. 연간 에너지사용량이 20만 티오이 이상인 자에 대해서는 10만 티오이 이상의 사용량을 기준으로 구역별로 나누어 에너지진단(이하 '부분진단'이라 한다)을 할 수 있으며, 1개 구역 이상에 대하여 부분진단을 한 경우에는 에너지진단 주기에 에너지진단을 받은 것으로 본다.
3. 부분진단은 10만 티오이 이상의 사용량을 기준으로 구역별로 나누어 순차적으로 실시하여야 한다.

시행령 [별표 4] 〈개정 2009.7.27〉

진단기관의 지정기준(제39조 관련)

1. 장비

내용	1종	2종
가. 적외선 열화상 카메라 　1) 온도: $-20℃ \sim 500℃$ 　2) 분해능: $0.1℃$	1대 이상	해당 없음
나. 초음파 유량계 　1) 유량 및 유속 측정 자료 10,000개 이상 저장 가능 　2) 온도: $0℃ \sim 120℃$ 　3) 파이프 바깥지름: $50mm \sim 2,000mm$ 　4) 유속: $0m/s \sim 10m/s$	2대 이상	1대 이상
다. 디지털 압력계 　$0bar \sim 30bar$	2대 이상	1대 이상
라. 데이터 기록계 　1) 기록 용량: 512KB 이상 　2) 기록 채널: 5채널 이상 　3) 온도측정용 감지기: 5개 이상/대	2대 이상	1대 이상
마. 온도·습도계 　1) 온도: $-10℃ \sim 60℃$ 　2) 상대습도: $0\% \sim 100\%$	2대 이상	1대 이상
바. 연소가스 분석기 　1) 이산화탄소(CO_2), 산소(O_2), 일산화탄소(CO) 및 질소산화물(NOx) 측정 가능 　2) 온도: $-20℃ \sim 1,000℃$(연속측정 가능)	2대 이상	1대 이상
사. 표준 온도계 　1) 온도: $-50℃ \sim 350℃$ 　2) 한눈금의 값: $0.1℃$	1세트 이상	1세트 이상
아. 온도계 　1) 온도: $-40℃ \sim 300℃$ 　2) 분해능: $0.1℃$ 　3) 침형 감지기: 1개 이상/대 　4) 표면 접촉식 감지기: 1개 이상/대	2대 이상	1대 이상
자. 고온용 온도계 　$0℃ \sim 1,300℃$	2대 이상	1대 이상
차. 적외선 온도계 　$-30℃ \sim 400℃$	2대 이상	1대 이상

	1종	2종
카. 디지털 풍속계 　1) 풍속: 0m/s~50m/s 　2) 온도: 0℃~300℃	2대 이상	1대 이상
타. 디지털 풍압계 　1) 정압, 차압 측정 가능 　2) −1,000Pa~3,000Pa	2대 이상	1대 이상
파. 전력 분석계 　1) 삼상 측정 가능 　2) 전압·전류·역률·고조파 및 전력 적산 가능 　3) 측정 데이터 기록 가능	2대 이상	1대 이상
하. 교류전력 측정기 　1) 삼상·유효전력·피상전력·무효전력 및 역률 측정 가능 　2) 전압: 0V~600V 　3) 전류: 0A~1,000A	2대 이상	1대 이상
거. 조도계 　0lx~20,000lx	1대 이상	1대 이상
너. 회전계 　1) 접촉 및 비접촉 측정 가능 　2) 접촉: (1rpm)~15,000rpm 　3) 비접촉: (1rpm)~90,000rpm	1대 이상	1대 이상

※ (　)는 참고치

2. 기술인력

내용	1종	2종
가. 「국가기술자격법」에 따른 기계·금속·화공 및 세라믹·전기·건축·에너지 분야의 기술사 또는 가스기술사 자격을 취득한 사람	1명 이상	해당 없음
나. 「국가기술자격법」에 따른 에너지관리기사·가스기사·화공기사·전기기사·전기공사기사·공조냉동기계기사 또는 건축설비기사 자격을 취득한 사람으로서 10년 이상 에너지 분야의 업무를 수행한 사람	1명 이상	1명 이상
다. 「국가기술자격법」에 따른 에너지관리기사·가스기사 또는 화공기사 자격을 취득한 사람으로서 7년 이상 에너지 분야의 업무를 수행한 사람	2명 이상	해당 없음
라. 「국가기술자격법」에 따른 전기기사 또는 전기공사기사 자격을 취득한 사람으로서 7년 이상 에너지분야의 업무를 수행한 사람	2명 이상	해당 없음
마. 「국가기술자격법」에 따른 에너지관리기사·가스기사 또는 화공기사 자격을 취득한 사람으로서 4년 이상 에너지 분야의 업무를 수행한 사람	1명 이상	1명 이상
바. 「국가기술자격법」에 따른 전기기사 또는 전기공사기사 자격을 취득한 사람으로서 4년 이상 에너지 분야의 업무를 수행한 사람	1명 이상	1명 이상
사. 「국가기술자격법」에 따른 공조냉동기계기사 또는 건축설비기사 자격을 취득한 사람으로서 4년 이상 에너지 분야의 업무를 수행한 사람	1명 이상	1명 이상
아. 「국가기술자격법」에 따른 기계·화공 및 세라믹·전기·건축·에너지·안전관리 분야의 기사 자격을 취득한 사람	1명 이상	1명 이상

비고
1. 기술인력은 해당 진단기관의 상근 임원이나 직원이어야 한다.
2. 에너지 분야의 업무란 에너지사용 설비 및 시설의 제조·설치·시공·조종·진단·검사 또는 유지관리 업무를 말한다.
3. 기술인력의 아목에 해당하는 사람은 기계, 화공 및 세라믹, 전기, 건축, 에너지, 안전관리 분야의 기능사 자격을 취득한 사람으로서 3년 이상 해당 분야의 업무를 수행한 사람으로 대체할 수 있다.
4. 기술인력 중 기사는 같은 분야 산업기사로 대체할 수 있고, 에너지 또는 전기 분야의 기사는 에너지진단을 목적으로 에너지관리공단에서 시행하고 있는 같은 분야 에너지진단사로 대체할 수 있다.
5. 한 사람이 2종류 이상의 자격을 취득한 경우에는 한 종류만 기술능력을 갖춘 것으로 본다.
6. 법 제25조 제1항 및 이 영 제30조 제2항, 별표 2에서 정한 에너지절약전문기업의 등록기준을 갖추고 사업을 영위하고 있는 자가 진단기관의 지정을 받으려는 경우 에너지절약전문기업의 등록기준에 따라 갖추고 있는 장비 및 기술인력은 진단기관 지정 시 갖추어야 할 장비 및 기술인력으로 인정할 수 있다.

[별표 5] 〈신설 2009.7.27.〉

과태료의 부과기준(제53조 관련)

위반행위	근거 법령	과태료 금액			
		1회 위반	2회 위반	3회 위반	4회 이상 위반
1. 법 제7조 제2항 제9호에 따른 에너지사용의 제한 또는 금지에 관한 조정·명령, 그 밖에 필요한 조치를 위반 한 경우 가. 차량의 사용제한에 관한 명령을 위반한 경우 나. 그 밖의 에너지사용의 제한 또는 금지에 관한 조정· 명령, 그 밖에 필요한 조치를 위반한 경우	법 제78조 제4항 제1호	 10만 원 50만 원	 10만 원 100만 원	 10만 원 200만 원	 10만 원 300만 원
2. 법 제9조 제1항을 위반하여 정당한 이유 없이 수요관리 투자계획과 시행결과를 제출하지 아니한 경우	법 제78조 제4항 제2호	50만 원	100만 원	200만 원	300만 원
3. 법 제9조 제2항을 위반하여 수요관리투자계획을 수정 ·보완하여 시행하지 아니한 경우	법 제78조 제4항 제3호	50만 원	100만 원	200만 원	300만 원
4. 법 제10조 제1항이나 제3항을 위반하여 에너지사용계획 을 제출하지 아니하거나 변경하여 제출하지 아니한 경우	법 제78조 제2항 제1호	300만 원	500만 원	700만 원	1천만 원
5. 법 제11조 제1항에 따른 필요한 조치의 요청을 공공사업주 관자가 정당한 이유 없이 거부하거나 이행하지 아니한 경우	법 제78조 제4항 제4호	50만 원	100만 원	200만 원	300만 원
6. 법 제11조 제2항에 따른 관련 자료의 제출요청을 사업 주관자가 정당한 이유 없이 거부한 경우	법 제78조 제4항 제5호	50만 원	100만 원	200만 원	300만 원
7. 법 제12조에 따른 이행 여부에 대한 점검 또는 실태 파 악을 사업주관자가 정당한 이유 없이 거부·방해 또는 기피한 경우	법 제78조 제4항 제6호	50만 원	100만 원	200만 원	300만 원
8. 법 제15조 제2항을 위반하여 효율관리기자재에 대한 에 너지 소비효율등급 또는 에너지소비효율을 표시하지 아니하거나 거짓으로 표시를 한 경우	법 제78조 제3항 제1호	200만 원	300만 원	400만 원	500만 원
9. 법 제15조 제4항에 따른 광고내용이 포함되지 아니한 광고를 한 경우	법 제78조 제3항 제2호	200만 원	300만 원	400만 원	500만 원
10. 법 제17조 제4항을 위반하여 자료를 제출하지 아니하 거나 거짓으로 자료를 제출한 경우	법 제78조 제4항 제7호	20만 원	50만 원	100만 원	300만 원
11. 법 제20조 제3항 또는 제22조 제6항을 위반하여 정당 한 이유 없이 대기전력저감우수제품 또는 고효율에너 지기자재를 우선적으로 구매하지 아니한 경우	법 제78조 제4항 제8호	50만 원	100만 원	200만 원	300만 원
12. 법 제31조 제1항에 따른 신고를 하지 아니하거나 거짓으 로 신고를 한 경우	법 제78조 제4항 제9호	20만 원	50만 원	100만 원	300만 원
13. 법 제32조 제2항을 위반하여 에너지다소비사업자가 에너지진단을 받지 아니한 경우	법 제78조 제1항	1천만 원	2천만 원	2천만 원	2천만 원
14. 법 제34조에 따른 개선명령을 정당한 사유 없이 이행 하지 아니한 경우	법 제78조 제2항 제2호	300만 원	500만 원	700만 원	1천만 원
15. 법 제36조의 2 제4항에 따른 냉난방온도의 유지·관리 여부에 대한 점검 및 실태 파악을 정당한 사유 없이 거 부·방해 또는 기피한 경우	법 제78조 제4항 제9호의2	300만 원	300만 원	300만 원	300만 원
16. 법 제36조의 3에 따른 시정조치명령을 정당한 사유 없 이 이행하지 아니한 경우	법 제78조 제4항 제9호의 3	300만 원	300만 원	300만 원	300만 원
17. 법 제39조 제7항에 따른 신고를 하지 아니하거나 거짓 으로 신고를 한 경우	법 제78조 제4항 제9호의 4	30만 원	50만 원	100만 원	300만 원

18. 법 제40조 제3항에 따른 신고를 하지 아니하거나 거짓 으로 신고를 한 경우	법 제78조 제4항 제9호의 4	30만 원	70만 원	150만 원	300만 원
19. 법 제50조를 위반하여 에너지관리공단 또는 이와 유사 한 명칭을 사용한 경우	법 제78조 제4항 제10호	300만 원	300만 원	300만 원	300만 원
20. 법 제65조 제2항을 위반하여 교육을 받지 아니한 경우 또는 같은 조 제3항을 위반하여 교육을 받게 하지 아 니한 경우	법 제78조 제4항 제11호	20만 원	50만 원	100만 원	300만 원
21. 법 제66조 제1항에 따른 검사를 거부·방해 또는 기피 한 경우	법 제78조 제2항 제3호	300만 원	500만 원	700만 원	1천만 원
22. 법 제66조 제1항에 따른 보고를 하지 아니하거나 거짓 으로 보고를 한 경우	법 제78조 제4항 제12호	50만 원	100만 원	200만 원	300만 원

비고

1. 제13호의 위반행위의 횟수에 따른 과태료의 부과기준은 1년 단위로 그 위반행위에 해당할 때마다 1회 위반을 적용하여 그 위반행위에 해당하는 날부터 다음 진단주기가 도래하기 이전에 같은 위반행위에 해당하여 과태료를 부과받은 경우에 적용한다.
2. 제1호부터 제12호까지 및 제14호부터 제22호까지의 위반행위의 횟수에 따른 과태료의 부과기준은 최근 2년간 같은 위반행위로 과태료를 부과받은 경우에 적용한다. 이 경우 과태료의 부과기준의 적용은 같은 위반행위에 대한 과태료 부과일과 그 부과 후 재적발일을 기준으로 한다.

에너지이용 합리화법 시행규칙

[시행 2011.12.15.] [지식경제부령 제224호, 2011.12.15, 일부개정]

제1조(목적)

이 규칙은「에너지이용 합리화법」및 같은 법 시행령에서 위임된 사항과 그 시행에 필요한 사항을 규정함을 목적으로 한다.

제2조(에너지열량 환산기준)

다음 각 호의 어느 하나에 해당하는 대상을 판단하는 경우 에너지원별열량은「에너지법 시행규칙」별표 제1호의 총발열량을 기준으로 환산한다. <개정 2011.1.19.>

1.「에너지이용 합리화법」(이하 '법'이라 한다) 제10조 제1항에 따른 에너지사용계획(이하 '에너지사용계획'이라 한다)의 협의대상
2. 법 제31조 제1항에 따른 에너지사용량 등의 신고대상
3. 법 제32조에 따른 에너지관리기준의 준수대상 및 에너지진단의 대상
4.「에너지이용 합리화법 시행령」(이하 '영'이라 한다) 제12조 제1항 제5호에 따른 에너지저장 의무부과의 대상

제3조(에너지사용계획의 검토기준 및 검토방법)

① 법 제11조 제1항에 따른 에너지사용계획의 검토기준은 다음 각 호와 같다.

1. 에너지의 수급 및 이용 합리화 측면에서 해당 사업의 실시 또는 시설 설치의 타당성
2. 부문별·용도별 에너지 수요의 적절성
3. 연료·열 및 전기의 공급 체계, 공급원 선택 및 관련 시설 건설계획의 적절성
4. 해당 사업에 있어서 용지의 이용 및 시설의 배치에 관한 효율화 방안의 적절성
5. 고효율에너지이용 시스템 및 설비 설치의 적절성
6. 에너지이용의 합리화를 통한 온실가스(이산화탄소만 해당한다) 배출감소 방안의 적절성
7. 폐열의 회수·활용 및 폐기물 에너지이용계획의 적절성
8. 신·재생에너지이용계획의 적절성
9. 사후 에너지관리계획의 적절성

② 지식경제부장관은 제1항에 따른 검토를 할 때 필요하면 관계 행정기관, 지방자치단체, 연구기관, 에너지공급자, 그 밖의 관련 기관 또는 단체에 검토를 의뢰하여 의견을 제출하게 하거나, 소속 공무원으로 하여금 현지조사를 하게 할 수 있다.

③ 제1항 각 호의 기준에 관한 구체적인 내용은 지식경제부장관이 정한다.

제4조(변경협의 요청)

영 제21조 제3항에 따라 공공사업주관자(법 제10조 제2항에 따른 공공사업주관자를 말한다. 이하 같다)가 에너지사용계획의 변경 사항에 관하여 지식경제부장관에게 협의를 요청할 때에는 변경된 에너지사용계획에 다음 각 호의 사항을 적은 서류를 첨부하여 제출하여야 한다. <개정 2011.1.19.>

1. 에너지사용계획의 변경 이유

2. 에너지사용계획의 변경 내용

제5조(이행계획의 작성 등)

영 제23조 제2항에 따른 이행계획에는 다음 각 호의 사항이 포함되어야 한다.

1. 영 제23조 제1항 각 호의 사항에 관하여 지식경제부장관으로부터 요청받은 조치의 내용

2. 이행 주체

3. 이행 방법

4. 이행 시기

제6조(이의신청)

영 제24조에 따라 공공사업주관자가 이의신청을 하려는 경우에는 그 이유 및 내용을 적은 서류를 지식경제부장관에게 제출하여야 한다. <개정 2011.1.19.>

제7조(효율관리기자재)

① 법 제15조 제1항에 따른 효율관리기자재(이하 '효율관리기자재'라 한다)는 다음 각 호와 같다.

1. 전기냉장고

2. 전기냉방기

3. 전기세탁기

4. 조명기기

5. 삼상유도전동기(三相誘導電動機)

6. 자동차

7. 그 밖에 지식경제부장관이 그 효율의 향상이 특히 필요하다고 인정하여 고시하는 기자재 및 설비

② 제1항 각 호의 효율관리기자재의 구체적인 범위는 지식경제부장관이 정하여 고시한다.

③ 법 제15조 제1항 제6호에서 '지식경제부령으로 정하는 사항'이란 다음 각 호와 같다.

＜개정 2011.12.15.＞
1. 법 제15조 제2항에 따른 효율관리시험기관(이하 '효율관리시험기관'이라 한다) 또는 자체측정의 승인을 받은 자가 측정할 수 있는 효율관리기자재의 종류, 측정결과에 관한 시험성적서의 기재사항 및 기재방법과 측정결과의 기록 유지에 관한 사항
2. 이산화탄소 배출량의 표시
3. 에너지비용(일정기간 동안 효율관리기자재를 사용함으로써 발생할 수 있는 예상 전기요금이나 그 밖의 에너지요금을 말한다)

제8조(효율관리기자재 자체측정의 승인신청)
법 제15조 제2항 단서에 따라 효율관리기자재에 대한 자체측정의 승인을 받으려는 자는 별지 제1호서식의 효율관리기자재 자체측정 승인신청서에 다음 각 호의 서류를 첨부하여 지식경제부장관에게 제출하여야 한다.
1. 시험설비 현황(시험설비의 목록 및 사진을 포함한다)
2. 전문인력 현황(시험 담당자의 명단 및 재직증명서를 포함한다)
3. 「국가표준기본법」 제23조에 따른 시험·검사기관 인정서 사본(해당되는 경우에만 첨부한다)

제9조(효율관리기자재 측정결과의 신고)
법 제15조 제3항에 따라 효율관리기자재의 제조업자 또는 수입업자는 효율관리시험기관으로부터 측정결과를 통보받은 날 또는 자체측정을 완료한 날부터 각각 60일 이내에 그 측정결과를 법 제45조에 따른 에너지관리공단(이하 '공단'이라 한다)에 신고하여야 한다.

제10조(효율관리기자재의 광고매체)
법 제15조 제4항에 따른 광고매체는 다음 각 호와 같다.
1. 「신문 등의 진흥에 관한 법률」 제2조 제1호 및 제2호에 따른 신문 및 인터넷 신문
2. 「잡지 등 정기간행물의 진흥에 관한 법률」 제2조 제1호에 따른 정기간행물
3. 「방송법」 제9조 제5항에 따른 상품소개와 판매에 관한 전문편성을 행하는 방송채널사용사업자의 채널
4. 「전기통신기본법」 제2조 제1호에 따른 전기통신
5. 해당 효율관리기자재의 제품안내서
6. 그 밖에 소비자에게 널리 알리거나 제시하는 것으로서 지식경제부 장관이 정하여 고시하는 것
[전문개정 2011.12.15.]

제10조의 2(효율관리기자재의 사후관리조사)
① 지식경제부장관은 법 제16조 제4항에 따른 조사(이하 '사후관리조사'라 한다)를 실시하는 경우에는 다음 각 호의 어느 하나에 해당하는 효율관리기자재를 사후관리조사 대상에 우선적으

로 포함하여야 한다.

1. 전년도에 사후관리조사를 실시한 결과 부적합률이 높은 효율관리기자재

2. 전년도에 법 제15조 제1항 제2호부터 제5호까지의 사항을 변경하여 고시한 효율관리기자재

② 지식경제부장관은 사후관리조사를 위하여 필요하면 다른 제조업자·수입업자·판매업자나「소비자기본법」제33조에 따른 한국소비자원 또는 같은 법 제2조 제3호에 따른 소비자단체에게 협조를 요청할 수 있다.

③ 그 밖에 사후관리조사를 위하여 필요한 사항은 지식경제부장관이 정하여 고시한다.

[본조신설 2009.7.30.]

제11조(평균효율관리기자재)

법 제17조 제1항에서 '지식경제부령으로 정하는 기자재'란「자동차관리법」제3조 제1항에 따른 승용자동차를 말한다.

제12조(평균에너지소비효율의 산정방법 등)

① 법 제17조 제1항에 따른 평균에너지소비효율의 산정방법은 별표 1과 같다.

② 법 제17조 제2항에 따른 평균에너지소비효율의 개선기간은 개선명령을 받은 날부터 다음 해 12월 31일까지로 한다.

③ 법 제17조 제2항에 따른 개선명령을 받은 자는 개선명령을 받은 날부터 60일 이내에 개선명령 이행계획을 수립하여 지식경제부장관에게 제출하여야 한다.

④ 제3항에 따라 개선명령이행계획을 제출한 자는 개선명령의 이행 상황을 매년 6월 말과 12월 말에 지식경제부장관에게 보고하여야 한다. 다만, 개선명령이행계획을 제출한 날부터 90일이 지나지 아니한 경우에는 그 다음 보고기간에 보고할 수 있다.

⑤ 지식경제부장관은 제3항에 따른 개선명령이행계획을 검토한 결과 평균에너지소비효율의 개선계획이 미흡하다고 인정되는 경우에는 조정·보완을 요청할 수 있다.

⑥ 제5항에 따른 조정·보완을 요청받은 자는 정당한 사유가 없으면 30일 이내에 개선명령이행계획을 조정·보완하여 지식경제부장관에게 제출하여야 한다.

⑦ 법 제17조 제5항에 따른 평균에너지소비효율의 공표 방법은 관보 또는 일간신문에의 게재로 한다.

제13조(대기전력저감대상제품)

① 법 제18조에 따른 대기전력저감대상제품(이하 '대기전력저감대상제품'이라 한다)은 별표 2와 같다.

② 법 제18조 제5호에서 '지식경제부령으로 정하는 사항'이란 법 제19조 제2항에 따른 대기전력시험기관(이하 '대기전력시험기관'이라 한다) 또는 자체측정의 승인을 받은 자가 측정할 수 있는 대기전력저감대상제품의 종류, 측정결과에 관한 시험성적서의 기재사항 및 기재방법과

측정결과의 기록 유지에 관한 사항을 말한다.

제14조(대기전력경고표지대상제품)

① 법 제19조 제1항에 따른 대기전력경고표지대상제품(이하 '대기전력경고표지대상제품'이라 한다)은 다음 각 호와 같다. <개정 2010.1.18.>

1. 컴퓨터
2. 모니터
3. 프린터
4. 복합기
5. 텔레비전
6. 셋톱박스
7. 전자레인지
8. 팩시밀리
9. 복사기
10. 스캐너
11. 비디오테이프레코더
12. 오디오
13. DVD플레이어
14. 라디오카세트
15. 도어폰
16. 유무선전화기
17. 비데
18. 모뎀
19. 홈 게이트웨이

② 법 제19조 제1항 제3호에서 '지식경제부령으로 정하는 사항'이란 법 제19조 제2항에 따른 대기전력시험기관 또는 자체측정의 승인을 받은 자가 측정할 수 있는 대기전력경고표지대상제품의 종류, 측정결과에 관한 시험성적서의 기재사항 및 기재방법과 측정결과의 기록 유지에 관한 사항을 말한다.

제15조(대기전력 자체측정의 승인신청)

법 제19조 제2항 단서 또는 법 제20조 제1항 단서에 따라 대기전력경고표지대상제품 또는 대기전력저감대상제품에 대한 자체측정의 승인을 받으려는 자는 별지 제2호서식의 대기전력 저감(경고표지) 대상제품 자체측정 승인신청서에 다음 각 호의 서류를 첨부하여 지식경제부장관에게 제출하여야 한다.

1. 시험설비 현황(시험설비의 목록 및 사진을 포함한다)

2. 전문인력 현황(시험 담당자의 명단 및 재직증명서를 포함한다)
3. 「국가표준기본법」 제23조에 따른 시험·검사기관 인정서 사본(해당되는 경우에만 첨부한다)

제16조(대기전력경고표지대상제품 측정결과의 신고)

법 제19조 제3항에 따라 대기전력경고표지대상제품의 제조업자 또는 수입업자는 대기전력시험기관으로부터 측정결과를 통보받은 날 또는 자체측정을 완료한 날부터 각각 60일 이내에 그 측정결과를 공단에 신고하여야 한다.

제17조(대기전력시험기관의 지정신청)

법 제19조 제5항에 따라 대기전력시험기관으로 지정받으려는 자는 별지 제3호서식의 대기전력시험기관 지정신청서에 다음 각 호의 서류를 첨부하여 지식경제부장관에게 제출하여야 한다.
1. 시험설비 현황(시험설비의 목록 및 사진을 포함한다)
2. 전문인력 현황(시험 담당자의 명단 및 재직증명서를 포함한다)
3. 「국가표준기본법」 제23조에 따른 시험·검사기관 인정서 사본(해당되는 경우에만 첨부한다)

제18조(대기전력저감우수제품의 신고)

법 제20조 제2항에 따라 대기전력저감우수제품의 표시를 하려는 제조업자 또는 수입업자는 대기전력시험기관으로부터 측정결과를 통보받은 날 또는 자체측정을 완료한 날부터 각각 60일 이내에 그 측정결과를 공단에 신고하여야 한다.

제19조(시정명령)

법 제21조 제1항에 따라 지식경제부장관은 대기전력저감우수제품이 대기전력저감기준에 미달하는 경우 대기전력저감우수제품의 제조업자 또는 수입업자에게 6개월 이내의 기간을 정하여 다음 각 호의 시정을 명할 수 있다. 다만, 제2호는 대기전력저감우수제품이 대기전력경고표지대상제품에도 해당되는 경우에만 적용한다.
1. 대기전력저감우수제품의 표시 제거
2. 대기전력경고표지의 표시

제20조(고효율에너지인증대상기자재)
① 법 제22조 제1항에 따른 고효율에너지인증대상기자재(이하 '고효율에너지인증대상기자재'라 한다)는 다음 각 호와 같다.
1. 펌프
2. 산업건물용 보일러
3. 무정전전원장치
4. 폐열회수형 환기장치

5. 발광다이오드(LED) 등 조명기기

6. 그 밖에 지식경제부장관이 특히 에너지이용의 효율성이 높아 보급을 촉진할 필요가 있다고 인
   정하여 고시하는 기자재 및 설비

② 법 제22조 제1항 제5호에서 '지식경제부령으로 정하는 사항'이란 법 제22조 제2항에 따른 고
   효율시험기관(이하 '고효율시험기관'이라 한다)이 측정할 수 있는 고효율에너지인증대상기자
   재의 종류, 측정결과에 관한 시험성적서의 기재사항 및 기재방법과 측정결과의 기록 유지에
   관한 사항을 말한다.

제21조(고효율에너지기자재의 인증신청)

법 제22조 제3항에 따라 고효율에너지기자재의 인증을 받으려는 자는 별지 제4호서식의 고효율
에너지기기자재 인증신청서에 다음 각 호의 서류를 첨부하여 공단에 인증을 신청하여야 한다.

1. 고효율시험기관의 측정결과

2. 에너지 효율 유지에 관한 사항

제22조(고효율시험기관의 지정신청)

법 제22조 제7항에 따라 고효율시험기관으로 지정받으려는 자는 별지 제5호서식의 고효율시험기
관 지정신청서에 다음 각 호의 서류를 첨부하여 지식경제부장관에게 제출하여야 한다.

1. 시험설비 현황(시험설비의 목록 및 사진을 포함한다)

2. 전문인력 현황(시험 담당자의 명단 및 재직증명서를 포함한다)

3. 「국가표준기본법」 제23조에 따른 시험·검사기관 인정서 사본(해당되는 경우에만 첨부한다)

제23조(인증 제한 기간)

법 제23조 제2항에서 '지식경제부령으로 정하는 기간'이란 1년을 말한다.

제24조(에너지절약전문기업의 등록신청)

① 영 제30조 제1항에 따른 에너지절약전문기업의 등록신청서 및 등록 사항을 변경하는 경우의
   변경등록신청서는 별지 제6호서식과 같다.

② 제1항에 따른 등록신청서에는 다음 각 호의 서류(변경등록의 경우에는 등록신청을 할 때 제출
   한 서류 중 변경된 것만을 말한다)를 첨부하여야 한다. 이 경우 신청을 받은 공단은 「전자정부
   법」 제36조 제1항에 따른 행정정보의 공동이용을 통하여 법인 등기사항증명서(신청인이 법인
   인 경우만 해당한다)를 확인하여야 한다. <개정 2011.1.19.>

1. 사업계획서

2. 삭제 <2011.1.19.>

3. 영 별표 2에 따른 보유장비명세서 및 기술인력명세서(자격증명서 사본을 포함한다)

4. 「부동산 가격공시 및 감정평가에 관한 법률」에 따른 감정평가업자가 평가한 자산에 대한 감정

평가서(개인인 경우만 해당한다)

제25조(에너지절약전문기업 등록증)
① 공단은 제24조 제1항에 따른 신청을 받은 경우 그 내용이 영 제30조 제2항에 따른 에너지절
  약전문기업의 등록기준에 적합하다고 인정하면 별지 제7호서식의 에너지절약전문기업 등록증
  을 그 신청인에게 발급하여야 한다.
② 제1항에 따른 등록증을 발급받은 자는 그 등록증을 잃어버리거나 헐어 못 쓰게 된 경우에는
  공단에 재발급신청을 할 수 있다. 이 경우 등록증이 헐어 못 쓰게 되어 재발급신청을 할 때에
  는 그 등록증을 첨부하여야 한다.

제26조(자발적 협약의 이행 확인 등)
① 법 제28조에 따라 에너지사용자 또는 에너지공급자가 수립하는 계획에는 다음 각 호의 사항이
  포함되어야 한다.
1. 협약 체결 전년도의 에너지소비 현황
2. 에너지를 사용하여 만드는 제품, 부가가치 등의 단위당 에너지이용 효율 향상목표 또는 온실가
  스 배출 감축목표(이하 '효율 향상목표 등'이라 한다) 및 그 이행 방법
3. 에너지관리체제 및 에너지관리방법
4. 효율 향상목표 등의 이행을 위한 투자계획
5. 그 밖에 효율 향상목표 등을 이행하기 위하여 필요한 사항
② 법 제28조에 따른 자발적 협약의 평가기준은 다음 각 호와 같다.
1. 에너지절감량 또는 에너지의 합리적인 이용을 통한 온실가스 배출 감축량
2. 계획 대비 달성률 및 투자실적
3. 자원 및 에너지의 재활용 노력
4. 그 밖에 에너지절감 또는 에너지의 합리적인 이용을 통한 온실가스 배출 감축에 관한 사항

제26조의 2(에너지경영시스템의 지원 등)
① 법 제28조의 2 제1항에 따른 에너지경영시스템이란 에너지사용자 또는 에너지공급자가 에너
  지이용 효율을 개선할 수 있는 경영목표를 설정하고, 이를 달성하기 위하여 인적·물적 자원
  및 관리체제를 일정한 절차와 방법에 따라 체계적이고 지속적으로 관리하는 경영활동체제를
  말한다.
② 에너지사용자 또는 에너지공급자는 법 제28조의 2 제1항에 따른 지원을 받기 위해서는 다음
  각 호의 사항을 모두 충족하여야 한다.
1. 국제표준화기구가 에너지경영시스템에 관하여 정한 국제규격에 적합한 에너지경영시스템의 구축
2. 에너지이용 효율의 지속적인 개선
③ 법 제28조의 2 제2항에 따른 지원의 방법은 다음 각 호와 같다.

1. 에너지경영시스템 도입을 위한 기술의 지도 및 관련 정보의 제공
2. 에너지경영시스템 관련 업무를 담당하는 자에 대한 교육훈련
3. 그 밖에 에너지경영시스템의 도입을 위하여 지식경제부장관이 필요하다고 인정한 사항
④ 제3항에 따른 지원을 받으려는 자는 다음 각 호의 사항이 포함된 계획서를 지식경제부장관에
   게 제출하여야 한다.
1. 에너지사용량 현황
2. 에너지이용 효율의 개선을 위한 경영목표 및 그 관리체제
3. 주요 설비별 에너지이용 효율의 목표와 그 이행 방법
4. 에너지사용량 모니터링 및 측정 계획
[본조신설 2011.10.26.]

제27조(에너지사용량 신고)
법 제31조 제1항에 따른 에너지사용량의 신고는 별지 제8호 서식에 따른다.

제28조(에너지진단 제외대상 사업장)
법 제32조 제2항 단서에서 '지식경제부령으로 정하는 범위에 해당하는 사업장'이란 다음 각 호의
어느 하나에 해당하는 사업장을 말한다. <개정 2011.1.19.>
1.「전기사업법」 제2조 제2호에 따른 전기사업자가 설치하는 발전소
2.「건축법 시행령」 별표 1 제2호 가목에 따른 아파트
3.「건축법 시행령」 별표 1 제2호 나목에 따른 연립주택
4.「건축법 시행령」 별표 1 제2호 다목에 따른 다세대주택
5.「건축법 시행령」 별표 1 제7호에 따른 판매시설 중 소유자가 2명 이상이며, 공동 에너지사용
   설비의 연간 에너지사용량이 2천 티오이 미만인 사업장
6.「건축법 시행령」 별표 1 제14호 나목에 따른 일반업무시설 중 오피스텔
7.「건축법 시행령」 별표 1 제18호 가목에 따른 창고
8.「산업집적활성화 및 공장설립에 관한 법률」 제2조 제13호에 따른 지식산업센터
9.「군사기지 및 군사시설 보호법」 제2조 제2호에 따른 군사시설
10.「폐기물관리법」 제29조에 따라 폐기물처리의 용도만으로 설치하는 폐기물처리시설
11. 그 밖에 기술적으로 에너지진단을 실시할 수 없거나 에너지진단의 효과가 적다고 지식경제부
    장관이 인정하여 고시하는 사업장

제29조(에너지진단의 면제 등)
① 법 제32조 제4항에 따라 에너지진단을 면제하거나 에너지진단주기를 연장할 수 있는 자는 다
   음 각 호의 어느 하나에 해당하는 사로 한다. <개정 2011.3.15.>
1. 법 제28조 제1항에 따라 자발적 협약을 체결한 자로서 제26조 제2항에 따른 자발적 협약의 평

가기준에 따라 자발적 협약의 이행 여부를 확인한 결과 이행실적이 우수한 사업자로 선정된 자

2. 에너지절약 유공자로서 「정부표창규정」 제10조에 따른 중앙행정기관의 장 이상의 표창권자가
   준 단체표창을 받은 자

3. 에너지진단 결과를 반영하여 에너지를 효율적으로 이용하고 있다고 지식경제부장관이 인정하
   여 고시하는 자

4. 지난 연도 에너지사용량의 100분의 30 이상을 다음 각 목의 어느 하나에 해당하는 제품, 기자
   재 및 설비(이하 '친에너지형 설비'라 한다)를 이용하여 공급하는 자

가. 법 제14조에 따른 금융·세제상의 지원을 받는 설비

나. 법 제15조에 따른 효율관리기자재 중 에너지소비효율이 1등급인 제품

다. 법 제20조에 따른 대기전력저감우수제품

라. 법 제22조에 따라 인증 표시를 받은 고효율에너지기자재

마. 「신에너지 및 재생에너지 개발·이용·보급 촉진법」 제13조에 따라 설비인증을 받은 신·재
    생에너지 설비

② 제1항에 따라 에너지진단을 면제 또는 에너지진단주기를 연장받으려는 자는 별지 제8호의 2
   서식의 에너지진단 면제(에너지진단주기 연장) 신청서에 다음 각 호의 어느 하나에 해당하는
   서류를 첨부하여 지식경제부장관에게 제출하여야 한다. <신설 2011.3.15.>

1. 자발적 협약 우수사업장임을 확인할 수 있는 서류

2. 중소기업임을 확인할 수 있는 서류

3. 에너지절약 유공자 표창 사본

4. 에너지진단결과를 반영한 에너지절약 투자 및 개선실적을 확인할 수 있는 서류

5. 친에너지형 설비 설치를 확인할 수 있는 서류(설비의 목록, 용량 및 설치사진 등을 말한다)

③ 지식경제부장관은 제2항에 따른 신청을 받은 경우에는 이를 검토하여 에너지진단 면제 또는
   에너지진단주기 연장 신청결과를 별지 제8호의 3서식에 따라 신청인에게 알려 주어야 한다.
   <신설 2011.3.15.>

④ 제1항에 따른 에너지진단의 면제 또는 에너지진단주기의 연장 범위는 별표 3과 같으며, 그 밖
   에 필요한 사항은 지식경제부장관이 정하여 고시한다. <개정 2011.3.15.>

제30조(에너지진단전문기관의 지정절차 등)

① 법 제32조 제7항에 따라 에너지진단전문기관(이하 '진단기관'이라 한다)으로 지정받으려는
   자 또는 진단기관 지정서의 기재 내용을 변경하려는 자는 별지 제9호서식의 진단기관 지정신
   청서 또는 진단기관 변경지정신청서를 지식경제부장관에게 제출하여야 한다.

② 제1항에 따른 진단기관 지정신청서에는 다음 각 호의 서류(변경지정신청의 경우에는 지정신
   청을 할 때 제출한 서류 중 변경된 것만을 말한다)를 첨부하여야 한다. 이 경우 신청을 받은
   지식경제부장관은 「전자정부법」 제36조 제1항에 따른 행정정보의 공동이용을 통하여 법인 등
   기사항증명서(신청인이 법인인 경우만 해당한다)를 확인하여야 한다. <개정 2010.1.18,

2011.1.19.>

1. 에너지진단업무 수행계획서

2. 보유장비명세서

3. 기술인력명세서(자격증 사본, 경력증명서, 재직증명서를 포함한다)

③ 지식경제부장관은 진단기관을 지정한 경우에는 별지 제10호서식의 진단기관 지정서를 발급하여야 한다.

④ 제3항에 따라 지정서를 발급받은 자는 그 지정서를 잃어버리거나 헐어 못 쓰게 된 경우에는 지식경제부장관에게 재발급신청을 할 수 있다. 이 경우 지정서가 헐어 못 쓰게 되어 재발급신청을 할 때에는 그 지정서를 첨부하여야 한다.

제31조(진단기관의 지정취소 공고)

지식경제부장관은 법 제33조에 따라 진단기관의 지정을 취소하거나 그 업무의 정지를 명하였을 때에는 지체 없이 이를 관보와 인터넷 홈페이지 등에 공고하여야 한다.

제31조의 2(냉난방온도의 제한온도 기준)

법 제36조의 2 제1항에 따른 냉난방온도의 제한온도(이하 '냉난방온도의 제한온도'라 한다)를 정하는 기준은 다음 각 호와 같다. 다만, 판매시설 및 공항의 경우에 냉방온도는 25℃ 이상으로 한다.

1. 냉방: 26℃ 이상

2. 난방: 20℃ 이하

[본조신설 2009.7.30.]

제31조의 3(냉난방온도제한건물의 지정기준)

① 법 제36조의 2 제1항에 따라 냉난방온도를 제한하는 건물(이하 '냉난방온도제한건물'이라 한다)은 법 제36조의2제1항 각 호의 건물로 한다. 다만, 법 제36조의 2 제1항 제2호의 건물 중 「산업집적활성화 및 공장설립에 관한 법률」 제2조 제1호에 따른 공장과 「건축법」 제2조 제2항 제2호에 따른 공동주택은 제외한다.

② 제1항의 본문에도 불구하고 냉난방온도제한건물 중 다음 각 호의 어느 하나에 해당하는 구역에는 냉난방온도의 제한온도를 적용하지 않을 수 있다.

1. 「의료법」 제3조에 따른 의료기관의 실내구역

2. 식품 등의 품질관리를 위해 냉난방온도의 제한온도 적용이 적절하지 않은 구역

3. 숙박시설 중 객실 내부구역

4. 그 밖에 관련 법령 또는 국제기준에서 특수성을 인정하거나 건물의 용도상 냉난방온도의 제한온도를 적용하는 것이 적절하지 않다고 지식경제부장관이 고시하는 구역

[본조신설 2009.7.30.]

제31조의4(냉난방온도 점검 방법 등)

① 냉난방온도제한건물의 관리기관 및 법 제31조에 따른 에너지다소비사업자(이하 '에너지다소
비사업자'라 한다)는 냉난방온도를 관리하는 책임자(이하 '관리책임자'라 한다)를 지정하여야
한다. <개정 2011.1.19.>
② 관리책임자는 법 제36조의 2 제4항에 따른 냉난방온도 점검 및 실태파악에 협조하여야 한다.
③ 지식경제부장관이 법 제36조의 2 제4항에 따라 냉난방온도를 점검하거나 실태를 파악하는 경
우에는 지식경제부장관이 고시한 국가교정기관지정제도운영요령에서 정하는 방법에 따라 인
정기관에서 교정받은 측정기기를 사용한다. 이 경우 관리책임자가 동행하여 측정결과를 확인
할 수 있다.
④ 그 밖에 냉난방온도 점검을 위하여 필요한 사항은 지식경제부장관이 정하여 고시한다.
[본조신설 2009.7.30.]

제32조(에너지관리자에 대한 교육)
① 법 제65조에 따른 에너지관리자에 대한 교육의 기관·기간·과정 및 대상자는 별표 4와 같다.
② 지식경제부장관은 제1항에 따라 교육대상이 되는 에너지관리자에게 교육기관 및 교육과정 등
에 관한 사항을 알려야 한다.
③ 공단의 이사장은 다음 연도의 교육계획을 수립하여 매년 12월 31일까지 지식경제부장관의 승
인을 받아야 한다.

제33조(보고 및 검사 등)
① 법 제66조 제1항에 따라 지식경제부장관이 보고를 명할 수 있는 사항은 다음 각 호와 같다.
1. 효율관리기자재·대기전력저감대상제품·고효율에너지인증대상기자재의 제조업자·수입업자
또는 판매업자의 경우: 연도별 생산·수입 또는 판매 실적
2. 에너지절약전문기업(법 제25조 제1항에 따른 에너지절약전문기업을 말한다. 이하 같다)의 경
우: 영업실적(연도별 계약실적을 포함한다)
3. 에너지다소비사업자의 경우: 개선명령 이행실적
4. 진단기관의 경우: 진단 수행실적
② 법 제66조 제1항에 따라 지식경제부장관, 특별시장·광역시장·도지사 또는 특별자치도지사
가 소속 공무원 또는 공단으로 하여금 검사하게 할 수 있는 사항은 다음 각 호와 같다.
1. 법 제15조 제2항에 따른 에너지소비효율등급 또는 에너지소비효율 표시의 적합 여부에 관한
사항
2. 법 제15조 제2항에 따른 효율관리시험기관의 지정 및 자체측정의 승인을 위한 시험능력 확보
여부에 관한 사항
3. 법 제16조 제1항 및 제2항에 따른 효율관리기자재의 사후관리를 위한 사항
4. 법 제19조 제2항에 따른 대기전력시험기관의 지정 및 자체측정의 승인을 위한 시험능력 확보
여부에 관한 사항

5. 법 제19조 제4항에 따른 대기전력경고표지의 이행 여부에 관한 사항

6. 법 제20조 제1항에 따른 대기전력저감우수제품 표시의 적합 여부에 관한 사항

7. 법 제21조 제1항에 따른 대기전력저감대상제품의 사후관리를 위한 사항

8. 법 제22조 제5항에 따른 고효율에너지기자재 인증 표시의 적합 여부에 관한 사항

9. 법 제22조 제7항에 따른 고효율시험기관의 지정을 위한 시험능력 확보 여부에 관한 사항

10. 법 제23조 제1항에 따른 고효율에너지기자재의 사후관리를 위한 사항

11. 법 제24조 제1항에 따른 효율관리시험기관, 대기전력시험기관 및 고효율시험기관의 지정취
    소요건의 해당 여부에 관한 사항

12. 법 제24조 제2항에 따른 자체측정의 승인을 받은 자의 승인취소 요건의 해당 여부에 관한
    사항

13. 법 제25조 제1항 각 호에 따른 에너지절약전문기업이 수행한 사업에 관한 사항

14. 법 제25조 제2항에 따른 에너지절약전문기업의 등록기준 적합 여부에 관한 사항

15. 법 제31조 제1항에 따른 에너지다소비사업자의 에너지사용량 신고 이행 여부에 관한 사항

16. 법 제32조 제2항에 따른 에너지다소비사업자의 에너지진단 실시 여부에 관한 사항

17. 법 제32조 제7항에 따른 진단기관의 지정기준 적합 여부에 관한 사항

18. 법 제33조에 따른 진단기관의 지정취소 요건의 해당 여부에 관한 사항

19. 법 제34조 제1항에 따른 에너지다소비사업자의 개선명령 이행 여부에 관한 사항

20. 법 제39조 제2항에 따른 검사대상기기설치자의 검사 이행에 관한 사항

21. 법 제39조 제4항에 따른 검사대상기기를 계속 사용하려는 자의 검사 이행에 관한 사항

22. 법 제39조 제7항 각 호에 따른 검사대상기기 폐기 등의 신고 이행에 관한 사항

23. 법 제40조 제1항에 따른 검사대상기기조종자의 선임에 관한 사항

24. 법 제40조 제3항에 따른 검사대상기기조종자의 선임·해임 또는 퇴직의 신고 이행에 관한
    사항

제34조(수수료)

① 공단은 법 제67조 제1호에 따라 고효율에너지기자재의 인증을 신청하려는 제조업자 또는 수
   입업자가 내야 하는 수수료를 인증에 소요되는 일수(日數) 및 인력을 기준으로 정하되, 수수
   료는 직접 인건비, 직접 경비, 기술료 등 각종 경비로 구성한다.

② 진단기관은 법 제67조 제2호에 따라 에너지진단을 받으려는 자가 내야 하는 수수료를 진단에
   소요되는 일수 및 인력을 기준으로 정하되, 수수료는 직접 인건비, 직접 경비, 기술료 등 각종
   경비로 구성한다.

③ 제1항 또는 제2항에 따른 수수료는 현금 또는 정보통신망을 이용한 전자결재 등의 방법으로
   공단 또는 해당 진단기관에 내야 한다.

제35조(규제의 재검토)

지식경제부장관은 제28조에 따른 에너지진단 제외대상 사업장의 범위가 적절한지를 2011년 7월 31일까지 검토하여 그 범위의 확대, 축소 또는 유지 등의 조치를 하여야 한다.

[본조신설 2009.9.10.]

부칙 〈제224호, 2011.12.15.〉

이 규칙은 공포한 날부터 시행한다.

시행규칙 [별표 1]

평균에너지소비효율 산정방법(제12조 제1항 관련)

$$평균에너지소비효율 = \dfrac{기자재\ 판매량}{\Sigma\left[\dfrac{기자재의\ 종류별\ 국내\ 판매량}{기자재의\ 종류별\ 에너지소비효율}\right]}$$

비고: 기자재의 종류별 국내 판매량 및 기자재의 종류별 에너지소비효율의 산정방법은 지식경제부장관이 정하여 고시한다.

시행규칙 [별표 2] 〈개정 2011.1.19.〉

대기전력저감대상제품(제13조 제1항 관련)

1. 컴퓨터
2. 모니터
3. 프린터
4. 복합기
5. 텔레비전
6. 셋톱박스
7. 전자레인지
8. 팩시밀리
9. 복사기
10. 스캐너
11. 비디오테이프레코더
12. 오디오
13. DVD플레이어
14. 라디오카세트
15. 도어폰
16. 유무선전화기
17. 비데
18. 모뎀
19. 홈 게이트웨이
20. 자동절전제어장치
21. 손건조기
22. 서버

[별표 3] 〈개정 2011.3.15.〉

에너지진단의 면제 또는 에너지진단주기의 연장 범위(제29조 제2항 관련)

대상사업자	면제 또는 연장 범위
1. 에너지절약 이행실적 우수사업자	
가. 자발적 협약 우수사업장으로 선정된 자(중소기업인 경우)	에너지진단 1회 면제
나. 자발적 협약 우수사업장으로 선정된 자(중소기업이 아닌 경우)	1회 선정에 에너지진단주기 1년 연장
2. 에너지절약 유공자	에너지진단 1회 면제
3. 에너지진단 결과를 반영하여 에너지를 효율적으로 이용하고 있는 자	1회 선정에 에너지진단주기 3년 연장
4. 지난 연도 에너지사용량의 100분의 30 이상을 친에너지형 설비를 이용하여 공급하는 자	에너지진단 1회 면제

비고
1. 에너지절약 유공자에 해당되는 자는 1개의 사업장만 해당한다.
2. 제1호부터 제4호까지의 대상사업자가 동시에 해당되는 경우에는 어느 하나만 해당되는 것으로 한다.
3. 제1호 가목 및 나목에서 '중소기업'이란 「중소기업기본법」 제2조에 따른 중소기업을 말한다.
4. 에너지진단이 면제되는 '1회'의 시점은 다음 각 목의 구분에 따라 최초로 에너지진단주기가 도래하는 시점을 말한다.
가. 제1호 가목의 경우: 중소기업이 자발적 협약 우수사업장으로 선정된 후
나. 제2호의 경우: 에너지절약 유공자 표창을 수상한 후
다. 제4호의 경우: 100분의 30 이상의 에너지사용량을 친에너지형 설비를 이용하여 공급한 후

[별표 4]

에너지관리자에 대한 교육(제32조 제1항 관련)

교육과정	교육기간	교육대상자	교육기관
에너지관리자 기본교육과정	1일	법 제31조 제1항 제1호부터 제4호까지의 사항에 관한 업무를 담당하는 사람으로 신고된 사람	에너지 관리공단

비고
1. 에너지관리자 기본교육과정의 교육과목 및 교육수수료 등에 관한 세부사항은 지식경제부장관이 정하여 고시한다.
2. 에너지관리자는 법 제31조 제1항에 따라 같은 항 제1호부터 제4호까지의 업무를 담당하는 사람으로 최초로 신고된 연도(年度)에 교육을 받아야 한다.
3. 에너지관리자 기본교육과정을 마친 사람이 동일한 에너지다소비사업자의 에너지관리자로 다시 신고되는 경우에는 교육대상자에서 제외한다.

권창희

일본 동경도립대학교 공학박사, 한세대학교 교수
현) 한세대학교 유시티IT융합도시정책학과장
E-mail: kwonch@hanmail.net

오병섭

현) 공학박사/기술사(열유체 전공)
　　친환경건축물인증심사위원
E-mail: obs-ok@hanmail.net

김세연

현) (재)한국플랜트건설연구원 온실가스에너지 적산센터 사무국장
E-mail: rnfmalek@naver.com

장원용

한세대학교 유시티IT융합도시정책학과 박사과정
전) 삼성전기, 삼성SDS IT/감사부문 근무(22년)
E-mail: wyjang1@naver.com

최효원

현) (주)롬테크 부사장
E-mail: iopenmaind@naver.com

임상묵

전) 삼화동력/수송전설 근무
현) 주식회사 럭키기술단, 부사장
E-mail: limsangmug@naver.com

오범수

현) (주)미광이티씨 관리이사
E-mail: mketc@hanmail.net

권현구

현) ABM 그룹 이사
E-mail:kwonhg09@hanmail.net

온실가스·에너지
적산실무 I

초 판 인 쇄 ㅣ 2012년 10월 12일
초 판 발 행 ㅣ 2012년 10월 12일

편 저 자 ㅣ (재)플랜트건설연구원 온실가스에너지 적산센터
펴 낸 이 ㅣ 채종준
펴 낸 곳 ㅣ 한국학술정보㈜
주   소 ㅣ 경기도 파주시 문발동 파주출판문화정보산업단지 513-5
전   화 ㅣ 031) 908-3181(대표)
팩   스 ㅣ 031) 908-3189
홈 페 이 지 ㅣ http://ebook.kstudy.com
E-mail ㅣ 출판사업부 publish@kstudy.com
등   록 ㅣ 제일산-115호(2000. 6. 19)

ISBN   978-89-268-3829-7 13530 (Paper Book)
          978-89-268-3830-3 15530 (e-Book)
          978-89-268-3827-3 13530 (Paper Book Set)
          978-89-268-3828-0 15530 (e-Book Set)

이담 Books 는 한국학술정보(주)의 지식실용서 브랜드입니다.